全国高等职业教育计算机类规划教材·实例与实训教程系列

网页设计与制作项目式教程

包林霞 主 编

朱葛俊 主 审

電子工業出版社

Publishing House of Electronics Industry

北京·BEIJING

内 容 简 介

本书是为紧跟当前高职高专院校教学改革步伐、遵循项目式教学思路而编写的项目式教程。本书选取班级主页网站设计、企业网站设计和个人主页设计三大案例作为项目任务，以 Dreamweaver 8、Fireworks 8 和 Flash 8 三大软件为平台，对所设计的网站项目进行了任务分解和操作讲解，由浅入深，分别介绍了静态网站、ASP 动态网站以及 Flash 网站的设计与制作方法。每个模块后均配备了上机实训，进一步提高读者的知识应用能力与实践能力。全书结构清晰、重点突出、选例典型、内容翔实、力求做到理论学习与实际操作相结合，激发学生学习兴趣，提高学生动手能力。

本书可作为高职、大中专院校和计算机培训班的教材，也可作为网页设计人员的专业参考书，同时还可作为业余爱好者的自学用书。

图书在版编目（CIP）数据

网页设计与制作项目式教程 / 包林霞主编. —北京：电子工业出版社，2010.6
全国高等职业教育计算机类规划教材·实例与实训教程系列
ISBN 978-7-121-10888-4

Ⅰ. ①网… Ⅱ. ①包… Ⅲ. ①主页制作—高等学校：技术学校—教材 Ⅳ. ①TP393.092

中国版本图书馆 CIP 数据核字（2010）第 088865 号

策划编辑：程超群
责任编辑：陈　虹
印　　刷：北京冶金大业印刷有限公司
装　　订：三河市鹏成印业有限公司
出版发行：电子工业出版社
　　　　　北京市海淀区万寿路 173 信箱　邮编 100036
开　　本：787×1 092　1/16　印张：20.5　字数：524.8 千字
印　　次：2011 年 5 月第 2 次印刷
印　　数：3 000 册　　定价：34.00 元

凡所购买电子工业出版社图书有缺损问题，请向购买书店调换。若书店售缺，请与本社发行部联系，联系及邮购电话：（010）88254888。

质量投诉请发邮件至 zlts@phei.com.cn，盗版侵权举报请发邮件至 dbqq@phei.com.cn。

服务热线：（010）88258888。

前　言

随着互联网的飞速发展，网络已经成为人们生活当中不可缺少的一部分，越来越多的企业、个人都拥有了自己的网站。本教材选取班级主页网站设计、企业网站设计和个人主页设计三大案例作为项目任务，以 Dreamweaver 8、Fireworks 8 和 Flash 8 三大软件为平台，由浅入深，分别介绍了静态网站、ASP 动态网站以及 Flash 网站的设计与制作方法。

本书根据不同类型网站的需求分析，对精心设计的项目进行了任务分解，从网站色彩搭配、界面布局设计到页面具体制作、网站管理与维护，对分解的子任务做了具体分析并进行了详细的操作讲解，同时不忘举一反三。通过完成这些子任务，最终完成大的综合项目。本书内容编排注重理论与实践相结合，以网站的制作为主线，通过网站中的网页制作引出相关的知识点，并详细介绍了网页的具体实现，做到理论学习与实际操作紧密结合。

本书为项目式教程。本书紧跟当前高职高专院校教学改革步伐，遵循项目式教学思路而编写。本教材涵盖了静态网站、动态网站以及 Flash 网站的设计与制作的基本知识点，以当前流行的网页设计三剑客软件为设计与制作的平台，对所设计的网站项目进行了任务分解和操作讲解，思路清晰、任务明确，讲解通俗、步骤详细。在每个模块后配备的上机实训，可进一步提高读者的知识应用能力与实践能力。全书重点突出、结构清晰、内容全面、选例典型，既注重知识的科学性、系统性，又注重技能的实用性、可操作性，力求做到理论学习与实际操作相结合，体现教育部对高职高专教学 “以培养学生职业能力为本位、以学生就业目标为导向”的精神要求。

此外，本书提供教材源文件和其他教学资源，方便学习。教学资源中提供教材每一模块案例的源文件，所有源文件均经过测试，并附有电子教案，学习者可以通过电子教案自主学习。本书配套教学资源可从华信教育资源网（www.hxedu.com.cn）免费下载。本书为非彩色印刷，书中相关实例效果图请参见教学资源包。

按照项目式教学要求，本书内容划分为三大部分，贯穿三大项目。

第一部分（项目一）：静态网站的设计与制作。这一部分划分成两大模块。模块一为网站的界面设计，要求学生掌握 Fireworks 矢量图绘制、位图处理及切片导出等操作方法，利用 Fireworks 设计网页界面图及切片导出的技能，同时掌握网页的色彩搭配技能。主要培养学生界面布局设计能力以及审美、创造能力。模块二为静态网站的页面具体制作，要求学生掌握 Dreamweaver 软件中文本、图像的插入，表格与层、表单的使用，CSS 样式表的使用、框架与模板等元素的操作方法以及 XHTML 标记语言的基础知识与 JavaScript 基础知识。项目一划分六大任务共计十七个子模块，主要培养学生站点创建与网站页面制作的能力。

第二部分（项目二）：ASP 动态网站的创建。这一部分要求学生掌握网站的管理与维护、服务器的配置、ASP 基本操作、表单域的验证与处理、数据库的创建与连接等操作技能。项目二划分为两大任务共计七个模块，重点培养学生结合数据库知识利用 ASP 创建简单动态网站的能力。

第三部分（项目三）：Flash 网站设计。这一部分要求学生掌握 Flash 基础知识、Flash 基础动画的基本操作、声音、动作的基本操作，ActionScript 基础知识与组件特效。并在掌握上述知识与技能的基础上能完成 Flash 网站的整体设计与网页元素制作，掌握简单的 Flash 网页交互功能设计，实现 Flash 动态网站的设计与制作。项目三划分为两大任务共计十个模块，主要培养学生 Flash 网站设计能力与基本操作技能。

本书可作为高职、大中专院校和计算机培训班的教材，也可作为网页设计人员的专业参考书，同时可作为业余爱好者的自学用书。

本书由包林霞老师主编、朱葛俊老师主审。参加本书编写的教师都长期工作在教学的第一线，具有丰富的教学经验。其中项目一主要由包林霞老师和史二颖老师编写，项目二主要由徐州工业职业技术学院的吕红老师编写，项目三主要由凌丽君老师编写，朱葛俊老师负责统稿和审定。

在编写过程中，我们力求精益求精、全面周到，由于水平有限，疏漏或谬误之处在所难免，恳请专家、同仁和广大读者批评指正，联系邮箱为 1277@czmec.cn。

编　者

目　录

项目一　《我们的青春年代》班级主页的设计与制作 ……………………………… (1)

一、项目需求分析 ……………………………… (1)

二、项目实施模块划分 ……………………………… (2)

任务一　《我们的青春年代》班级主页的界面设计 ……………………………… (5)

模块一　任务预备知识 ……………………………… (5)

一、教学目标 ……………………………… (5)

二、工作任务 ……………………………… (5)

三、理论知识 ……………………………… (5)

模块二　班级主页的界面框架设计 ……………………………… (25)

一、能力目标 ……………………………… (25)

二、任务布置 ……………………………… (25)

三、任务解析 ……………………………… (25)

四、操作步骤 ……………………………… (28)

五、举一反三 ……………………………… (37)

六、上机练习 ……………………………… (39)

模块三　班级主页网站 Logo 与 Banner 设计 ……………………………… (41)

一、能力目标 ……………………………… (41)

二、任务布置 ……………………………… (41)

三、任务解析 ……………………………… (41)

四、操作步骤 ……………………………… (43)

五、举一反三 ……………………………… (45)

六、上机练习 ……………………………… (49)

任务二　《我们的青春年代》班级主页的配色方案设计 ……………………………… (52)

模块一　任务预备知识 ……………………………… (52)

一、教学目标 ……………………………… (52)

二、工作任务 ……………………………… (52)

三、理论知识 ……………………………… (52)

模块二　班级主页的配色方案设计 ……………………………… (68)

一、能力目标 ……………………………… (68)

二、任务布置 ……………………………… (68)

三、任务解析 ……………………………… (69)

四、操作步骤 ……………………………… (69)

五、举一反三 ……………………………… (73)

任务三　《我们的青春年代》班级主页的界面导出 ……………………………… (74)

模块一　任务预备知识 ……………………………… (74)

一、教学目标 ……………………………… (74)

二、工作任务 …… (74)
三、理论知识 …… (74)
模块二 班级主页的界面导出 …… (81)
一、能力目标 …… (81)
二、任务布置 …… (82)
三、任务解析 …… (82)
四、操作步骤 …… (83)
五、举一反三 …… (85)
六、上机练习 …… (91)
任务四 《我们的青春年代》班级主页首页制作 …… (92)
模块一 任务预备知识 …… (92)
一、教学目标 …… (92)
二、工作任务 …… (92)
三、理论知识 …… (92)
模块二 班级主页站点的创建与管理 …… (102)
一、能力目标 …… (102)
二、任务布置 …… (102)
三、任务解析 …… (102)
四、操作步骤 …… (103)
五、举一反三 …… (106)
六、上机练习 …… (109)
模块三 班级主页首页基本元素的插入 …… (109)
一、能力目标 …… (109)
二、任务布置 …… (110)
三、任务解析 …… (110)
四、操作步骤 …… (112)
五、举一反三 …… (118)
六、上机练习 …… (124)
任务五 《我们的青春年代》班级主页二级页面制作 …… (126)
模块一 任务预备知识 …… (126)
一、教学目标 …… (126)
二、工作任务 …… (126)
三、理论知识 …… (126)
模块二 班级新闻模块页面设计与制作 …… (132)
一、能力目标 …… (132)
二、任务布置 …… (132)
三、任务解析 …… (133)
四、操作步骤 …… (133)
五、举一反三 …… (136)
六、上机练习 …… (142)

模块三 其他页面的制作 ……………………………………………………………… (146)
一、能力目标 ……………………………………………………………………… (146)
二、任务布置 ……………………………………………………………………… (146)
三、任务解析 ……………………………………………………………………… (146)
四、操作步骤 ……………………………………………………………………… (148)
五、举一反三 ……………………………………………………………………… (152)
六、上机练习 ……………………………………………………………………… (160)
模块四 留言簿的制作 ……………………………………………………………… (160)
一、能力目标 ……………………………………………………………………… (160)
二、任务布置 ……………………………………………………………………… (161)
三、任务解析 ……………………………………………………………………… (161)
四、操作步骤 ……………………………………………………………………… (163)
五、举一反三 ……………………………………………………………………… (167)
六、上机练习 ……………………………………………………………………… (171)
任务六 《我们的青春年代》班级主页页面的美化 ………………………………… (173)
模块一 任务预备知识 ……………………………………………………………… (173)
一、教学目标 ……………………………………………………………………… (173)
二、工作任务 ……………………………………………………………………… (173)
三、理论知识 ……………………………………………………………………… (173)
模块二 班级主页页面的美化 ……………………………………………………… (178)
一、能力目标 ……………………………………………………………………… (178)
二、任务布置 ……………………………………………………………………… (179)
三、任务解析 ……………………………………………………………………… (179)
四、操作步骤 ……………………………………………………………………… (180)
五、举一反三 ……………………………………………………………………… (184)
六、上机练习 ……………………………………………………………………… (188)
模块三 班级主页页面特效制作 …………………………………………………… (189)
一、能力目标 ……………………………………………………………………… (189)
二、任务布置 ……………………………………………………………………… (189)
三、任务解析 ……………………………………………………………………… (189)
四、操作步骤 ……………………………………………………………………… (194)
五、举一反三 ……………………………………………………………………… (196)
六、上机练习 ……………………………………………………………………… (198)
项目二 《森兴木材》企业网站的创建 …………………………………………… (199)
任务一 企业网站主页的设计 ……………………………………………………… (200)
模块一 企业网站服务器的配置 …………………………………………………… (200)
一、能力目标 ……………………………………………………………………… (200)
二、任务布置 ……………………………………………………………………… (200)
三、任务解析 ……………………………………………………………………… (200)
四、操作步骤 ……………………………………………………………………… (200)

五、举一反三 …… (204)
六、上机练习 …… (205)
模块二　企业网站主页的设计 …… (205)
一、能力目标 …… (205)
二、任务布置 …… (205)
三、任务解析 …… (205)
四、操作步骤 …… (206)
五、上机练习 …… (207)
任务二　企业网站新闻的创建 …… (209)
模块一　任务预备知识 …… (209)
一、教学目标 …… (209)
二、理论知识 …… (209)
模块二　企业网站数据库的创建与连接 …… (216)
一、能力目标 …… (216)
二、任务布置 …… (216)
三、任务解析 …… (216)
四、操作步骤 …… (216)
五、举一反三 …… (218)
六、上机练习 …… (219)
模块三　企业网站新闻的基本操作 …… (220)
一、能力目标 …… (220)
二、任务布置 …… (220)
三、任务解析 …… (221)
四、操作步骤 …… (221)
五、举一反三 …… (227)
六、上机练习 …… (228)
模块四　企业网站新闻的显示 …… (228)
一、能力目标 …… (228)
二、任务布置 …… (229)
三、任务解析 …… (229)
四、操作步骤 …… (229)
五、上机练习 …… (231)
模块五　企业网站管理员登录页的设计 …… (232)
一、能力目标 …… (232)
二、任务布置 …… (232)
三、任务解析 …… (232)
四、操作步骤 …… (232)
五、举一反三 …… (234)
六、上机练习 …… (235)

项目三　My Zone 个人主页设计与制作 …… (236)
一、项目需求分析 …… (236)
二、项目实施模块划分 …… (236)
任务一　《My Zone》个人主页的界面设计 …… (239)
模块一　任务预备知识 …… (239)
一、教学目标 …… (239)
二、工作任务 …… (239)
三、理论知识 …… (239)
模块二　个人主页结构的分析与素材的准备 …… (261)
一、能力目标 …… (261)
二、任务布置 …… (261)
三、任务解析 …… (261)
四、操作步骤 …… (261)
五、举一反三 …… (266)
六、上机练习 …… (267)
模块三　片头欢迎动画的设计制作 …… (267)
一、能力目标 …… (267)
二、任务布置 …… (267)
三、任务解析 …… (267)
四、操作步骤 …… (267)
五、上机练习 …… (277)
任务二　具体页面的制作和 ActionScript 的添加 …… (278)
模块一 任务预备知识 …… (278)
一、教学目标 …… (278)
二、工作任务 …… (278)
三、理论知识 …… (278)
模块二　按钮和页面跳转的实现 …… (281)
一、能力目标 …… (281)
二、任务布置 …… (281)
三、任务解析 …… (281)
四、操作步骤 …… (281)
五、举一反三 …… (284)
六、上机练习 …… (285)
模块三　首页的制作 …… (285)
一、能力目标 …… (285)
二、任务布置 …… (285)
三、任务解析 …… (285)
四、操作步骤 …… (285)
五、举一反三 …… (290)
六、上机练习 …… (290)

模块四　相册页面的制作 …………………………………………………………………… (290)
一、能力目标 ………………………………………………………………………………… (290)
二、任务布置 ………………………………………………………………………………… (290)
三、任务解析 ………………………………………………………………………………… (290)
四、操作步骤 ………………………………………………………………………………… (290)
五、举一反三 ………………………………………………………………………………… (293)
六、上机练习 ………………………………………………………………………………… (293)
模块五　日志页面的制作 …………………………………………………………………… (294)
一、能力目标 ………………………………………………………………………………… (294)
二、任务布置 ………………………………………………………………………………… (294)
三、任务解析 ………………………………………………………………………………… (294)
四、操作步骤 ………………………………………………………………………………… (294)
五、举一反三 ………………………………………………………………………………… (302)
六、上机练习 ………………………………………………………………………………… (302)
模块六　好友页面的制作 …………………………………………………………………… (302)
一、教学目标 ………………………………………………………………………………… (302)
二、工作任务 ………………………………………………………………………………… (302)
三、任务解析 ………………………………………………………………………………… (302)
四、操作步骤 ………………………………………………………………………………… (302)
五、举一反三 ………………………………………………………………………………… (306)
六、上机练习 ………………………………………………………………………………… (306)
模块七　音乐的添加 ………………………………………………………………………… (306)
一、能力目标 ………………………………………………………………………………… (306)
二、任务布置 ………………………………………………………………………………… (306)
三、任务解析 ………………………………………………………………………………… (306)
四、操作步骤 ………………………………………………………………………………… (306)
五、举一反三 ………………………………………………………………………………… (309)
六、上机练习 ………………………………………………………………………………… (309)
附录 A　Fireworks 8 工具箱面板功能表 …………………………………………………… (310)
附录 B　Dreamweaver 8 工具栏工具按钮列表 ……………………………………………… (312)
附录 C　Flash 8 工具箱面板功能表 ………………………………………………………… (315)
参考文献 ……………………………………………………………………………………… (316)

项目一 《我们的青春年代》班级主页的设计与制作

一、项目需求分析

（一）项目的提出

- 网站类型：班级主页
- 网站名称：《我们的青春年代》
- 网站用户群：网络 0933 班（年轻群体）
- 网站要求：《我们的青春年代》作为网络 0933 班的网络交流平台，包括班级新闻、班级相册、学生作品、文学社区、留言等模块
- 实现技术：Fireworks+Dreamweaver+Flash

（二）项目的制作流程（如图 1.1 所示）

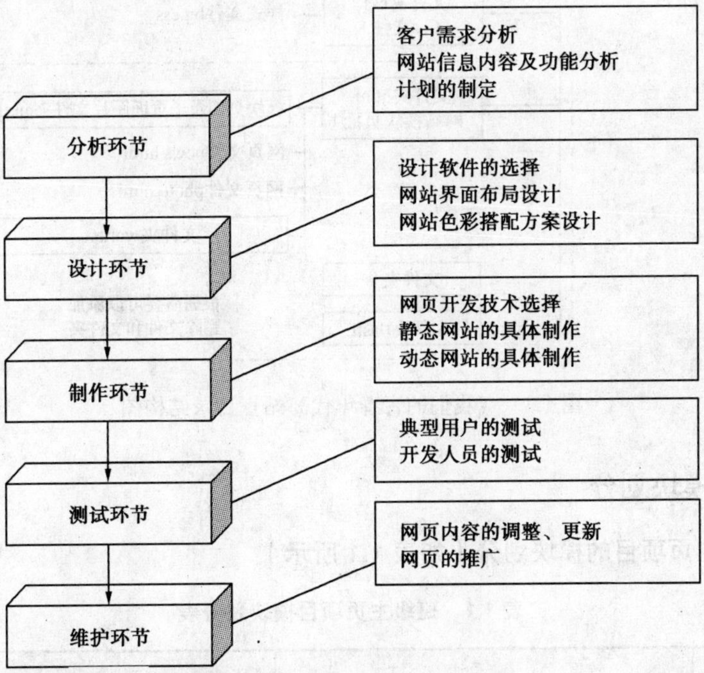

图 1.1 网站项目制作流程图

（三）班级主页网站信息结构（如图 1.2 所示）

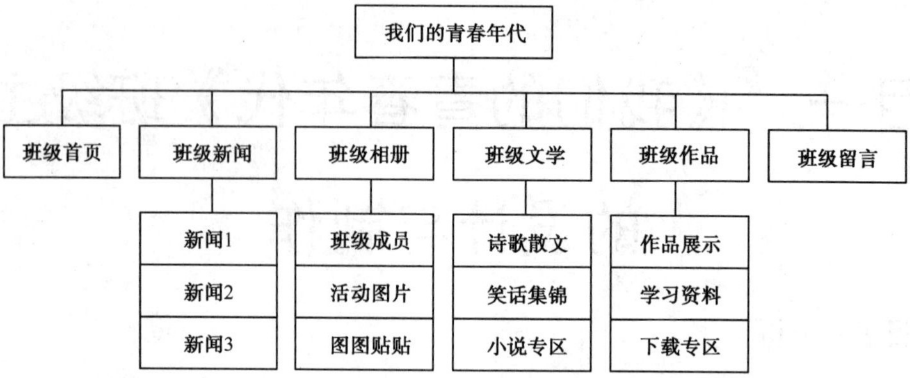

图 1.2 《我们的青春年代》信息结构图

（四）班级主页站点目录结构（如图 1.3 所示）

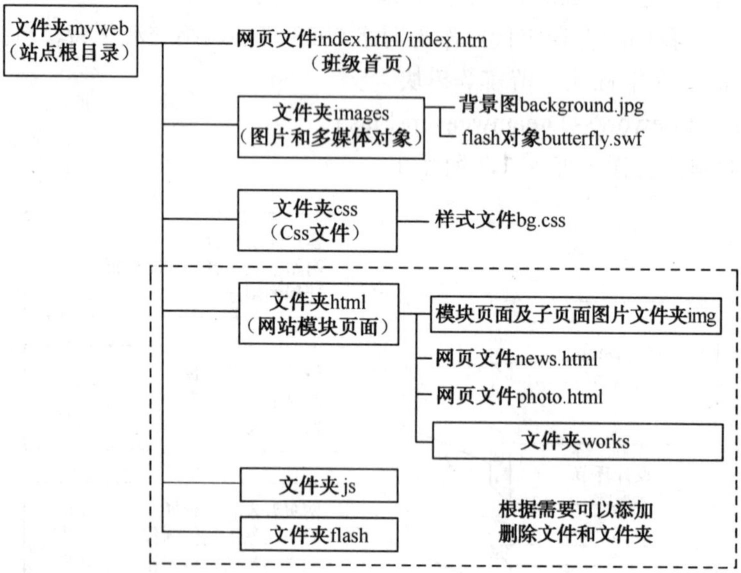

图 1.3 《我们的青春年代》站点目录结构图

二、项目实施模块划分

（一）班级主页项目的模块划分（如表 1.1 所示）

表 1.1 班级主页项目模块划分表

内容 序号	任　务	模　块
1	班级主页的界面设计	班级主页的界面框架设计
		班级主页 Logo 与导航条设计
2	班级主页的配色方案设计	班级主页的配色方案设计
3	班级主页的界面导出	班级主页的界面导出

续表

序号 \ 内容	任　务	模　块
4	班级主页首页制作	班级主页站点的创建与管理
		班级主页首页基本元素的插入
5	班级主页二级页面制作	【班级新闻】模块页面设计与制作
		其他页面的制作
		留言簿的制作
6	班级主页页面的美化	班级主页页面的美化
		班级主页页面特效制作

（二）班级主页网站完成后的效果图（如图 1.4 至图 1.6 所示）

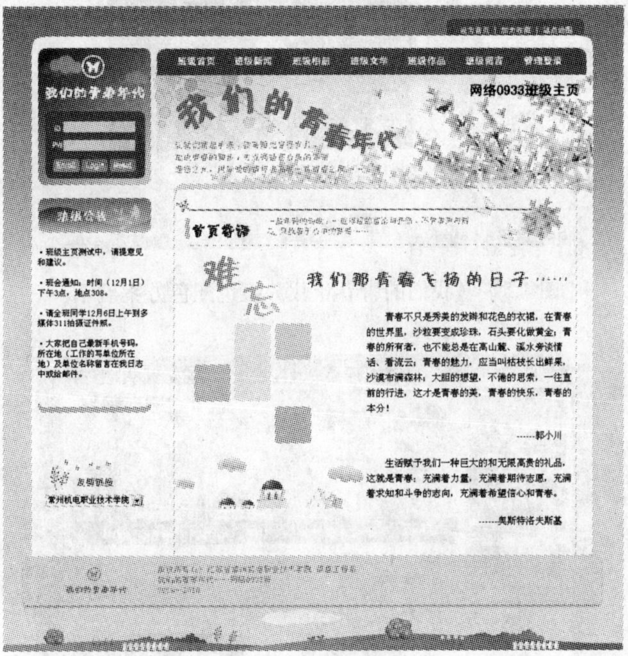

图 1.4　《我们的青春年代》蓝色配色方案展示

图 1.5　《我们的青春年代》橙色配色方案展示

图 1.6　《我们的青春年代》绿色配色方案展示

任务一 《我们的青春年代》

班级主页的界面设计

模块一 任务预备知识

一、教学目标

（1）熟悉 Fireworks 8 的工作环境。

（2）掌握 Fireworks 文档的新建、打开、保存、关闭等基本操作。

（3）掌握文档的属性设置操作。

（4）掌握矢量与位图对象的基本概念。

（5）掌握文本编辑的基本操作。

（6）掌握矢量图形的绘制操作。

二、工作任务

启动 Fireworks 8，熟悉 Fireworks 的工作环境，掌握其文档的基本操作。

三、理论知识

（一）Fireworks 8 基础

1. Fireworks 8 简介

Macromedia Fireworks 8 是用来设计和制作专业化网页图形的终极解决方案。Fireworks 是一个创建、编辑和优化网页图形的多功能应用程序。可以创建和编辑位图和矢量图像、设计网页效果（如变换图像和弹出菜单）、修剪和优化图形以减小其文件大小以及通过自动运行重复性任务来节省时间。在完成一个文档后，可以将其导出或另存为 JPEG 文件、GIF 文件或其他格式的文件，与包含 HTML 表格和 JavaScript 代码的 HTML 文件一起用于网页。如果想继续使用其他应用程序（如 Photoshop 或 Macromedia Flash）编辑该文档，还可以导出或保存特定于另一个应用程序的文件类型。

Fireworks 与多种产品集成在一起，包括 Macromedia 的其他产品（如 Dreamweaver、Flash、FreeHand 和 Director）和图形应用程序及 HTML 编辑器，从而提供了一个真正集成的 Web 解决方案。利用用户所使用的 HTML 编辑器自定义的 HTML 和 JavaScript 代码，用户可以轻松地导出 Fireworks 图形。所以 Fireworks 与网页制作软件 Dreamweaver 和动画制作软件 Flash 一起被称为网页设计与制作三剑客。

2. 矢量与位图对象

矢量图形使用称为“矢量”的线条和曲线（包含颜色和位置信息）呈现图像。编辑矢量图形时，您修改的是描述其形状的线条和曲线的属性。矢量图形与分辨率无关，这意味着您除了可以在分辨率不同的输出设备上显示它以外，还可以对其执行移动、调整大小、更改形状或更改颜色等操作，而不会改变其外观品质。

位图图形由排列成网格的称为“像素”的点组成。计算机的屏幕就是一个大的像素网格。图像是由网格中每个像素的位置和颜色值决定的。每个点被指定一种颜色。在以正确的分辨率查看时，这些点像马赛克中的贴砖那样拼合在一起形成图像。编辑位图图形时修改的不是线条和曲线而是像素。位图图形与分辨率有关，描述图像的数据被固定到一个特定大小的网格中。放大位图图形将使这些像素在网格中重新进行分布，从而使图像的边缘呈锯齿状。在一个分辨率比图像自身分辨率低的输出设备上显示位图图形也会降低图像品质。

在 Fireworks 中，选择的工具决定了创建的对象是矢量还是位图。使用工具箱中【矢量】部分工具绘制矢量图形对象，选择【文本】工具输入文本对象。选择【位图】部分工具，则绘制位图对象，还可以使用 Fireworks 工具导入和编辑 JPEG、GIF、PNG、PSD 和其他许多文件格式的位图文件。

绘制矢量对象、位图对象或文本后，可以使用各种工具、效果、命令和技术来增强和完成图形，也可以使用【按钮编辑器】中的 Fireworks 工具创建交互式导航按钮。

3．交互式图形

切片和热点是指定网页图形中交互区域的网页对象。切片将图像切成不同的部分，用户可以将变换图像行为、动画和统一资源定位器（URL）链接应用到这些部分上。另外，可以使用不同的设置导出各个部分。在网页上，每个切片都出现在一个表格单元格中。使用热点可将 URL 链接和行为分配给整个图形或图形的某个部分。

切片和热点具有拖放变换图像手柄，使用户可以直接在工作区中快速为图形指定交换图像和变换图像行为。【按钮编辑器】和【弹出菜单编辑器】可以帮助生成特殊的、用于在网站中导航的交互式图形。

4．图像的优化与导出

网页图形设计的最终目标是创建能够尽可能快地下载的精美图像。为此，必须在最大限度地保持图像品质的同时，选择压缩质量最高的文件格式。这种平衡就是优化，即寻找颜色、压缩和品质的最佳组合。

使用 Fireworks 8 导出图形可分两步进行：

首先，准备好要导出的文档或各个切片图形，方法是选择优化设置并对预览结果进行比较，在品质和文件大小之间确定一个可接受的平衡点。

然后，使用适合于它们在网页或其他位置的目标的导出设置，导出（或者，在某些情况下保存）文档或各切片图形。

如果对优化和导出网页图形不熟悉，可以使用【导出向导】。该向导将带领用户完成导出过程并提出设置方面的建议。它还显示【图像预览】，作为导出过程的一部分对文档进行优化。

如果用户很熟悉优化和导出图形的操作，则可使用【优化】面板和文档窗口中的预览按钮进行优化，使用【导出】对话框或【快速导出】按钮进行导出。

（二）Fireworks 8 文档的基本操作

1．Fireworks 8 文档的新建

若要创建新文档，则选择【文件】|【新建】命令（快捷键 Ctrl＋N）打开【新建文档】对话框，在如图 1.7 所示的对话框中设置以下三项画布属性值。

（1）设置画布的宽度和高度，以像素、英寸或厘米为单位。

（2）设置画布的分辨率，以像素/英寸或像素/厘米为单位。

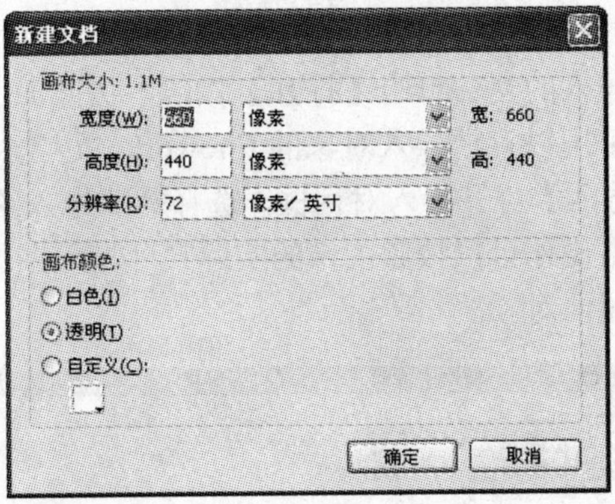

图 1.7 【新建文档】对话框

（3）设置画布的颜色，可以选择白色、透明或自定义颜色。

小提示：使用【自定义】颜色框弹出窗口选择一种自定义画布颜色。

若要创建与剪贴板上的对象大小相同的新文档，则按照如下步骤进行新建。

（1）通过复制操作将需要参照大小的对象从 Fireworks 文档或者网页等位置复制到剪贴板。

（2）选择【文件】|【新建】命令，【新建文档】对话框即以剪贴板中对象的宽度和高度尺寸打开。

（3）设置画布分辨率和颜色，然后单击【确定】按钮。

（4）通过粘贴操作将复制的对象从剪贴板粘贴到新建文档中。

2. Fireworks 8 文档的打开和导入操作

若要打开 Fireworks 文档，则可以选择【文件】|【打开】命令（快捷键 Ctrl+O），打开如图 1.8 所示的【打开】对话框，从【查找范围】列表中选择需要的文件，单击【打开】按钮即可。

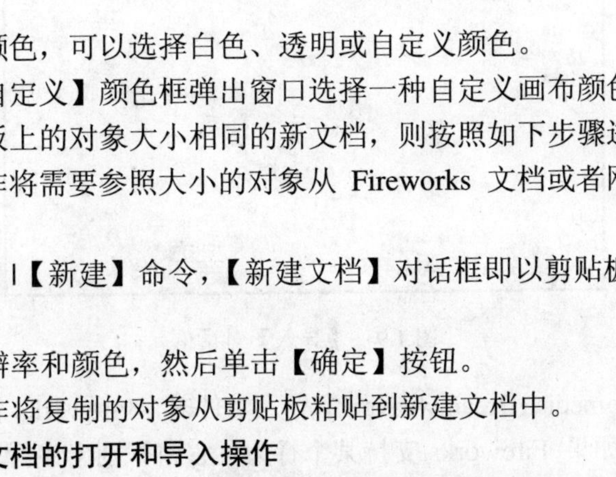

图 1.8 【打开】对话框

小提示：若要打开文件而不覆盖前一版本，请选择【打开为“未命名”】，然后用另一名称保存该文件。

若要导入在其他图形程序中创建的矢量和位图图像或者数码相机和扫描仪中的图像，可

以选择【文件】|【导入】命令（快捷键 Ctrl+R），打开如图 1.9 所示的【导入】对话框，从【查找范围】列表中选择需要导入的文件单击【打开】按钮，按照如下操作步骤进行导入。

（1）新建或者打开一个用以存放导入对象的 Fireworks 文档。

（2）选择【文件】|【导入】打开导入对话框，选择需要导入的对象，单击【打开】按钮。

（3）在文档中通过单击操作可以按照图像的实际尺寸导入图像对象，通过单击拖动的方式可以按照虚线尺寸导入图像对象。

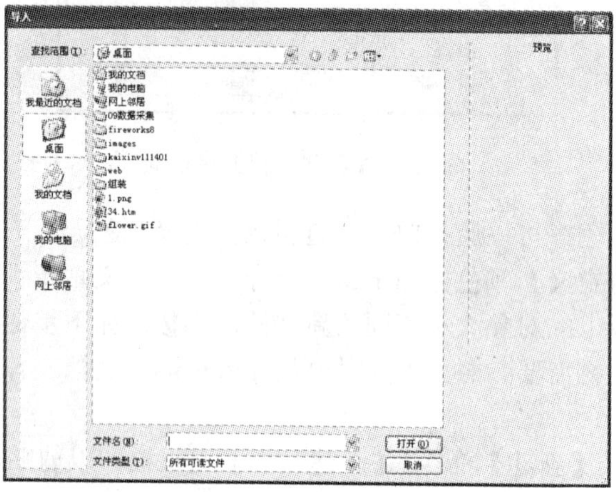

图 1.9 【导入】对话框

小提示： 从 Macromedia Dreamweaver 中导入文件时，Fireworks 会保留许多（但不是全部）JavaScript 行为。如果 Fireworks 支持某个行为，它将识别出该行为，并在用户将文件移回至 Dreamweaver 时保留该行为。

3. Fireworks 8 文档的保存与导出

当创建新文档或打开现有的 Fireworks PNG 文件时，文档的文件扩展名为.png。其他类型的文件（如 PSD 和 HTML）若以 PNG 文件形式打开，则可以将 Fireworks PNG 文档用做源文件或工作文件，在 Fireworks 文档窗口中显示。保存文档时，Fireworks 默认的保存位置由三大因素决定：一是当前文件位置，二是当前导出/保存位置（在从【保存】、【另存为】、【保存副本】或【导出】对话框中的默认位置浏览时确定），三是在操作系统中保存新文档或图像的默认位置。

若要保存新的 Fireworks 文档，则可以选择【文件】|【另存为】命令（快捷键 Ctrl+Shift+S），打开如图 1.10 所示的【另存为】对话框，选择需要保存的位置，并输入保存的文件名，单击【保存】按钮即可。

若要保存现有的文档，则直接选择【文件】|【保存】命令（快捷键 Ctrl +S）。

当使用【文件】|【打开】命令来打开非 PNG 格式的文件时，可以使用 Fireworks 的所有功能来编辑图像。然后可以选择【另存为】选项将其保存为一个新的 Fireworks PNG 文件，或者可以选择不同的格式来保存文件。编辑的文档可以直接保存为下列文件格式：Fireworks PNG、GIF、GIF 动画、JPEG、BMP、WBMP、TIF、SWF、AI、PSD 和 PICT（仅限于 Macintosh）。Fireworks 以 24 位颜色深度保存 16 位 TIF 图像。对于大多数文件类型，可以选择【保存】选项以其原始格式保存。

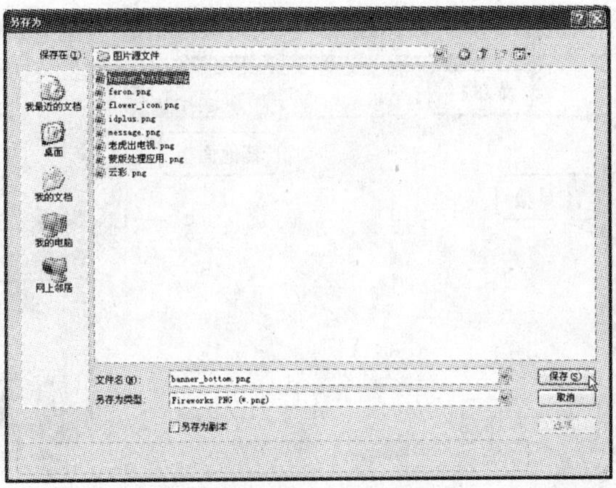

图 1.10 【另存为】对话框

小提示：如果将 PNG 文件另存为位图文件（如 GIF 或 JPEG），则在 PNG 文件中处理的图形对象将在位图文件中不可用。如果用户要修改该图像，则必须在 PNG 源文件中编辑它，然后将其再次导出。

若要将文档导出为其他格式，则可以在【优化】面板中选择一种文件格式，然后选择【文件】|【导出】命令导出文档。或者直接选择【文件】|【图像预览】命令（快捷键 Ctrl +Shift+X），在弹出的如图 1.11 所示的对话框中进行相应的设置，然后导出即可。

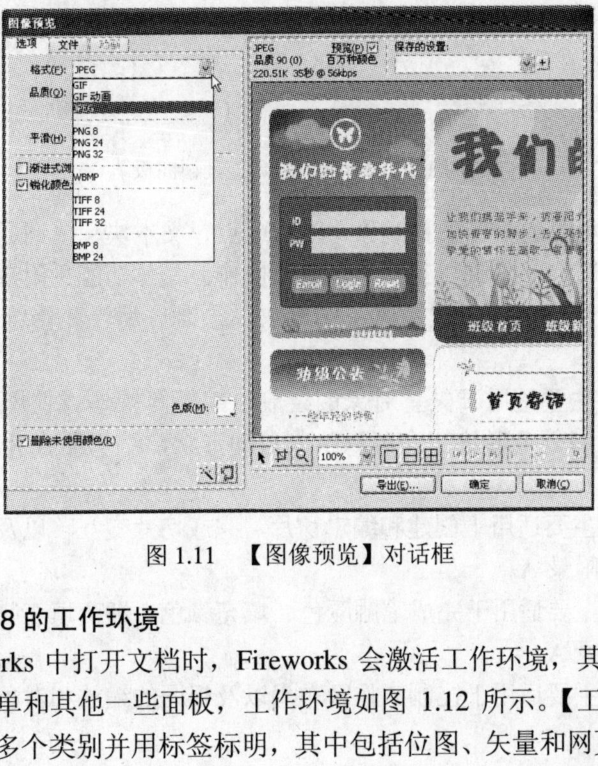

图 1.11 【图像预览】对话框

（三）Fireworks 8 的工作环境

第一次在 Fireworks 中打开文档时，Fireworks 会激活工作环境，其中包括工具箱面板、属性检查器面板、菜单和其他一些面板，工作环境如图 1.12 所示。【工具】面板位于屏幕的左侧，该面板分成了多个类别并用标签标明，其中包括位图、矢量和网页工具组。【属性】检查器默认情况下出现在文档的底部，它最初显示文档的属性。当用户在文档中工作时，它将改为显示新近所选工具或当前所选对象的属性。面板最初沿屏幕右侧成组停放，文档窗口出现在应用程序的中心。

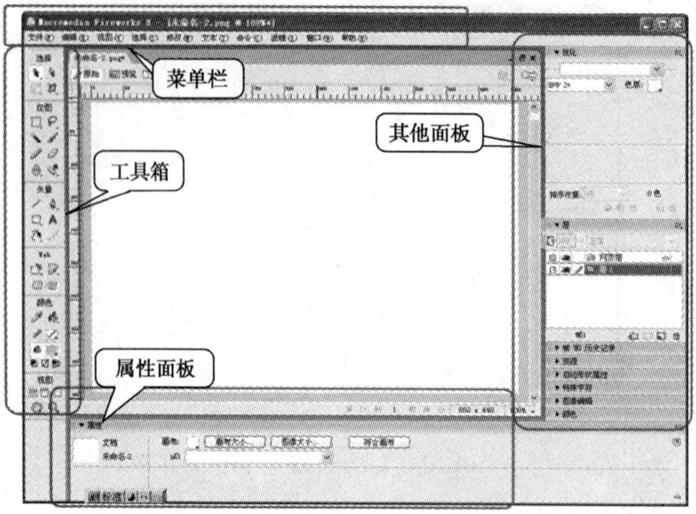

图 1.12　Fireworks 8 工作环境

1. 工具箱面板

工具箱被分为 6 个类别：选择、位图、矢量、Web、颜色和视图，如图 1.13 所示。

图 1.13　Fireworks 8 工具箱面板

（1）选择工具：主要适用于矢量对象、路径或点、文本块、单词、字母、切片或热点、实例或者位图对象的选定、缩放与变形、裁剪等操作。具体功能见附录 A。

（2）位图工具：主要适用于位图对象的选取、绘制、编辑和修饰操作。具体功能见附录 A。

（3）矢量工具：主要适用于矢量对象的绘制、编辑等操作。使用矢量工具可绘制基本形状、自由变形路径和复杂形状，也可以绘制自动形状，编辑路径和使用文本。具体功能见附录 A。

（4）Web 工具：主要适用于创建和编辑切片，完成切片交互，以及创建热点和图像映射等操作。具体功能见附录 A。

（5）颜色工具：主要适用于完成笔触颜色、填充颜色、渐变填充颜色和图案填充的设置操作。具体功能见附录 A。

（6）视图工具：主要适用于控制工作区布局以及视图的缩放和对象的移动操作。具体功能见附录 A。

2. 属性检查器面板

【属性】检查器是一个上下文关联面板，它显示当前选区的属性、当前工具选项或文档属性。默认情况下，【属性】检查器停放在工作区的底部。【属性】检查器可以半高方式打开，只显示两行属性，也可以全高方式打开，显示四行属性。用户可以在将【属性】检查器留在工作区中的同时将其完全折叠。【属性】检查器面板如图 1.14 所示。

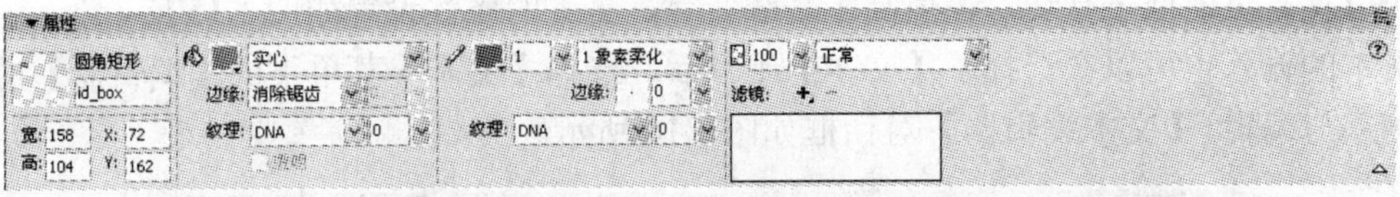

图 1.14　Fireworks 8 【属性】检查器面板

若要取消停放【属性】检查器，则将左上角的抓取器拖动到工作区的其他部分即可。

若要在工作区底部停放【属性】检查器（仅限于 Windows），则将【属性】检查器上的边条拖到屏幕底部。

若要将半高的【属性】检查器展开为全高并显示附加选项，则可以单击【属性】检查器右下角的扩展箭头，或者单击【属性】检查器右上角的图标，然后从【属性】检查器的【选项】菜单中选择【全高】项。

若要将【属性】检查器降低到半高，则可以单击【属性】检查器右下角的扩展箭头，或者从【属性】检查器的【选项】菜单中选择【半高】项。

若要在停放【属性】检查器时将其折叠，则可以单击【属性】检查器的扩展箭头或标题，或者从停放的【属性】检查器的【选项】菜单中选择【折叠面板组】项。

3. 其他面板

面板是浮动的控件，能够帮助编辑所选对象的各个方面或文档的元素。在默认情况下，【优化】、【图像编辑】、【层】、【形状】、【自动形状属性】、【信息】、【行为】、【查找】和【对齐】面板未与其他面板组合到一起，但如果需要，可以将它们随意组合。将面板组合到一起时，所有面板组的名称都将出现在面板组标题栏中。

(1)【信息】面板：提供有关所选对象的尺寸信息和指针在画布上移动时的精确坐标。

(2)【优化】面板：用于管理控制文件大小和文件类型的设置，还可用于处理要导出的文件或切片的调色板。

(3)【层】面板：组织文档的结构，并且包含用于创建、删除和操作层的选项。

(4)【帧】面板：包括用于创建动画的选项。

(5)【历史记录】面板：列出最近使用过的命令，以便用户能够快速撤销和重做命令。另外，可以选择多个动作，然后将其作为命令保存和重新使用。

(6)【混色器】面板：可用于创建要添加至当前文档的调色板或要应用到选定对象的颜色。

(7)【对齐】面板：包含用于在画布上对齐和分布对象的控件。

(8)【形状】面板：包含【工具】面板中未显示的“自动形状”。

(9)【自动形状属性】面板：可用于在文档中插入“自动形状”后对其属性进行更改。

(10)【样式】面板：可用于存储和重复使用对象的特性组合或者选择一个常用样式。

(11)【库】面板：包含图形元件、按钮元件和动画元件。用户可以轻松地将这些元件的实例从【库】面板拖到文档中。只需修改该元件即可对全部实例进行全局更改。

(12)【URL】面板：可用于创建包含经常使用的 URL 的库。

（四）文本的输入与编辑

选择【文本】工具后，在文档中单击希望文本开始的位置，输入文本，或者拖动鼠标绘制文本块，然后再输入文本。输入文本后选中文本对象，在【属性】检查器面板中编辑文本。文本的编辑包括文本的字体、字号、字体样式设置、字距（可调范围为-99～100）、行距、文本方向、文本对齐方式、文本缩进、段落间距、基线调整（范围为-99～100，调整文字垂直方向的位置，负值低于基线，正值高于基线）等。文本的属性设置如图 1.15 所示。

文本的输入也可以在选择了【文本】工具后，选择【文本】菜单下的【编辑器】进行文本的输入与编辑。【文本编辑器】对话框如图 1.16 所示。

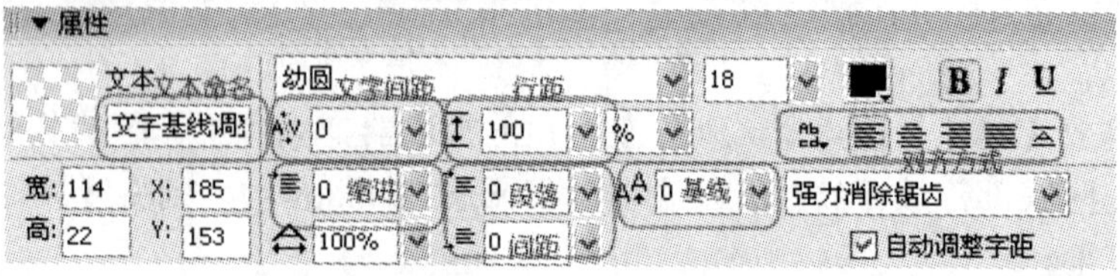

图 1.15　文本的属性设置

图 1.16　文本编辑器

还可以将笔触、填充和滤镜应用到所选文本块中的文本，就像应用到其他对象一样。也可以将【样式】面板中的任何样式（即使它不是文本样式）应用于文本。通过保存文本属性，还可以创建新样式。

（五）矢量对象的基本操作

1．直线、矩形和椭圆的绘制与调整

若要绘制直线、矩形或椭圆，可以按照下列操作步骤进行绘制。

（1）在工具箱面板的【矢量】类别中选择【直线】、【矩形】或者【椭圆】工具。

（2）根据需要，在【属性】检查器面板中设置笔触和填充属性。

（3）在画布上单击并拖动鼠标，绘制直线、矩形或者椭圆。

若要调整所选直线、矩形或椭圆的大小，可以按照下列任一方法进行调整。

（1）在【属性】检查器或【信息】面板中输入新的宽度（W）或高度（H）值。

（2）在【工具】面板的【选择】部分选择【缩放】工具，并拖动角变形手柄，将等比例调整对象的大小。

（3）拖动矩形的一个角点。

（4）选择【修改】|【变形】|【缩放】命令并拖动角变形手柄。

（5）选择【修改】|【变形】|【数值变形】命令，输入新尺寸来按比例调整对象大小。

小提示：缩放矢量对象并不会改变它的笔触宽度。

2．圆角矩形、多边形和星形的绘制与调整

圆角矩形的绘制有两种方法：一是使用【圆角矩形】工具；另一种方法是使用【属性】检查器中的【圆度】选项来调整所选矩形的边角圆度。

使用【多边形】工具可以绘制出从三角形到具有360条边的多边形或星形。

若要绘制圆角矩形，则从【矩形】工具弹出菜单中选择【圆角矩形】工具，在画布上拖动鼠标左键进行绘制。

若要绘制多边形，则选择【多边形】工具，在【属性】检查器中设定边数和角度，拖动鼠标左键进行绘制。

若要绘制星形则选择【多边形】工具，在【属性】检查器的【形状】列表中选择【星形】，设置边数和角度，拖动鼠标左键进行绘制。

3．自动形状的绘制

自动形状是智能矢量对象组，这些对象组遵循特殊的规则以简化常用可视化元素的创建和编辑。【自动形状】工具用于绘制对象组。与其他对象组不同，选定的自动形状除了具有对象组手柄外，还具有菱形的控制点。每个控制点都与形状的某个特定可视化属性关联。拖动某个控制点只会改变与其关联的可视化属性。大多数自动形状控制点都带有工具提示，描述将如何影响自动形状。将指针移到一个控制点上可看到描述该控制点所控制的属性的工具提示。

4．直线和曲线路径段的绘制与调整

使用【钢笔】工具绘制直线段很简单，只需单击以放置点即可。使用【钢笔】工具每单击一次即可绘制一个角点。

若要绘制曲线路径段，则在绘制点时单击并拖动。绘制时，当前点显示点手柄。不论是使用【钢笔】工具还是使用其他Fireworks绘制工具进行绘制，所有矢量对象上的所有点都有点手柄。但这些手柄只在曲线点上才可见。

直线路径段绘制的操作步骤如下。

（1）选择【钢笔】工具。

（2）在画布上单击以放置第一个角点。

（3）移动指针，然后单击以放置下一个点，在两点之间绘制一条直线路径。

（4）重复第（3）步继续绘制点，得到其他直线路径。

（5）双击最后一个点或选择其他工具，可结束路径并使其成为开口路径。

（6）若要闭合该路径，请单击所绘制的第一个点。闭合路径的起点和终点相同。

曲线路径段绘制的操作步骤如下。

（1）选择【工具】面板中的【钢笔】工具，单击鼠标左键放置第一个角点。

（2）移动到下一个点的位置，单击并拖动以产生一个曲线点。每次单击并拖动时，Fireworks都将线段扩展到新点。

（3）重复第（2）步继续绘制点。如果单击并拖动一个新点，即可产生一个曲线点；如果只单击，则产生一个角点。

（4）双击最后一个点或选择其他工具，结束路径并使其成为开口路径。

（5）若要闭合路径，请单击所绘制的第一个点。闭合路径的起点和终点相同。

若要调整直线或曲线路径段，可通过移动各个点来延长、缩短或更改路径段的位置。曲线路径段还可以通过点手柄来调整曲线路径的形状。调整操作步骤如下。

（1）使用【指针】或【部分选定】工具选择路径。

（2）选择【部分选定】工具单击某个点以选中，选定的角点显示为实心的蓝色方形。

（3）拖动该点或使用箭头键将该点移动到一个新位置。

（4）在绘制曲线的过程中可以临时切换到【部分选定】工具以更改点的位置和曲线的形状，也可以按住 Ctrl 键，使用【钢笔】工具拖动点或点手柄进行调整。

5．自由变形矢量路径的绘制

【矢量路径】工具包含各种刷子笔触类别，包括“喷枪”、“毛笔”、“炭笔”、“蜡笔”和“非自然”。每个类别通常具有一种笔触选择，如“加亮标记”和“暗色标记”、“油漆泼溅”、“竹子”、“缎带”、“五彩纸屑”、“3D”、“牙膏”和“丙烯颜料”。尽管笔触看起来可能像颜料或墨水，但每个笔触都包含矢量对象的点和路径。这意味着用户可以使用几种矢量编辑技术的任何一种来更改笔触形状。更改路径形状后，笔触将被重新绘制。

自由变形矢量路径绘制的操作步骤如下。

（1）从【钢笔】工具弹出菜单中，选择【矢量路径】工具。

（2）根据需要，在【属性】检查器中设置笔触属性等。

（3）拖动鼠标左键进行绘制。若要将路径限制为水平或垂直线，请在拖动时按住 Shift 键。

（4）释放鼠标左键结束路径。若要闭合路径，请将指针返回到路径起始点，然后释放鼠标按钮。

6．路径的编辑

Fireworks 提供了多种编辑矢量对象的方法。可通过移动、添加或删除点来更改对象形状，也可移动点手柄来更改相邻路径段的形状。除了可以使用【自由变形】工具来改变路径形状外，还可使用路径操作通过合并或改变现有路径来创建新形状。

使用路径操作来编辑路径时，可选择【修改】菜单中的【组合路径】和【改变路径】。【组合路径】包括结合、拆分、联合、交集、打孔和裁剪操作。【改变路径】包括简化、扩展笔触、伸缩路径、实填充、消除锯齿填充和羽化填充操作。

（六）位图的基本操作

1．创建位图对象

要创建位图图形，可以使用 Fireworks 位图绘制和绘画工具，剪切或复制和粘贴像素选区，或者将矢量图像转换成位图对象。另一种创建位图对象的方法是在文档中插入一个空的位图图像，然后对其进行绘制、绘画或填充。

（1）创建新的位图对象：选择【刷子】或【铅笔】工具在画布上绘画或绘图以创建位图对象，新的位图对象随即被添加到【层】面板的当前层中。

（2）创建空位图对象：单击【层】面板中的【新建位图图像】按钮，或者选择【编辑】|【插入】|【空位图】命令。空位图随即被添加到【层】面板的当前层中。

（3）剪切或复制像素并将它们作为一个新位图对象粘贴：利用【选取框】工具、【套索】工具或【魔术棒】工具选择像素，做剪切或者复制操作。或者选择【编辑】|【插入】|【通过复制创建位图】/【通过剪切创建位图】命令，将当前所选复制/剪切到一个新位图中。

（4）将所选矢量对象转换成位图图像：选择【修改】|【平面化所选】命令完成操作。

小提示：矢量到位图的转换是不可逆转的，只有使用【编辑】|【撤销】或撤销【历史记录】面板中的动作可以取消该操作。位图图像不能转换成矢量对象。

2．位图的选择

位图的选择可以通过【选取框】、【椭圆选取框】、【套索】、【多边形套索】或【魔术棒】工具来完成。使用【选取框】、【椭圆选取框】、【套索】、【多边形套索】和【魔术棒】工具时，选择【动态选取框】可以更改位图选区的【边缘】设置和羽化总量。

位图选区的【边缘】设置有三种选项：

(1)【实边】创建具有已定义边缘的选取框。

(2)【消除锯齿】防止选取框中出现锯齿边缘。

(3)【羽化】可以柔化像素选区的边缘。

小提示：在使用选择工具时，可以在创建选区之前设置【羽化】选项，或者可以通过选择【动态选取框】来羽化现有选区。还可以使用【选择】菜单中的【羽化】命令羽化现有选区。

3. 位图的修饰

(1) 擦除和克隆。【橡皮擦】工具可以删除位图。默认情况下，【橡皮擦】工具指针代表当前橡皮擦的大小。【橡皮图章】工具可以克隆位图图像的部分区域，将其压印到图像中的其他区域。在修复有划痕的照片或去除图像上的灰尘时可用该工具来完成。要指定另一个要克隆的像素区域，可以按住 Alt 键并单击另一个像素区域，将其指定为源。

(2) 模糊、锐化和涂抹像素。【模糊】工具和【锐化】工具影响像素的焦点。【模糊】工具通过有选择地模糊元素的焦点来强化或弱化图像的局部区域，其方式与摄影师控制景深的方式很相似。【锐化】工具对于修复扫描问题或聚焦不准的照片很有用。【涂抹】工具使用户可以如创建图像倒影时那样将颜色逐渐混合起来。

(3) 减淡和加深像素。使用【减淡】或【加深】工具可以分别减淡或加深图像的局部。这类似于洗印照片时增加或减少曝光量的暗室技术。

(4) 红眼消除。在一些照片中，主体的瞳孔是不自然的红色阴影。用户可以使用【红眼消除】工具矫正此红眼效应。【红眼消除】工具仅对照片的红色区域进行快速绘画处理，并用灰色和黑色替换红色。

(5) 替换颜色。使用【替换颜色】工具可以选择一种颜色，并用另外一种颜色覆盖此颜色进行绘画。

(6) 调整位图颜色和色调。利用颜色和色调调整滤镜，通过调整图像的对比度和亮度、色调范围、色相和饱和度，可以改善和强化位图图像中的颜色。

（七）层、蒙版和混合模式

1. 层的使用

(1) 层。层将 Fireworks 文档分成不连续的平面，就像是在描图纸的不同覆盖面上绘制插图的不同元素一样。一个文档可以包含许多个层，文档中的每个对象都驻留在一个层上。可以在绘制之前创建层，或者根据需要添加层。

在【层】面板中列出所有层以及每一层包含的对象。可以在【层】面板中查看层和对象的堆叠顺序。这就是它们出现在文档中的顺序。Fireworks 根据层创建的顺序堆叠层，将最近创建的层放在最上面。堆叠顺序决定各层上对象之间的重叠方式。可以重新排列层的顺序和层内对象的顺序。画布位于所有层之下，其本身不是层。

活动层的名称在【层】面板中高亮显示。可以展开层查看它上面的所有对象的列表。对象以缩略图的形式显示。

(2) 激活层。单击某层或某层上的对象时，该层即成为活动层。随后绘制、粘贴或导入的对象最初都位于活动层的顶部。

(3) 添加和删除层。可以使用【层】面板添加新层、删除多余的层以及复制现有的层和对象。在创建新层时，会在当前所选层的上面插入一个空白层。新层成为活动层，且在【层】面板中高亮显示。删除层时，在该层上面的层成为活动层。创建复制层时会添加一个新层，它包含当前所选层所包含的相同对象。复制的对象保留原对象的不透明度和混合模式。可以对复制的对象进行更改而不影响原对象。

（4）保护层和对象。锁定层可以防止选择或编辑该层上的所有对象。【单层编辑】功能保护活动层以外的所有层上的对象不被意外地选择或更改。还可以使用【层】面板来控制对象和层在画布上的可见性。当对象或层在【层】面板中被隐藏时，它不会出现在画布上，因此不会被意外地更改或选择。

（5）在【层】面板中合并对象。向下合并会将所选的所有矢量对象和位图对象平面化为正好位于最底端所选对象下方的位图对象，最终获得的是单个位图对象。要合并的对象和位图不必在【层】面板中相邻或驻留在同一层上。矢量对象和位图对象一旦合并，就失去了其可编辑性，并且不能再被单独进行编辑。

执行合并操作时，先选择要与位图对象合并的对象，然后从【层】面板的【选项】菜单中选择【向下合并】，或者选择【修改】|【向下合并】项。

（6）共享层。可以在文档中的所有帧之间共享层。这使用户可以更新层上的对象并让该对象在所有帧中自动更新。

2. 蒙版

（1）蒙版的使用。蒙版也显示在【层】面板中。蒙版能够隐藏或显示对象或图像的某些部分。可以从【层】面板中应用蒙版和混合模式。也可以用【选择】和【修改】菜单上的选项创建蒙版。还可以用矢量对象或位图对象遮蔽下方图像的一部分。创建蒙版后，可以调整画布上被遮罩选区的位置，或者通过编辑蒙版对象来修改蒙版的外观。还可以将蒙版作为一个整体应用转换，或者对蒙版的组件分别应用转换。

（2）矢量蒙版。矢量蒙版是从矢量对象来创建蒙版对象。矢量蒙版对象将下方的对象裁剪或剪贴为其路径的形状，从而产生切饼模刀的效果。它们有时被称为剪贴路径或粘贴于内部。效果如图 1.17 所示。

矢量蒙版创建的基本操作步骤如下。

步骤一：选择矢量对象工具绘制矢量路径，如使用椭圆工具绘制两椭圆组合的如图 1.17 所示的心形矢量路径；

步骤二：选择【文件】|【导入】命令，导入位图，位图尺寸大小根据矢量路径大小具体调整。

步骤三：使用【剪切】操作，剪切导入的位图到剪贴板。

步骤四：选中矢量路径图形，选择【编辑】|【粘贴于内部】操作。

步骤五：使用【指针】工具选中位图，调整位图位置，完成操作。

（3）位图蒙版。位图蒙版是从位图对象来创建蒙版对象。可以使用现有对象来遮罩其他对象。此方法类似于应用矢量蒙版。也可以创建所谓的空蒙版。空蒙版开始时或者完全透明，或者完全不透明。透明（或白色）蒙版显示整个被遮罩的对象，而不透明（或黑色）蒙版则隐藏整个被遮罩的对象。可以使用位图工具在蒙版对象上绘制或者修改蒙版对象，以显示或隐藏底层的被遮罩的对象。如图 1.18 所示，基本操作步骤如下所示。

步骤一：打开需要添加蒙版的位图，调整好图像大小。

步骤二：选中位图图像，在【层】面板的右下角单击【添加蒙版】按钮添加蒙版。

步骤三：在【层】面板中选中蒙版缩略图，【属性】检查器中显示蒙版的属性，选择【灰度等级】。

步骤四：选择【渐变】工具，在【属性】检查器中选择渐变填充的效果如椭圆填充，单击蒙版进行填充。

图 1.17　矢量蒙版效果

图 1.18　位图蒙版效果

（4）组合对象以构成蒙版。可以组合两个或更多个对象来创建蒙版。最顶层的对象成为蒙版对象。堆叠顺序决定所应用的蒙版类型；如果顶层对象是矢量对象，则结果为矢量蒙版；如果顶层对象是位图对象，则结果为位图蒙版，如图 1.19 所示。

（a）组合为蒙版前　　（b）组合为矢量蒙版后

图 1.19　组合为矢量蒙版

组合对象以构成蒙版的基本操作如下。

步骤一：按住 Shift 键并单击两个或更多个重叠的对象。

步骤二：选择【修改】|【蒙版】|【组合为蒙版】命令。

（5）蒙版的应用方式。可以使用【属性】检查器来确保正在编辑的是蒙版和标识所使用的蒙版类型。选择蒙版后，【属性】检查器允许用户更改蒙版的应用方式。默认情况下，矢量蒙版使用其路径轮廓来应用。路径或文本的轮廓用做蒙版。还可以显示蒙版的填充和笔触。这样所产生的效果与使用【粘贴于内部】创建蒙版相同。

矢量蒙版和位图蒙版都可以使用其灰度外观来应用。默认情况下，位图蒙版是使用其灰度外观应用的。当蒙版是使用其灰度外观应用的时，其像素的亮度确定被遮罩的对象的可见性。较亮的像素显示被遮罩的对象。蒙版中较暗的像素将削弱图像的不透明度并显示背景。如果蒙版对象包含图案填充或渐变填充，则使用蒙版的灰度外观来应用它将创建有趣的效果。

启用【显示填充和笔触】时，通过使用 Alpha 通道应用位图蒙版，可以创建一个看起来与使用其路径轮廓应用的矢量蒙版相似的蒙版。当使用 Alpha 通道应用蒙版时，蒙版对象的透明度影响被遮罩对象的可见度。

若要使用其路径轮廓应用矢量蒙版，则选择矢量蒙版后，在【属性】检查器中选择【路径轮廓】。

若要显示矢量蒙版的填充和笔触，则选择使用其路径轮廓应用的矢量蒙版后，在【属性】检查器中选择【显示填充和笔触】。

若要使用其 Alpha 通道应用位图蒙版，则选择位图蒙版后，在【属性】检查器中选择【Alpha 通道】。

若要使用其灰度外观应用矢量蒙版或位图蒙版，则选择蒙版后，在【属性】检查器中选择【灰度外观】。

若要将矢量蒙版转换为位图蒙版，则在【层】面板中选择蒙版对象的缩略图，然后选择【修改】|【平面化所选】命令。

（6）蒙版的替换、禁用和删除。可以用新的蒙版对象替换蒙版，还可以禁用或删除蒙版。禁用蒙版会暂时隐藏它，删除蒙版会将其永久删除。

替换蒙版的基本操作如下所述。

步骤一：选择【编辑】|【剪切】命令，剪切要用做蒙版的所选对象。

步骤二：在【层】面板中选择被遮罩对象的缩略图，然后选择【编辑】|【粘贴为蒙版】命令。

步骤三：当询问是替换现有蒙版还是向其添加时选择【替换】操作，则现有蒙版对象被新蒙版对象替换。

禁用或启用所选蒙版的操作方法如下。蒙版被禁用后，蒙版缩略图上出现一个红色的 X。单击“X”可启用蒙版。

① 从【层】面板的【选项】菜单中选择【禁用蒙版】或【启用蒙版】。

② 选择【修改】|【蒙版】|【禁用蒙版】命令或者选择【修改】|【蒙版】|【启用蒙版】命令。

删除所选蒙版的基本操作方法如下所述。

① 从【层】面板的【选项】菜单中选择【删除蒙版】命令。

② 选择【修改】|【蒙版】|【删除蒙版】命令。

③ 将蒙版缩略图拖到【层】面板中的垃圾桶图标上。

删除蒙版前，需要选择是想对被遮罩的对象应用蒙版效果还是放弃蒙版效果，如果选择【应用】选项，则保持对对象所做的更改，但蒙版不再是可编辑的。如果被遮罩对象是矢量对象，则蒙版和矢量对象都转换为单个位图图像。如果选择【放弃】选项，则除去所做的更改并将对象恢复到原来的格式。如果选择【取消】选项，则中止删除操作并使蒙版保留原样。

3. 混合模式

当文档中包含有多个重叠对象时，利用不透明度与控制图像的混合模式进行图像的合成，可以得到不同的图像效果。

利用不透明度和混合对象，并修改这两个属性，可以精确地合并两个图形。这就是图像的合成。可以修改图层在上方的图像对象的不透明度，使得图层在下方的图像对象可以显示出来，也可以通过控制混合模式来使它们进行混合，从而得到一个合成的图像对象。

使用混合模式的前提是图像对象需要有两个或两个以上，或者某个图像对象包含有两个以上保持像素的图层。当具有不同混合模式的对象组合在一起时，组的混合模式优先于单个对象的混合模式。取消组合对象会恢复每个对象各自的混合模式。

混合模式可以分成不透明模式、暗化模式、亮化模式、光照效果模式、反转模式、添色模式、热模式、数学模式和色调模式这几类，各类模式包含的选项如下。

（1）不透明模式：正常、平均与原图对比的效果如图 1.20 所示。

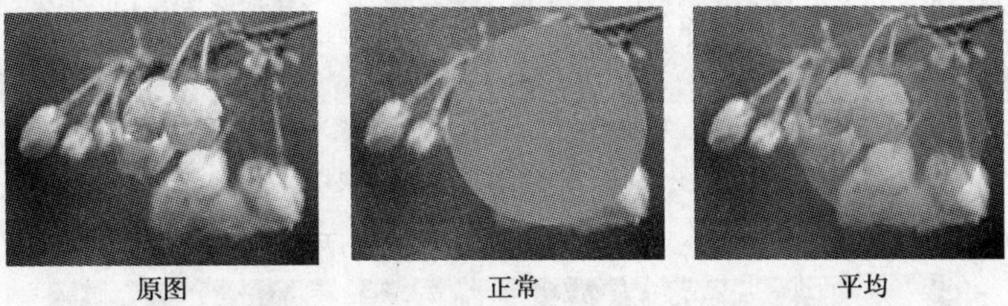

图 1.20　不透明模式效果图

（2）暗化模式：变暗、色彩增殖、颜色加深、反选颜色加深、柔化加深，效果如图 1.21 所示。

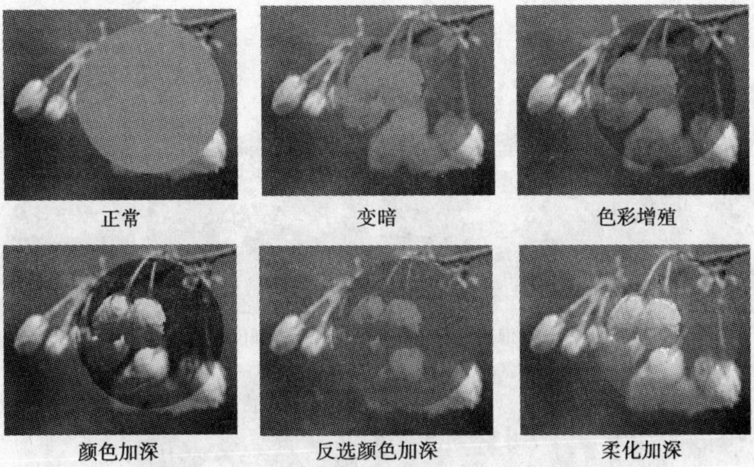

图 1.21　暗化模式效果图

（3）亮化模式：变亮、屏幕、颜色减淡、反选颜色减淡、柔化减淡，效果如图 1.22 所示。

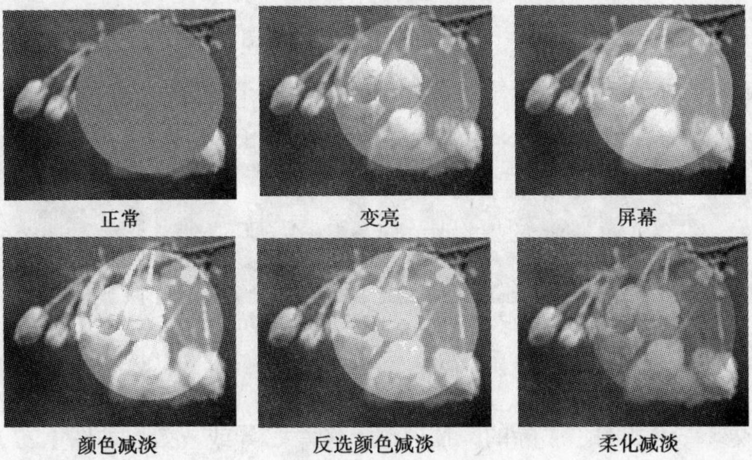

图 1.22　亮化模式效果图

（4）光照效果模式：叠加、柔光、模糊光、强光，效果如图 1.23 所示。

图 1.23　光照效果模式效果图

（5）反转模式：差异、排除、取反，效果如图 1.24 所示。

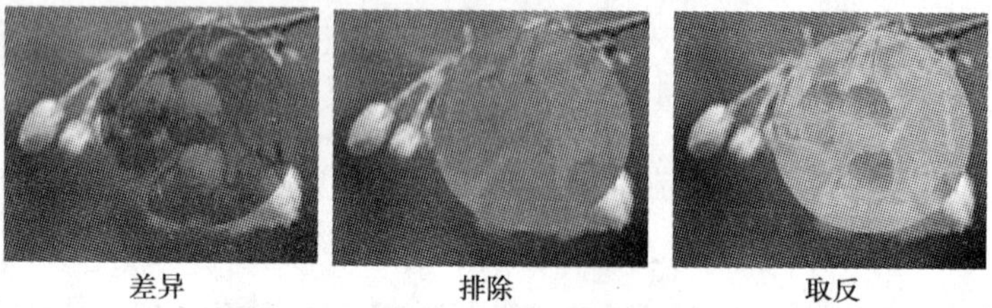

图 1.24　反转模式效果图

（6）添色模式：色相、饱和度、颜色、发光度、红、绿、蓝，效果如图 1.25 所示。

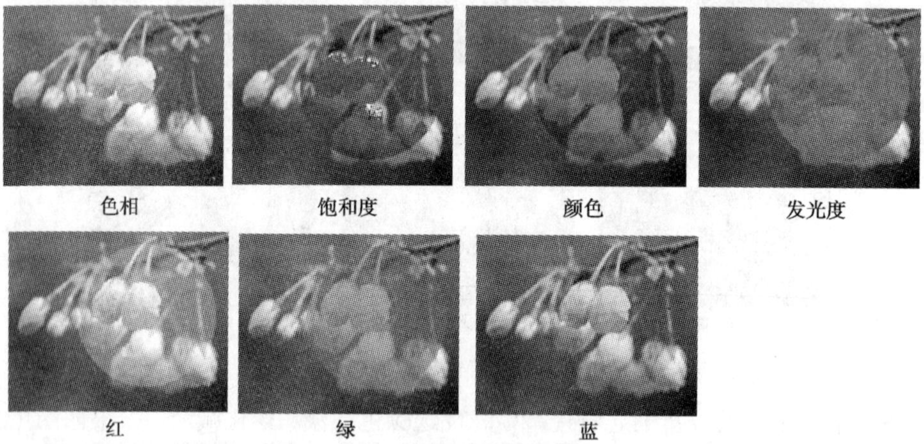

图 1.25　添色模式效果图

（7）热模式：反射、发光、冻结、加热，效果如图 1.26 所示。

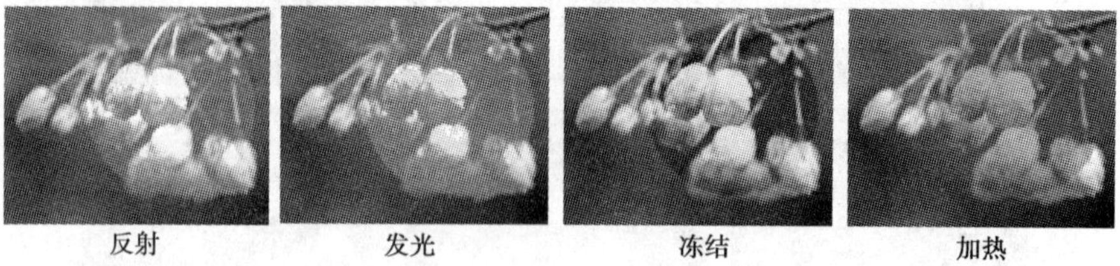

图 1.26　热模式效果图

（8）数学模式：添加的、去除的、插值法、图章、异或，效果如图 1.27 所示。

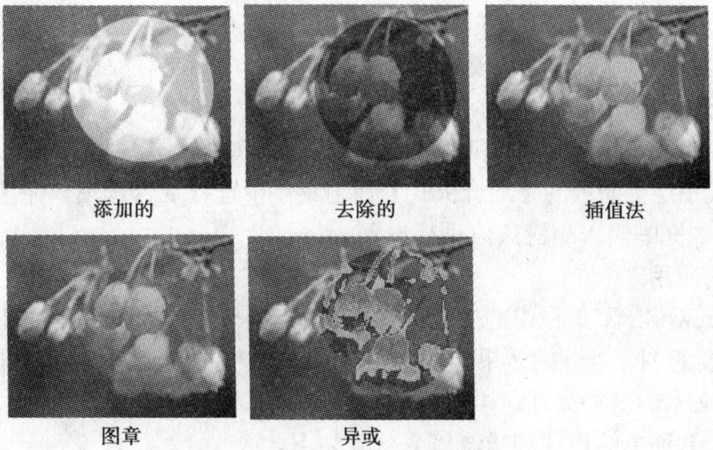

图 1.27　数学模式效果图

（9）色调模式：反转、色调及擦除模式，效果如图 1.28 所示。

图 1.28　色调模式效果图

其中：

【正常】表示不应用任何混合模式。

【色彩增殖】是用混合颜色乘以基准颜色，从而产生较暗的颜色。

【屏幕】是用基准颜色乘以混合颜色的反色，从而产生漂白效果。

【变暗】是选择混合颜色和基准颜色中较暗的那个作为结果颜色，将只替换比混合颜色亮的像素。

【变亮】选择混合颜色和基准颜色中较亮的那个作为结果颜色，将只替换比混合颜色暗的像素。

【差异】是从基准颜色中去除混合颜色或者从混合颜色中去除基准颜色，从亮度较高的颜色中去除亮度较低的颜色。

【色相】将混合颜色的色相值与基准颜色的亮度和饱和度合并生成结果颜色。

【饱和度】将混合颜色的饱和度与基准颜色的亮度和色相合并生成结果颜色。

【颜色】将混合颜色的色相和饱和度与基准颜色的亮度合并生成结果颜色，同时保留给单色图像上色和给彩色图像着色的灰度级。

【发光度】将混合颜色的亮度与基准颜色的色相和饱和度合并。

【反转】反转基准颜色。

【色调】向基准颜色中添加灰色。

【擦除】是删除所有基准颜色像素，包括背景图像中的像素。

可以使用【属性】检查器或【层】面板调整所选对象的不透明度和应用混合模式。【不透明度】设置为 100 会将对象渲染为完全不透明。设置为 0（零）会将对象渲染为完全透明。

若要在绘制对象之前指定混合模式和不透明度，则在绘制对象之前先在【属性】检查器中设置混合和不透明度选项。

若要设置现有对象的混合模式和不透明度级别，则选择重叠对象中位于上方的对象，在【属性】检查器或【层】面板的【混合模式】弹出菜单中选择混合选项，在【不透明度】中拖动滑块或者在文本框中输入相应数值进行设置。

（八）滤镜的应用

可以使用 Fireworks 菜单栏中的内置图像编辑滤镜来调节图像的亮度、对比度、色调、饱和度等，得到想要的图像处理的效果。【属性】检查器面板中的动态滤镜则可以应用于矢量对象、位图图像和文本的效果处理。

其中，【滤镜】菜单的选项和【滤镜】效果如下。

（1）亮度/对比度。通过【亮度/对比度】滤镜，可以修改图像中所有像素的明亮度和对比度，生成高亮、阴影或中间色调的图像。效果如图 1.29 所示。

图 1.29　亮度/对比度调整效果图

（2）色相/饱和度。通过【色相/饱和度】滤镜，改变图像的色调（颜色）、颜色的纯度和亮度。效果如图 1.30 所示。

图 1.30　色相/饱和度调整效果图

（3）色阶。【色阶】滤镜通过调整图像中亮区与暗区的分布情况，从而合理应用图像中的像素来表达图像各方面的细节。色阶把图像阴影区的最黑像素点设为黑色，将图像最亮的像素点设为白色，再设定图像中间色调的颜色值。色阶调整效果如图 1.31 所示。

图 1.31　色阶调整效果图

【色阶】设置对话框如图 1.32 所示。其中：

通道：可选红、绿、蓝或所有 RGB 颜色。

输入色阶：从左至右分别表示高光像素、暗调像素、中间色调像素。图 1.32 中横轴表示图像颜色的亮度（0～255），纵轴表示该亮度下像素的数目，横轴上的 3 个滑块分别表示高光、暗调、中间像素的亮度值。

输出色阶：控制图像的对比度，左边表示暗调像素的亮度值，右边表示高光像素的亮度值。

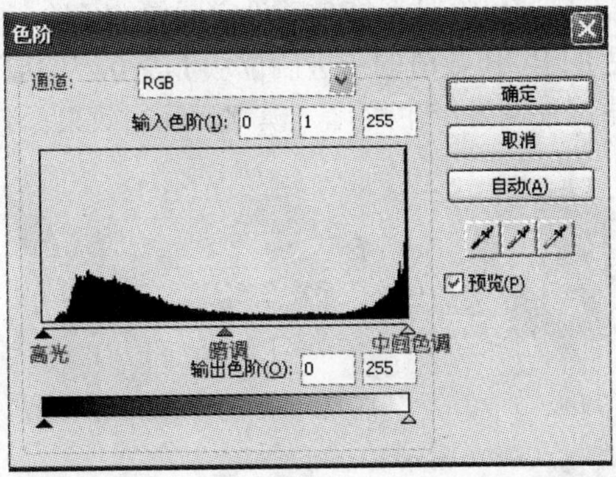

图 1.32 【色阶】设置对话框

（4）曲线。【曲线】滤镜与色阶基本相似，曲线与色阶的区别在于曲线可以在不影响其他颜色的基础上来改变图像的色调。效果如图 1.33 所示。

原图　　曲线调整后

图 1.33 色阶调整

【曲线】设置对话框如图 1.34 所示。其中：

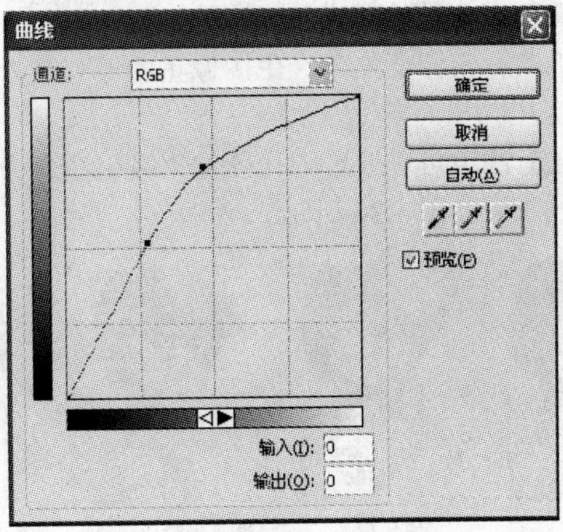

图 1.34 【曲线】设置对话框

通道：选择在单色通道还是彩色通道下调整图像的色调。

曲线图：显示当前色阶分布，横轴表示像素的原始亮度，其数值显示在输入框中；纵轴表示调整后新的亮度值，数值显示在输出框中。两者范围均是0～255，0为最暗，255为最亮。

曲线上的控制点：可以通过单击来增加控制点，通过控制点改变曲线的形状，从而调整图像的色阶分布。

（5）自动色阶与反转。自动色阶是系统自动设定图像的色阶。反转是将图像中每个像素的颜色进行反转（是将颜色的RGB数值的二进制位从1变0，从0变1）。反转可得底片效果。

（6）模糊。【模糊】滤镜使图像产生柔化、模糊朦胧的效果。效果如图1.35所示。

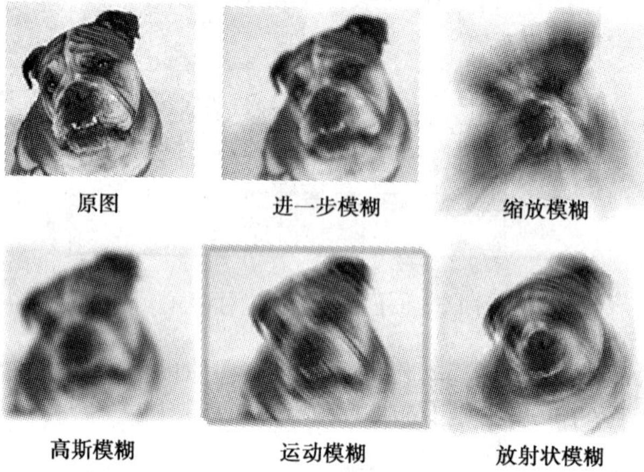

图1.35　模糊滤镜调整效果图

其中：

模糊：柔化所选像素的焦点。

进一步模糊：约是模糊效果的三倍。

高斯模糊：对每个像素进行加权平均模糊处理。

运动模糊：创造一种用固定的曝光时间给一个移动对象拍照的效果，即生成图像正在运动的效果。

放射状模糊：产生图像正在旋转的模糊效果。

缩放模糊：模拟照相机的旋转和变焦，产生图像正朝着观察者或者远离观察者的方向移动的效果。

（7）锐化。通过【锐化】滤镜可以通过细化图像来吸引注意力，使图像边缘两侧的像素对比度增大，与模糊相反。效果如图1.36所示。

图1.36　锐化滤镜调整效果图

【属性】编辑器中的滤镜设置就是常说的动态效果设置。可以使用【属性】检查器将一个或多个动态滤镜应用于所选对象。每次给对象添加新动态滤镜时，此新滤镜便添加到【属性】检查器【添加滤镜】弹出菜单的列表中，可以打开或关闭每种动态滤镜。常用的动态效果设置如下。

斜角：产生凸起的外观，分内斜角与外斜角两种效果。斜角边缘形状有 7 种效果；按钮设置有 4 种效果；还可以修改斜角对比度、柔和度、角度、宽度。

浮雕：该效果使图像看上去有从背景上凸出或者凹陷下去的感觉。

阴影与光晕：投影效果与光晕。阴影效果主要是使对象一侧产生颜色变暗的投影效果。

发光：该效果是使对象的四周产生颜色的光芒。

杂点：杂乱像素效果。

模块二　班级主页的界面框架设计

一、能力目标

（1）掌握网页草图设计的方法。

（2）掌握利用 Fireworks 8 进行网站界面布局设计的操作技能。

二、任务布置

利用提供的相关素材，完成如图 1.37 所示的班级主页的首页界面框架设计。页面尺寸要求在 1024×768 分辨率下满屏显示。主色调采用高远博大的蓝色。

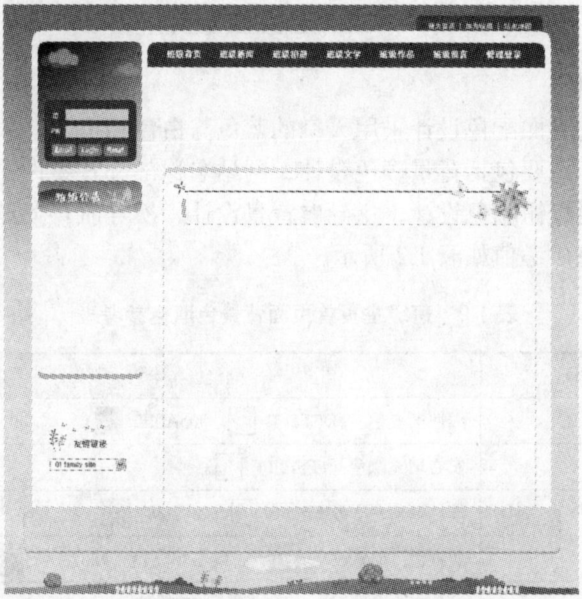

图 1.37　班级主页首页框架结构图

三、任务解析

（一）框架设计解析

网页的框架结构是网页的骨骼，是为了能让浏览者更清楚、更便捷地理解网站所要传达的信息内容，由此将网页元素按照一定方式进行的排列。框架结构一般分为上下式、左右式、上左右式、上左中右式、综合式、无规则式等结构形式，网页结构根据内容的增加来进行细分，从而构成复杂的网页结构。任务中提出的班级主页网站属于小型网站，内容较少，因此主结构划分为上下式，绘制首页框架结构草图如图 1.38 所示。

对于网页的页面尺寸设计，页面的高度一般没有一个固定值，因为每个人的浏览器的工具栏不同，所以高度没有一个确切值。而对于宽度的设计，则需要根据不同的浏览器和分辨率来选择不同的尺寸。在 IE6.0 下，满屏显示的页面宽度为显示器分辨率-21，1024 分辨率下的宽度为 1003 px（像素）。在 Firefox 下，宽度用分辨率 1024-19，为 1005 px。在 Opear 下，宽度用分辨率 1024-23，为 1001 px。所以如果在 1024×768 的分辨率下，网页宽度的值≤1000px 比较安全。在 800×600 的分辨率下宽度≤770px。根据任务要求，设计首页画布尺寸为 1000×1000px。

图 1.38　班级主页首页框架结构草图

（二）界面配色分析

班级主页首页面的界面配色设计采用天空的蓝色与白色相搭配，象征着高远与博大的情怀。框架部分配色设计主要包括背景颜色设计、网站名称部分背景设计、用户登录表单背景及边框色设计、公告栏按钮颜色设计、主导航背景设计、次导航背景设计和页脚背景设计 7 个部分。各背景色取色参考值如表 1.2 所示。

表 1.2　班级主页首页面背景色取色参考表

色彩设计部分	颜色值（十六进制）
框架背景色	线性渐变色（#DCF2FB ，#05A0E2 ）
主体背景颜	实心填充颜色（#FFFFFF ）
网站名称区背景色	线性渐变色（#AFF1FB ，#00709F ）
表单背景色	边框色（#1D597A ），实心填充色（#267AA8 ）
公告栏按钮颜色	线性渐变色（#5BAED3 ，#FFFFFF ）
主导航背景色	实心填充颜色（#666666 ）
次导航背景色	实心填充颜色（#307D90 ）
页脚背景色	实心填充颜色（#E8E8E8 ）

（三）操作要点解析

1．知识要点

（1）整体尺寸及框架草图设计：Fireworks 文档的新建与属性修改，标尺与辅助线的使用。

（2）框架背景设计：矩形、圆角矩形的绘制，笔触颜色与填充颜色设置，渐变填充设置。

（3）网站名称区域及用户登录表单设计：圆角矩形的绘制与属性设置，文件的导入，文本的输入与编辑。

（4）公告栏设计：圆角矩形的绘制与属性设置，刀子工具的使用，钢笔工具绘制和调整直线路径，图像的合成（混合模式的使用），文件的导入，文本的输入与编辑。

（5）导航栏设计：圆角矩形的绘制与属性设置，刀子工具的使用，钢笔工具绘制和调整直线路径，按钮的新建与编辑，文件的导入，文本操作。

（6）页脚设计：圆角矩形的绘制与属性设置，动态滤镜的设置，文件的导入。

（7）次导航、主内容区框架设计：圆角矩形的绘制与属性设置，文件的导入。

2．操作方法

（1）文本的输入：

选择【文本】工具 A；

在文档中单击希望文本开始的位置，输入文本；

或者拖动鼠标绘制文本块，然后再输入文本。

（2）文本的编辑：

使用【指针】工具选择需要修改的文本；

在【属性】检查器面板中编辑文本的字体、字号、字体样式等属性；

或者选择【文本】|【编辑器】命令，打开文本编辑器进行编辑。

（3）矩形/圆角矩形的绘制：

在工具箱的【矩形】工具弹出菜单中选择【矩形】工具/【圆角矩形】；

在【属性】检查器面板中设置笔触与填充属性；

在画布上拖动鼠标绘制出形状。

（4）【钢笔】工具绘制直线路径：

在工具箱中选择【钢笔】工具；

在【属性】检查器面板中设置笔触属性；

在画布上单击以放置第一个角点；

移动到下一个位置，单击放置第二个角点；

双击最后一个点结束路径并使其成为开口路径。

（5）【刀子】工具切割路径：

使用【部分选定】工具选定需要切割的路径；

在工具箱中选择【刀子】工具，跨越路径拖动指针进行切割；

若需要选择切割后的路径对象，则选择【部分选定】工具进行选择。

（6）渐变填充设置：

使用【指针】工具选中需要设置渐变填充的对象；

在【属性】检查器面板的【填充选项】中选择渐变填充，在弹出菜单中选择一种渐变形式；

单击【填充颜色】框以打开【编辑渐变】弹出窗口；

单击或拖动颜色滑块调整渐变颜色，单击或拖动不透明度滑块调整不透明度。

选中应用渐变填充的对象，调整渐变填充。

（7）动态滤镜设置：

使用【指针】工具选中需要应用动态滤镜的对象；

在【属性】检查器中，单击【添加动态滤镜】按钮滤镜: +，从弹出菜单中选择一种滤镜；

在打开的效果设置对话框中编辑相应效果；

同一个对象可以添加多个【动态滤镜】，若需要删除所应用的滤镜，可以单击【添加动态滤镜】按钮旁的减号 − 进行删除。

四、操作步骤

（一）整体尺寸及框架草图设计

1. 文档新建、画布设置

启动 Fireworks 8，选择【文件】|【新建】命令（快捷键 Ctrl+N），新建一 Fireworks 文档，画布大小为 1000×1000px，分辨率采用默认值，画布背景色为白色（#FFFFFF），如图 1.39 所示。

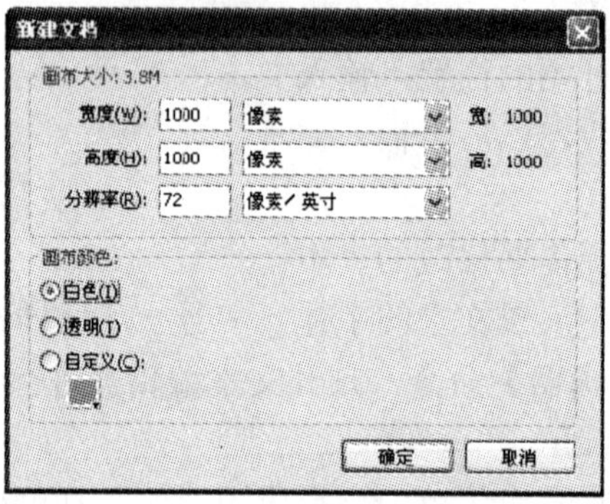

图 1.39　班级主页首页文档属性设置

2. 框架草图设计

打开【视图】菜单，勾选【标尺】项，在【辅助线】子菜单中勾选【显示辅助线】项，参考界面设计草图，使用标尺和辅助线勾勒出网页界面大致结构，如图 1.40 所示。

图 1.40　班级主页首页框架结构图

(二) 背景设计

1. 绘制框架背景

(1) 在工具箱面板的【矢量】类别中选择【矩形】工具，在画布中绘制一矩形，大小（1000×1000），位置（0，0），设置对象名称为 bg。

(2) 选中矩形 bg，在【属性】检查器中设定矩形笔触颜色为透明色，填充颜色为线性渐变色，颜色取值从左到右为（#DCF2FB，#05A0E2），属性设置以及线性渐变填充设置如图 1.41、图 1.42 所示。

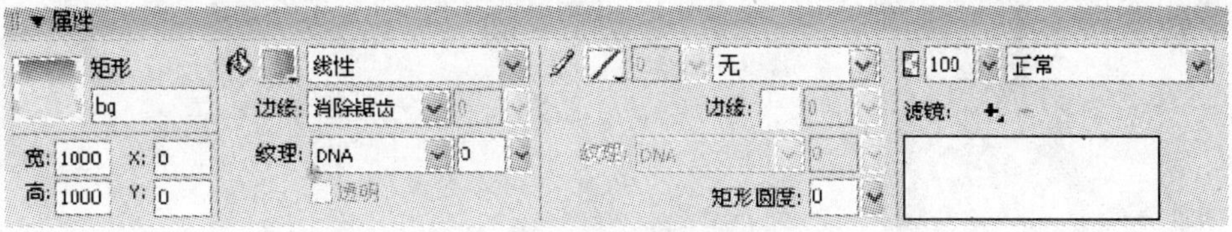

图 1.41　背景矩形属性设置

图 1.42　线性渐变设置

(3) 使用【指针】工具拖动渐变填充的圆形手柄调整渐变色的开始位置，拖动渐变填充的方形手柄调整渐变色的方向，移动到连接手柄的直线上旋转调整渐变色方向。渐变调整后的背景效果如图 1.43 所示。

图 1.43　页面背景设置后效果图

2. 绘制主体背景区域

(1) 选择【圆角矩形】工具，在画布中绘制一圆角矩形，大小（902×876），位置（49，44），设置对象名称为 white_bg。

（2）选中圆角矩形 white_bg，在【属性】检查器中设定笔触颜色为透明色，填充颜色为实心白色填充（#FFFFFF），边缘为【消除锯齿】。

（3）至此，完成页面背景设计和主体部分背景设计。效果如图 1.44 所示。

图 1.44　主体和页面背景设置后效果

（三）网站名称区域及用户登录表单设计

1．绘制网站名称区域

（1）选择【圆角矩形】工具，在画布中绘制一圆角矩形，大小（180×215），位置（60，63），设置对象名称为 logo_box。

（2）选中圆角矩形 logo_box，在【属性】检查器中设定笔触颜色为透明色，填充颜色为线性渐变填充（#AFF1FB，#00709F），边缘为【消除锯齿】。

（3）属性设置以及线性渐变填充设置如图 1.45、图 1.46 所示。

（4）使用【指针】工具拖动渐变填充手柄调整渐变色的开始位置、方向和长度。线性渐变填充设置和渐变调整后效果如图 1.47 所示。

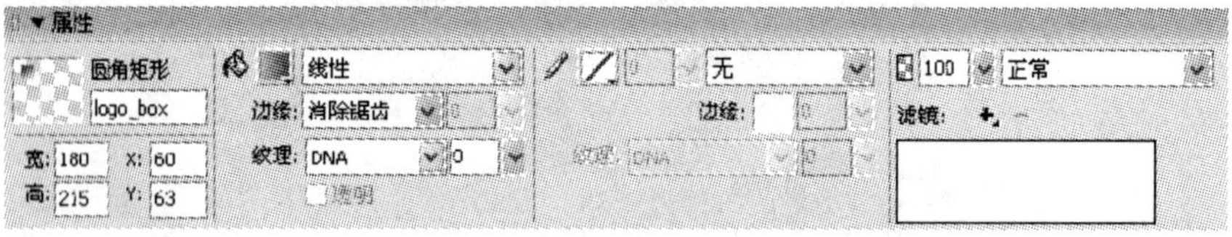

图 1.45　背景矩形属性设置

图 1.46　线性渐变设置

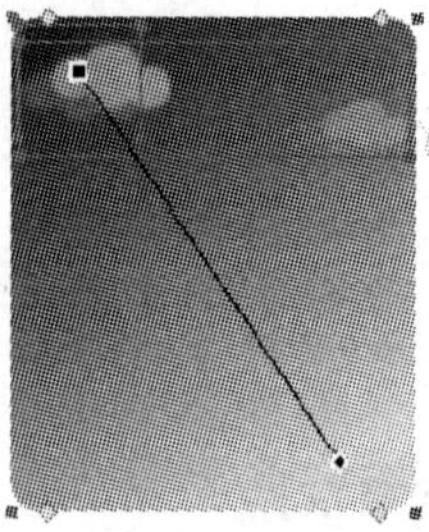

图 1.47　网站名称区背景效果

（5）选择【文件】|【导入】项（快捷键 Ctrl+R），从教学资源包中的“项目一/班级主页/蓝色——高远博大/界面设计源图”文件夹中分别选择 cloud.png 和 shadow.png 并导入到画布中，放置位置分别为（63，73）、（62，66）。【导入】对话框如图 1.48 所示，效果如图 1.47 所示。

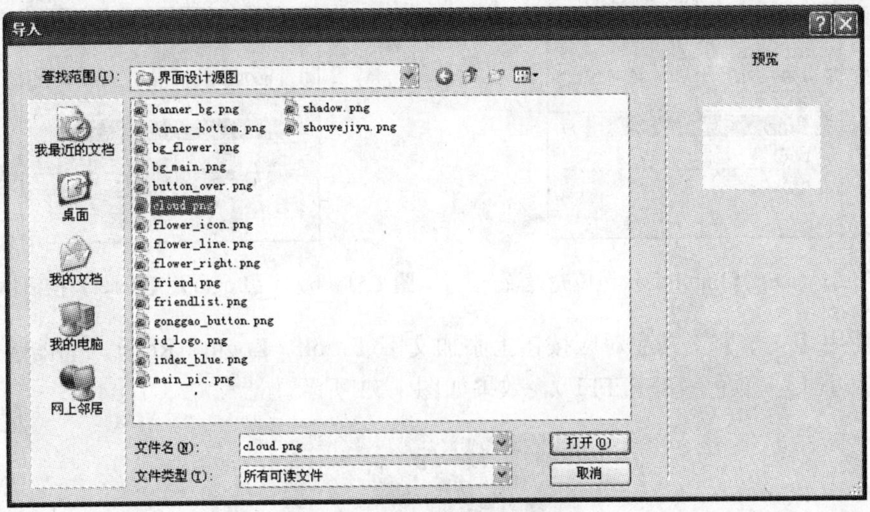

图 1.48 【导入】对话框

2. 绘制用户登录背景区

（1）选择【圆角矩形】工具，在画布中绘制一圆角矩形，大小（158×104），位置（72，163），设置对象名称为 id_box。

（2）选中圆角矩形 id_box，在【属性】检查器中设定笔触颜色为（#1D597A），笔尖大小为 1px，填充颜色为实心填充（#267AA8），边缘为【消除锯齿】。效果如图 1.49 所示。

3. 绘制用户登录文本框

（1）选择【文本】工具，输入文本【ID PW】，字体格式为【Arial Narrow】、大小 12、颜色（#FFFFFF）、文字字顶距 220%。文字属性设置如图 1.50 所示。

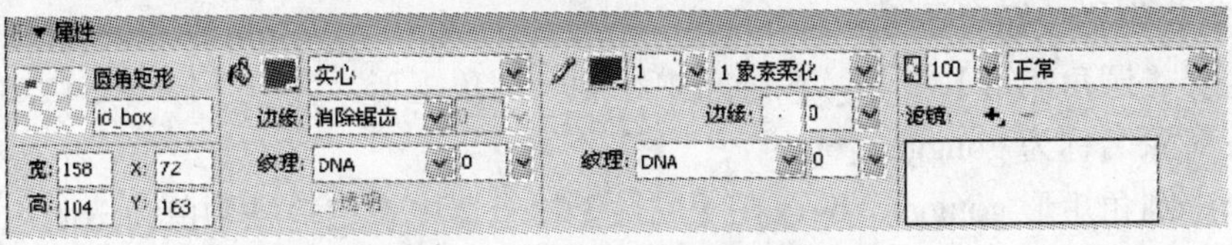

图 1.49 用户登录背景属性设置

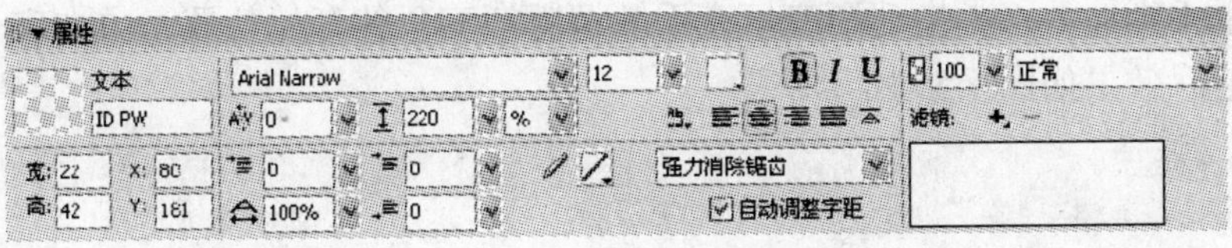

图 1.50 文字属性设置

（2）绘制矩形 id_form 和 pw_form，颜色为实心填充（#D0F1F1）、大小（109，20）。

4. 绘制表单按钮

（1）选择【圆角矩形】工具，分别绘制 Enroll、Login、Reset 按钮，大小（42，20），线性渐变填充 Enroll 按钮为（#FF9900，#D0F1F1），Login、Reset 按钮为（#999999，#D0F1F1），渐变填充设置分别如图 1.51（a）、（b）所示。

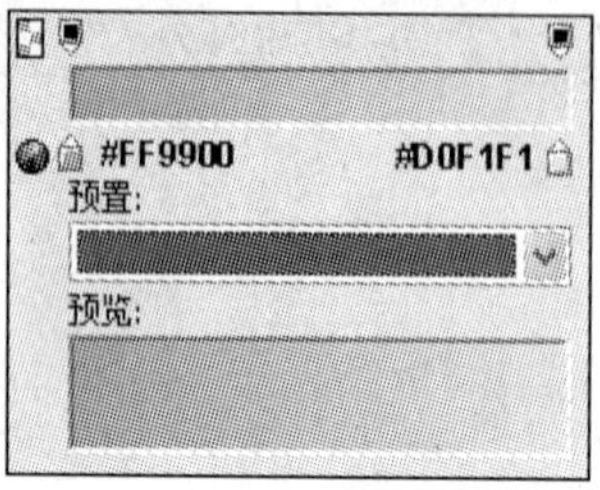

图 1.51（a）【Enroll】按钮填充设置

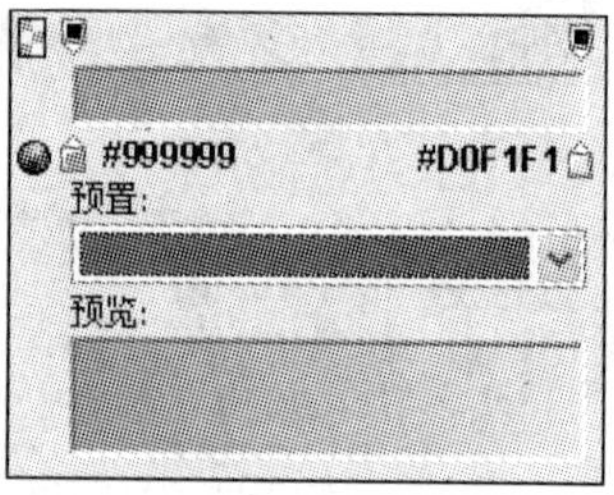

图 1.51（b）【Login】【Reset】按钮填充设置

（2）使用【文本】工具在对应按钮上添加文字 Enroll、Login、Reset，字体格式为 Arial Narrow、大小 13、颜色（#FFFFFF）。效果如图 1.52 所示。

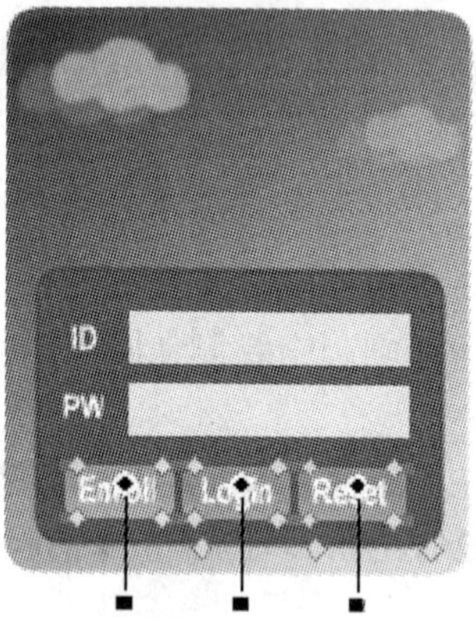

图 1.52 网站名称区域与用户登录效果图

（四）公告栏设计

1. 绘制公告栏按钮背景

（1）选择【圆角矩形】工具，在画布中绘制一圆角矩形，大小（180×54），位置（60，299），设置对象名称为 gonggao_bg。

（2）选中圆角矩形 gonggao_bg，在【属性】检查器中设定笔触颜色为透明色，填充颜色为线性渐变填充（#5BAED3，#FFFFFF），边缘为【消除锯齿】。属性设置以及线性渐变填充设置如图 1.53、图 1.54 所示。

（3）使用【指针】工具拖动渐变填充手柄调整渐变色的开始位置、方向和长度。线性渐变填充和调整后效果如图 1.55 所示。

图 1.53 背景矩形属性设置

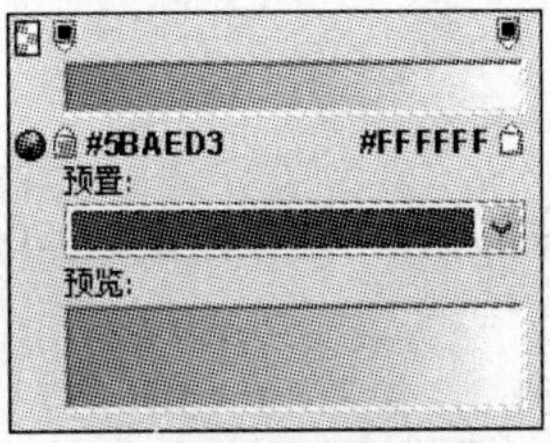

图 1.54　线性渐变填充设置

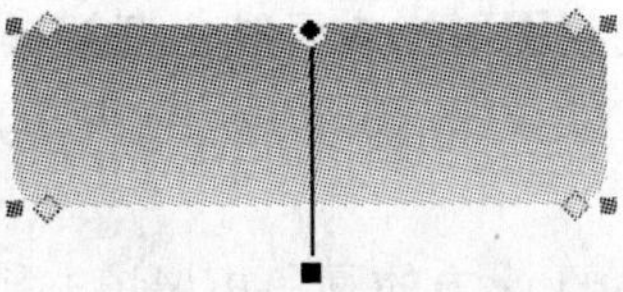

图 1.55　公告栏背景效果

2．绘制公告栏按钮背景阴影

（1）复制圆角矩形 gonggao_bg，使用【部分选定】工具选中该圆角矩形以显示绘制点，选择【刀子】工具，沿着对角线方向将该圆角矩形切分为上下两部分，删除上半部分路径。如图 1.56（a）、（b）所示。

（2）使用【部分选定】工具选择剩余部分路径并显示绘制点，选择【钢笔】工具连接切割处两个绘制点，构成闭区间。在斜边上增加绘制点并调整得到曲线段。至此，绘制出阴影形状。如图 1.56（c）所示。

（3）修改阴影的填充效果，颜色为（#5BAED3、不透明度 100%，#FFFFFF、不透明度 53%），填充设置如图 1.56（d）所示。

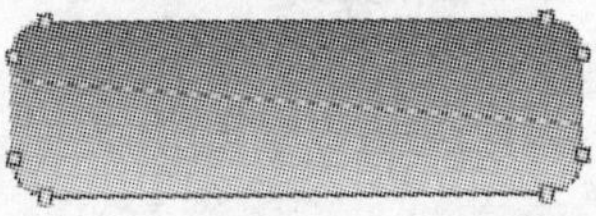

（a）显示绘制点

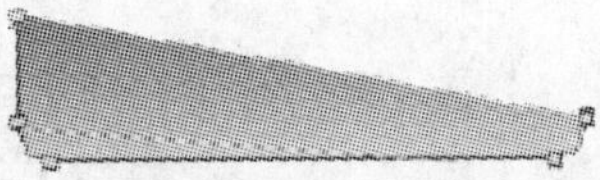

（b）切割后效果

（c）曲线段及填充调整后效果

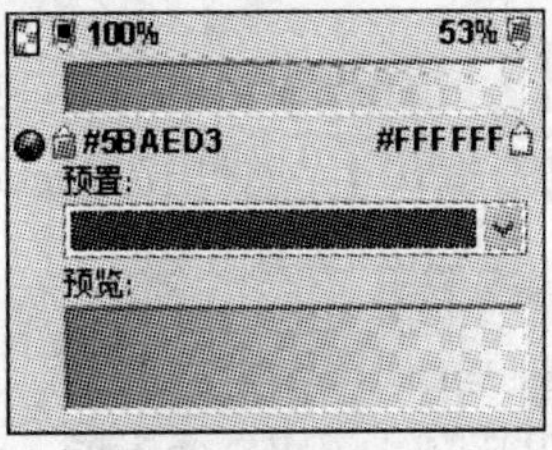

（d）填充设置

图 1.56　公告栏阴影制作

（4）拖动阴影形状到圆角矩形 gonggao_bg 上，调整位置为底边对齐，选择阴影形状，在【属性】检查器的【混合模式】中选择【色彩增殖】项。属性设置及效果如图 1.57 所示。

（a）阴影属性设置

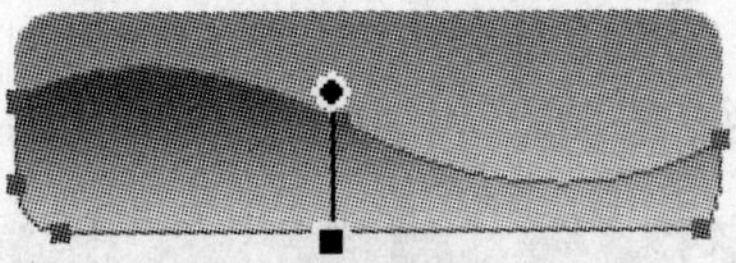

（b）添加阴影后效果

图 1.57　添加阴影设置

（5）选择【文本】工具，输入文本“班级公告”，设置文字字体格式为“迷你简毡笔黑”、文字大小 20、字距 3、字体颜色（#FFFFFF）。

（6）导入位图 bg_flower.png，放置在“班级公告”文本右侧，公告栏按钮最终效果如

图 1.58 所示。

3. 绘制底部图形构成导航栏框架

（1）复制圆角矩形 gonggao_bg 两份，修改位于下方的圆角矩形位置为（60，582），填充颜色不做修改。

（2）修改位于上方的圆角矩形填充颜色为（#FFFFFF），位置为（50，573）。至此设计出导航栏部分框架，如图 1.59 所示。

图 1.58　公告栏按钮效果

图 1.59　公告栏框架图

（五）导航栏设计

1. 绘制导航栏背景

（1）选择【圆角矩形】工具，在画布中绘制一圆角矩形，大小（690×52），位置（250，64），设置对象名称为 navigation。

（2）选中圆角矩形 navigation，在【属性】检查器中设定笔触颜色为透明色，填充颜色为实心填充（#666666），边缘为【消除锯齿】。属性设置如图 1.60 所示。

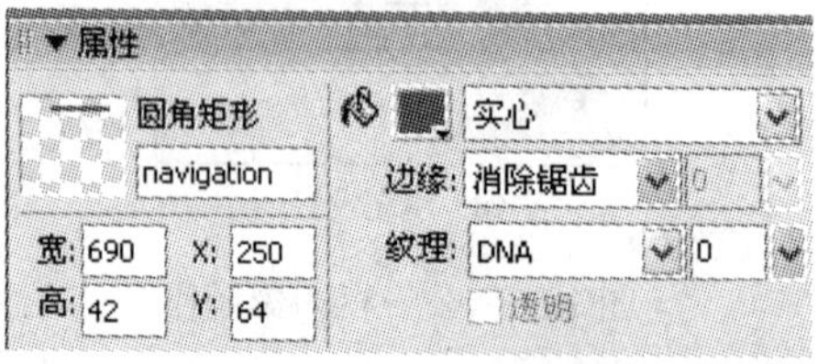

图 1.60　导航栏属性设置

（3）使用【部分选定】工具选中该圆角矩形以显示绘制点，选择【刀子】工具，切除矩形下方圆角，使用【部分选定】工具选择剩余部分路径并显示绘制点，选择【钢笔】工具连接切割处的两个绘制点，构成闭区间。切割后导航栏背景图如图 1.61 所示。

图 1.61　切割后导航栏背景图

2. 导航按钮的制作

（1）选择【编辑】|【插入】|【新建按钮】命令，在弹出的如图 1.62 所示的【按钮】对话框中创建“班级首页”导航按钮。

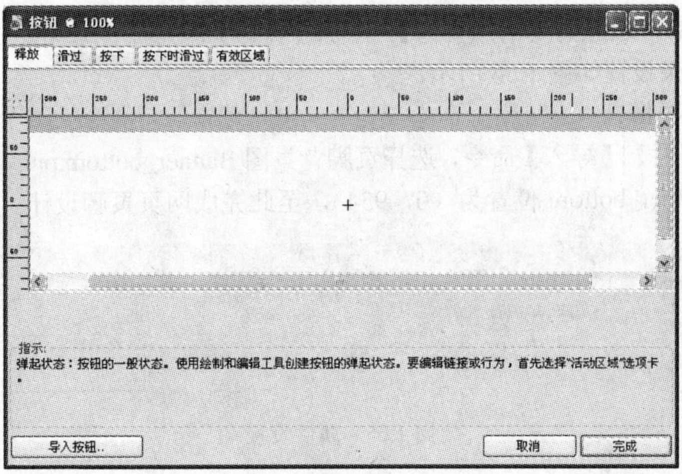

图 1.62　【插入】对话框

(2) 在按钮的【释放】状态输入文本“班级首页”,【字体】格式为黑体、【大小】15、【字距】2、【字顶距】120%，选择【窗口】|【对齐】命令，打开如图 1.63 所示【对齐】面板，设置文本水平、垂直均居中到画布。

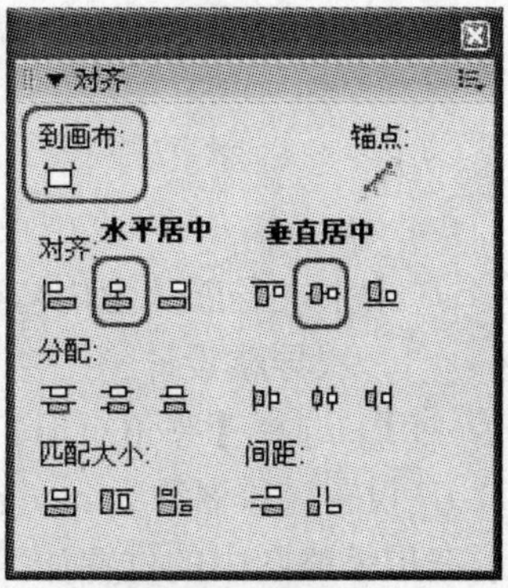

图 1.63　【对齐】面板

(3) 在按钮的【滑过】状态，单击【复制弹起时的图形】按钮，将【释放】状态下按钮的形状复制到【滑过】状态下；调整文字大小为 16。选择【文件】|【导入】命令导入事先绘制好的按钮背景图形 button_over.png，在【层】面板中设置 button_over 层位于“班级首页”文本层的下方，同样设置 button_over 水平、垂直均居中到画布。

(4) 在按钮的【按下】、【按下时滑过】和【有效区域】状态，同样操作复制前一状态下的按钮形状，至此完成“班级首页”按钮的制作。

(5) 同样操作完成导航栏其他按钮的制作，调整导航按钮在导航栏背景上的位置，至此，完成导航栏的制作。导航栏效果如图 1.64 (a)、(b) 所示。

(a)

(b)

图 1.64　网站导航栏效果图

(六) 页脚设计

1. 绘制版权信息背景区

(1) 选择【圆角矩形】工具，在画布中绘制一圆角矩形，大小 (931×76)，位置 (35, 852)，设置对象名称为 bottom。

(2) 选中圆角矩形 bottom，在【属性】检查器中设定笔触颜色为透明色，填充颜色为实心填充（#E8E8E8），边缘为【消除锯齿】。添加【投影】动态滤镜效果。属性设置如图 1.65 所示，【投影】效果设置如图 1.66 所示。

2．导入页脚图像

（1）选择【文件】|【导入】命令，选择页脚背景图 Banner_bottom.png，以实际尺寸导入。

（2）调整 Banner_bottom 位置为（0，934），至此完成网页页脚设计。

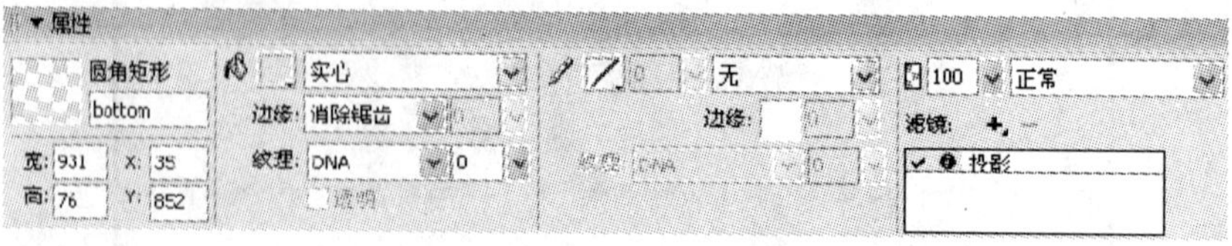

图 1.65　属性设置

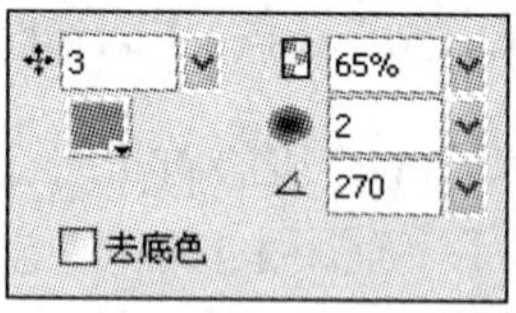

图 1.66　【投影】效果设置

（七）次导航、主内容区框架设计

1．次导航设计

（1）选择【圆角矩形】工具，在画布中绘制圆角矩形，大小（220×112），位置（716，18），设置对象名称为 navigation_right。在【层】面板中位于主体背景矩形 white_bg 下方。矩形在层缩略图中的位置如图 1.67 所示。

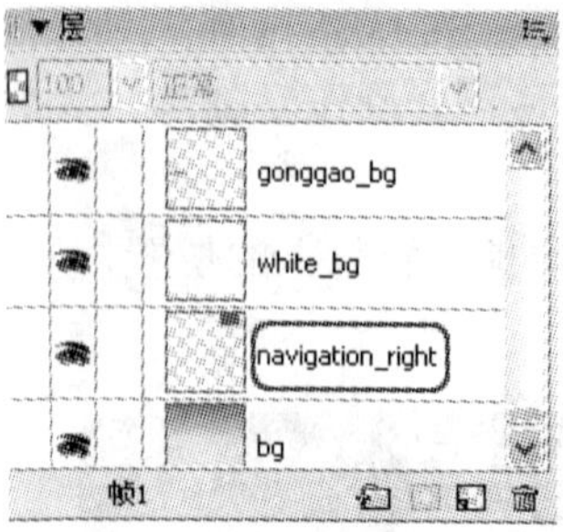

图 1.67　矩形在层缩略图中的位置

（2）选中圆角矩形 navigation_right，在【属性】检查器中设定笔触颜色为透明色，填充颜色为实心填充（#307D90），边缘为【消除锯齿】。添加文本“设为首页”、“加为收藏”、“站点地图”。完成次导航设计。

（3）“友情链接”区域设计。在页面左下角绘制友情链接区。

2．主内容区框架设计

（1）选择【圆角矩形】工具，在画布中绘制主内容区框架投影，大小（663×116），位置（277，276），设置对象名称为 main_mask。线性渐变填充色为（#E5E5E5、不透明度 100%，#FFFFFF、不透明度 0%），方向水平向右。属性设置与渐变设置如图 1.68、图 1.69 所示。

图 1.68　属性设置

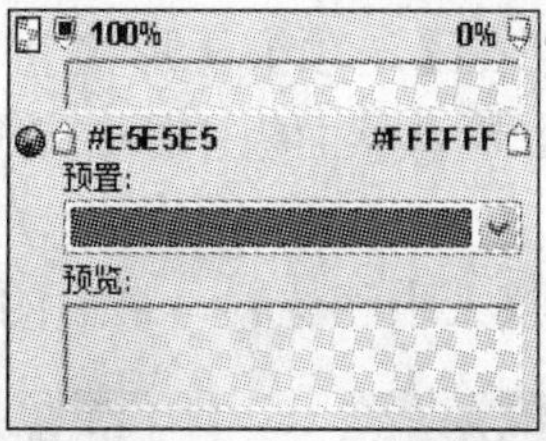

图 1.69　渐变填充设置

（2）绘制主内容区背景。绘制圆角矩形 main_box，大小（647×58）、位置（277，284）、白色填充、边框颜色为（#CCCCCC）、笔尖大小 1px。

（3）在【层】面板中，圆角矩形 main_box 位于圆角矩形 main_mask 上方。导入位图 flower_line.png，调整位置为（294，295），完成标题区设计。

（4）完成如图 1.37 所示的班级主页界面框架结构设计。

五、举一反三

（一）矢量图形的特殊绘制

1. 直线、矩形和椭圆的特殊绘制

（1）若要绘制只能按 45°的倾角增量的直线，按住 Shift 键并拖动【直线】工具。

若要绘制正方形或正圆，按住 Shift 键并拖动【矩形】或【椭圆】工具。

（2）若要从特定中心点绘制直线、矩形或椭圆，将指针放在预期的中心点，然后按 Alt 键并拖动【直线】、【矩形】或者【椭圆】工具。

（3）若要既限制形状又要从中心点绘制，将指针放在预期的中心点，按 Shift+Alt 键并拖动绘制工具。

（4）若要在绘制时调整基本形状的位置，在按住鼠标按钮的同时，按住空格键，然后将对象拖动到画布上的另一个位置（【直线】工具例外），释放空格键可继续绘制对象。

2. 圆角矩形、多边形和星形的特殊绘制

（1）若要使所选矩形转为圆角矩形，则在【属性】检查器面板的【矩形圆度】框内输入一个从 0 到 100 的值并按 Enter 键，或者拖动弹出滑块来调整角度。

（2）若要将多边形的方向限制为按 45° 的增量变化，请在绘制时按住 Shift 键。【多边形】工具总是从中心点开始绘制。

（3）若要将星形方向限制为按 45° 的倾角增量变化，请在拖动时按住 Shift 键。【多边形】工具总是从中心点开始绘制。

（二）运用矢量工具绘制矢量对象

1. 运用笔触绘制白云效果

（1）选择【直线】工具 ，设置【笔触】颜色为（#EDEDF1），在画布上绘制一段直线路径。

（2）在【描边种类】下拉框中单击【笔触选项】按钮，在弹出的窗口中设置笔触种类为【非自然】、笔触名称为【粘性异己颜料】，笔尖大小 62、柔化值 96、纹理为【旋绕】，如图 1.70 所示。

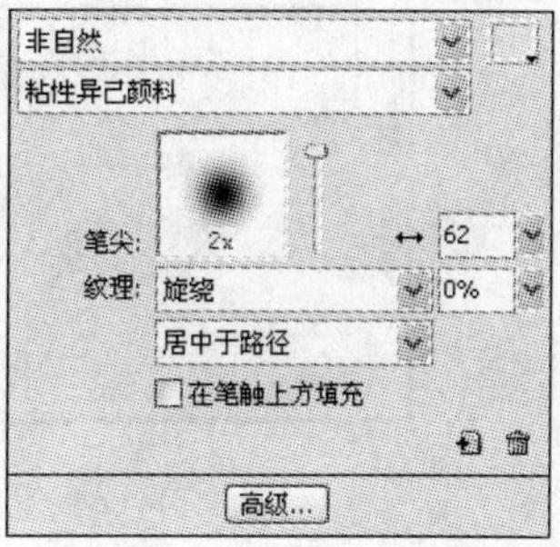

图 1.70　笔触设置

（3）单击【高级】按钮，打开【编辑笔触】对话框，按照图

1.71（a）、（b）、（c）、（d）所示分别在【选项】、【形状】、【敏感度】中设置相关值；

（4）选中直线对象，在【属性】检查器面板中添加【投影】滤镜，【投影】效果如图 1.72 所示。

（5）复制几份直线对象，并调整大小和位置，最后的效果如图 1.73 所示。

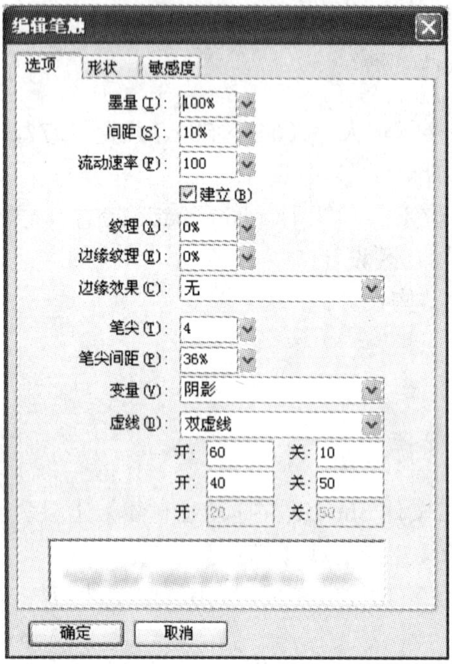

图 1.71（a）笔触选项设置

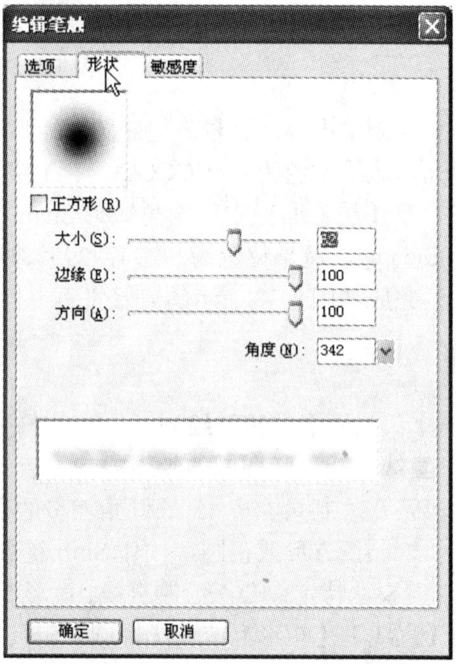

图 1.71（b）笔触形状设置

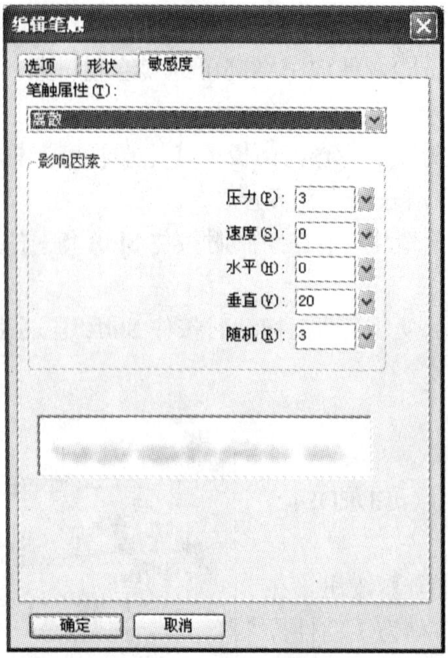

图 1.71（c）笔触离散设置

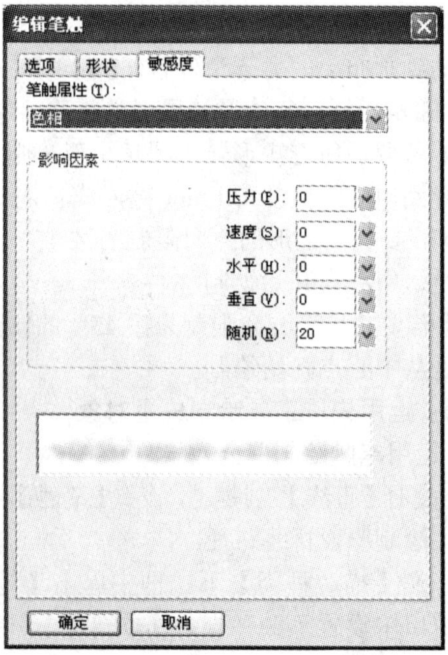

图 1.71（d）笔触色相设置

（6）在【笔触选项】窗口中单击【保存自定义笔触】按钮，保存笔触效果。

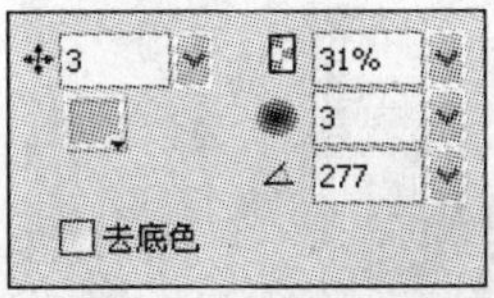

图 1.72　投影效果设置

图 1.73　白云效果

2. 利用【矩形】工具绘制网页导航菜单

（1）选择【矩形】工具，在画布上绘制尺寸大小为（522，60）的矩形。

（2）选中矩形对象，在【属性】检查器面板设置【线性】渐变填充，填充色为（#07304C，#0B5890）。

（3）选中矩形对象，添加【投影】、【内侧阴影】滤镜，效果设置如图 1.74、图 1.75 所示。

（4）使用【文本】工具 A 输入导航菜单名称。

（5）选择【直线】工具，绘制两段竖线，大小为（1，28），颜色设置分别为（#116CAE）、（#062842），如图 1.76 所示。

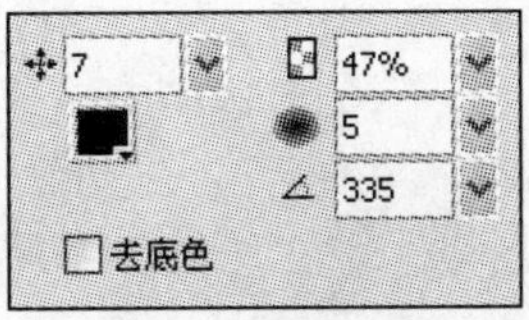

图 1.74　投影效果设置

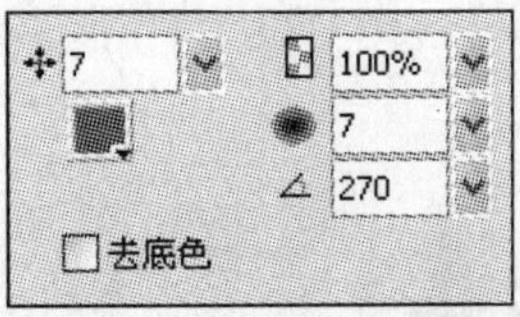

图 1.75　内侧阴影效果设置

图 1.76　分割线设置

（6）调整菜单文本与分割线的间距，菜单最终效果如图 1.77 所示。

图 1.77　网页导航菜单效果

六、上机练习

打开教学资源中“上机练习\ch1-1-2\素材文档”，根据提供的素材，利用 Fireworks 完成如图 1.78 所示的“新城房产公司”企业网站首页框架设计。

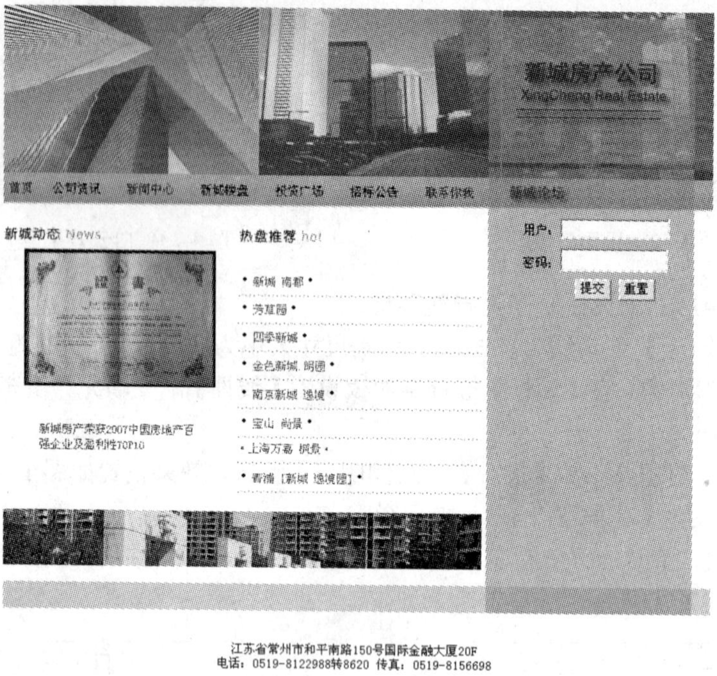

图 1.78　网页导航菜单效果

【操作提示】

（1）启动 Fireworks 8，新建一 760×500 的画布，颜色为白色。

（2）选择【文件】|【导入】命令，分别导入 tu1.jpg、tu2.jpg、tu3.jpg，水平排列，位置值分别为（0，0）、（275，0）、（534，0）。

（3）选择【矩形】工具，设置填充色为#CCCCCC，笔触色为透明色，绘制矩形，大小为 760×200，在属性面板中设置位置（0，6）、不透明度为 30，覆盖于导入的位图上。

（4）选择【矩形】工具，在位图下方（0，180）处绘制一 760×30 的矩形，笔触为透明色，选择线性填充，填充色为（#86B300、#9ED200），渐变方向垂直向上，设置投影滤镜效果，距离 2、柔化 2、不透明度 65、角度 315。

（5）选择【矩形】工具，在画布下方（0，454）处绘制一 760×30 的矩形，填充色为#CCCCCC，笔触色为透明色。

（6）在画布右上角第 3 张位图上方（520，12）处绘制矩形，大小为 220×152，设置填充色为#86B300，不透明度为 70，笔触色为透明色。

（7）使用【矩形】工具绘制矩形，大小为 20×316，设置填充色为#86B300，不透明度为 60，笔触色为透明色，放置在上述矩形下方（520，174）处。

（8）选择【文本】工具，颜色为#333333，输入公司名称文字信息。

（9）选择【线条】工具，颜色为#333333，笔尖大小为 1，绘制两根长 154 的线条，放置于公司名称下方。

（10）输入导航菜单名称、版权信息等。

可以参考教学资源中“上机练习\ch1-1-2\完成文档”中 index.png 的效果。

模块三　班级主页网站 Logo 与 Banner 设计

一、能力目标

（1）掌握文字设计的操作方法。

（2）掌握网站 Logo 与 Banner 设计的原则。

（3）利用 Fireworks 8 进行网站 Logo 与 Banner 设计的能力。

二、任务布置

打开教学资源中“各章节完成文档\ch1-1-2\界面框架设计.png”，在此基础上完成网站网站 Logo 与 Banner 的设计，所需图片存放在“班级主页\蓝色——高远博大\界面设计源图”下。完成后效果如图 1.79 所示。

图 1.79　添加 Logo 与 Banner 后效果图

三、任务解析

（一）Logo 与 Banner 设计解析

1. 网站 Logo 设计

网站标志（Logo）是一个网站的特色与内涵，网站标志的设计创意来自网站的名称和内容。设计时一般放置在网站所有页面的上方，是网站给人的第一印象。Logo 设计时一般与图案、文字组合，展示网站的主题与名称。Logo 常见的表现形式有简洁的文字符号、繁复的图案纹饰、卡通动画或人物等。

班级主页网站主题是展现学生的青春校园生活，是放飞梦想的年代，因此取名为“我们的青春年代”，网站 Logo 设计为一只飞舞的蝴蝶图案和中文字“我们的青春年代”的组合，与蓝色渐变和白云图案的背景相结合，表达主题寓意。Logo 放置在网页的左上角，并在页脚部分放置副本，形成首尾呼应效果，如图 1.80 所示。

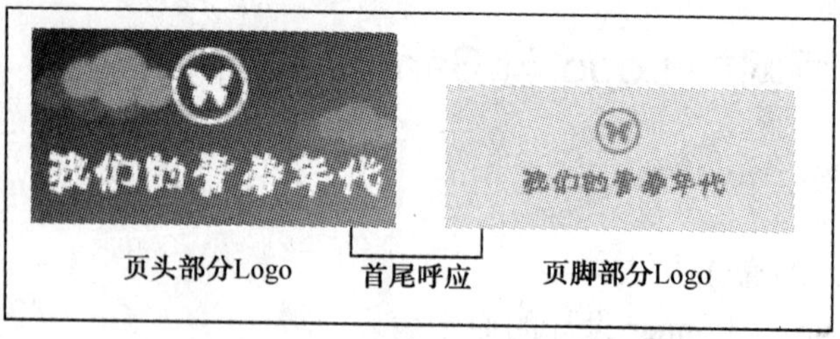

图 1.80　网站 Logo 效果图

2．网站 Banner 设计

网站广告条（Banner）主要存放网站主题内容、网页中需要推广的内容或者强调性内容，通过静态图形或者 Flash 动画的形式来表现主题，达到宣传的效果。Banner 也可用于页面布局。网页布局设计时，Banner 可以放置在网页的顶部、中部或者底部，尺寸设计为横向贯穿整个或者大半个页面。Banner 中的文字设计要求简洁明了，一般用粗壮的字体形式来突出显示；考虑与文字的搭配，背景图像要避免复杂。

根据班级主页的主题要求，网站 Banner 位于页面顶部，放置在网站导航栏下方，Banner 尺寸宽度与导航栏宽度匹配、高度与网站名称背景区的高度相匹配。Banner 背景图像选取了绚烂绽放的黄色小花，与班级主页的用户群体特征相符，表达美好青春的寓意。Banner 文字体现主题内容。网站 Banner 如图 1.81 所示。

图 1.81　网站 Banner 效果图

（二）操作要点解析

1．知识要点

（1）网站 Logo 设计：位图的导入，文本的输入与编辑，滤镜的使用。

（2）网站 Banner 设计：位图的导入，文本的输入与编辑，文本附加到路径，钢笔工具绘制和调整曲线路径，滤镜的使用。

（3）主体内容部分标题栏设计：位图的导入，文本的输入与编辑。

2．操作方法

（1）位图的导入：

选择【文件】|【导入】命令，打开【导入】对话框；

选择需要导入的位图对象，单击【打开】按钮；

此时鼠标指针变成导入箭头⌈，在画布上单击鼠标，以位图对象的实际尺寸导入位图到画布；

或者按住左键并拖动鼠标，则以拖出的虚线框大小导入位图对象。

（2）曲线路径的绘制与调整：

选择【工具】面板中的【钢笔】工具，在画布上单击鼠标左键放置第一个角点；

移动鼠标到下一个点的位置，单击并拖动以产生一个曲线点；

重复上一步操作绘制其他曲线点；

双击最后一个点或选择其他工具，结束路径并使其成为开口路径；

若要调整曲线路径，选择【部分选定】工具 单击某个点以选中，选定的角点显示为实心的蓝色方形；

选中角度将该点拖动到一个新位置；

选中点手柄拖动调整曲线形状，【钢笔】工具也能完成曲线路径的调整。

（3）文本附加到路径：

输入并编辑文本；

使用【钢笔】工具绘制并调整好路径；

选中文本块和路径；

选择【文本】|【附加到路径】命令。

四、操作步骤

（一）网站 Logo 设计

1．Logo 标志位图的导入

（1）启动 Fireworks 8，打开“界面框架设计.png”文件。

（2）选择【文件】|【导入】命令（快捷键 Ctrl+R），打开导入对话框。如图 1.82 所示。

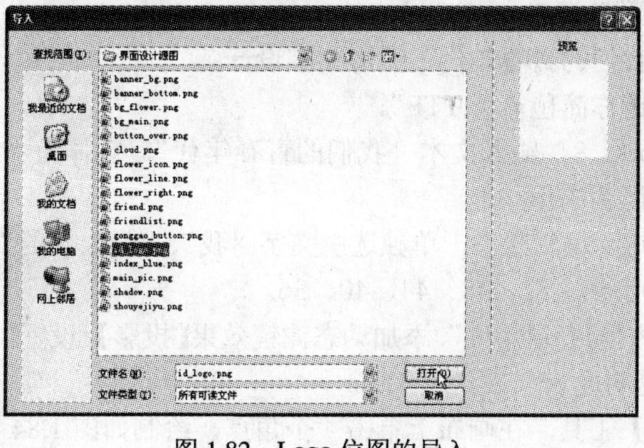

图 1.82　Logo 位图的导入

（3）选中需要导入的位图文件“id_logo.png”，单击【打开】按钮。

（4）此时鼠标指针变成导入箭头厂，在画布上单击鼠标，以位图实际尺寸导入。

（5）Logo 标志位图放置位置为（130，74），编辑位图名称为【logo】。

2．Logo 文字的输入与编辑

（1）上网下载字体“迷你简雁翎.ttf”，添加到系统 WINDOWS\Fonts 文件夹中。

（2）启动 Fireworks 8，选择【文本】工具，输入文本“我们的青春年代”，字体为“迷你简雁翎”、大小 23、颜色（#FFFFFF）。

（3）调整文本“我们的青春年代”位置为（68，120），文字属性设置如图 1.83 所示。

3．页脚 Logo 的设计

（1）在【层】缩略图中选中【logo】与【我们的青春年代】图层并复制，重新命名 Logo 位图为【logo copy】、【我们的青春年代副本】。

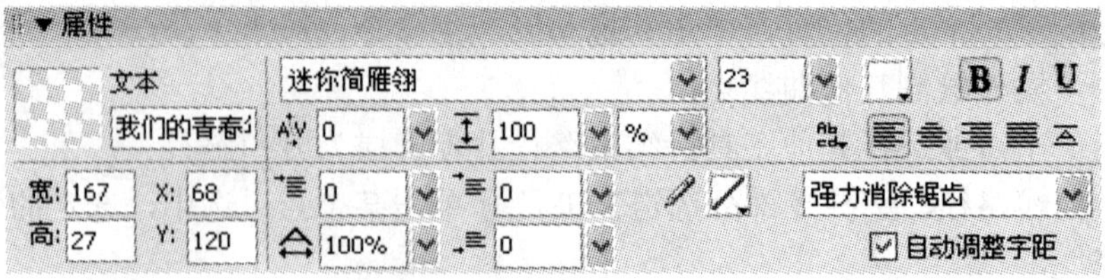

图 1.83　Logo 文字属性设置

（2）选择【logo copy】，在【属性】检查器面板中单击【添加动态滤镜】按钮，选择【调整颜色】|【颜色填充】项，设置填充颜色为（#A9A9A9），模式正常。

（3）调整【logo copy】大小（23，23），位置为（137，868）。

（4）调整文本“我们的青春年代”位置为（101，895），文字大小为 14，颜色为（#A9A9A9）。至此完成网站 Logo 设计，效果如图 1.80 所示。

（二）网站 Banner 设计

1．Banner 背景图像的导入

（1）选择【文件】|【导入】命令（快捷键 Ctrl+R），打开【导入】对话框。

（2）选中需要导入的位图文件“Banner_bg.png”，单击【打开】按钮。

（3）此时鼠标指针变成导入箭头⌈，在画布上单击鼠标，以位图实际尺寸导入。

（4）Banner 背景图像位置为（243，65），放置在导航栏背景矩形【navigation】下方，编辑 Banner 背景图像名称为【Banner_bg】。

2．Banner 中“我们的青春年代”弧形文字设计

（1）安装字体“迷你简毡笔黑.TTF”。

（2）启动 Fireworks 8，输入文本“我们的青春年代”，字体为“迷你简毡笔黑”、颜色（#2DAFE7）、文字间距为 10。

（3）双击文本，进入编辑状态，单独选中文字“我”、“们”、“的”、“青”、“春”、“年”、“代”，修改大小为 60、56、52、48、44、40、36。

（4）选中文本“我们的青春年代”，添加动态滤镜效果【投影】，设置【投影】颜色（#000000）、距离 2、柔化 1、不透明度 65%、角度 315。

（5）选择【钢笔】工具，在画布上单击 4 个角点，绘制如图 1.84（a）所示路径。

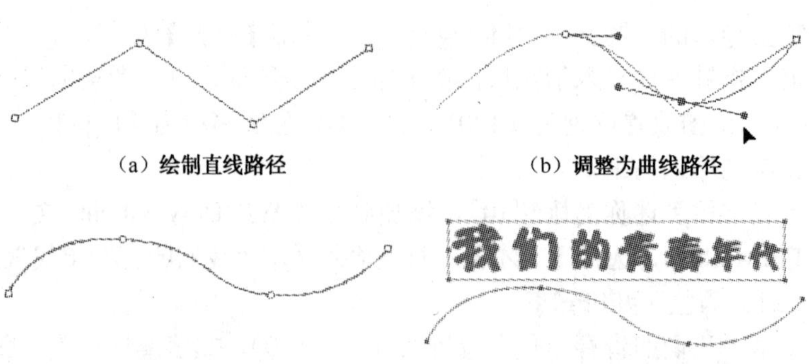

（a）绘制直线路径　（b）调整为曲线路径

（c）调整后曲线路径　（d）选中文本和曲线路径

图 1.84　弧形文字制作过程

（6）使用【钢笔】工具单击第 2、3 个角点并拖动，调整为曲线路径，如图 1.84（b）所示。

（7）使用【部分选定】工具拖动 4 个角点，调整到如图 1.84（c）所示效果。

（8）使用【选择】工具选中文本“我们的青春年代”和绘制的曲线路径，如图 1.84（d）所示。

（9）单击【文本】|【附加到路径】命令，如图 1.85 所示。

（10）选中附加到路径的文本对象，在【属性】检查器面板中设置【文本偏移】值为 30，最终效果如图 1.86 所示。

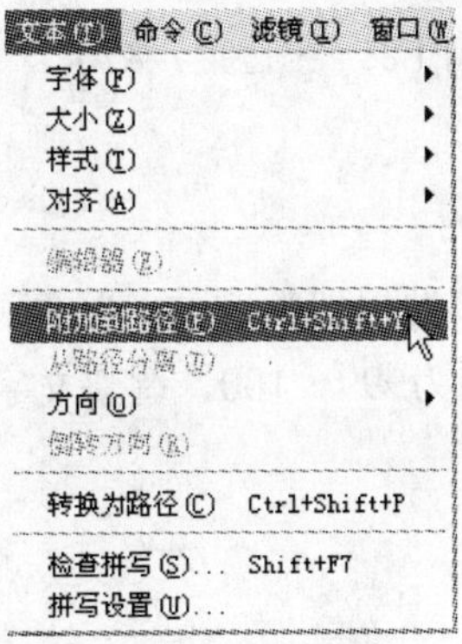

图 1.85 文本附加到路径

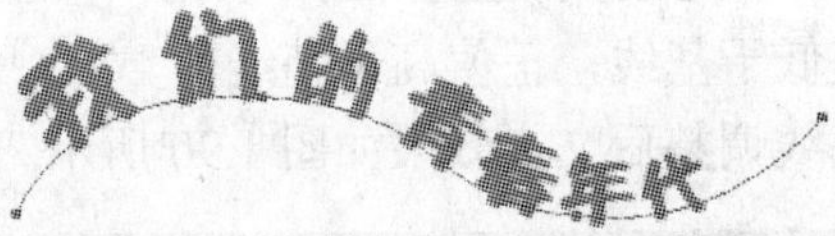

图 1.86 弧形文字效果

3. Banner 中其他文字的设计

（1）“网络 0933 班级主页”文字设计：黑体、加粗、大小 22、强烈消除锯齿，颜色为黑色（#000000），位置为（750，118）。

（2）“让我们携起手来……”文字设计：宋体、大小 12、不消除锯齿，颜色为（#999999），文字间距为 15，位置为（277，208）。

4. 主体内容部分标题栏设计

（1）以实际尺寸导入位图“flower_line.png”，位置调整为（294，295）。

（2）选择【文本】工具，输入文字“首页寄语”，字体为“迷你简雁翎”，大小 24、加粗，文字颜色（#333333），位置调整为（102，28），摆放在标题栏背景图的左侧。

（3）输入寄语文字“一些年轻的诗歌……”，设置文字字体为宋体、大小 13，字顶距为 150%，颜色为（#999999），位置为（443，328）。

五、举一反三

（一）文本效果设置

1. 修改文本属性

对文本的编辑除了常见的字体、字号、字体样式设置外，还可以调整字距、行距、文本方向、文本对齐方式、文本缩进、段落间距、基线调整等。

（1）文字的描边效果设置。

步骤一：使用【指针】工具选中文本对象并设置文字字体、字号。

步骤二：在【属性】检查器中设置【笔触】颜色和【填充】颜色，如图 1.87 所示。

步骤三：单击【笔触】颜色框打开编辑笔触颜色的窗口，设置【笔触相对于路径的位置】，在【笔触选项】中可以设置描边种类、笔尖大小等。

完成描边设置后文字效果如图 1.88 所示。

文本的输入也可以在选择了【文本】工具，在画布上单击后选择【文本】菜单下的【编辑器】进行文本的输入与编辑。

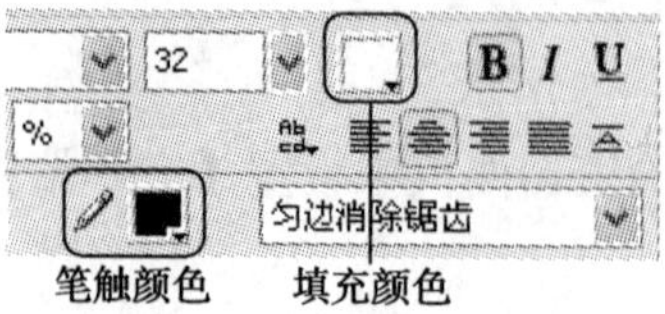

图 1.87　文本属性设置

图 1.88　描边文字效果

（2）文字基线调整后效果。

步骤一：使用【指针】工具选中文本对象。

步骤二：选择【文本】|【编辑器】命令，打开【文本编辑器】窗口，如图 1.89 所示。

步骤三：在【基线调整】框中输入相应的值（范围为-99～100，调整文字垂直方向的位置，负值低于基线，正值高于基线）。

设置基线调整后文本效果如图 1.90 所示。

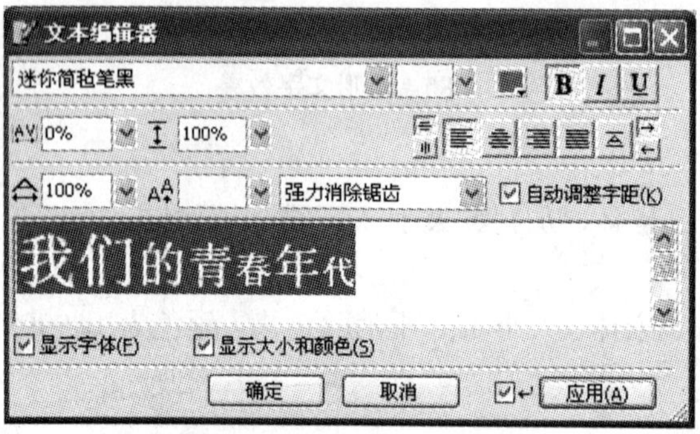

图 1.89　【文本编辑器】窗口

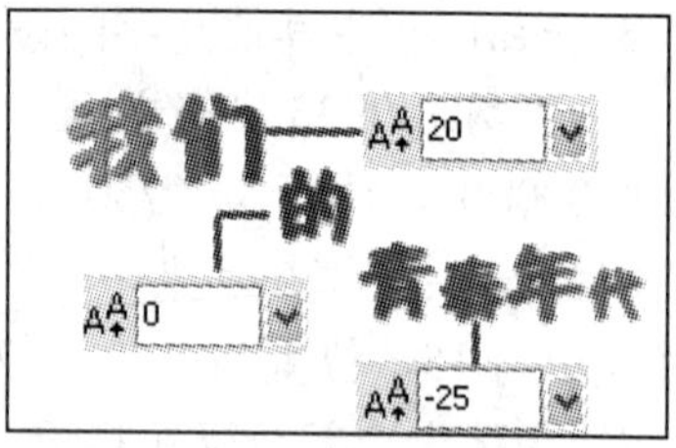

图 1.90　基线调整后文本效果

2. 设置文字填充和动态滤镜效果

可以将笔触、填充和滤镜应用到所选文本块中的文本，就像应用到其他对象一样。也可以将【样式】面板中的任何样式（即使它不是文本样式）应用于文本。通过保存文本属性，还可以创建新样式。效果如图 1.91 所示。

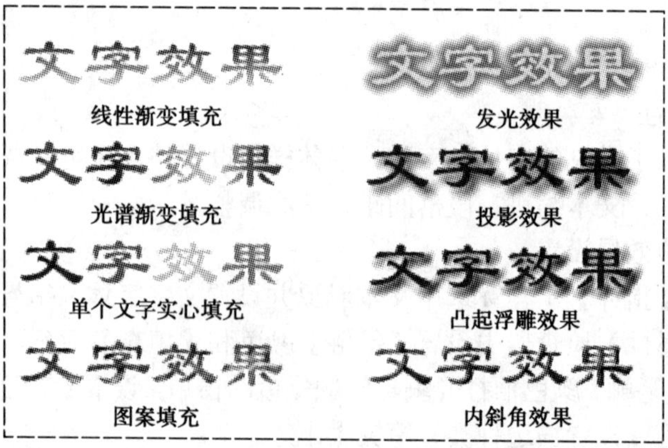

图 1.91　应用填充和动态滤镜的文字效果

（1）线性渐变填充文字效果设置。

步骤一：使用【指针】工具选中文本对象。

步骤二：单击【填充颜色】框，单击【填充选项】按钮，打开【填充选项】弹出窗口。

步骤三：选择【渐变】|【线性】类别。

步骤四：单击【编辑】按钮打开【编辑渐变】窗口。

步骤五：单击左右颜色滑块以调整渐变颜色，如图 1.92 所示。

步骤六：选中文字，调整渐变方向和距离，得到如图 1.92 所示的【线性渐变填充】效果。

（2）光谱填充文字效果设置。

步骤一：使用【指针】工具选中文本对象。

步骤二：打开【填充选项】弹出窗口，选择【渐变】|【线性】类别。

步骤三：选中【编辑】按钮左侧的【预置】栏中的【光谱】选项，如图 1.93 所示。

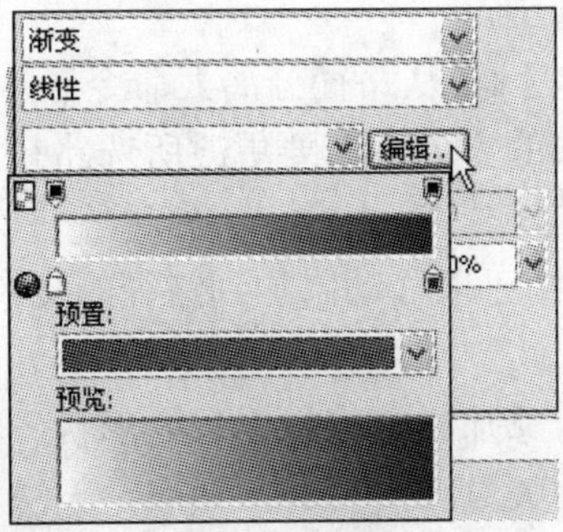

图 1.92　线性渐变填充设置及效果

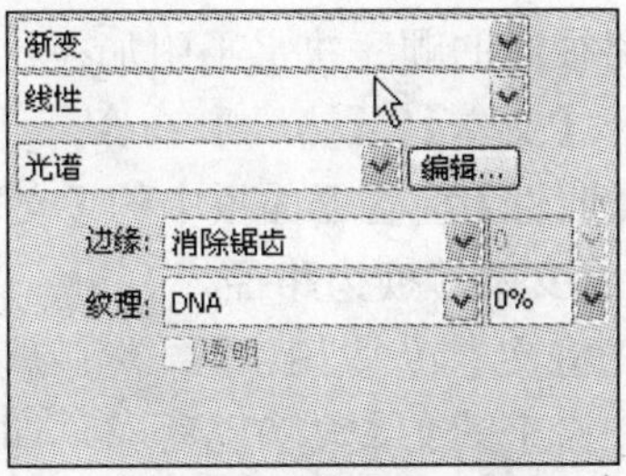

图 1.93　光谱填充设置

（3）图案填充文字效果设置。

步骤一：使用【指针】工具选中文本对象。

步骤二：打开【填充选项】弹出窗口，选择【图案】类别。

步骤三：在【图案】类别栏下方选择图案名称如【油画 3】，如图 1.94 所示。

（4）发光文字效果设置。

步骤一：使用【指针】工具选中文本对象并设置文字字体、字号及填充色。

步骤二：单击【添加动态滤镜】按钮滤镜: +，选择【阴影和光晕】|【发光】项。

步骤三：在弹出窗口中设置宽度、柔化值、偏移值和不透明度，如图 1.95 所示。

添加效果后也可以在滤镜效果列表中单击进行效果编辑。

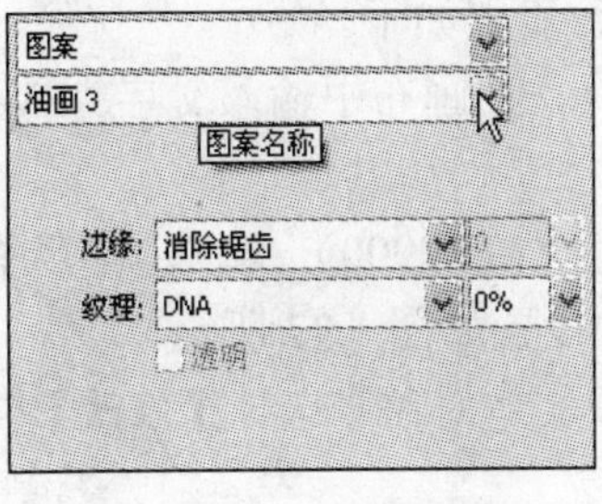

图 1.94　图案填充设置

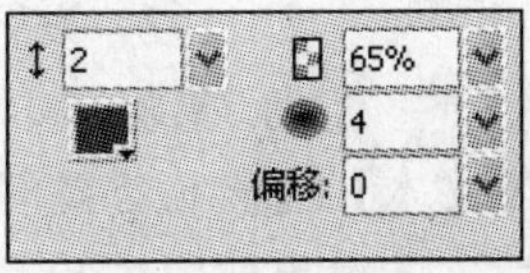

图 1.95　发光文字设置

（5）凸起浮雕文字效果设置。

步骤一：使用【指针】工具选中文本对象并设置文字字体、字号及填充色。

步骤二：单击【添加动态滤镜】按钮 滤镜: +，选择【斜角和浮雕】|【凸起浮雕】。

步骤三：在弹出窗口中设置宽度、柔化值、角度和不透明度。

（二）将文本附加到路径

通过将文本附加到路径的操作，使得输入的文本不受矩形文本块的限制。绘制路径并将文本附加到该路径后，文本将顺着路径的形状排列并且保持可编辑性。

将文本附加到路径后，该路径会暂时失去其笔触、填充以及滤镜属性。随后应用的任何笔触、填充和滤镜属性都将应用到文本，而不是路径。如果将文本从路径分离出来，则该路径会重新获得其笔触、填充以及滤镜属性。

如果将含有硬回车或软回车的文本附加到路径，可能产生意外结果。如果附加在开口路径的文本超出了该路径的长度，则超出的文本将换行并重复路径的形状。

选择文本块和路径时，可以按 Shift 键并分别单击文本块和路径对象，或者按住 Ctrl 键并在层面板中分别单击文本块和路径所在的图层进行选中。

若要将文本从所选路径分离出来，则选择【文本】|【从路径分离】命令。

绘制路径时的顺序决定了附加在该路径上的文本的方向，若要更改所选路径上文本的方向，则选择【文本】|【方向】命令，并选择某个方向。

修改【属性】检查器面板中的【文本偏移】值，则可以移动附加到路径的文本的起始点。

（三）将文本转换为路径

可以先将文本转换为路径，然后就像对待矢量对象那样，编辑字母的形状。将文本转换为路径后，原来的文本转为路径组，即可使用所有的矢量编辑工具。然而，无法再将它作为文本编辑。

1. 操作提示

将文本转换为路径的操作如下。

（1）选中输入的文本。

（2）选择【文本】|【转换为路径】命令。

（3）若要单独编辑转换后的文本字符路径，则可以使用【部分选定】工具选中已转换的文本路径，然后结合矢量编辑工具对字符路径进行编辑。

（4）若要用路径组创建复合路径，则选定路径组，选择【修改】|【取消组合】命令，然后旋转选择【修改】|【组合路径】|【接合】命令。

2. 利用【将文本转换为路径】制作特殊字体

图 1.96　文字效果

利用【将文本转换为路径】操作，通过修改文字路径，制作如图 1.96 所示的文字效果。操作步骤如下。

（1）选择【文本】工具，在画布中输入文字“FW”，设置字体为 Arial Black、大小 60。

（2）设置文字笔触颜色（#FF9900）、填充颜色为白色，笔尖大小 4，笔触居中于路径，笔触设置如图 1.97 所示。

（3）选择【文本】|【转换为路径】命令，选中文本对象，选择【修改】|【取消组合】命令，取消组合后文本对象如图 1.98 所示。

（4）使用【部分选定】工具单独选中“F”和“W”文本路径，结合【钢笔】工具分别进行路径调整，效果如图 1.99 所示；进行路径调整时，可以选择【视图】|【缩放比率】|【300%】项，将视图放大后再进行调整。

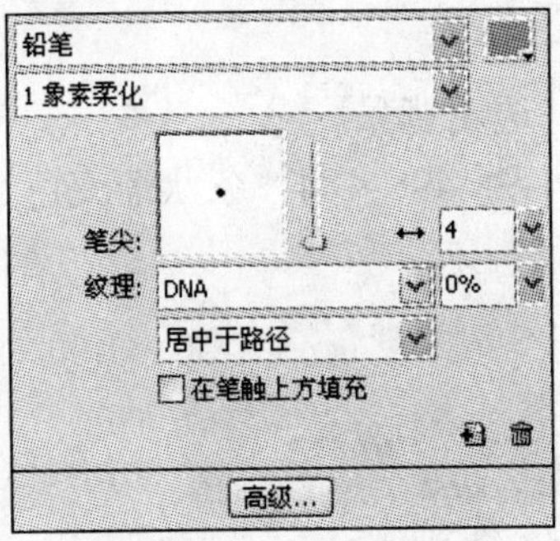

图 1.97　文本笔触设置

图 1.98　转换为路径后文本对象

（5）复制一份路径调整后的文本对象。

（6）在【层】缩略图面板中选择排列在下方的文本路径对象，使用【缩放】工具适当进行放大，并修改路径填充颜色为（#FF9900），如图 1.100 所示。

图 1.99　路径调整后文本效果

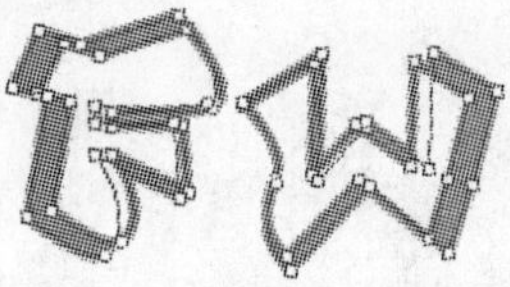

图 1.100　路径放大后效果

（7）调整图层排列在下方的文本路径节点，并在如图 1.101 所示的路径上使用【钢笔】工具增加节点，增加节点的位置为图 1.101 上用红圈表示的位置。

（8）调整增加的节点以绘制立体效果，调整后如图 1.102 所示。

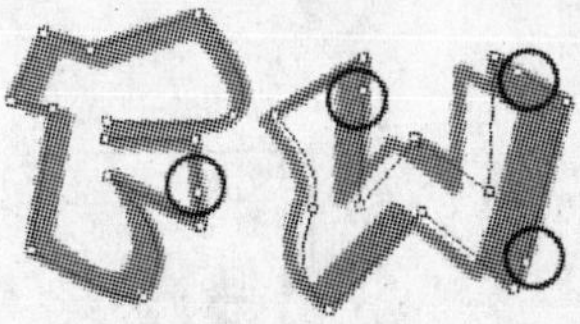

图 1.101　路径放大后效果

图 1.102　节点调整后效果

至此，完成特殊字体文字的制作，文字效果如图 1.96 所示。

六、上机练习

参照教学资源中“项目一\上机练习\ch1-1-3\横向金属导航.jpg”，利用 Fireworks 完成如图 1.103 所示的横向金属导航设计。

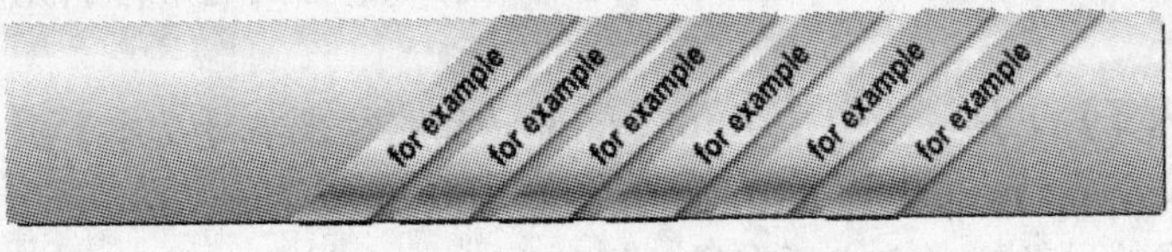

图 1.103　横向金属导航效果

【操作提示】

（1）新建一 Fireworks 文档，大小为 550×400，透明背景。

（2）在画布上方绘制背景矩形，属性设置：大小为 498×84，条状渐变色（#FFFFFF，#958155），方向垂直向下，如图 1.104 所示。

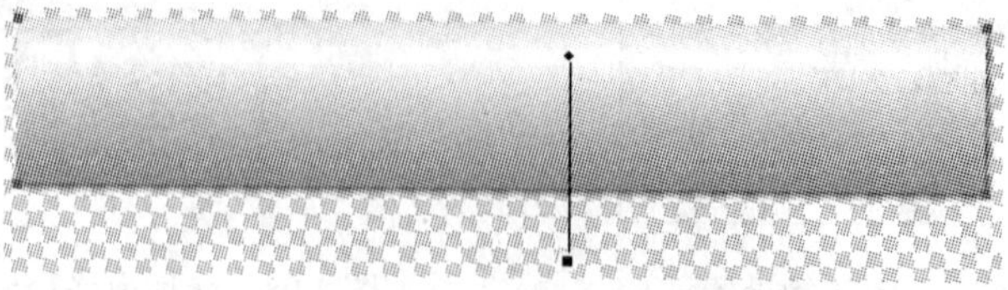

图 1.104　背景矩形设置

（3）对矩形条添加投影效果，距离为 4、柔化为 3，设置如图 1.105 所示。

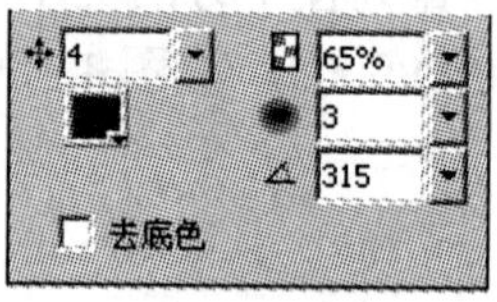

图 1.105　投影效果设置

（4）绘制导航，使用【矩形】工具绘制一 28×86 的矩形，选择【倾斜】工具，拖动矩形顶端线中间的控制点，将矩形变形为平行四边形，位置和倾斜角度如图 1.103 所示。

（5）对平行四边形进行条状渐变填充，填充色为（#FFFFFF，#999999），填充方向垂直向上，添加投影效果，设置值如图 1.106、渐变填充方向和距离如图 1.107、渐变值如图 1.108 所示。

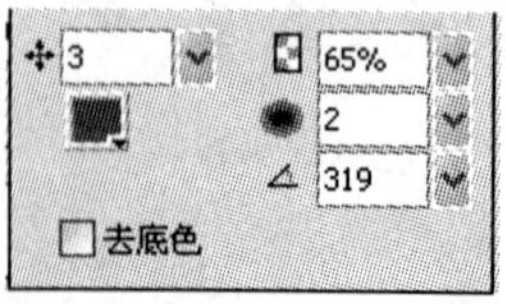

图 1.106　投影效果设置

图 1.107　渐变方向和距离

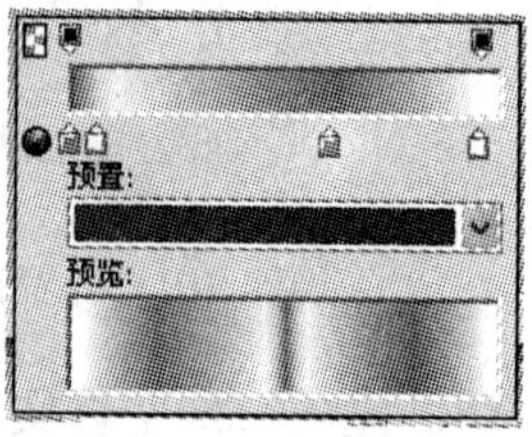

图 1.108　渐变值

（6）文字设计，选择文本工具在画布中输入 for example，字体 Arial narrow、大小 14、颜色（#333333）、加粗显示。

（7）选择【钢笔】工具，在画布的空白处画一条与平行四边形倾斜角度相同的路径。如图 1.109 所示。

（8）选择【选择】工具，选中文字 for example 和路径，从【文本】菜单下选中【附加到路径】项，完成文字设计。如图 1.110 所示。

（9）复制完成的导航栏，完成所有导航栏的制作。单击属性面板上的【符合画布】按钮。最终效果如图 1.103 所示。

图 1.109　路径绘制

图 1.110　附加到路径效果

（10）选择【文件】|【保存】命令保存源文件为“daohang.png”，选择【文件】|【图像预览】命令，导出导航图，保存为“daohang.jpg”。

任务二 《我们的青春年代》班级主页的配色方案设计

模块一 任务预备知识

一、教学目标

（1）了解各种色彩给人的感觉。
（2）掌握各类主题下的色彩运用。
（3）掌握网页色彩搭配的原则与方法。

二、工作任务

通过对各种色彩的分析，了解色彩给人的感觉，掌握各种主题下的色彩搭配原则与方法。

三、理论知识

（一）对色彩的分析

1．热情张扬的红色

（1）对红色的分析。红色易让人联想到火焰、太阳、血等，红色象征着温暖、热烈、危险、活力、愤怒，是一种对人刺激性很强的颜色。红色容易引起人的注意，也容易使人兴奋、激动、紧张、冲动，容易造成视觉疲劳。红色除了具有较佳的明视效果外，更被用来传达具有活力、积极、热忱、温暖以及前进等含义的企业形象与精神。另外，红色也常被用做警告、危险、禁止、防火等标识色。

（2）与红色的搭配。在网页颜色的应用中，单纯以红色为主色调的网站相对较少，多用做辅助色、点睛色，以达到陪衬、醒目的效果。红色搭配效果示例如图 1.111、图 1.112 所示，效果图可以在本书教学资源中“项目一\各章节完成文档\ch1-4-1”文件夹查看。

红色与少量黄色相搭配，会使其热力强盛，趋于躁动、不安，极富动感和张扬的个性。

红色与黑色的搭配在商业设计中被誉为商业成功色，在网页设计中也比较常见。红黑搭配常被用于前卫时尚、个性的娱乐休闲区网页中。

红色与灰色、黑色等暗色调搭配使用，给人以现代、激进的感觉。

粉红色是红色系中的冷色系，这类颜色的组合多用于女性主题，如化妆品、服装等，鲜嫩而充满诱惑，容易营造出柔情、娇媚、温柔、甜蜜、纯真、诱惑和艳丽等气氛。

图 1.111　红色与黑色的搭配营造张扬、时尚的感觉

图 1.112　粉红色搭配营造娇媚、纯真的感觉

2．阳光健康的橙色

（1）对橙色的分析。橙色易使人联想到橙子、灯光、秋叶等，是十分活泼、温暖的色彩，也是令人振奋的颜色。橙色具有健康、阳光、欢欣、活力、勇敢和自由等象征意义，橙色既有红色的热情又有黄色的光明和活泼的特质，可以营造朝气蓬勃和大自然的气氛，给人以华贵而温暖、兴奋而热烈的感觉，橙色还会使人联想到金色的秋天以及丰硕的果实，因此是一种富足、快乐而幸福的色彩。橙色适用于对视觉要求较高的时尚网站，也常被用于对味觉要求较高的食品网站，因为橙色也是容易引起食欲的颜色。

（2）与橙色的搭配。橙色是可以通过变换色调营造出不同氛围的典型颜色，它既能表现出青春的活力又能实现稳重的效果，所以橙色在网页设计中的使用范围是非常广泛的。橙色搭配效果示例如图 1.113、图 1.114 所示。

使用了高亮度橙色的网页通常都会给人一种明朗和新鲜的感觉，而将浅黄色、黄色、黄绿色等邻近色与橙色搭配使用，通过不同明度和纯度的变化可以得到更为丰富的色阶，通常都能得到非常好的视觉效果，只要在视觉上处理得井然有序，就会使整个页面看起来华丽、新鲜、充满活力。适合文化、知性类网站。

将浅绿色、浅蓝色、蓝色等颜色与橙色搭配使用，可以构成最明亮、最欢乐的色彩。适合于儿童、运动类网站。

橙色加入黑色调和后，象征着沉着、安定、茶香、古色古香，页面华丽而古典；加入灰色后给人沙滩、故土、灰心的感觉，适合旅游类网站。

图 1.113　橙色与绿色的搭配营造健康、活泼的感觉

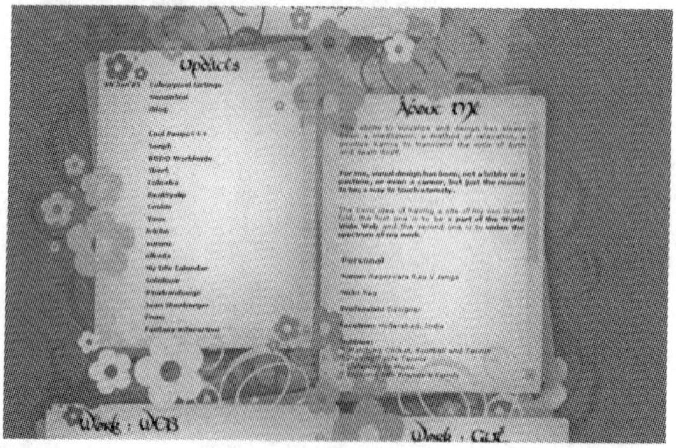

图 1.114　橙色与深色的搭配营造华丽、古典的感觉

3. 活泼明快的黄色

（1）对黄色的分析。黄色易使人联想到柠檬、黄金、枯叶等，黄色是所有彩色中最明亮的色彩，具有活泼与轻快的特点。黄色给人明亮、辉煌、灿烂、愉快、高贵、柔和与年轻的感觉，象征着光明、希望、富贵与朝气，同时又容易引起味觉上的条件反射，给人以甜美和香酥感。黄色有着金色的光芒，有希望与功名等象征意义，还代表着土地，象征着权力，并且还带有神秘的宗教色彩。黄色是明亮的且可以给人甜蜜和幸福感的颜色。

（2）与黄色的搭配。黄色在网页配色中使用最为广泛的颜色之一，黄色与其他颜色配合很活泼，会起到亮丽悦目的效果，代表快乐、希望、智慧和轻快。黄色比较适合活泼跳跃、色彩绚丽的配色方案。黄色搭配效果示例如图 1.115、图 1.116 所示。

黄色与白色搭配带来娇嫩、明朗、雅致、清爽的感觉，适合女性及化妆品类的网站。

高亮度的黄色与黑色相结合可以带来高贵、内敛、稳重的心理感受，这种配色在网页设计中经常会见到。

黄色与绿色搭配会显得很有朝气和活力，在商品类网站中常使用黄色与红色搭配来渲染热闹的气氛，在饮食类网站中也常见。

淡黄色几乎能与所有的颜色相搭配，但如果要达到醒目的效果，则不能将淡黄色放在其他的浅色上，尤其是白色它将使人什么也看不见。深黄色一般不与深红色及深紫色相搭配。

图 1.115　黄色与红色的搭配营造甜美、活泼的感觉

图 1.116　淡黄色的搭配营造娇嫩、雅致的感觉

4. 青春活力的绿色

（1）对绿色的分析。绿色易使人联想到绿叶、草原、森林、蔬菜等，绿色具有与自然、健康相关的特质，是自然之色，代表了生命与希望，也充满了青春与活力。绿色是新鲜、春天、纯真、活力、新生、和平、舒适、成长、健康、清新的色彩，所以它也经常被用于与自然、健康相关的站点。在商业网站的设计中，绿色所传递的是清爽、理想、希望和生长的意象，较符合服务业、卫生保健业、教育业、农业类网页设计的要求。绿色通常与环保意识有关，也经常使人联想到有关健康方面的事物。此外，绿色还经常被用于儿童站点或教育站点。

（2）与绿色的搭配。绿色介于黄色和蓝色之间，是和平色，偏向自然美、宁静、生机勃勃、宽容的特质，可与多种颜色搭配而达到和谐的效果，也是网页中应用最为广泛的颜色之一。绿色搭配效果示例如图 1.117、图 1.118 所示。

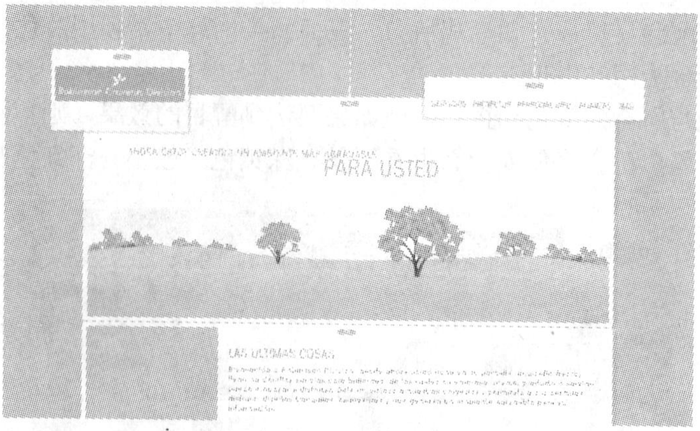

图 1.117　浅绿色与白色的搭配营造清新、春天的感觉

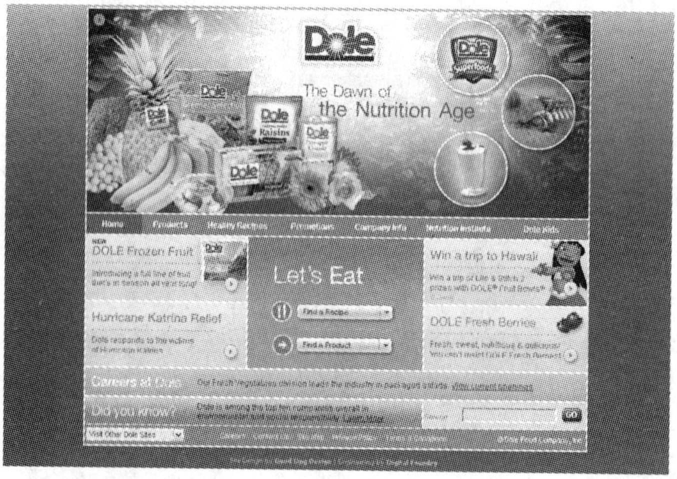

图 1.118　绿色与红、蓝、黄的搭配营造健康、生命的感觉

绿色与白色调和后可以得到浅绿色，与白色搭配，具有清新、和平、柔和、青春、春天的感觉。

绿色与黑色调和后可以得到深绿色，与深色搭配，传达茂盛、健康、生命、成熟、稳重、开阔等心理感觉。适当运用不同纯度的深绿和浅绿色不会刺眼，反而可使页面看起来很有朝气和活力。

高明度的绿色也可与红色、蓝色与黄色两组对比色搭配，达到颜色鲜亮，形成强烈的视觉节奏感的效果。

5. 高远博大的蓝色

（1）对蓝色的分析。蓝色易使人联想到大海、天空等，给人以沉稳的感觉，具有深远、永恒、沉静、博大、理智、诚实和寒冷的象征意义，蓝色还能够营造出和平、淡雅、洁净及可靠等氛围。在商业设计中强调科技、商务的企业形象时，大多选用蓝色做标准色。蓝色是冷色系中最典型的代表，是网站设计中运用得最多的颜色，会使人自然联想到大海和天空，所以会使人产生一种爽朗开阔和清凉的感觉。

（2）与蓝色的搭配。蓝色加白色给人清新、凉爽、聪明、高雅、轻柔、浪漫的感觉，浅蓝色具有淡雅、清新、浪漫和高贵等特性，常被用于化妆品、女性、服装网站的设计中，它也是最具凉爽、清新特征的色彩。浅蓝色和绿色、白色的搭配在网页中是比较常见的，他们之间的搭配可以使页面看起来非常干净清澈，能体现出柔顺、淡雅、浪漫的气氛。蓝色搭配效果示例如图 1.119、图 1.120 所示。

高纯度的蓝色主色调与配合的其他高纯度冷暖色调对比，会营造出一种整洁、轻快的印象。例如，蓝色是冷色系中的典型代表，而黄、红色是暖色系中最典型的代表，冷暖色系对比度大，较为明快，很容易感染、带动浏览者的情绪，具有很强的视觉冲击力，可用于体育类网站。蓝色、青绿色、白色的搭配可以使页面看起来非常干净清澈；主颜色选择明亮的蓝色，配以白色的背景和灰亮的辅助色，加上中间色阶的运用，可以使页面有干净整洁，给人庄重、充实的印象。

图 1.119　蓝色与白色的搭配营造浪漫、淡雅的感觉

图 1.120　深蓝色与白色的搭配营造稳重、可靠的感觉

蓝色加黑可以营造幽深、稳重、冷漠、深沉、成熟、寒冷等感觉。深蓝色是沉稳的且较常用的色调，能给人以沉稳、冷静、严谨和成熟的心理感受。它主要用于营造安稳、可靠及略带有神秘感的氛围，企业宣传类网站以及游戏类网站适用。

6. 高贵神秘的紫色

（1）对紫色的分析。紫色是一种在自然界中比较少见的颜色，可以联想到紫罗兰、紫葡萄等，是比较女性化的颜色，代表着高贵和奢华、优雅与魅力，也意味着神秘与庄重、神圣和浪漫。另一方面又有孤独等意味。紫色在西方宗教世界中是一种代表尊贵的颜色，大主教身穿的教袍便采用了紫色。

紫色的明度在所有彩色的色度中是最低的。紫色的低明度给人一种沉闷、神秘的感觉。紫色中红的成分较多时，会显得华丽和谐。紫色中加入少量的黑，会给人沉重、伤感、恐怖、庄重的感觉。紫色中加入白，则变得优雅、娇气，并充满女性的魅力。

（2）与紫色的搭配。紫色通常用于以女性为对象或以艺术作品介绍为主的站点，但很多大公司的站点中也喜欢使用包含神秘色彩的紫色，但都很少做大面积使用。紫色配合时尚的卡通人物，可以使页面具有非常强烈的现代感，给人以更深刻的印象。紫色搭配效果示例如图 1.121、图 1.122 所示。

紫色加入少量的白色，就会成为一种十分优美、柔和的色彩。随着白色的不断加入，也就不断产生不同层次的淡紫色，可使紫色的沉闷性格消失，变得优雅、娇气，并充满女性魅力。浅紫色给人妩媚、优雅、娇气、清秀、梦幻的感觉，并充满女性魅力。

紫色结合红色的紫红色是非常女性化的颜色，它给人的感觉通常都是浪漫、柔和、华丽、高贵优雅，可以说是女性化的代表颜色。高彩度的紫红色可以表现出超凡的华丽，低彩度的粉红色可以表现出高雅的气质。

蓝紫色可以用来创造出都市化的成熟美，且蓝紫色可以使心情浮躁的人冷静下来。明亮的色调使灰亮的蓝紫色有一种与众不同的神秘美感。低亮度的蓝紫色显得沉稳，高亮度的蓝紫色显得非常高雅。在网页中，蓝紫色通常与蓝色一起搭配使用。

不同色调的紫色可以营造出浓郁的女性化气息，如有灰色这一突出颜色衬托时，紫色更可以显示出极大的魅力。

图 1.121　淡紫色与白色的搭配营造清秀、娇气的感觉

图 1.122　深紫色与蓝色的搭配营造优雅、神秘的感觉

7．庄严肃穆的黑色

（1）对黑色的分析。黑色使人联想到黑夜、墨汁、死亡等，黑色是最暗的颜色，是纯度、色相、明度最低的非彩色。黑色具有很强的感染力，能够表现出庄严、肃穆、刚健、坚实、坚毅的感觉，黑色用在宗教网站中显示严肃和庄严，象征着力量。另外，黑色还具有深沉、神秘、寂静、消极、沉睡、压抑、恐怖、悲痛甚至死亡等象征意义，又意味着不吉祥和罪恶。自古以来，世界各族都公认黑色代表死亡、悲哀，有一种变幻无常的感觉。

（2）与黑色的搭配。黑色具有能吸收光线的特性，是一种流行色，能和许多色彩构成良好的对比调和关系，适合于许多色彩搭配。黑色还具有高贵、稳重、科技的意象，是许多科技网站的主色调，配合其他辅助色将营造出科技的神秘感。另外在一些音乐网站中也常常用黑色为主色调，营造出炫酷的氛围。黑色搭配效果示例如图 1.123、图 1.124 所示。

图 1.123　黑色与白色的搭配营造稳重、刚健的感觉

黑白纯色在明度上反差非常大，视觉冲击强烈，主次分明，贯穿运用将构成特色鲜明的设计风格，散发迷人的高品位的贵族气息。黑白两种颜色的搭配使用通常还可以表现出都市化的感觉，常用于现代派页面设计中。在黑白色之间加入灰色进行调和将增添页面层次感。

红色和黑色为经典的搭配。因为红色是最鲜明生动的、最热烈的颜色，刺激性较强，相对于其他颜色，红色视觉传递速度最快。红色在黑色的反衬下很容易吸引人们的目光。红黑这两种配色也被广泛地运用于较能体现个性的时尚类网站，让人印象强烈深刻。

图 1.124　黑色与红色的搭配营造个性、时尚的感觉

橙色在黑色的背景上显得很鲜亮，黑色与橙色搭配较适合对视觉效果要求较高的时尚网站。紫色与黑色搭配也能传达时尚的视觉感受。低纯度、低饱和度的色彩在黑色背景下，可以使整体色彩达到协调统一的目的，颜色更加柔和而含蓄。

8．含蓄谦和的灰色

（1）对灰色的分析。灰色介于黑色与白色之间，属于中等明度，具有温和、谦让、含蓄、中庸、平凡、中立和高雅的心理感受。灰色能够吸收其他色彩的活力，削弱色彩的对立面，而制造出融合的效果。灰色靠邻近的彩色获得生命，若靠近鲜艳的暖色，就会显出冷静的品格；若靠近冷色，则变为温和的暖灰色。灰色是视觉中最安静的色彩，有很强的调和对比作用。

（2）与灰色的搭配。灰色是中性色，可以与任何色彩搭配，也可以帮助两种对比强烈的色彩实现和谐过渡。在许多高科技产品，尤其是金属材料有关的产品中，几乎都采用灰色来展现高科技的形象。灰色也是网页设计中较为流行的颜色。灰色搭配效果示例如图 1.125 所示。

图 1.125　灰色为背景营造温和、高科技的感觉

灰色与其他彩度色彩搭配时能降低张扬耀眼的颜色，是调和色彩的方法之一。两种或两种以上的色彩混合，如能配上灰色，这两个色调本身必能相互调和。任何色彩加入灰色都能显得含蓄而柔和。但是灰色在给人高品味、含蓄、精致、耐人寻味的同时，也容易给人颓废、苍凉、消极、沮丧、沉闷的感受，如果搭配不好页面会给人灰暗、脏、颓废的负面感觉。

9．纯洁朴素的白色

（1）对白色的分析。白色易使人联想到白纸、白墙、雪、婚纱等，白色是亮色，是明度最高的非彩色。白光是所有颜色光线的集合，白色反射所有的光线，不吸收任何可见光，因此白色非常耀眼，具有明快、纯粹、清洁、光明及金属的象征意义。白色具有朴实、纯洁、快乐的特质，也象征着神圣、纯洁、朴素、高雅等。白色是网页设计中通用的颜色，它具有容易突出彩度的特性，在页面设计中如用白色来搭配，可以起到延伸空间、克服页面沉闷的作用。

（2）与白色的搭配。白色作为非彩色，通常与其他色彩搭配使用，构成明快的对比调和关系，与鲜艳的色彩搭配，可以使页面更清爽、更明快。黑色与白色表现出了两个极端的亮度，这两种颜色搭配使用通常可以表现出都市化、现代的感觉。因为黑色和白色的搭配给人以特殊的严肃感，所以也经常被用于庄重的场合。白色搭配效果示例如图 1.126 所示。

图 1.126　白色为背景营造干净、清爽的感觉

（二）主题网站的色彩运用

1．不同年龄段用户网站的色彩运用

（1）刚出生不久的婴幼儿。对于刚出生不久的宝宝来讲，他们需要享受温柔的呵护，这类网站适合用明亮、清洁、淡雅的色调来设计。颜色多采用温馨干净的粉红色、清淡素雅的浅蓝色以及浅绿色和浅紫色作为主色调，搭配白色来设计。颜色选择可以参考教学资源中添加“项目一\各章节完成文档\ch1-4-1”文件夹下的“附录 D”文档。

（2）儿童与少年。这个年龄段的小朋友非常活泼可爱，此类网站适合使用带有强烈刺激感的鲜艳色调，来表达儿童、少年活泼好动的性格与富有朝气的特点。颜色多采用纯度较高的、非常亮丽的蓝色、绿色、黄色、橙色、红色等，并搭配白色来设计，页面色彩明快活泼，视觉冲击力强。网站示例如图 1.127 所示。

（3）年轻一族。这一阶段年龄跨度稍大，是青春飞扬、个性十足的年代，适合的颜色很多，此类网站既可以使用强烈刺激的颜色来反映年轻人的青春活力，表达年轻人动感、时尚、现代的感觉，也可以使用典雅暗淡的颜色来反映他们复杂的心路历程和恬静的气质。网站示例如图 1.128 所示。

（4）中老年群。经过岁月的洗礼，人生经历比较丰富，原本张扬的个性慢慢收敛，心态也变得比较平和。此类网站的色彩由原来强烈刺激的色调转为素雅、恬静的柔和色调。如棕色、咖啡色、紫红色等。

图 1.127　儿童类网站配色示例图

图 1.128　年轻一族网站配色示例图

2. 不同性别网站的色彩运用

（1）男性网站。男性具有冷静、力量的特质，此类网站一般采用冷色调来设计，表达男性稳重、强大、有力的特征。要表达男性的阳刚与魅力，可以选择深红色、棕褐色、黑色作为主色调来设计；要表达男性的儒雅与绅士风度，可以采用灰色、蓝灰色、白色进行设计。网站示例如图 1.129 所示。

（2）女性网站。女性具有温柔、亲切的特质，此类网站一般采用暖色调来设计，表达女性温柔、亲切、可爱、优雅的女性魅力。紫色系列可以表达成熟女性的优雅、高贵的魅力；素雅、明亮的粉红色、浅蓝色、浅绿色等可以表达年轻女性清新、温柔、可爱、亲切的特征。网站示例如图 1.130 所示。

图 1.129　男性网站示例图

图 1.130　女性网站示例图

3. 不同风格网站的色彩运用

（1）活力休闲的风格。以暖色特别是充满活力的黄色为中心。红、橙色的色彩组合最能创造出温暖的感觉。这种色彩组合具有青春、朝气、活泼、顽皮的特点。红紫色搭配它的补色黄绿色，传递着精力充沛的气息，充分表达出热力、活力与精神。网站示例如图 1.131 所示。各种风格的色彩搭配可以参考附录 E。

（2）优雅浪漫的风格。亮色、淡雅色调是关键的因素。白色背景能产生优雅、浪漫的印象。色相差、明度差尽量控制在清淡、明朗的色调里。粉色代表浪漫，能引起人的兴趣与快感，而且比较柔和、宁静。使用粉红色、淡紫色和桃红色，会令人觉得柔和、典雅，散发出强烈的女性特质。网站示例如图 1.132 所示。

图 1.131　活力休闲风格网站示例图

图 1.132　优雅浪漫风格网站示例图

（3）简洁质朴的风格。以干净、整洁的亮色调为中心，可以适当添加少许灰色以降低纯度。避免使用过多颜色，尽量使用同类色、邻近色、明度反差不宜过大，减少对比。网站示例如图 1.133 所示。

图 1.133　简洁质朴风格网站示例图

（4）古典神秘的风格。多使用黑灰色、复色为主色调。冷色与明度较低的色调与之搭配能较好地表现这一主题。网站示例图如图 1.134 所示。

图 1.134　古典神秘风格网站示例图

（5）自然舒适的风格。明亮又朴素的柔和色调给人以最强烈的自然印象。蓝色、绿色是大自然的颜色，具有清新、素雅的感觉，能体现大自然之美，心情也变得安定、祥和。网站示例如图 1.135 所示。

图 1.135　自然舒适风格网站示例图

（6）华丽高贵的风格。色相差、明度差最大化的强烈色调对比，凝重的复色与之搭配，辅以细节精巧的造型，营造出奢华的氛围。纯蓝与红色结合在一起产生蓝紫色，是色相环中最深的颜色。蓝黑、蓝紫和黄橙搭配，象征权威、深不可测、表现出华丽的皇家气派。网站示例如图 1.136 所示。

（7）速度力量的风格。力量感的重度、强度通常以明度鲜艳的色调来表现，而速度的轻快感则以鲜艳的纯色为基调，相互结合产生冲击力较强的页面。黄色代表着活力和永恒的动感。高纯度的对比配色设计，如黄色与它的补色紫色搭配，则含有活力与行动的意味。网站示例如图 1.137 所示。

图 1.136　华丽高贵风格网站示例图

图 1.137　速度力量风格网站示例图

4．不同主题网站对色彩的要求

（1）机构类网站。包括政府、协会、组织团体等，要求端庄、稳重。

（2）企业类网站。公司（企业）宣传类：如公司的主页网站，要求积极、健康向上、充满上进心以及诚信。

电子商务类：如服装、鲜花等在线定购网站，以诚信为主，页面色彩鲜艳、图像逼真。

（3）娱乐类网站。游戏类网站：关于某种游戏的介绍网站，或以卡通风格为主，如卡丁车，颜色活泼；或者神秘诡异风格，颜色晦暗。

电影类网站：介绍某部、某类或者某个演员的作品集等，根据影片的情节或者演员的性别或年龄来设计颜色，页面由大篇幅的图片来渲染氛围。

音乐类网站：介绍某位音乐人的音乐集，或者自己喜欢的某类音乐介绍等。突出时尚与个性。

（4）休闲类网站。服装饰品类网站：服饰介绍与欣赏的网站，或与电子商务类网站挂钩的网站，如介绍 LEE 牛仔裤的网站，介绍 Swatch 手表的网站，要求休闲与时尚。

化妆品类网站：以某个品牌为主，可以为男性品牌，也可以为女性品牌，要求颜色纯正，色调明亮或柔美，护肤类则以纯净、卫生、安全为主要色彩设计目标，彩妆类以时尚为主。

体育类网站：介绍某项体育运动的，介绍某个球队或者俱乐部的，或者是某项体育运动的网站，如足球、篮球等，户外运动如极限运动、滑板、登山、攀岩等，体现运动、速度与力量。

旅游类网站：介绍某个景点，或者某个城市的旅游项目等，如黄山，或者家乡的旅游项目、城市特色等，要求自然舒适。

饮食类网站：如家乡或者某个城市的小吃等，或者是某类饮料或食品的介绍，如雀巢冰红茶、可口可乐等，要求与卫生、美味、健康相结合。

（5）文化类网站。文化教育类网站：学习型网站，如介绍 Dreamweaver、Fireworks、Flash 或者某种语言等专业性学习内容的教学网站；小说在线等阅读网站，体现一定的文化氛围的则要求简洁质朴。

艺术杂志类介绍网站：如介绍油画或者国画等类型的网站，以及某些杂志类的介绍网站等，体现相应文化氛围。

（6）个人主页。介绍自己或者个人爱好等类型的网站，比较自由，要求彰显出作者的个性与特色。

（三）网页色彩搭配的原则与方法

1．色彩搭配的原则

在选择网页色彩时，除了考虑网站本身的特点外还要遵循一定的艺术规律，从而设计出精美的网页。

（1）色彩的整体性。页面上各部分的色彩从色调和比例上都要保持整体和谐，主色调、辅色调、点睛色与背景色一起组合成和谐统一的色彩关系。根据网站的主题以及页面的内容首先选择相应的主色调，然后确定辅助色、点睛色，如果色彩不协调，可以通过黑、白、灰色来协调。

（2）色彩的鲜明性。如果一个网站的色彩鲜明，很容易引人注意，会给浏览者耳目一新的感觉。

（3）色彩的独特性。要有与众不同的色彩，网页的用色要有自己独特的风格，这样才能给人浏览者留下深刻的印象。

（4）色彩的艺术性。网站设计是一种艺术活动，因此必须遵循艺术规律。按照内容决定形式的原则，在考虑网站本身特点的同时，大胆进行艺术创新，设计出既符合网站要求，又具有一定艺术特色的网站。

（5）色彩搭配的合理性。色彩要根据主题来确定，不同的主题选用不同的色彩。例如，用蓝色体现科技型网站的专业，用粉红色体现女性的柔情等。

2．色彩的搭配

网页颜色搭配得是否合理会直接影响到访问者的情绪。好的色彩搭配会给访问者带来很强的视觉冲击力，不恰当的色彩搭配则会让访问者浮躁不安。

（1）同种色彩搭配。同种色彩搭配是指首先选定一种色彩，然后调整其透明度和饱和度，将色彩变淡或加深，而产生新的色彩，这样的页面看起来色彩统一，具有层次感。

（2）邻近色彩搭配。邻近色是指在色环上相邻的颜色，如绿色和蓝色、红色和黄色即互为邻近色。采用邻近色搭配可以避免网页色彩杂乱，易于达到页面和谐统一的效果。

（3）对比色彩搭配。一般来说，色彩的三原色（红、黄、蓝）最能体现色彩间的差异。色彩的强烈对比具有视觉诱惑力，能够起到几种实现的作用。对比色可以突出重点，产生强烈的视觉效果。通过合理使用对比色，能够使网站特色鲜明、重点突出。在设计时，通常以一种颜色为主色调，其对比色作为点缀，以起到画龙点睛的作用。

（4）暖色色彩搭配。暖色色彩搭配是指使用红色、橙色、黄色、集合色等色彩的搭配。这种色调的运用可为网页营造出稳定、和谐和热情的氛围。

（5）冷色色彩搭配。冷色色彩搭配是指使用绿色、蓝色及紫色等色彩的搭配，这种色彩搭配可为网页营造出宁静、清凉和高雅的氛围。冷色色彩与白色搭配一般会获得较好的视觉效果。

（6）有主色的混合色彩搭配。有主色的混合色彩搭配是指以一种颜色作为主要颜色，同时辅以其他色彩混合搭配，形成缤纷而不杂乱的搭配效果。

3．网页色彩搭配的技巧

（1）使用相同的色系色彩。先选定一种色彩，然后调整透明度或饱和度，简单说就是把色彩变淡或加深，产生新的色彩用于网页。这样页面看起来色彩统一，富有层次感，容易塑造网页和谐统一的氛围。但是也容易造成页面的单调，所以要在局部加入对比色来增加变化。

（2）运用对比色或互补色。先选定一种色彩，然后选择它的对比色或者互补色，这样整个网页页面色彩丰富，容易塑造活泼、韵动的网页效果，特别适合体现轻松、积极素材的网站；缺点是容易造成眼花缭乱的感觉，所以使用时要注意色彩使用的度。

（3）使用过渡色。过渡色能够将几种不协调的色彩统一起来。它包括几种形式：两种色彩的中间色调、单色混入黑、白、灰进行调和以及单色中混入相同色彩进行调和等。

（4）用黑色和一种彩色。

（5）不要将所有颜色都用到，尽量控制在 3 种色彩之内，并且选择其中的一种作为主调。

（6）背景和文字的颜色对比要尽量大，要有足够的对比度来保证页面容易阅读，底色深，文字的颜色就应浅，以深色的背景衬托浅色的内容（文字或图片）；反之，底色淡，文字的颜色就要深些，以浅色的背景衬托深色的内容（文字或图片）。另外，绝对不要用花纹复杂的图案做背景，以便突出主要的文字内容。

（7）考虑主要用户群的背景和构成。由于宗教信仰、生活习惯、地理位置和文化修养的不同，不同的人群有不同的色彩喜好。如儿童喜欢对比强烈、个性鲜明的纯颜色；生活在草原上的人喜欢红色；生活在闹市中的人喜欢淡雅的颜色；生活在“沙漠”中的人喜欢绿色等。

模块二　班级主页的配色方案设计

一、能力目标

（1）掌握《我们的青春年代》班级主页对主题色彩的设计要求。

（2）利用 Fireworks 8 完成对《我们的青春年代》网站的色彩搭配设计。

二、任务布置

（1）通过对色彩以及不同主题和风格网站的色彩搭配分析，完成《我们的青春年代》班级主页的配色方案设计。

（2）利用 Fireworks 8 完成不同配色方案下班级主页的界面设计。

三、任务解析

（一）网站风格和主题解析

《我们的青春年代》班级主页是网络 0933 班的网络展示和交流平台，浏览者通过该网站既可以了解班级通知公告、新闻动态，还可以进行学习和交流。使用的用户群为有共同语言的年轻群体，网站的色彩年龄段属于年轻一族；网站结构和色彩搭配设计定位在休闲类主题网站的范围，因此网站设计选择活力休闲风格。

（二）界面配色解析

班级主页的色彩设计要求能反映年轻人的青春活力，表达年轻人动感、时尚、现代的感觉，网站色彩主色调选择纯度较高的蓝色、绿色和橙色。界面框架色彩搭配采用同色搭配的方法，主题文字与背景则选择对比色搭配以突出显示。

班级主页首页界面色彩搭配设计包括框架色彩搭配设计、文字色彩设计和网页用图设计三大部分，其中框架色彩设计部分主要包括：框架背景颜色设计、网站名称部分背景设计、用户登录表单背景及边框色设计、公告栏按钮颜色设计、主导航背景设计、次导航背景设计和页脚背景设计。

四、操作步骤

（一）蓝色为主色调的配色方案设计

蓝色具有高远、博大、理智、诚实等象征意义，蓝色能够营造出和平淡雅洁净及可靠等氛围。选择明亮的天蓝色作为主色调，与白色相搭配，灰色和深蓝色做辅助，可以使页面看起来非常干净整洁，给人高远、博大、诚实的印象。

班级主页网站主题是展现学生的青春校园生活，是放飞梦想的年代，因此取名为“我们的青春年代”，纯净的蓝色由深到浅渐变作为网页背景，与网站 Logo 图案设计相结合，传达出学生群体高远博大的情怀，诚实可信的品质。各部分取色参考值如表 1.3 所示。网页效果图如图 1.138 所示。

表 1.3　班级主页蓝色方案取色参考表

色彩设计部分		颜色值（十六进制）
框架色彩搭配设计	框架背景色	线性渐变色（#DCF2FB，#05A0E2）
	主体背景色	实心填充颜色（#FFFFFF）
	网站名称区背景色	线性渐变色（#AFF1FB，#00709F）
	表单背景色	边框色（#1D597A），实心填充颜色（#267AA8）
	公告栏按钮颜色	线性渐变色（#5BAED3，#FFFFFF）
	主导航背景色	实心填充颜色（#666666）
	次导航背景色	实心填充颜色（#307D90）
	页脚背景色	实心填充颜色（#E8E8E8）
文字色彩搭配设计	Logo 部分网站名称文字颜色	实心填充颜色（#FFFFFF）
	网站导航栏文字颜色	实心填充颜色（#FFFFFF）
	Banner 部分网站名称颜色	实心填充颜色（#2DAFE7）

续表

色彩设计部分		颜色值（十六进制）
文字色彩搭配设计	Banner 部分宣传文字、公告栏文字、标题行说明文字颜色	实心填充颜色（#999999 ▨）
	正文文字颜色	黑色（#000000 ■）
图像	Banner 部分插图	绚烂的黄色，蕴涵春天的气息

参照表 1.3 的色彩取值，完成网页蓝色配色方案界面设计，操作步骤参考任务一中“模块二 班级主页的界面框架设计”，效果图如图 1.138 所示。

图 1.138　蓝色方案网页效果图

（二）绿色为主色调的配色方案设计

绿色具有与自然、健康相关的特质，是新鲜、春天、纯真、活力、新生、和平、舒适、成长、健康、清新的色彩，是自然之色，代表了生命与希望，也充满了青春与活力。选择明度较高的绿色作为主色调，与白色搭配，灰色进行调和，页面整体充满了青春与活力，给人生机勃勃的印象。

根据班级主页的主题，绿色为主色调的色彩搭配方案，体现了学生群体青春飞扬的特质，表示学生群体是祖国的新生力，是美好未来发展的希望的寓意。各部分取色参考值如表 1.4 所示。网页效果图如图 1.139 所示。

表 1.4　班级主页绿色方案取色参考表

色彩设计部分		颜色值（十六进制）
框架色彩搭配设计	框架背景色	实心填充颜色（#6BCF1F ▨）
	主体背景色	实心填充颜色（#FFFFFF □）
	网站名称区背景色	线性渐变色（#A9DC8A ▨，#339E48 ▨）

续表

色彩设计部分		颜色值（十六进制）
框架色彩搭配设计	表单背景色	边框色（#006600 ■），实心填充颜色（#329D47 ■）
	公告栏按钮颜色	线性渐变色（#339E48 ■，#FFFFFF □）
	主导航背景色	实心填充颜色（#666666 ■）
	次导航背景色	实心填充颜色（#38A14B ■）
	页脚背景色	实心填充颜色（#E8E8E8 □）
文字色彩搭配设计	Logo 部分网站名称文字颜色	实心填充颜色（#FFFFFF □）
	网站导航栏文字颜色	实心填充颜色（#FFFFFF □）
	Banner 部分网站名称颜色	实心填充颜色（#329D47 ■，#F15B07 ■，#FF00CC ■，#FF6666 ■，#99CC00 ■，#00CC33 ■）
	Banner 部分宣传文字颜色	实心填充颜色（#329D47 ■）
	公告栏文字、标题行说明文字颜色	实心填充颜色（#999999 ■）
	正文文字颜色	黑色（#000000 ■）
图像	Banner 部分插图	正在绽放的金色郁金香，寓意美好的青春年华

参照表 1.4 的色彩取值，完成网页绿色配色方案界面设计，操作步骤参考任务一中“模块二 班级主页的界面框架设计”，效果图如图 1.139 所示。

图 1.139　橙色方案网页效果图

（三）橙色为主色调的配色方案设计

橙色是十分活泼、温暖的色彩，也是令人振奋的颜色。橙色具有健康、阳光、欢欣、活力、勇敢和自由等象征意义，它既有红色的热情又有黄色的光明和活泼的特质，可以营造朝气蓬勃和大自然的气氛，给人以温暖、兴奋而热烈的感觉。

橙色做主色调与白色的搭配，用灰色调和，使页面充满了阳光健康、积极向上的气息。橙色作为主色调的搭配方案，可以体现该群体青春活力、健康向上的特质，温暖的橙色还可以表达班级主页是班级成员精神家园的寓意，给人温暖的感觉，营造班级主页健康、阳光、积极向上的学习和生活氛围，充满了激情。各部分取色参考值如表 1.5 所示。网页效果图如图 1.140 所示。

表 1.5　班级主页橙色方案取色参考表

色彩设计部分		颜色值（十六进制）
框架色彩搭配设计	框架背景色	线性渐变色（#FF9900，#FFFFFF、不透明度 50%，#D3E1D8）
	主体背景色	实心填充颜色（#FFFFFF）
	网站名称区背景色	线性渐变色（#FC830C，#FFD7B9）
	表单背景色	边框色（#BA5800），实心填充颜色（#EC7000）
	公告栏按钮颜色	线性渐变色（#FF833A，#FFFFFF）
	主导航背景色	实心填充颜色（#666666）
	次导航背景色	实心填充颜色（#D26A02）
	页脚背景色	实心填充颜色（#E8E8E8）
文字色彩搭配设计	Logo 部分网站名称文字颜色	实心填充颜色（#FFFFFF）
	网站导航栏文字颜色	实心填充颜色（#FFFFFF）
	Banner 部分网站名称颜色	实心填充颜色（#FF6600）
	公告栏文字、标题行说明文字颜色	实心填充颜色（#999999）
	Banner 部分宣传文字、正文文字颜色	黑色（#000000）
图像	Banner 部分插图	深橘红花蕊的雏菊，生命力旺盛的寓意

参照表 1.5 的色彩取值，完成网页橙色配色方案界面设计，操作步骤参考任务一中“模块二 班级主页的界面框架设计”，效果图如图 1.140 所示。

图 1.140　橙色方案网页效果图

五、举一反三

（一）色彩的基本概念

（1）色相。也叫色调，指颜色的种类和名称，是一种颜色区别于其他颜色的因素。如红、黄、绿等。

（2）明度。也叫亮度，指颜色的深浅、明暗程度，没有色相和饱和度的区别。不同的颜色，反射的光亮强弱不一，因而会产生不同程度的明暗。非色彩的黑、灰、白较能形象地表达这一特质。

（3）纯度。也叫饱和度，指色彩的鲜艳程度。原色最纯，颜色混合得越多则纯度逐渐减低。如某一鲜亮的颜色，加入了白色或者黑色，使得它的纯度低，颜色趋于柔和、沉稳。

（4）三原色。即红、黄、蓝三种基本颜色，除白色外，其他颜色都可以由这三种颜色混合调配得到。

（5）色相环。色彩按红、黄、绿、蓝、紫依次过渡渐变呈现出不同颜色，这些颜色组成一个色彩环，叫做色相环。色相环包括 12 种不同的颜色，也叫做十二色相环，如图 1.141 所示。

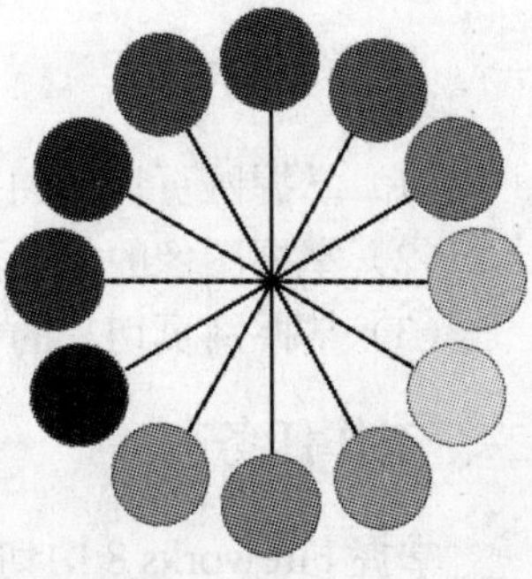

图 1.141 色相环

（6）补色。是广义上的对比色。在色环上相对的两种色彩互为补色。如：红色是绿色的补色；橙色是蓝色的补色；黄色是紫色的补色。

（7）邻近色。是在色环上某一颜色的相邻颜色。邻近色也是类似色关系，只是范围缩小了一点，如绿色和蓝色互为邻近色。

（8）同类色。比邻近色更加接近的颜色，是在同一色相中呈现不同变化的颜色。如黄颜色系列的深黄、土黄、中黄、橘黄、淡黄、柠檬黄等都属于同类色，同类色可以起到色彩调和与增加渐变的作用。

（9）暖色。是指红、橙、黄这类看了感到温暖，提高兴奋度的颜色。暖色系的饱和度越高，其温暖特性越明显。

（10）冷色。是指绿、青、蓝、紫这类看了能使人觉得凉爽、清爽，心情平和的颜色。冷色系亮度越高，其冷静的特性越明显。

（二）对网页色调、主色调、辅色调、点睛色、背景色的解释

网页页面中总是由具有某种内在联系的各种色彩，组成一个完整统一的整体，形成画面色彩总的趋向，称为色调。也可以理解为色彩状态。色彩给人的感觉与氛围，是影响配色视觉效果的决定因素。为了使网页的整体画面呈现稳定协调的感觉，我们根据页面中各色彩所扮演的角色以及色彩的主次位置，把各色彩分为主色调、辅色调、点睛色和背景色 4 种。

（1）主色调。页面色彩的主要色调、总趋势，其他配色不能超过该主要色调的视觉面积。（背景白色则不一定根据视觉面积决定，可以根据页面的感觉需要决定。）

（2）辅色调。仅次于主色调的视觉面积的辅助色，是烘托主色调、支持主色调、起到融合主色调效果的辅助色调。

（3）点睛色。在小范围内点上强烈的颜色来突出主题效果，使页面更加鲜明生动。

（4）背景色。衬托环抱整体的色调，起协调、支配整体的作用。

任务三 《我们的青春年代》班级主页的界面导出

模块一 任务预备知识

一、教学目标

（1）掌握网页切片的基本操作。
（2）掌握图像的优化方法与操作技能。
（3）掌握网页切片的导出操作。

二、工作任务

掌握 Fireworks 8 中切片以及优化导出的基本操作。

三、理论知识

（一）切片的基本操作

切片是 Macromedia Fireworks 8 中用于创建交互性的基本构造块。切片是网页对象，它们不是以图像的形式存在，而是最终以 HTML 代码的形式出现。可以通过【层】面板中的【网页层】查看、选择和重命名它们。使用拖放变换图像方法将交互性附加到切片，可以在工作区中快速创建变换图像和交换图像效果。

热点用于创建图像映射，即在 HTML 文档中定义热区的 HTML 代码。这些区域不一定链接到某个地方；它们可能只是触发一个行为或定义替代文本。可以使用热点将交互性结合到网页中。热点还可以接收鼠标事件，使得 JavaScript 行为在切片中起作用。

1．创建切片对象

可以使用【切片】工具绘制切片对象，或者基于所选对象插入切片。从切片对象延伸出的线是切片辅助线，它确定导出时将文档拆分成的单独图像文件的边界。默认情况下，这些辅助线为红色。

基于所选对象插入矩形切片的基本操作如下：

（1）选中需要插入切片的对象。

（2）选择【编辑】|【插入】|【矩形切片】命令。该切片是一个矩形，它的区域包括所选对象最外面的边缘，如果要插入多边形切片，则选中【多边形切片】。

（3）若选择了多个对象，则需要选择应用切片的方式，【单一】项用于创建覆盖全部所选对象的单个切片对象，【多重】项用于为每个所选对象创建一个切片对象。

使用【切片】工具绘制切片的基本操作如下：

（1）选择【切片】工具，此工具绘制的是矩形切片，若要绘制多边形切片，则单击右下角的箭头，选择【多边形切片】工具。

（2）在需要绘制切片的对象上拖动以绘制切片对象。

HTML 切片指定浏览器中出现普通 HTML 文本的区域。HTML 切片不导出图像，它导出出现在由切片定义的表格单元格中的 HTML 文本。如果要快速更新出现在站点中的文本而无须创建新图形，则 HTML 切片很有用。默认状态下绘制的切片对象为【图像】切片，可以在【属性】检查器面板的【类型】栏中查看，若要绘制【html】切片，则可以按照如下操作步骤进行绘制。

（1）绘制切片对象并将其保留为选定状态。

（2）在【属性】检查器中，从【类型】弹出菜单中选择【HTML】项。

（3）单击【编辑】按钮，在【编辑 HTML 切片】窗口中键入文本。如果需要，通过添加 HTML 文本格式设置标记来设置文本的格式。

（4）单击【确定】按钮，更改并关闭【编辑 HTML 切片】窗口。用户输入的文本和 HTML 标记以原始 HTML 代码的形式出现在 Fireworks PNG 文件中切片的正文上。

小提示：

可以在使用文本编辑器或 HTML 编辑器（如 Dreamweaver）导出 HTML 后，将 HTML 文本格式设置标记添加到 HTML。

在不同的浏览器以及不同的操作系统中查看 HTML 文本切片时，它们的外观可能会有所变化，这是因为浏览器中可以设置字体大小和类型。

2. 查看并显示切片和切片辅助线

可以在【层】缩略图面板中的【网页层】中查看切片对象并控制切片的可见性，可以在【属性】检查器中为每个切片对象指定唯一的颜色来组织切片。

切片辅助线出现在文档中，选择【视图】|【切片辅助线】可以取消切片辅助线的选择，从而隐藏辅助线。选择【视图】|【辅助线】|【编辑辅助线】，可以更改切片辅助线的颜色。

当单击【隐藏切片和热点】工具时，可以关闭整个文档的切片可见性，同时切片辅助线也将被隐藏，单击【显示切片和热点】工具可以显示切片和辅助线。

3. 编辑切片

在 Fireworks 中，可以像处理文字处理应用程序中的表格一样处理切片布局。当拖动切片辅助线以调整切片大小时，Fireworks 也将自动调整所有相邻的矩形切片的大小。另外，可以使用【属性】检查器来调整切片大小以及将切片变形，就像对待矢量对象和位图对象一样。

（1）移动切片辅助线以编辑切片。

切片辅助线定义切片的周长和位置。超出切片对象的切片辅助线定义在导出时如何对文档的其余部分进行切片。通过拖动矩形切片对象周围的切片辅助线，可以更改其形状。不能通过移动切片辅助线来调整非矩形切片对象的大小。操作方法如下。

① 将【指针】或【部分选定】工具放在切片辅助线上，针变为辅助线移动指针。

② 将切片辅助线拖动到所需位置，切片大小即被调整，并且所有相邻切片也自动调整大小。

（2）使用工具编辑切片对象。

可以使用【指针】、【部分选定】和【变形】工具更改切片的形状或调整切片的大小。但使用这些工具调整切片大小和更改切片形状时会创建相互重叠的切片，因为相邻切片对象的大小不会自动调整。当切片相互重叠时，如果发生交互，则最顶层的切片将优先。若要避免切片重叠，则使用切片辅助线来编辑切片。

（3）使用【属性】检查器或【信息】面板编辑切片对象。

选中切片对象后，可以在【属性】检查器面板中以数字方式更改切片对象的位置和大小。

小提示：

如果在文档窗口中拖动某个 Fireworks 按钮周围的切片辅助线，Fireworks 将调整用来定义该按钮的活动区域的切片大小。但是不能通过拖动 Fireworks 按钮周围的切片辅助线来删除该按钮的活动区域。

对矩形切片进行变形处理可能会更改它的形状、位置或尺寸，但切片本身仍保持为矩形。

4. 切片交互操作

在 Fireworks 中创建交互效果的基本生成块是切片对象。拖放变换图像方法是使切片交互的最简单方法。只需拖动切片的行为手柄并将其放在目标切片中，即可快速创建简单的交互效果。还可以打开【行为】面板创建更复杂的交互。

小提示：Fireworks 中的行为与 Macromedia Dreamweaver 行为兼容。在将 Fireworks 变换图像导出到 Dreamweaver 时，可以使用 Dreamweaver 的【行为】面板编辑 Fireworks 行为。

5. 准备切片以供导出

在【属性】检查器或【层】面板中可以为切片命名。命名后 Fireworks 使用指定的名称来命名在导出时从切片生成的文件。如果没有命名，则 Fireworks 将在导出时自动命名切片。可通过【HTML 设置】对话框更改 Fireworks 使用的自动命名惯例。Fireworks 将经过切片的 Fireworks 文档导出为一个 HTML 文件和一系列图形文件。可以使用【HTML 设置】对话框定义导出的 HTML 文件的属性。在【属性】检查器面板中还可以设置切片的超级链接、替换文本等属性。

（二）优化与导出

网页图像的要求是在尽可能短的传输时间里，发布尽可能高质量的图像。因此在设计和处理网页图像时就要求图像有尽可能高的清晰度与尽可能小的尺寸，从而使图像的下载速度达到最快。为此，必须对图像进行优化。

在 Fireworks 中对图形的优化主要涉及以下操作，应该尝试所有的优化控制来寻找图像品质和文件大小的最佳平衡点。

- 选择最佳文件格式。每种文件格式都有不同的压缩颜色信息的方法。为某些类型的图形选择适当的格式可以大大减小文件大小。
- 设置格式特定的选项。每种图形文件格式都有一组唯一的选项。可以用诸如色阶这样的选项来减小文件大小。某些图形格式（如 GIF 和 JPEG）还具有控制图像压缩的选项。
- 调整图形中的颜色（仅限于 8 位文件格式）。可以通过将图像局限于一个称为调色板的特定颜色集来限制颜色。然后，修剪掉调色板中未使用的颜色。调色板中的颜色越少意味着图像中的颜色也越少，从而致使使用该调色板的图像文件的文件大小越小。

1. 使用【导出向导】进行导出

如果对优化和导出网页图形不太熟悉，则可以使用【导出向导】来进行优化与导出。使用【导出向导】导出文档的操作步骤如下：

（1）选择【文件】|【导出向导】命令，打开【导出向导】对话框。如图 1.142 所示。

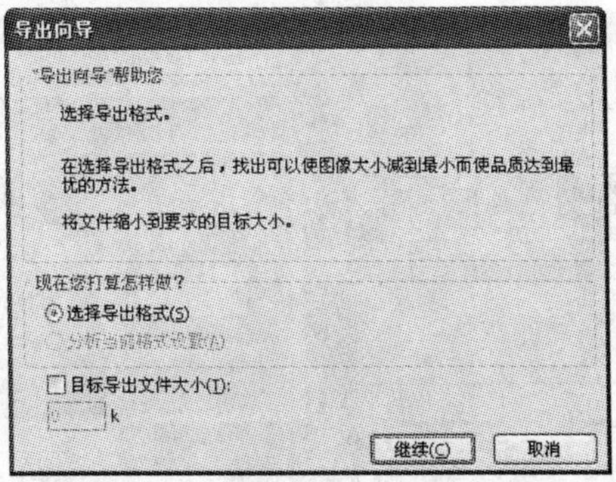

图 1.142　【导出向导】对话框

（2）根据向导回答出现的问题，单击【继续】按钮。在第一个对话框中选择【目标导出文件大小】，设置可以优化到最大的文件大小。

（3）在【分析结果】窗口中 Fireworks 就文件格式提出建议，单击【退出】按钮打开【图像预览】，其中显示建议的导出选项，如图 1.143 所示。

（4）选择相应文件格式单击【导出】按钮进行导出。

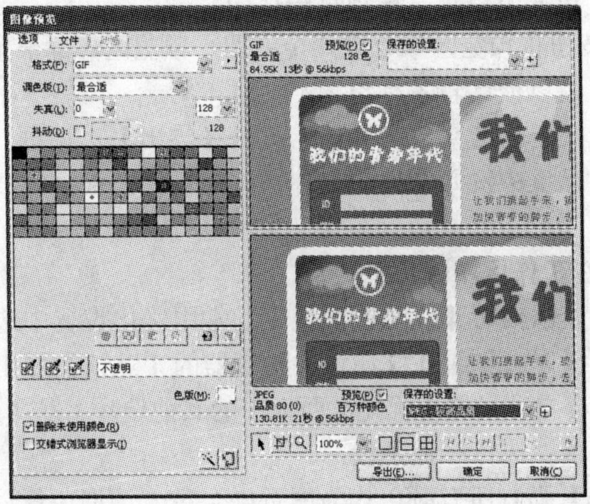

图 1.143　用【导出向导】弹出【图像预览】对话框

2．使用【图像预览】进行导出

当通过【导出向导】访问时，【图像预览】为当前文档显示建议的优化和导出选项。当从【文件】菜单中直接选择时，【图像预览】显示当前文档的导出设置，如图 1.144 所示。【图像预览】的预览区域所显示的文档或图形与导出时的完全相同，该区域还估算当前导出设置下的文件大小和下载时间。

使用【图像预览】导出的基本操作如下：

（1）选择【文件】|【图像预览】命令，打开【图像预览】对话框，如图 1.144 所示。在【选项】选项卡中编辑图像的优化设置；在【文件】选项卡中可以编辑导出图像的大小和区域，然后更改所需的设置；在【动画】选项卡中可以编辑图像的动画设置。

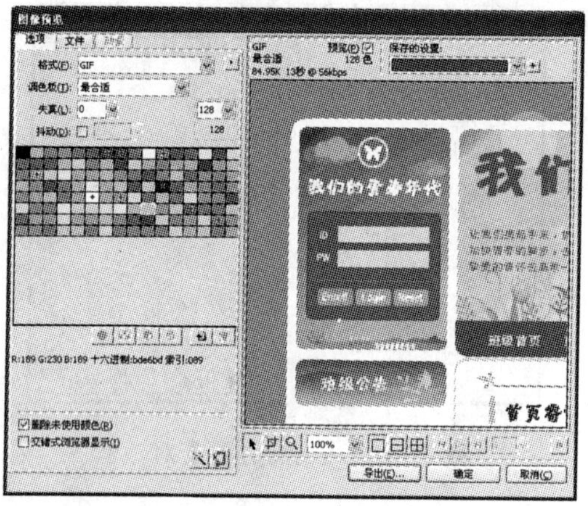

图 1.144　使用【图像预览】打开的对话框

● 单击对话框底部的【缩放】按钮在预览中放大或缩小。单击此按钮，然后在预览中单击可以放大预览；按住 Alt 键并在预览中单击此按钮可以缩小预览。

● 单击对话框底部的【指针】按钮并在预览中拖动可以平移预览区域，也可以在【缩放】指针处于活动状态时，按住空格键并在预览中拖动。

● 单击拆分视图按钮将预览区域分为两个或四个预览区，每个预览窗口可以显示具有不同导出设置的图形预览，以便比较各种设置。

（2）完成设置更改后单击【导出】按钮，打开【导出】对话框。

（3）在【导出】对话框中键入文件的名称，选择目标，根据需要设置任何其他选项，然后单击【保存】按钮。

3. 使用优化设置在工作区中优化

可以在【属性】检查器或者【优化】面板中的常用优化设置中选择以快速设置文件格式并应用一些格式特定的设置。如果在【属性】检查器的【默认】导出选项弹出菜单中选择一个预设的选项，则系统会自动设置【优化】面板中的其他选项。从【属性】检查器或【优化】面板的【设置】弹出菜单中选择一种预设：

（1）【GIF 网页 216】强制所有颜色均为网页安全色。该调色板最多包含 216 种颜色。

（2）【GIF 接近网页 256 色】将非网页安全色转换为与其最接近的网页安全色。调色板最多包含 256 种颜色。

（3）【GIF 接近网页 128 色】将非网页安全色转换为与其最接近的网页安全色。调色板最多包含 128 种颜色。

（4）【GIF 最合适 256】是一个只包含图形中实际使用的颜色的调色板。调色板最多包含 256 种颜色。

（5）【JPEG—较高品质】将品质设为 80、平滑度设为 0，生成的图形品质较高但占用空间较大。

（6）【JPEG—较小文件】将品质设为 60、平滑度设为 2，生成的图形大小不到【较高品质 JPEG】的一半，但品质有所下降。

（7）【动画 GIF 接近网页 128】将文件格式设为【GIF 动画】，并将非网页安全色转换为与其最接近的网页安全色。调色板最多包含 128 种颜色。

如果需要的自定义优化控制超出了预设选项所提供的控制，则可以在如图 1.145 所示的

【优化】面板中创建自定义优化设置。还可以用【优化】面板中的颜色表来修改图形的调色板。指定自定义优化设置的操作如下。

（1）在【优化】面板的【导出文件格式】弹出菜单中选择一种选项。

（2）设置格式特定的选项，如色阶、抖动和品质。

（3）根据需要从【优化】面板的【选项】菜单中选择其他优化设置。

（4）可以命名并保存自定义优化设置。当选择切片、按钮或画布时，将在【优化】面板和【属性】检查器的【设置】弹出菜单的预设优化设置中显示已保存设置的名称。

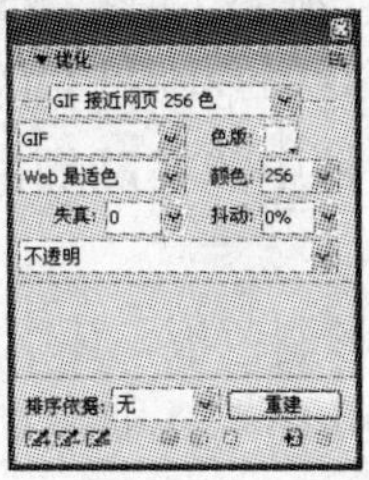

图 1.145 【优化】面板

4．选择文件类型

选择文件格式时应基于图形的设计和用途来考虑。图形的外观会因格式而异，尤其是当使用不同的压缩类型时。另外，大多数网页浏览器只接受特定的图形文件类型。还有其他一些文件类型适合于印刷出版或用于多媒体应用程序。可用的文件类型有 GIF、JPEG、PNG 等。

（1）GIF。

即【图形交换格式】，是一种流行的网页图形格式。GIF 中最多包含 256 种颜色。GIF 还可以包含一块透明区域和多个动画帧。在导出为 GIF 格式时，包含纯色区域的图像的压缩质量最好。GIF 通常适合于卡通、徽标、包含透明区域的图形以及动画。

（2）JPEG。

是由 Joint Photographic Experts Group（联合图像专家组）专门为照片或增强色图像开发的。JPEG 支持数百万种颜色（24 位）。JPEG 格式最适合于扫描的照片、使用纹理的图像、具有渐变颜色过渡的图像和任何需要 256 种以上颜色的图像。

（3）PNG。

即【可移植网络图形】，是一种通用的网页图形格式。但是，并非所有的网页浏览器都能查看 PNG 图形。PNG 最多可以支持 32 位的颜色，可以包含透明度或 Alpha 通道，并且可以是连续的。PNG 是 Fireworks 的本身文件格式。但是，Fireworks PNG 文件包含应用程序特定的附加信息，导出的 PNG 文件或在其他应用程序中创建的文件中不存储这些信息。

（4）WBMP。

即【无线位图】，是一种为移动计算设备（如手机和 PDA）创建的图形格式。此格式用在【无线应用协议】（WAP）网页上。WBMP 是 1 位格式，因此只有黑与白两种颜色可见。

（5）TIFF。

即标签图像文件格式，是一种用于存储位图图像的图形格式。TIFF 常用于印刷出版。许多多媒体应用程序也接受导入的 TIFF 图形。

（6）BMP。

即 Microsoft Windows 图形文件格式，是一种常见的文件格式，用于显示位图图像。BMP

主要用在 Windows 操作系统上。许多应用程序都可以导入 BMP 图像。

（7）PICT。

由 Apple Computer 开发，是一种常用在 Macintosh 操作系统上的图形文件格式。大多数 Mac 应用程序都能够导入 PICT 图像。

5. 优化 GIF、PNG、TIFF、BMP 和 PICT 文件是对【调色板】的选择

Fireworks 中的每种图形文件格式都有一组优化选项。通常情况下，只有 8 位文件类型（如 GIF、PNG8、TIFF8、BMP8 和 PICT8）提供大量的优化控制。GIF 和其他 8 位图像格式包含一个调色板。调色板是文件可用颜色（最多 256 种）的列表。只有调色板中定义的颜色才会出现在图形中，而调色板中会包含图形中没有的颜色。Fireworks 中可用的调色板如下：

（1）【最适色彩】是一个派生自文档中的实际颜色的自定义调色板。【最适色彩】调色板通常产生最高品质的图像。

（2）【Web 最适色】是一个最适色彩调色板，其中接近网页安全色的颜色转换为最接近的网页安全色。网页安全色是来自【Web216 色】调色板的颜色。

（3）【Web216 色】是一个包含 Windows 和 Macintosh 计算机共有的 216 种颜色的调色板。此调色板通常称为网页安全或浏览器安全调色板，这是因为在 8 位显示器上查看时，它在任一个平台上的各种网页浏览器中都产生相当一致的效果。

（4）【精确】包含图像中实际使用的颜色。只有包含 256 种或更少的颜色的图像才能使用【精确】调色板。如果图像中包含 256 种以上的颜色，调色板将切换到【最适色彩】。

（5）【灰度等级】是一个包含 256 种或更少的灰阶的调色板。选择此调色板可将图像转换为灰度图像。

（6）【黑白】是一个只包含黑、白两色的调色板。

（7）【一致】是一个基于 RGB 像素值的数学调色板。

（8）【自定义】是一个经过修改或从外部调色板（ACT 文件）或 GIF 文件加载的调色板。

在优化过程中调整调色板会影响图像中的颜色。可以用【优化】面板中的颜色表来优化和自定义调色板。

若要选择一个调色板，则可以从【优化】面板的【索引调色板】弹出菜单中选择一个选项。若要导入自定义调色板，则从【优化】面板的【选项】菜单中选择【加载调色板】，或者从【优化】面板的【索引调色板】弹出菜单中选择【自定义】，导航到 ACT 或 GIF 调色板文件并单击【打开】按钮，将 ACT 或 GIF 文件中的颜色添加到【优化】面板的颜色表中。

6. 优化 JPEG 文件

使用【优化】面板，可以通过设置压缩和平滑选项来优化 JPEG 文件。JPEG 文件总是以 24 位颜色被保存和导出，因此无法通过编辑其调色板来优化。当选择 JPEG 图像时，颜色表为空。

（1）调整 JPEG 图像品质。

JPEG 是一种有损格式，这意味着在压缩图像时会放弃一些图像数据，从而降低最终文件的品质。但是，有时放弃某些图像数据在品质上造成的差异极小，或者不造成任何明显差异。

用【优化】面板的【品质】滑块弹出菜单中调整品质。较高的百分比设置可以维持优良的图像品质，但压缩较少，因此产生的文件也较大；较低的百分比设置产生小文件，但图像品质也较低。

（2）选择性地压缩 JPEG 图像的各个区域。

选择性压缩 JPEG 可以以不同的级别压缩 JPEG 图像的不同区域。图像中引人注意的区域以较高品质级别压缩。而重要性较低的区域（如背景）以较低品质级别压缩，可以在减小图像的总大小同时保留较重要区域的品质。压缩 JPEG 图像的所选区域的基本操作如下：

步骤一：在【优化】面板的【导出文件格式】弹出菜单中设置导出文件格式为【JPEG】。

步骤二：使用【选取框】工具在图像上选取用于压缩的图形区域。

步骤三：选择【修改】|【选择性 JPEG】|【将所选保存为 JPEG 蒙版】项。如果之前没有设置导出文件格式为【JPEG】，可以在【优化】面板中如图 1.146 画圈所示部分设置。

步骤四：在【优化】面板中单击【编辑选择性品质选项】按钮，打开【可选 JPEG 设置】对话框。如图 1.147 所示。

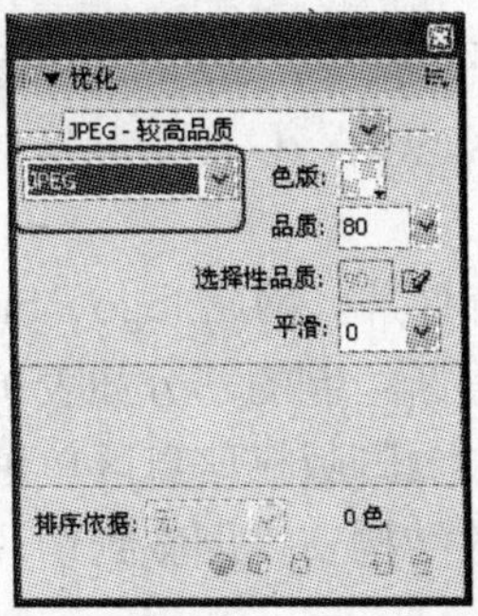

图 1.146 【优化】面板

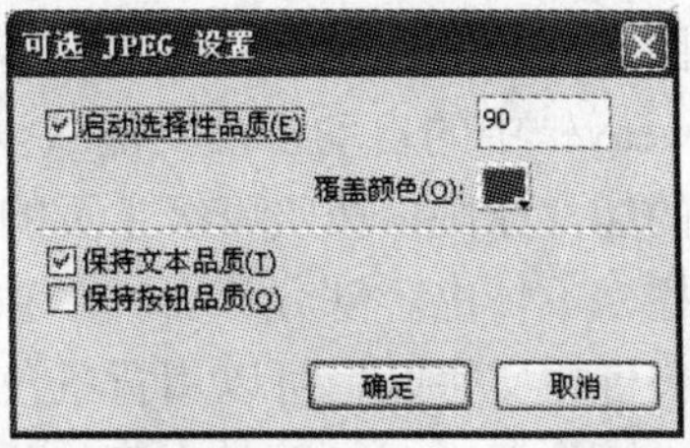

图 1.147 【可选 JPEG 设置】对话框

步骤五：勾选【启动选择性品质】项，并在文本框中输入一个值。输入较低的值将以高于其余图像的压缩量压缩【选择性 JPEG】区域。输入较高的值将以低于其余图像的压缩量压缩【选择性 JPEG】区域。

如果需要，可以更改【选择性 JPEG】区域的【覆盖颜色】。它不会影响输出。

勾选【保持文本品质】后，无论【选择性品质】的值为多少，所有文本项都将自动以较高级别导出。勾选【保持按钮品质】后所有按钮元件都将自动以较高级别导出。

步骤六：单击【确定】按钮。

（3）修改选择性 JPEG 压缩区域。

修改选择性 JPEG 压缩区域的操作如下，若要撤销，则选择【修改】|【选择性 JPEG】|【删除 JPEG 蒙版】命令。

步骤一：选择【修改】|【选择性 JPEG】|【将 JPEG 蒙版恢复为所选】项，所选内容将以高亮显示。

步骤二：使用【选取框】工具或其他选择工具对区域的大小进行更改。

步骤三：选择【修改】|【选择性 JPEG】|【将所选保存为 JPEG 蒙版】项。如果需要，在【优化】面板中更改选择性品质设置。

模块二　班级主页的界面导出

一、能力目标

掌握利用 Fireworks 8 完成《我们的青春年代》班级主页的切片与优化导出的操作技能。

二、任务布置

打开教学资源中“项目一\各章节完成文档\ch1-1-3”下的添加 logo 和 banner 后的界面设计文档，在此基础上利用 Fireworks 8 完成《我们的青春年代》班级主页的切片与优化导出。

三、任务解析

（一）班级主页的切片

切片是将图片转换成可编辑网页的一座桥梁，通过切片才可以将界面设计图片变成 Dreamweaver 可以编辑的网页格式，切片后的图像是网页中图片的主要来源，切片后的图像可以更快地在网络上传播。

切片的方法是首先保证切出网页中需要多次修改的区域；其次是切片图像的大小除了特殊品质要求的图片外，大部分切片图像应尽量保持在 15K 以内，以便于网络传输，另外要充分利用 Dreamweaver 中的自动拼贴功能减少垃圾切片。

班级主页的切片原则：按照班级主页的框架结构进行切片。网站 logo、banner、导航栏、公告栏、标题栏、主体内容部分、页脚单独切片，需要重新绘制的部分如表单域、需要插入文字的部分如公告栏文字区、可以用背景色填充的部分如页脚版权信息区单独切片。可以用逆向思维的方式，从 Dreamweaver 中表格设计网页框架的结构安排倒叙到切片环节以确定切片划分的原则。

（一）知识要点

（1）切片：切片的创建与编辑，查看与调整切片，切片辅助线的操作，显示和隐藏切片。

（2）JPEG 格式的自定义优化，选择性地压缩 JPEG，使用【图像预览】进行导出。

（3）班级主页优化原则：文件格式选择 JPEG 格式，班级主页中导航按钮部分及 banner 背景图高品质输出。

（二）操作方法

1．创建切片

（1）选择【切片】工具，此工具绘制的是矩形切片。

（2）参照切片原则在班级主页界面设计图上拖动鼠标以绘制切片对象。

（3）重复上述步骤直至页面分割完成。

2．绘制【HTML】切片

绘制切片对象并将其保留为选定状态。

（1）在【属性】检查器中，从【类型】弹出菜单中选择【HTML】项。

（2）单击【编辑】按钮，在【编辑 HTML 切片】窗口中输入文本。

（3）单击【确定】按钮以应用更改并关闭【编辑 HTML 切片】窗口。

3．移动切片辅助线以调整切片

（1）根据需要，可以选中要调整的切片对象，也可以不选。

（2）将【指针】工具或【部分选定】工具放在切片辅助线上，针变为辅助线移动指针。

（3）拖动鼠标使辅助线移动到所需的位置，调整切片大小。

4．自定义优化

（1）在【优化】面板的【导出文件格式】弹出菜单中选择一种选项。

（2）设置格式特定的选项。

（3）根据需要从【优化】面板的【选项】菜单中选择其他优化设置。

（4）可以命名并保存自定义优化设置。

5．选择性地压缩 JPEG 区域

（1）在【优化】面板的【导出文件格式】弹出菜单中设置导出文件格式为【JPEG】。

（2）使用【选取框】工具在图像上选取用于压缩的图形区域。

（3）选择【修改】|【选择性 JPEG】|【将所选保存为 JPEG 蒙版】命令。

（4）在【优化】面板中单击【编辑选择性品质选项】按钮，打开【可选 JPEG 设置】对话框并进行优化设置。

（5）单击【确定】按钮。

6．使用【图像预览】导出

（1）选择【文件】|【图像预览】命令，打开【图像预览】对话框。

（2）完成设置后单击【导出】按钮，打开【导出】对话框。

（3）在【导出】对话框中键入文件的名称，选择目标，根据需要设置任何其他选项，然后单击【保存】按钮。

四、操作步骤

（一）班级主页的切片

1．创建图像切片

（1）启动 Fireworks 8，打开添加 logo 和 banner 后的文档“index.png”。

（2）选择【切片】工具，此工具绘制的是矩形切片。

（3）参照切片原则在班级主页界面设计图上拖动鼠标以绘制切片对象。

（4）重复上述步骤直至页面分割完成，如图 1.148 所示。

图 1.148　切片后效果

（5）在切片的过程中可以切换到【指针】工具或者【部分选定】工具，拖动切片辅助线来调整切片的大小。

（6）若需要删除切片，使用【指针】工具或者【部分选定】工具单击需要删除的切片对象，按【delete】键进行删除。

（7）切片过程中不调整原来导航栏按钮切片区域。

2．公告栏内容和页脚信息部分绘制 html 切片

（1）使用【指针】工具或者【部分选定】工具选中公告栏内容部分切片对象。

（2）在【属性】检查器面板中，从【类型】弹出菜单中选择【HTML】，如图 1.149 所示。

图 1.149　【HTML】切片属性面板

（3）单击【编辑】按钮，在弹出的【编辑 HTML 切片】窗口中输入公告栏内容文本，如图 1.150 所示。

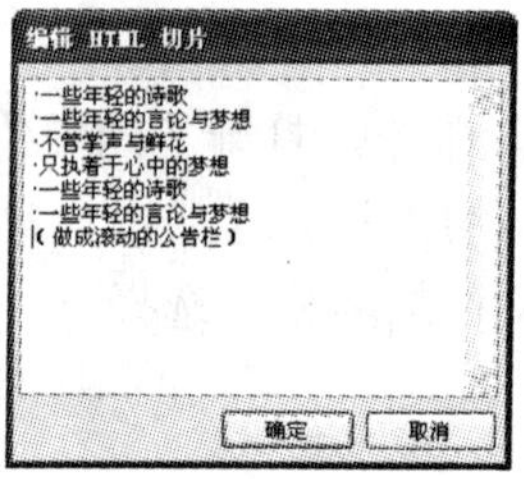

图 1.150　【编辑 HTML 切片】窗口

（4）单击【确定】按钮以应用更改并关闭【编辑 HTML 切片】窗口。切片效果如图 1.151 所示。

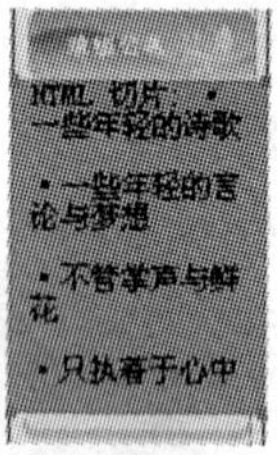

图 1.151　绘制【HTML】切片后效果

（5）参照上述步骤完成页脚信息部分【HTML】切片的绘制。

（二）班级主页的优化与导出

1. 班级主页图像的优化

（1）选择【选取框】工具⬚，在班级主页界面图上拖动鼠标，绘制选取框以选取 banner 背景图像，如图 1.152 所示。可以隐藏辅助线和切片以更好的选择。

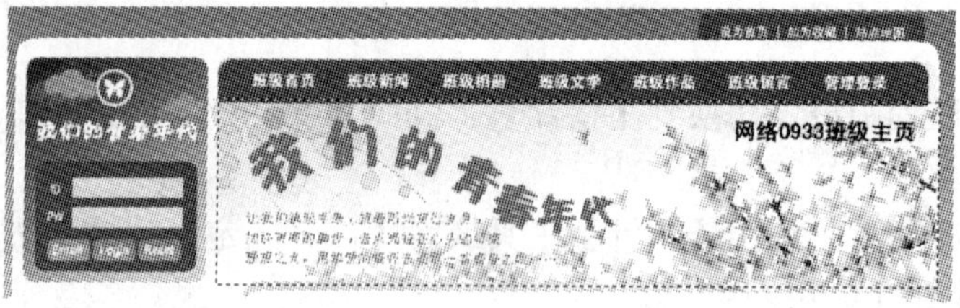

图 1.152　选取 banner 背景图像区

（2）选择【修改】|【选择性 JPEG】|【将所选保存为 JPEG 蒙版】命令。

（3）打开【优化】面板，在【优化】面板的【导出文件格式】弹出菜单中设置导出文件格式为【JPEG】，品质设为 80，如图 1.153 所示；

（4）选择性品质设为 90，单击【编辑选择性品质】按钮，打开对话框，按照图 1.154 进行设置，单击【确定】按钮。

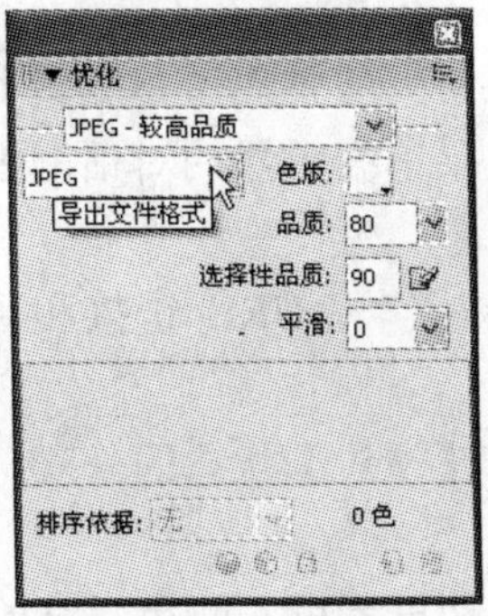

图 1.153　【优化】面板设置

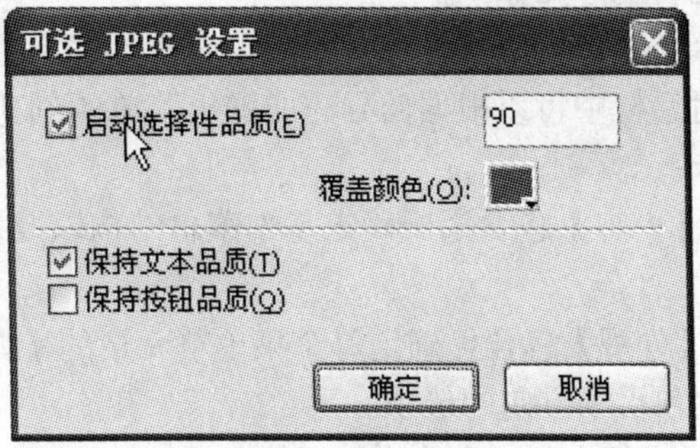

图 1.154　【选择性品质】编辑对话框设置

（5）参照上述步骤完成班级主页导航栏按钮图像的优化。

2．班级主页切片后导出

（1）选择【文件】|【图像预览】命令，打开【图像预览】对话框。

（2）单击【导出】按钮，打开如图 1.155 所示的【导出】对话框，选择【导出 html 和图像】，文件名称为“index.htm”，勾选下方【将图像放入子文件夹】复选框，将网页文件和切片保存到 E 盘新建的“班级主页”文件夹中。

至此，完成《我们的青春年代》班级主页的切片导出操作。

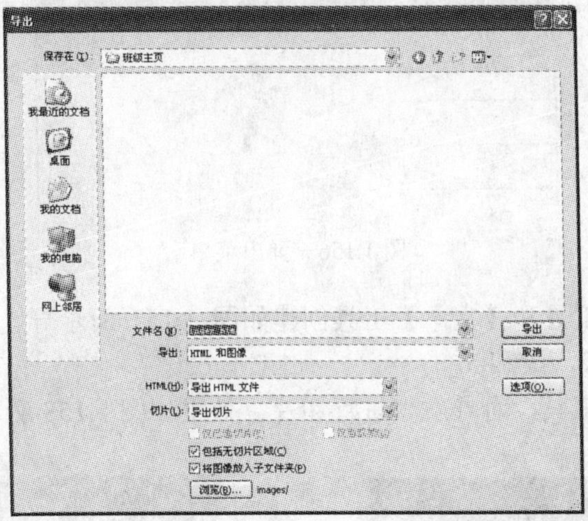

图 1.155　【导出】对话框设置

五、举一反三

（一）创建弹出菜单

选中一个创建的切片或热点对象后，选择【修改】|【弹出菜单】|【添加弹出菜单】命令，可以创建弹出菜单。当用户将指针移到创建弹出菜单的切片或热点上，或者单击这些对象时，

浏览器中将显示弹出菜单。创建弹出菜单时可以将 URL 链接附加到弹出菜单项以便导航。每个弹出菜单项都以 HTML 或图像单元格的形式显示，并具有【弹起】状态和【滑过】状态，并且在这两种状态中都包含文本。若要预览弹出菜单，请按 F12 键在浏览器中预览。Fireworks 工作区中的预览不会显示弹出菜单。

1. 弹出菜单编辑器

选择【修改】|【弹出菜单】|【添加弹出菜单】命令后，会打开【弹出菜单编辑器】对话框，在对话框中可以根据向导完成弹出菜单的创建过程。弹出菜单编辑器的对话框中包含四个选项卡：

(1)【内容】包含用于确定基本菜单结构以及每个菜单项的文本、URL 链接和目标的选项。

(2)【外观】包含可确定每个菜单单元格的【弹起】状态和【滑过】状态的外观，以及菜单的垂直和水平方向的选项。

(3)【高级】包含可确定单元格尺寸、边距、间距、单元格边框宽度和颜色、菜单延迟以及文字缩进的选项。

(4)【位置】包含可确定菜单和子菜单位置的选项，其中【菜单位置】将相对于切片放置弹出菜单。预设位置包括切片的底部、右下部、顶部和右上部；【子菜单位置】将弹出子菜单放在父菜单的右侧或右下部，或者放在其底部。

2. 创建弹出菜单

创建如图 1.156 所示的弹出菜单。操作步骤如下。

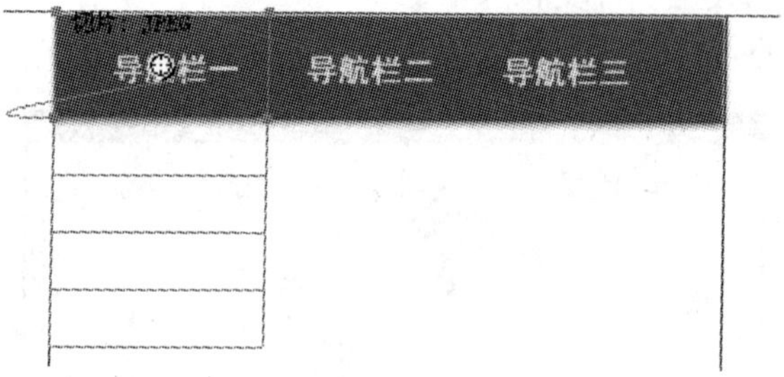

图 1.156　弹出菜单

(1) 利用【矩形】工具和【文本】工具创建如图 1.157 所示导航栏，导航栏背景矩形添加投影效果，投影距离 2、柔和 3。

(2) 选择【切片】工具，对导航栏进行切片，效果如图 1.158 所示。

图 1.157　导航栏效果

图 1.158　导航栏效果

(3) 选中【导航栏一】的切片对象，选择【修改】|【弹出菜单】|【添加弹出菜单】命令，打开【弹出菜单编辑器】对话框，在【内容】选项卡中单击 + 按钮添加弹出菜单项，在对应的【文本】列表框中双击输入和编辑菜单项文本内容，【链接】列中输入菜单项链接的 URL 地址，如图 1.159 所示。

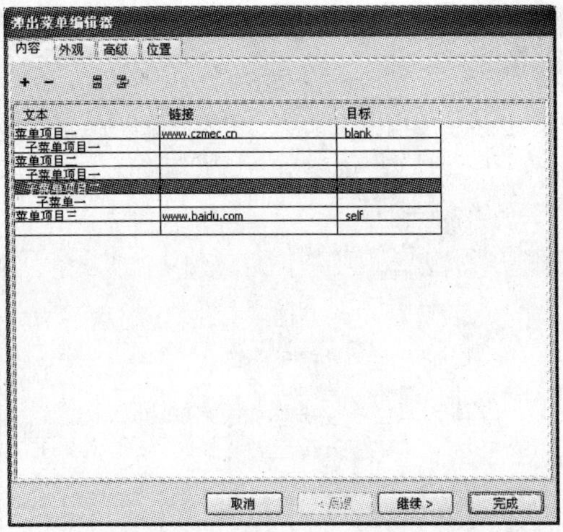

图 1.159　【文本】选项卡设置

（4）选中需要设为子菜单的文本项，单击【缩进菜单】按钮，将该项指定为菜单项列表中恰好位于其上面的菜单项下的子菜单项。单击【左缩进菜单】按钮，可以使子菜单移到较高级别的子菜单或主菜单中。

（5）在【外观】选项卡中设置单元格背景为【图像】，菜单对齐方式为【垂直菜单】，【弹起状态】单元格背景色（#CCCCCC）、【滑过状态】单元格背景色（#FFFF00），样式选择如图 1.160 所示，【外观】选项卡设置如图 1.160 所示。

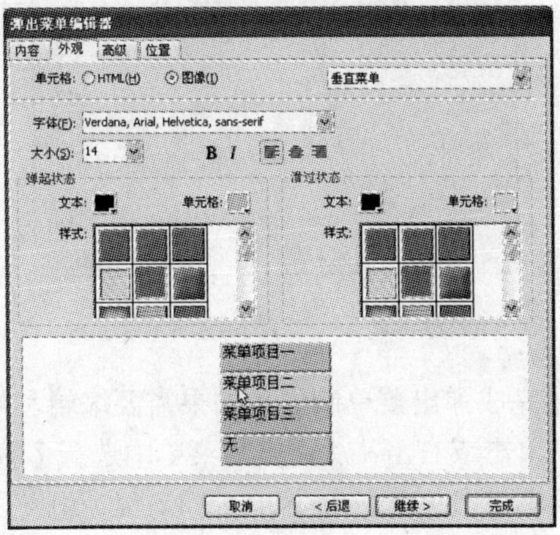

图 1.160　【外观】选项卡设置

（6）在【高级】选项卡中设置单元格宽度为 107 像素、高度为 28 像素，无边框。如图 1.161 所示。

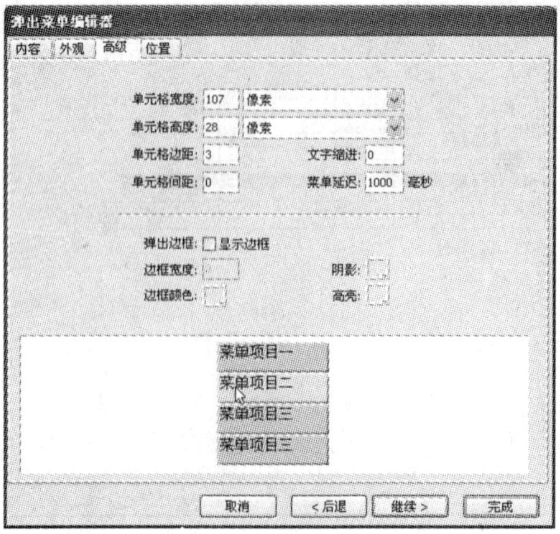

图 1.161 【高级】选项卡设置

（7）在【位置】选项卡中设置菜单位置在切片底部，子菜单位置在菜单的右上部，如图 1.162 所示。

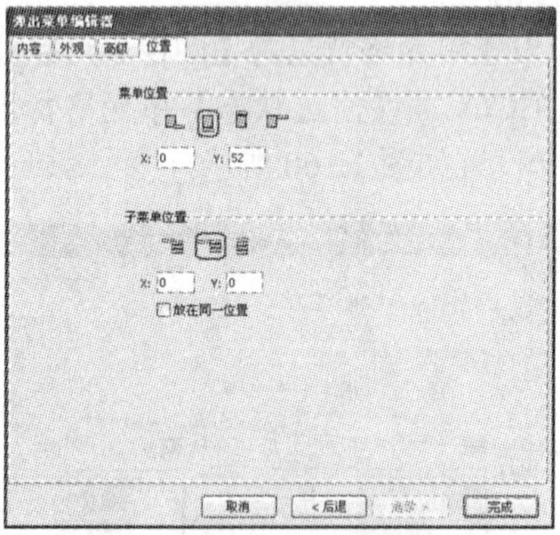

图 1.162 【位置】选项卡设置

（8）单击【完成】按钮完成弹出菜单制作，如果需要编辑和修改弹出菜单选项，则选中弹出菜单所在的切片对象，单击或右击，从弹出的菜单中选择【编辑弹出菜单】，也可以选择【修改】|【弹出菜单】|【编辑弹出菜单】命令。按 F12 键在浏览器中预览弹出菜单效果如图 1.163 所示。

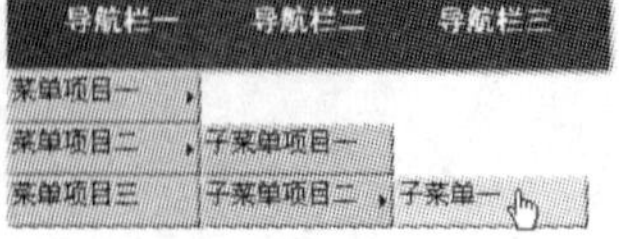

图 1.163 弹出菜单预览效果

（二）创建动画

在 Fireworks 中制作动画的一种方法是通过创建元件并不停地改变它们的属性来产生运动的错觉。可以对元件应用不同的设置以逐渐改变连续帧的内容。可以让一个元件在画布上来回移动、淡入或淡出、变大或变小或者旋转。

1．动画元件的使用

动画元件可以是创建或导入的任何对象，并且一个文件中可以有许多元件。每个元件都有它自己的属性并可独立运动。使用元件可以使动画文件变得更小。通过【动画】对话框或【属性】检查器可以更改动画元件的属性。在元件编辑器中编辑元件的图片，也可以通过移动元件的运动路径来更改元件的运动。选择【编辑】|【插入】|【新建元件】命令创建动画元件，或者选择需要转换为元件的对象，选择【修改】|【元件】|【转换为元件】命令将已有的对象转换为元件。

2．帧的设置

通过创建多个帧可以生成动画。使用【帧】面板可以看到每个帧的内容。【帧】面板是创建和组织帧的地方。可以命名帧、重新组织帧、手动设置动画的定时以及将对象从一个帧移到另一个帧。每个帧也都有若干相关的属性。通过设置帧延时或隐藏帧，可以在制作和编辑过程中使动画达到自己想要的效果。帧延时决定当前帧显示的时间长度。它以一秒的百分之几为单位来指定，默认为 7/100 秒。若要设置每一帧在文档窗口中显示的时间长度，则可以在【帧】面板中双击帧延时列设置帧的延时时间。

3．动画的预览与导出

在工作区中预览动画时可以使用显示在文档窗口底部的帧控件。也可以选择【文件】|【在浏览器中预览】命令，并从子菜单中选择一个浏览器来预览动画。

动画导出时可以选择【文件】|【图像预览】命令，在弹出的对话框中选择导出的图像格式为【GIF 动画】，然后导出动画。可以在【动画】选项卡中设置动画的【循环播放】，以及修改【帧延时】。

4．打开多个文件以创建动画

（1）选择【文件】|【打开】命令，弹出【打开】对话框。

（2）在对话框中按住 Shift 键并单击选中事先准备好的图像文件。

（3）在对话框下方勾选【以动画打开】项，单击【打开】按钮，如图 1.164 所示。

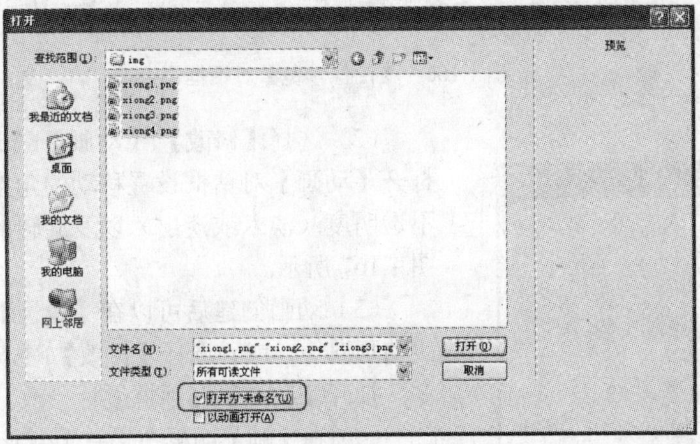

图 1.164 【打开】对话框

（4）创建动画后将这一组图像文件分别存放在动画的各帧中，打开如图 1.165 所示的【帧】面板，在面板中双击如图 1.165 色框所标注的【帧延时】控件以设置动画动作的速度。

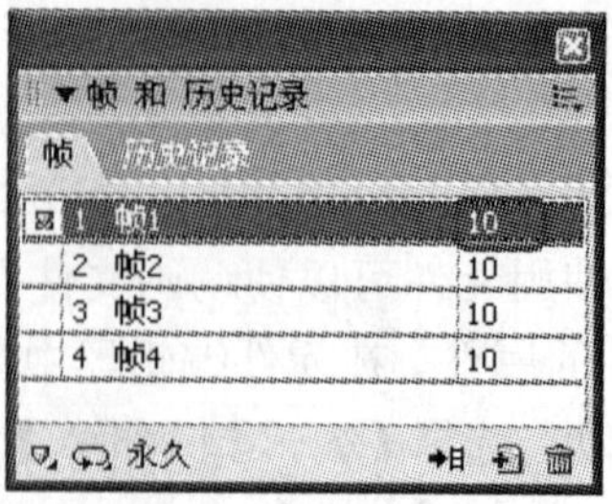

图 1.165 【帧】面板

（5）选择【文件】|【图像预览】命令，打开如图 1.166 所示对话框，设置文档格式为 GIF 动画，并单击【导出】按钮导出动画。

5. 创建动画元件动画

（1）选择【编辑】|【插入】|【新建元件】命令以创建动画元件，或者选择需要转换为元件的对象，选择【修改】|【元件】|【转换为元件】命令将已有的对象转换为元件。

图 1.166 【图像预览】对话框

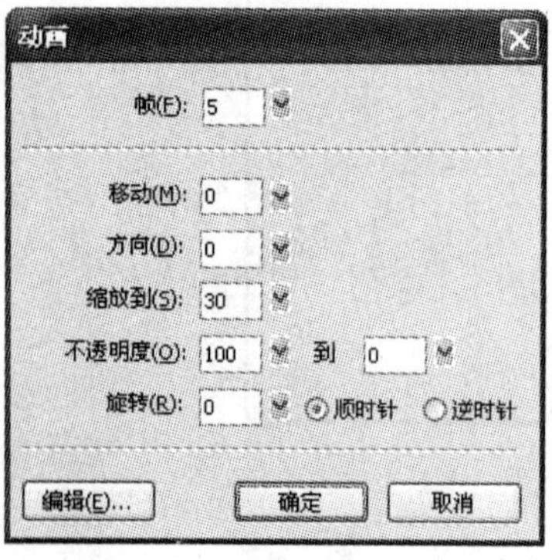

图 1.167 【动画】对话框

（2）选择【修改】|【动画】|【选择动画】命令，打开【动画】对话框设置移动的角度和方向、缩放、不透明度（淡入或淡出）以及旋转的角度和方向，如图 1.167 所示。

（3）动画创建后可以在【属性】检查器面板中修改动画属性，或者选择【修改】|【动画】|【设置】命令，打开【动画】对话框进行修改。

（4）在【帧】面板中设置【帧延时】，以调整动画动作的速度，如图 1.168 所示。

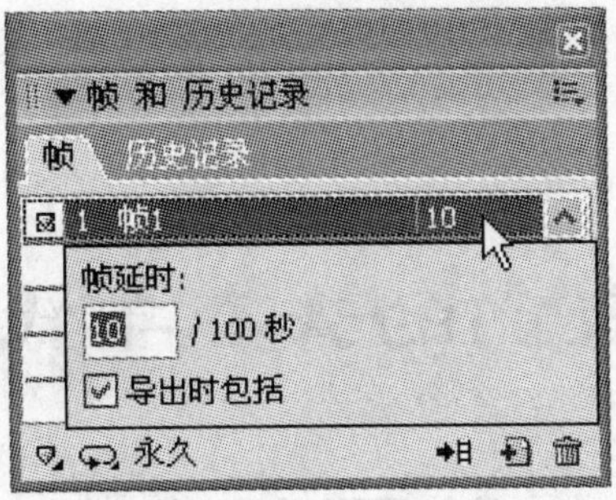

图 1.168 【帧延时】设置

（5）将文档作为 GIF 动画文件导出。

6．创建补间实例动画

（1）创建动画的元件。

（2）打开【库】面板，拖动同一元件的两个或多个实例到画布上不同位置，并选中所有实例。

（3）选择【修改】|【元件】|【补间实例】命令。

（4）在【补间实例】对话框中输入要插入到原始帧之间的补间步骤的数目。

（5）若要将补间对象分散到不同的帧中，请选择【分散到帧】并单击【确定】按钮。如果选择不将对象分散到不同的帧，则可以在以后通过选择所有实例并单击【帧】面板中的【分散到帧】按钮来执行此操作，如图 1.169 所示。

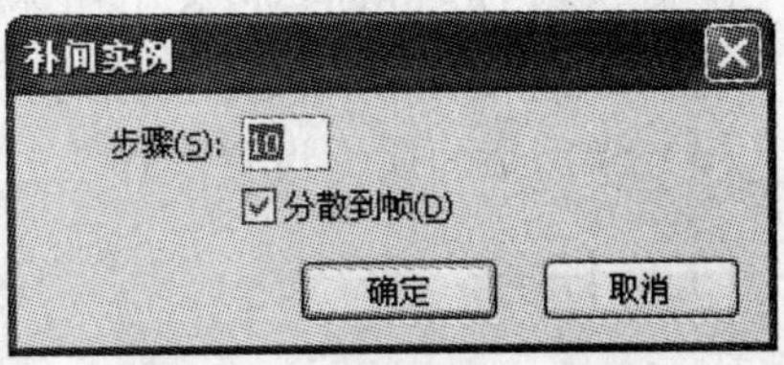

图 1.169 【补间实例】对话框

六、上机练习

打开教学资源中“项目一\上机练习\ch1-3-2\素材文档”，利用 Fireworksindex.png 完成如图 1.170 所示的网页切片。

图 1.170 网页切片实例

【操作提示】

选择【切片】工具，按照网页的框架结构进行切片，对于相同填充效果的区域则切出其中一小部分用做背景填充即可。

任务四 《我们的青春年代》班级主页首页制作

模块一 任务预备知识

一、教学目标

（1）了解网页相关知识。

（2）熟悉 Dreamweaver 8 工作环境。

（3）掌握 Dreamweaver 文档的新建、打开、保存、关闭等基本操作。

（4）掌握页面属性设置操作。

二、工作任务

启动 Dreamweaver 8，熟悉 Dreamweaver 的工作环境，掌握其文档的基本操作。

三、理论知识

（一）Dreamweaver 8 基础

1．网页相关知识

（1）WWW 站点。

可以将 WWW 看做 Internet 上的一个大型图书馆，“WWW 站点”、“Web 站点”或网站就像图书馆里的一本本书，而 Web 页或网页则是书中的某一页，主页是一个站点的起始页，相当于书的封面或目录。每个 Web 页都拥有一个被称为“统一资源定位器”（URL）的唯一地址。

（2）统一资源定位器 URL（Uniform Resource Locator）。

URL 提供了互联网上资源的准确位置，它描述 WWW 浏览器请求和显示某个特定资源所需的全部信息，包括传输协议，如 HTTP，提供 WWW 服务的主机名、HTML 文档在远程主机上的路径及文件名，以及客户与远程主机连接时使用的端口号。例如：

http://www.ccve.com:80/product/default.html，

其中 http 为传输协议，www.ccve.com 为使用的远程主机名，80 为使用的端口号，product/default.html 为 HTML 文档的路径和文件名。综合起来简单说，就是上网时看到的网站的地址，即制作网页的超链接时所说的 URL 地址。

（3）超级链接。

网页与网页之间要联系起来，就要通过超级链接来实现。不管是在内部实现的链接还是接到 WWW 网上，都需要超链接作为桥梁。

（4）静态网页和动态网页。

静态网页是相对于动态网页而言的，指没有后台数据库、不含程序和不可交互的网页。静态网页、动态网页主要根据网页制作的语言来区分，静态网页使用 HTML（超文本标记语言）语言，网页地址的后缀一般为.htm、.html、.shtml、.xml 等形式；而动态网页一般使用 HTML＋ASP 或 HTML＋PHP 或 HTML＋JSP 等语言，网页地址的后缀为.aspx、.asp、.jsp、.php、.perl、.cgi 等形式。静态网页与动态网页之间区别的重要标志是程序是否在服务器端运行。在服务器端运行的程序、网页、组件属于动态网页，它们会随不同客户、不同时间，返回不同的网页，例如 ASP、PHP、JSP、ASP.net、CGI 等。运行于客户端的程序、网页、插件、组件，属于静态网页，例如 HTML 页、Flash、JavaScript、VBScript 等，它们是永远不变的。

（5）HTML 与 XHMTL。

HTML（Hyper Text Markup Language），超文本标记语言，是构成网页文档的主要语言。HTML 文本是由 HTML 命令组成的描述性文本，HTML 命令可以说明文字、图形、动画、声音、表格、链接等。HTML 的结构包括头部（Head）、主体（Body）两大部分，其中头部描述浏览器所需的信息，而主体则包含所要说明的具体内容。

XHTML（Extensible Hyper Text Markup Language），可扩展超文本置标语言，是一种置标语言，表现方式与超文本置标语言（HTML）类似，不过语法上更加严格。本质上说，XHTML 是一个过渡技术，结合了部分 XML 的强大功能及大多数 HTML 的简单特性。从继承关系上讲，HTML 是一种基于标准通用置标语言（SGML）的应用，是一种非常灵活的置标语言，而 XHTML 则基于可扩展置标语言（XML），XML 是 SGML 的一个子集。XHTML 1.0 在 2000 年 1 月 26 日成为 W3C 的推荐标准。

2. Dreamweaver 8 简介

Macromedia Dreamweaver 8 是一款专业的 HTML 编辑器，用于对 Web 站点、Web 页和 Web 应用程序进行设计、编码和开发。

利用 Dreamweaver 中的可视化编辑功能，用户可以快速地创建页面而无须编写任何代码；可以查看所有站点元素或资源并将它们从易于使用的面板直接拖到文档中；可以在 Macromedia Fireworks 或其他图形应用程序中创建和编辑图像，然后将它们直接导入 Dreamweaver，或者添加 Macromedia Flash 对象，从而优化开发工作流程。Dreamweaver 还提供了功能全面的编码环境，其中包括代码编辑工具，以及有关层叠样式表 CSS、JavaScript 和 ColdFusion 标记语言等参考资料。Dreamweaver 还使用户可以使用服务器技术（如 CFML、ASP.NET、ASP、JSP 和 PHP）生成由动态数据库支持的 Web 应用程序。

3. Dreamweaver 中使用的文件

Dreamweaver 中可以使用多种文件类型，但最主要的文件类型是 HTML 文件。HTML 文件（或超文本标记语言文件）包含基于标签的语言，负责在浏览器中显示 Web 页面。可以使用 .html 或 .htm 扩展名保存 HTML 文件。Dreamweaver 默认情况下使用.html 扩展名保存文件。在使用 Dreamweaver 制作网页时可能会用到以下一些常见文件类型。

（1）CSS 层叠样式表。

CSS 层叠样式表（Cascading Style Sheet）文件，文件保存为外部样式表时扩展名为.css。主要用于设置 HTML 内容的格式并控制各个页面元素的位置使用，CSS 可以非常灵活并更好地控制具体的页面外观，从精确的布局定位到特定的字体和样式。

（2）GIF 图像文件。

GIF 图形交换格式（Graphics Interchange Format）文件，文件保存的扩展名为.gif。GIF 格式是用于卡通、徽标、具有透明区域的图形、动画的常用 Web 图形格式。GIF 最多包含 256 种颜色。

（3）JPEG 图像文件。

JPEG 联合图像专家组（Joint Photographic Experts Group）文件，根据创建该格式的组织命名，文件扩展名为.jpg，通常用以保存照片或色彩较鲜明的图像。JPEG 格式最适合用于数码照片或扫描的照片、使用纹理的图像、具有渐变色过渡的图像以及需要 256 种以上颜色的任何图像。

（4）XML 文件。

XML 可扩展标记语言（Extensible Markup Language）文件，文件扩展名为.xml。它们包含原始形式的数据，可使用 XSL 设置这些数据的格式。

（5）XSL 文件。

XSL 可扩展样式表语言（Extensible Stylesheet Language）文件，扩展名为.xsl 或 .xslt。用于设置要在 Web 页中显示的 XML 数据的样式。

（6）CFML 文件。

CFML ColdFusion 标记语言（ColdFusion Markup Language）文件，扩展名为.cfm。它们用于处理动态页面。

（7）ASPX 文件。

即 ASP.NET 文件，扩展名为.aspx，用于处理动态页面。

（8）PHP 文件。

PHP 超文本处理器文件，扩展名为.php，用于处理动态页面。

（二）Dreamweaver 8 文档的工作环境

Dreamweaver 提供了一个将全部元素置于一个窗口中的集成布局。在集成的工作区中，全部窗口和面板都被集成到一个更大的应用程序窗口中。可以在 Dreamweaver 工作区中查看网页文档和网页元素的相关属性。工作区还将许多常用操作放置于工具栏中，使用户可以快速更改文档。Dreamweaver 的工作环境如图 1.171 所示。插入工具栏位于菜单栏下方，该工具栏分成【常用】、【布局】、【表单】等 8 个类别。插入工具栏下方为文档工具栏，【属性】检查器默认情况下出现在文档的底部，面板组位于右侧，文档窗口位于在应用程序的中心。

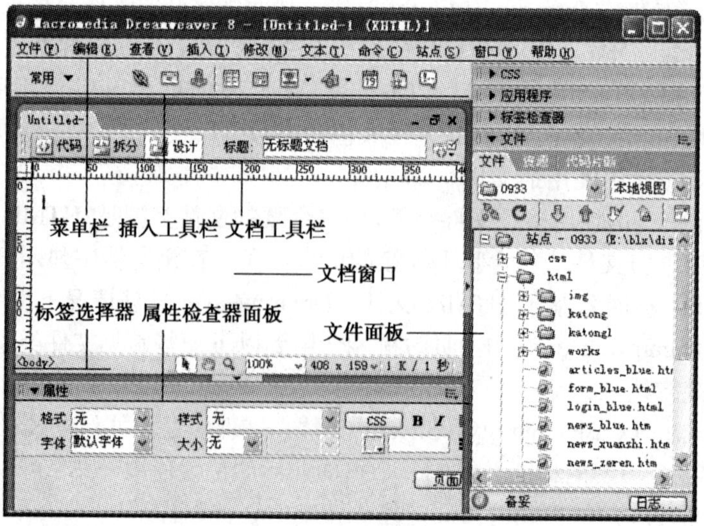

图 1.171　Dreamweaver 8 工作环境

1．文档窗口

首次启动 Dreamweaver 时，会弹出【工作区设置】对话框，对话框中提供【设计器】和【编码器】两种工作区的布局风格。【设计器】的文档窗口默认为【设计】视图，工作流程非常形象和直观，适合初学者使用；【编码器】的文档窗口默认为【代码】视图，适合手工编码人员使用。如果需要切换工作区的布局风格，在 Dreamweaver 中选择【窗口】|【工作区布局】命令，在弹出的子菜单中选择即可。

启动 Dreamweaver 后出现如图 1.172 所示的起始页文档窗口，此时 Dreamweaver 的工具栏和【属性】检查器面板等尚未激活，因而无法使用；打开或新建文档后则出现如图 1.171 所示的文档窗口，此时工具栏等均可使用。

图 1.172　Dreamweaver 8 起始页文档窗口

起始页文档窗口中包含三栏选项：【打开最近项目】、【创建新项目】和【从范例创建】。

(1)【打开最近项目】栏中列出了最近使用过的文档，移动鼠标到文档名称上单击即可在 Dreamweaver 中打开该文档。

(2)【创建新项目】栏中列出了可以创建的文档类型，单击其中一项即可创建新文档。

(3)【从范例创建】栏为范例页面类型，单击其中一项可以选中某一范例页面来创建新文档。

2．插入工具栏

插入工具栏中包含用于创建和插入如表格、层和图像等对象的按钮。当鼠标指针移动到这些按钮上时会出现该工具按钮的名称提示。这些按钮被组织到【常用】、【布局】、【表单】等 8 个类别中，单击【常用】右侧的向下箭头 常用 ▼，在弹出的菜单中选择对应项进行工具栏的切换。工具栏中各按钮的名称及功能参见本书附录 B。

插入工具栏有【显示为菜单】和【显示为制表符】两种显示形式。插入工具栏如图 1.173 所示（默认显示【常用】类别工具按钮）。

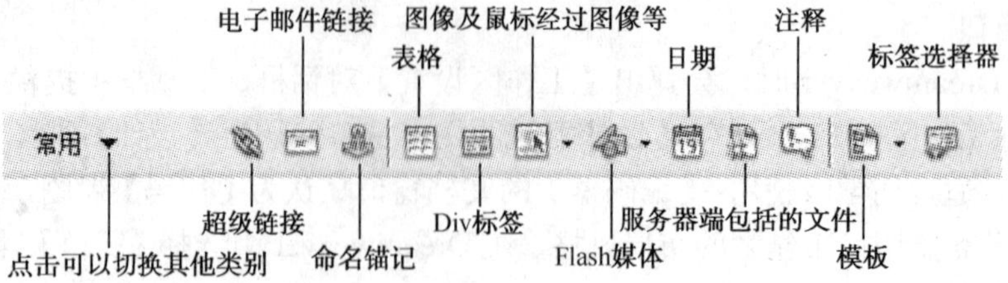

图 1.173　插入工具栏【常用】类别

插入工具栏的工具按钮具有弹出菜单的按钮。从弹出菜单中选择一个选项时，该选项将成为该按钮的默认操作，每当从弹出菜单中选择一个新选项时，该按钮的默认操作都会改变。

（1）【常用】类别中可以选择插入图像、媒体、表格、超级链接等常用网页元素的工具。

（2）【布局】类别中可以插入表格、Div 标签、层和框架等用以页面布局的元素，选择【布局】模式后可以使用 Dreamweaver 【绘制布局单元格】和【绘制布局表格】布局工具绘制表格或单元格进行页面框架的布局，还可以从【标准】(默认)、【扩展表格】和【布局】三个按钮中选择表格视图。

（3）【表单】类别包含用于创建表单和插入表单元素的按钮。

（4）【文本】类别中可以插入各种文本格式设置标签和列表格式设置标签，如 b、em、p、h1 和 ul 等。

（5）【HTML】类别中可以插入用于水平线、头内容、表格、框架和脚本的 HTML 标签。

（6）【服务器代码】类别仅适用于使用特定服务器语言的页面，这些服务器语言包括 ASP、ASP.NET、CFML Basic、CFML Flow、CFML Advanced、JSP 和 PHP。这些类别中的每一个都提供了服务器代码对象，并可以将这些对象插入【代码】视图中。

（7）【应用程序】类别中可以插入动态元素，如记录集、重复区域以及记录插入和更新表单。

（8）【Flash 元素】类别可以插入 Macromedia Flash 元素。

（9）【收藏】类别可以将【插入】栏中最常用的按钮分组和组织到某一常用位置。

3. 文档工具栏

文档工具栏中包含【代码】视图、【设计】视图、同时显示【代码】和【设计】视图的拆分视图按钮，单击这些按钮可以在文档的不同视图间快速切换。工具栏中还包含一些与查看文档、在本地和远程站点间传输文档有关的常用命令和选项，如图 1.174 所示。

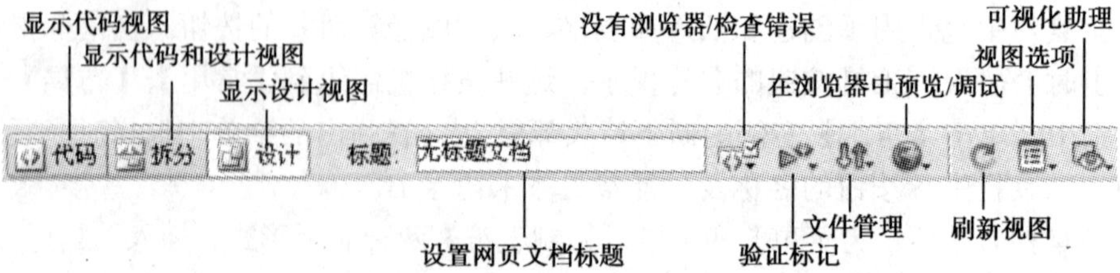

图 1.174　文档工具栏

（1）显示设计视图仅在【文档】窗口中显示【设计】视图。

（2）服务器调试显示一个报告，帮助用户调试当前 ColdFusion 页。该报告包括页面中的错误（如果有的话）。

（3）文档标题允许用户为文档输入一个标题，并显示在浏览器的标题栏中。如果文档已经有了一个标题，则该标题将显示在该区域中。

（4）没有浏览器/检查错误使用户可以检查跨浏览器兼容性。

（5）验证标记允许用户验证当前文档或选定的标签。

（6）文件管理显示【文件管理】弹出菜单。

（7）在浏览器中预览/调试允许用户在浏览器中预览或调试文档。从弹出菜单中选择一个浏览器。

（8）刷新设计视图，当用户在【代码】视图中进行更改后刷新文档的【设计】视图。在执行某些操作（如保存文件或单击该按钮）之前，用户在【代码】视图中所做的更改不会自动显示在【设计】视图中。

（9）视图选项允许用户为【代码】视图和【设计】视图设置选项，其中包括对哪个视图显示在上面进行选择。

（10）可视化助理允许用户使用不同的可视化助理来设计页面。

4．状态栏

（1）状态栏放置在【文档】窗口的底部，显示标签检查器等信息。如图 1.175 所示。

（2）标签选择器显示环绕当前选定内容的标签的层次结构。单击该层次结构中的任何标签以选择该标签及其全部内容。单击 <body> 可以选择文档的整个正文。

（3）选择手形工具单击文档，可以将文档拖到【文档】窗口中。单击选取工具可禁用手形工具。

（4）缩放工具和【设置缩放比率】弹出式菜单允许用户为文档设置缩放级别。

（5）【窗口大小】弹出菜单（仅在【设计】视图中可见）允许用户将【文档】窗口的大小调整到预定义或自定义的尺寸。

（6）页面（包括全部相关的文件，如图像和其他媒体文件）的文档大小和估计下载时间。

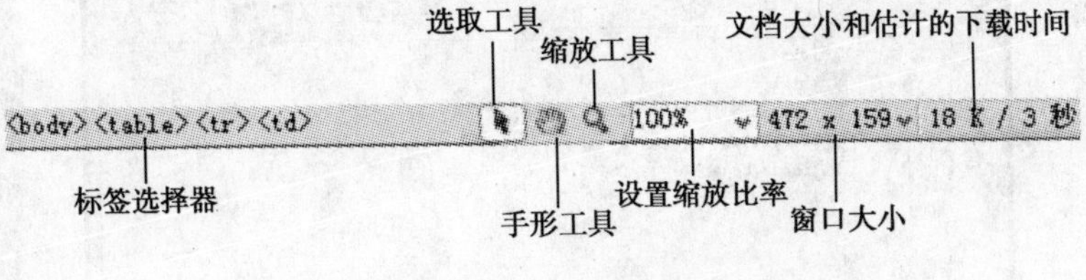

图 1.175　状态栏

（三）Dreamweaver 8 文档的基本操作

1．Dreamweaver 8 文档的新建

使用 Dreamweaver 可以创建新空白文档，或者创建基于 Dreamweaver 设计文件的空白文档或模板，以及使用模板定义文档外观并设置文档中可以编辑的部分。创建新空白文档的基本操作如下。

（1）选择【文件】|【新建】命令（快捷键 Ctrl+N），打开【新建文档】对话框。选定【常规】选项卡。

（2）在【类别】列表中选择【基本页】、【动态页】、【模板页】、【其他】或【框架集】类别，并在右侧列表中选择要创建的文档的类型，如图 1.176 所示。

（3）单击【创建】按钮，创建新的文档，并在【文档】窗口中打开。

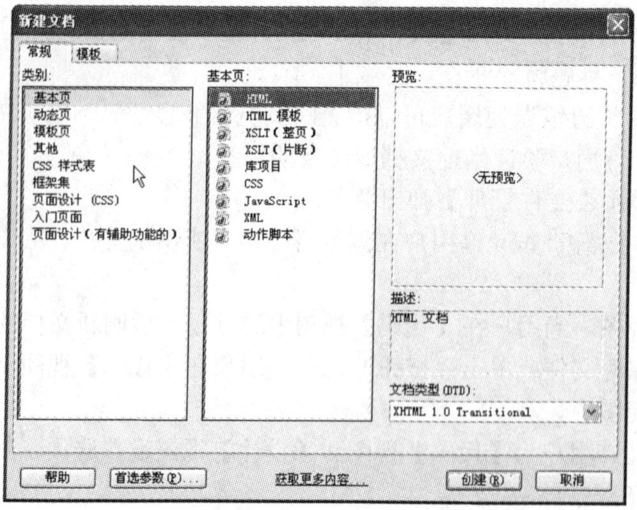

图 1.176　【新建文档】对话框

2. Dreamweaver 8 文档的保存

创建新文档或者修改已有的文档后需要进行保存。保存文档的操作步骤如下。

（1）保存新文档时，选择【文件】|【保存】命令（快捷键 Ctrl+S），在打开的对话框中选择文件保存到的目标文件夹。

（2）如果需要换名保存已修改的文档，则选择【文件】|【另存为】命令（快捷键 Ctrl+Shift+S），在打开的对话框中选择文件保存到的目标文件夹。

（3）在【文件名】文本框中输入文件的名称，单击【保存】按钮如图 1.177 所示。

（4）如果要一次保存多个打开的并被修改过的文档，则选择【文件】|【保存全部】命令。

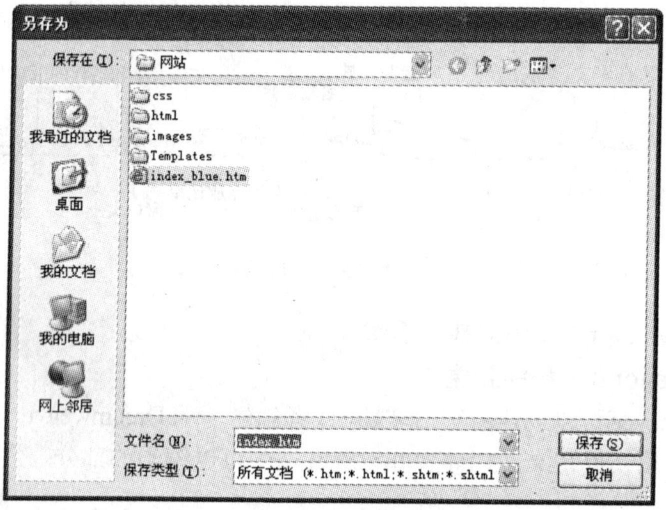

图 1.177　【另存为】对话框

小提示：输入的文件名称避免使用中文、空格和特殊符号，也不要以数字开头，应使用英文单字或者汉语拼音来命名。文件保存前应先创建站点，然后将文件保存在创建的站点中。

3. Dreamweaver 8 文档的打开

使用 Dreamweaver 打开已有的网页文档后，可以在 Dreamweaver 工作环境中选择【文件】

|【打开】命令（快捷键 Ctrl+O），在弹出的对话框中选择需要打开的文件，单击【打开】按钮进行打开；在安装了 Dreamweaver 软件后，也可以右击需要打开的网页文件，从弹出的快捷菜单中选择 Dreamweaver 软件进行打开。

4．Dreamweaver 8 文档的页面属性设置

使用 Dreamweaver 新建或打开网页文档后，可以打开【页面属性】对话框来指定布局和格式设置属性。在【页面属性】对话框中可以设置页面字体和字体大小、背景颜色、边距、链接样式以及网页文档标题和编码等。也可以打开网页文档后单击【属性】检查器面板中的【页面属性】按钮，打开对话框来设置。【页面属性】设置的基本操作如下。

（1）选择【修改】|【页面属性】命令，打开【页面属性】对话框，或者单击【属性】检查器面板中的【页面属性】按钮，打开页面属性设置的对话框。

（2）【外观】类中设置页面文字字体、大小、背景色和背景图、页面边距，如图 1.178 所示。

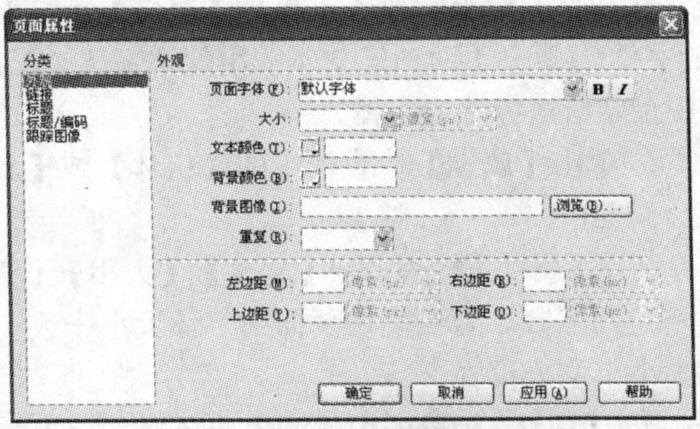

图 1.178　【页面属性】对话框【外观】类

（3）【链接】类中设置页面超级链接的链接、变换图像链接、活动链接、已访问链接颜色和下画线样式，如图 1.179 所示。

（4）【标题/编码】类设置文档标题和编码格式。

（5）设置完后单击【确定】按钮。

图 1.179　【页面属性】对话框【链接】类

默认情况下，Dreamweaver 使用 CSS（层叠样式表）设置文本格式。可以选择【编辑】|【首选参数】命令，打开【首选参数】对话框来更改 HTML 格式设置的页面格式设置首选参数。使用 CSS 页面属性时，Dreamweaver 对在【页面属性】对话框的【外观】、【链接】和【标题】类别中定义的所有属性使用 CSS 标签。定义这些属性的 CSS 标签会嵌入到页面的 head 部分中。

（四）Dreamweaver 中基本元素的插入

1．插入文本元素

在 Dreamweaver 文档添加文本时，可以选择直接在 Dreamweaver 文档中输入文本，也可以从其他文档中复制后粘贴到 Dreamweaver 文档中，从其他文档中复制文本并粘贴到 Dreamweaver 文档中时，将插入点定位在【文档】窗口的【设计】视图中，选择【编辑】【粘贴】或【编辑】|【选择性粘贴】操作。【选择性粘贴】命令允许用户以不同的方式指定所粘贴的文本的格式，如果要从 Word 文档中复制带格式的文本粘贴到 Dreamweaver 文档，并想要去掉所有格式设置，以便能够向所粘贴的文本应用自己的 CSS 样式表，则先在 Word 中选择文本，将其复制到剪贴板，然后使用【选择性粘贴】命令选择只粘贴文本的选项。文本插入后选中文本，在【属性】检查器面板中可以设置和更改字体及字体样式、字体大小及颜色等属性。

若要更改字体，则在【属性】检查器或【文本】|【字体】子菜单中选择字体组合。选择【默认】删除先前应用的字体；【默认】对所选文本应用默认字体（或者是浏览器的默认字体，或者是在 CSS 样式表中指定给该标签的字体）。

若要更改字体样式，则单击【属性】检查器中的【粗体】或【斜体】，或者从【文本】|【样式】子菜单中选择字体样式。

若要更改字体大小，则在【属性】检查器或【文本】|【大小】子菜单中选择大小，HTML 字体大小是相对而不是特定的点数。若要确保页面中字体大小一致，则可以使用 CSS 样式并且以选定字体大小和大小单位来设置。

若要更改文本颜色，单击【属性】检查器中的颜色选择器，从调色板中选择一种颜色。或者选择【文本】|【颜色】命令，弹出系统颜色选择器对话框，选择一种颜色，然后单击【确定】按钮。也可以直接在【属性】检查器字段中输入颜色名称或十六进制数字。

文本的【属性】设置面板如图 1.180 所示。

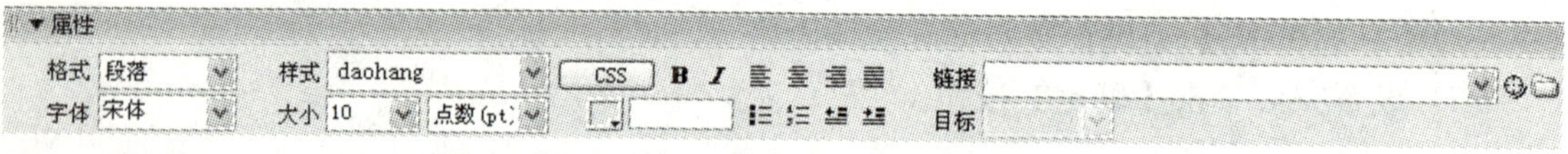

图 1.180　文本【属性】设置面板

2．插入图像元素

（1）插入图像。将图像插入 Dreamweaver 文档时，Dreamweaver 自动在 HTML 源代码中生成对该图像文件的引用。为了确保此引用的正确性，该图像文件必须位于当前站点中。如果图像文件不在当前站点中，Dreamweaver 会询问用户是否要将此文件复制到当前站点中。插入图像的基本操作如下所述。

步骤一：将插入点放置在用户要显示图像的地方。

步骤二：在工具栏的【常用】类别中，单击图像按钮图标；或者将图像按钮图标拖入文档窗口中；或者选择【插入】|【图像】命令，浏览以选择用户要插入的图像或内容源。

步骤三：单击【确定】按钮，此时将显示【图像标签辅助功能属性】对话框，如图 1.180 所示。

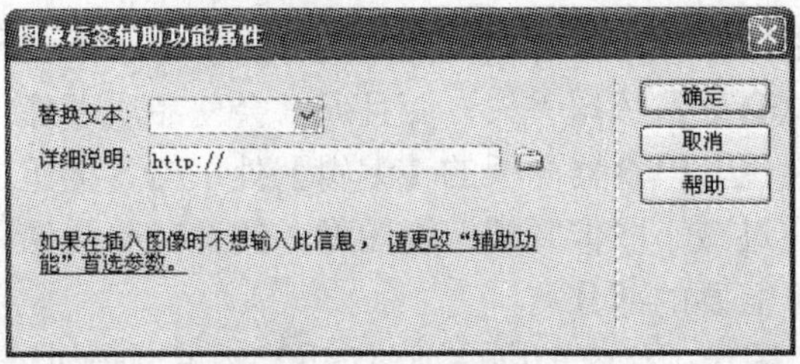

图 1.181 【图像标签辅助功能属性】对话框

步骤四：在【替代文本】和【详细说明】文本框中输入信息，然后单击【确定】按钮。

步骤五：在【属性】检查器中，可以设置该图像的属性，图像【属性】设置面板如图 1.182 所示。

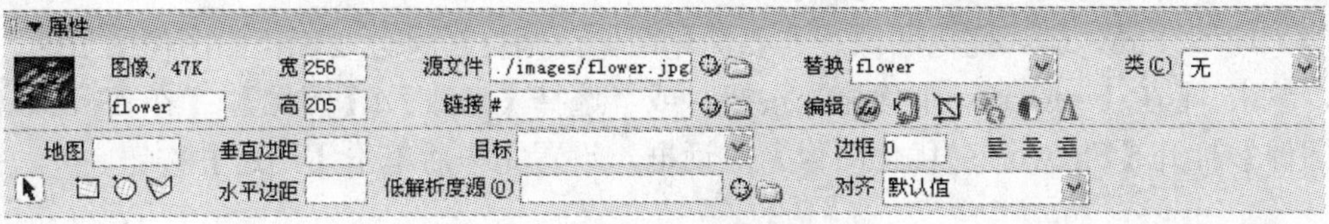

图 1.182 图像【属性】面板

小提示：如果正在一个未保存的文档中工作，则 Dreamweaver 会生成一个对图像文件的 file:// 引用。将文档保存到站点中的任何位置后，Dreamweaver 将该引用转换为文档相对路径。

在插入图像操作中单击【取消】按钮时，该图像将出现在文档中，但 Dreamweaver 不会将它与辅助功能标签或属性相关联。

（2）调整图像大小。选择该图像元素，在图像元素的底部、右侧及右下角出现调整大小控制点。如果未出现调整大小控制点，则单击要调整大小的元素以外的部分然后重新选择它，或在标签选择器中单击相应的标签以选择该元素。

拖动右侧的选择控制点调整元素的宽度；拖动底部的选择控制点调整元素的高度；顶角的选择控制点可同时调整元素的宽度和高度。

若要在调整元素尺寸时保持元素的比例（其宽高比），则在按住 Shift 键的同时拖动顶角的选择控制点。要将元素的宽度和高度调整到更小的大小或者设置精确的宽度和高度，则在【属性】检查器的宽和高框中输入具体的数值。

若要将已调整大小的元素返回到原始尺寸，则在【属性】检查器中删除【宽】和【高】文本框中的值，或者单击【重设大小】按钮。

小提示：在 Dreamweaver 中以可视方式调整图像大小有助于看到不同尺寸的图像对布局的影响情况。以可视方式调整图像大小不会将图像文件缩放到指定的比例。如果在 Dreamweaver 中以可视方式调整了图像的大小，但是没有使用图像编辑应用程序（如 Macromedia Fireworks）将图像文件缩放到所需大小，则在载入页面时用户的浏览器必须缩放图像。这可能会导致用户浏览器中页面下载延迟和图像显示不正确。若要缩短下载时间并确保所有图像实例以相同大小显示，应使用图像编辑应用程序先缩放图像，再插入到网页文档中。

（3）在 Dreamweaver 中编辑图像。

图像重新取样：图像重新取样添加或减少已调整大小的 JPEG 和 GIF 图像文件中的像素，以与原始图像的外观尽可能地匹配。对图像进行重新取样会减小图像文件的大小，其结果是下载性能的提高。重新取样图像以取得更高的分辨率一般不会导致品质下降。但重新取样以取得较低的分辨率总会导致数据丢失，并且通常会使品质下降。对图像进行编辑时，选中图像，然后在图像【属性】检查器面板的【编辑】处单击各按钮进行编辑。

【裁剪】：裁剪可让通过减小图像区域编辑图像。通过裁剪图像以强调图像的主题，并删除图像中强调部分周围不需要的部分。

【亮度/对比度】：修改图像中像素的亮度或对比度。修正过暗或过亮的图像时通常使用【亮度/对比度】。

【锐化】：可通过增加图像中边缘的对比度来调整图像的焦点。扫描图像或拍摄数码照片时，大多数图像捕获软件的默认操作是柔化图像中各对象的边缘。这可以防止特别精细的细节从组成数码图像的像素中丢失。不过，要显示数码图像文件中的细节，经常需要锐化图像，从而提高边缘的对比度，使图像更清晰。

（4）使用 Fireworks 优化图像。若要优化图像，则打开包含要优化的图像的页面，选择图像，单击 【在 Fireworks 中优化】按钮，或者选择【修改】|【图像】|【在 Fireworks 中优化图像】打开【Fireworks 优化图像】对话框，设置完毕后单击【确定】按钮。

模块二　班级主页站点的创建与管理

一、能力目标

（1）掌握站点的创建与管理基本操作。

（2）掌握站点文件、文件夹的创建与编辑。

（3）利用 Dreamweaver 8 完成班级主页站点的创建与管理。

二、任务布置

在根目录下新建文件夹 myweb，复制“教材源文件\项目一\各章节完成文档\ch1-3-2”下 index.html 文件、form.html 文件和 images 到 myweb 文件夹中，利用 Dreamweaver 创建班级主页本地站点，站点根目录文件夹为 myweb。

三、任务解析

（一）知识要点

文件的打开、站点的新建与管理。

（二）操作方法

1. 文件的打开

（1）启动 Dreamweaver 8，选择【文件】|【打开】命令。

（2）在弹出的对话框中选择相应的文件。

（3）单击【打开】按钮。

（4）或者右击需要打开的文件，在弹出的菜单中选择【打开方式】|【Dreamweaver 8】。

2. 站点的创建

（1）启动 Dreamweaver 8，选择【站点】|【新建站点】命令，打开【站点定义】向导对话框。

(2) 根据向导单击【下一步】按钮设置站点创建选项，单击【上一步】按钮返回前一步修改设置。

(3) 单击【完成】按钮完成站点新建操作。

3. 站点的管理

(1) 在 Dreamweaver 8 中选择【站点】|【管理站点】命令，打开【管理站点】对话框。

(2) 在左侧站点名称列表框中选择需要编辑的站点名称，单击【编辑】按钮，打开站点创建的向导对话框。

(3) 修改站点信息后单击【完成】按钮完成站点创建操作。

(4) 如果要删除站点，则在【管理站点】对话框中选中站点名称，单击【删除】按钮。

四、操作步骤

(一) 站点的创建与管理

1. 创建本地站点

(1) 启动 Dreamweaver 8，选择【站点】|【新建站点】命令，打开如图 1.183 所示的【站点定义】向导对话框，选择【基本】选项卡，在【站点定义】第一步设置站点名称为“网络 0933”。

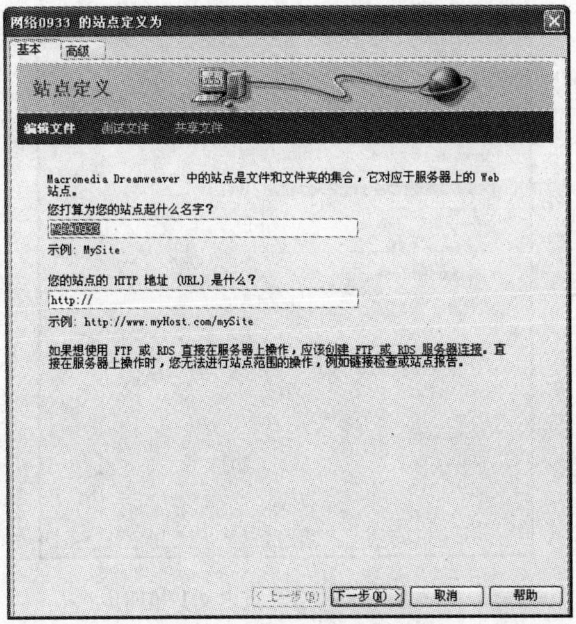

图 1.183 【站点定义】第一步

(2) 单击【下一步】按钮，进入【站点定义】第二步，本站点为静态网页站点，因此选择“否，我不想使用服务器技术”。

(3) 单击【下一步】按钮，进入【站点定义】第三步，对于如何使用文件选择第一项“编辑我的计算机上的本地副本，完成后再上传创服务器（推存）”，单击图 1.184 中箭头所指的文件夹按钮，设置文件保存位置为“E:\myweb\”，如图 1.184 所示。

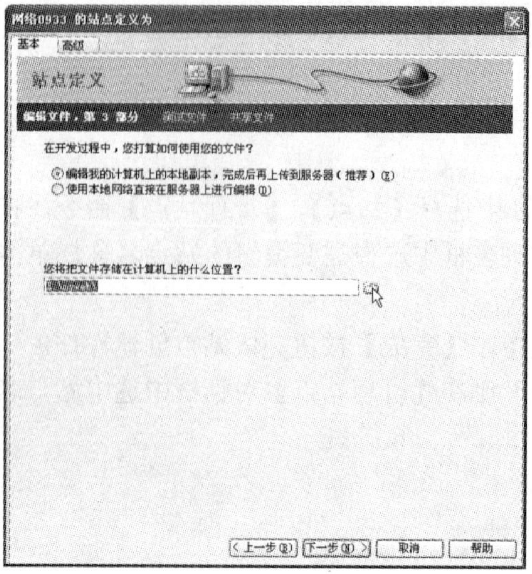

图 1.184　【站点定义】第三步

（4）单击【下一步】按钮，进入【站点定义】第四步，在“您如何连接到远程服务器”下拉列表中选择“无”，如图 1.185 所示。

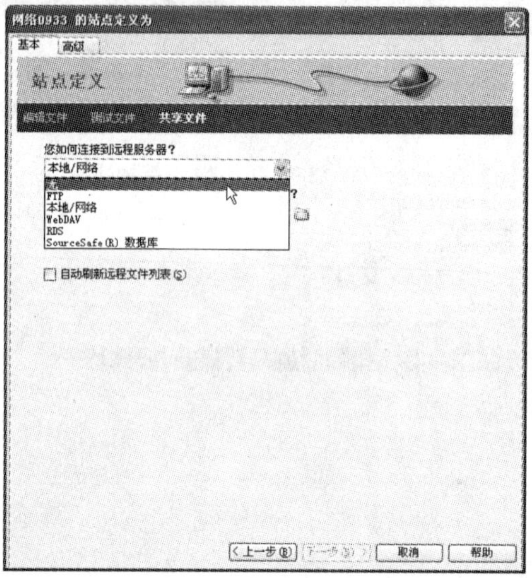

图 1.185　【站点定义】第四步

（5）单击【下一步】按钮，进入【站点定义】第五步，核对站点信息，如果需要修改，单击“上一步”按钮返回重新设置。

（6）如果不需要修改，单击【完成】按钮，完成站点的创建，在【文件】面板中显示刚才创建的站点本地视图结构，如图 1.186 所示。

图 1.186　“网络 0933”站点本地视图结构

2. 管理站点

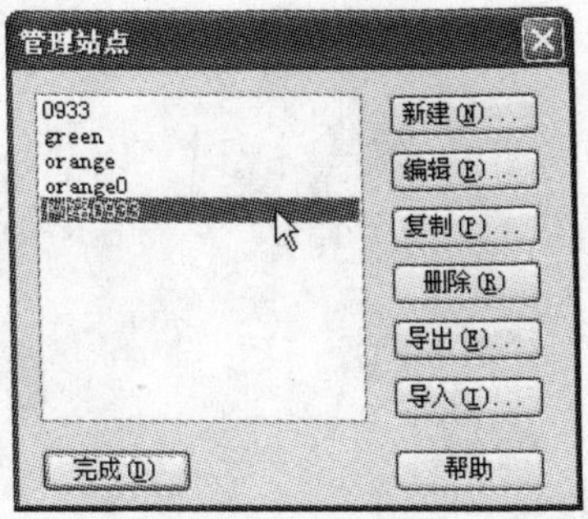

图 1.187 【管理站点】对话框

（1）站点创建后，如果需要再修改【站点定义】对话框中的设置，则选择【站点】|【管理站点】命令，打开如图 1.187 示的【管理站点】对话框。

（2）选中站点“网络 0933”框，单击【编辑】按钮，打开【站点定义】向导对话框，单击【下一步】按钮修改相应设置。

（3）修改完毕后单击【下一步】按钮至最后一步，单击【完成】按钮，返回【管理站点】对话框。

（4）在【管理站点】对话框中单击【完成】按钮。

（二）站点文件和文件夹的创建

1. 在站点根目录下创建 CSS 文件夹和 HTML 文件夹

（1）打开【文件】面板，查看“网络 0933”站点本地视图，如图 1.186 所示。

（2）在站点根目录文件夹上右击，在弹出的菜单中选择【新建文件夹】项，如图 1.188 示。

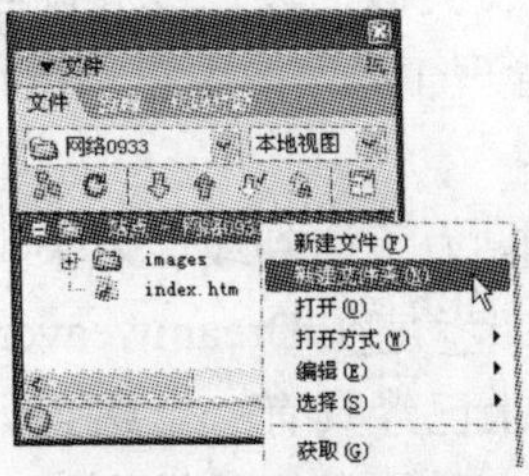

图 1.188 【新建文件夹】菜单

（3）选择【新建文件夹】后会在站点目录中新建一未命名的文件夹，如图 1.189 所示。

图 1.189 新建文件夹后站点目录结构

（4）输入文件夹名称“css”以创建 css 文件夹，用以存放网站创建中使用的 css 文件。重复（1）～（3）步新建文件夹 html，用以存放站点二级页面文件和其他文件。

（5）打开 E 盘根目录下的“myweb”，可以看到刚才创建的两个文件夹。

2. 在 html 文件夹中创建网页文件 form.html

（1）打开【文件】面板，查看“网络 0933”站点本地视图。

（2）在 html 文件夹上右击，在弹出的如图 1.187 所示的菜单中选择【新建文件】项。

（3）选择【新建文件】后会在 html 文件中新建一未命名的 html 文件，文件命名为 form。

站点目录结构图如图 1.190 所示。

图 1.190　新建文件后站点目录结构

至此，完成班级主页站点的创建，可以打开“项目一\各章节完成文档\ch1-4-2\myweb”，查看站点文件夹结构。

五、举一反三

Web 站点是一组具有相关主题、类似的设计或共同目的等共享属性的链接文档和资源。Dreamweaver 8 是一个站点创建和管理工具，使用它不仅可以创建单独的文档，还可以创建完整的 Web 站点。

创建 Web 站点的第一步是规划。为了达到最佳效果，在创建任何 Web 站点页面之前，应对站点的结构进行设计和规划。第二步是在 Dreamweaver 中创建和管理站点以便在站点的基本结构上工作。如果在 Web 服务器上已经具有一个站点，则可以使用 Dreamweaver 来编辑该站点。设置好 Dreamweaver 站点后，最好导出该站点，以便拥有一个本地备份副本。

Dreamweaver 站点由本地文件夹、远程文件夹和测试服务器文件夹三部分组成，具体取决于开发环境和所开发的 Web 站点类型。只需建立本地文件夹即可定义 Dreamweaver 站点，若要向 Web 服务器传输文件或开发 Web 应用程序，则还需添加远端站点和测试服务器信息。

（1）本地文件夹是站点的工作目录。Dreamweaver 将该文件夹称为“本地站点”。此文件夹可以位于本地计算机上，也可以位于网络服务器上，是 Dreamweaver 站点中文件的存储位置。

（2）远程文件夹是存储文件的位置，这些文件用于测试、生产、协作等，具体取决于开发环境。Dreamweaver 在“文件”面板中将该文件夹称为“远程站点”。一般说来，远程文件夹位于运行 Web 服务器的计算机上。使用本地文件夹和远端文件夹在本地磁盘和 Web 服务器之间传输文件，以便轻松管理 Dreamweaver 站点中的文件。

（3）测试服务器文件夹是 Dreamweaver 处理动态页的文件夹。

（一）创建和管理站点

1. 使用【高级】选项卡来创建和管理站点

【基本】选项卡为创建站点的向导对话框，根据向导提示来完成站点的创建，比较适合初学者，而【高级】选项卡为直接设置站点各属性的对话框，没有向导提示，初学者熟悉操作后可以直接使用该选项卡来完成站点属性的设置。使用【高级】选项卡来创建和管理站点的操作如下。

（1）新建站点时，选择【站点】|【新建站点】命令，打开【站点定义】对话框，选择【高级】选项卡。

（2）管理站点时，选择【站点】|【管理站点】命令，打开【管理站点】对话框，选择需要编辑的站点并单击【编辑】按钮，打开【站点定义】对话框，选择【高级】选项卡。

（3）在如图 1.191 所示的对话框中选择各类别选项，分别进行设置。

（4）设置完毕单击【确定】按钮。

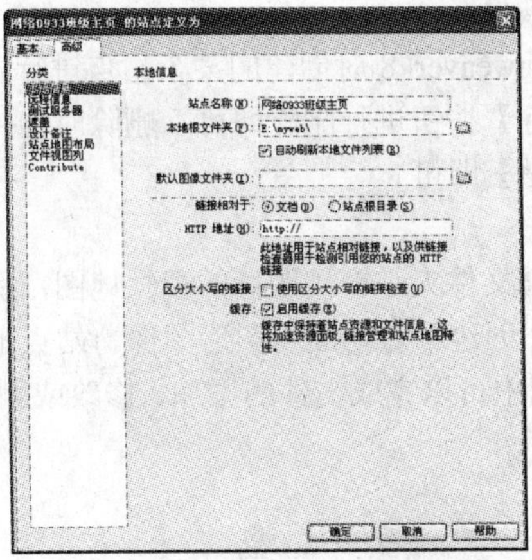

图 1.191 【高级】选项卡

2．站点的导入与导出

通过 Dreamweaver 8 可以将站点导出为 XML 文件，创建网站的本地副本，并可以在各计算机和软件版本之间移动站点，或者进行共享。单击【管理站点】对话框中的【导出】按钮，Dreamweaver 8 会在指定的保存位置保存扩展名为 STE 的 XML 文件。站点导出的基本操作如下。

（1）选择【站点】|【管理站点】命令，打开【管理站点】对话框。

（2）选择需要导出的站点，单击【导出】按钮。

（3）打开如图 1.192 所示的【导出站点】对话框。

（4）选择文件保存的位置，输入文件名称，单击【保存】按钮。

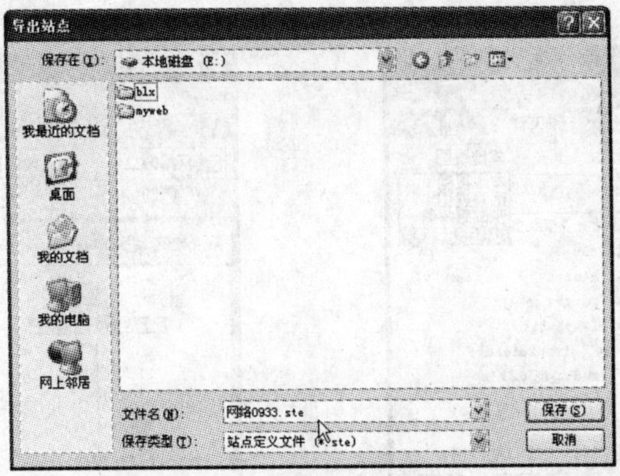

图 1.192 【导出站点】对话框

如果要在 Dreamweaver 中导入站点，一样需要打开【管理站点】对话框，单击【导入】按钮，找到需要导入站点并选中，然后单击【打开】按钮即可。导入站点的前提是必须找到站点导出保存的 XML 文件。

3．站点的复制与删除

如果要想创建多个结构相同或者类似的站点，可以利用站点的可复制性。在【管理站点】对话框中选中需要复制的站点，单击【复制】按钮，即可完成复制。站点复制后再分别进行编辑，可以极大地提高工作效率。

如果不再需要利用 Dreamweaver 8 对创建的某个站点进行编辑，则可以在【管理站点】对话框中选中站点单击【删除】按钮进行删除即可，删除时会弹出一个提示对话框询问是否要删除选中的站点，选择【是】即可。

4．查看站点地图

Dreamweaver 站点的本地文件夹是链接图标的视觉地图，称为站点地图。在站点地图中可以快速设置整个站点结构，创建站点地图的图形图像。站点地图从主页开始显示两个级别深度的站点结构。在站点地图中可以完成文件的添加、修改或删除链接。站点地图如图 1.193 所示。

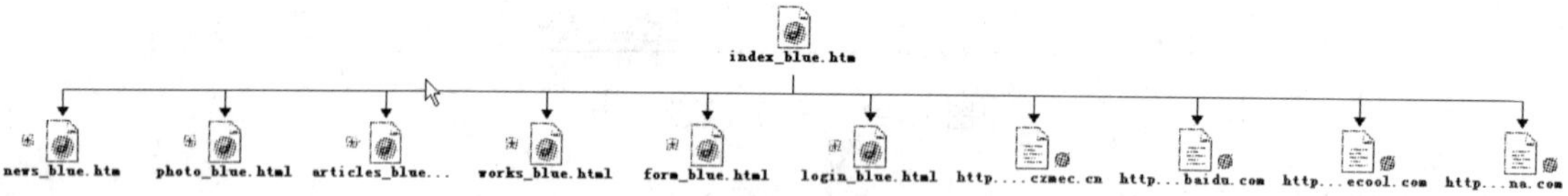

图 1.193　【站点地图】结构图

在显示站点地图前，必须先定义站点的主页作为站点地图的起点，它可以是站点中的任何页。查看站点地图的基本操作如下。

（1）打开【文件】面板，查看站点“网络 0933”的【本地视图】。

（2）在站点目录中选中“index_blue.htm”，右击，在弹出的菜单中选择【设成首页】项，将该页面作为站点的主页。

（3）在如图 1.194 所示的【站点视图】列表中选择【地图视图】，“index_blue.htm”成为主页，如图 1.195 所示。

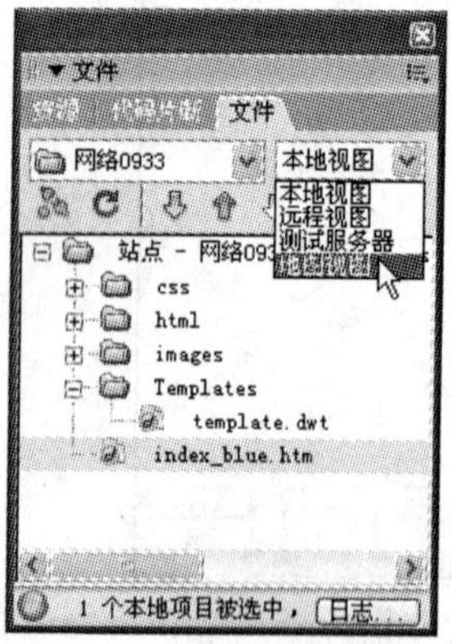

图 1.194　【站点视图】列表

图 1.195　【地图视图】对话框

（4）单击按钮展开以显示本地和远端站点，在打开的视图对话框中单击如图 1.196 所示【站点地图】按钮，选择【地图和文件】可以查看如图 1.196 所示的站点地图。

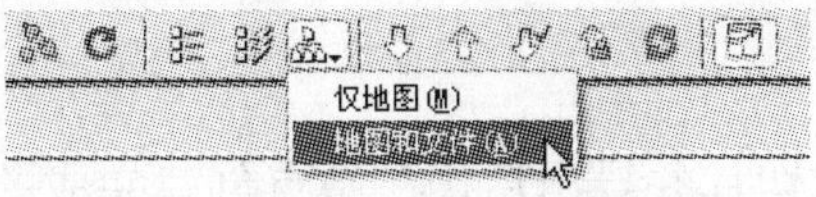

图 1.196 【站点地图】选择

（二）站点测试

1. 检查文件间的链接

一个网站是由十几个甚至几百个网页组成，网页与网页之间是通过超级链接来联系的。如果网页之间没有设置超级链接或者链接错误，则无法找到对应的网页。所以在完成网站制作后需要检查站点中各页面之间的超级链接是否正确。

选择【文件】|【检查页】|【检查链接】命令，或者选择【站点】|【检查站点范围的链接】命令，可以打开【结果】面板的【链接检查器】选项卡，列表中显示链接有误或没有链接的文件和图片，如图 1.197 所示。

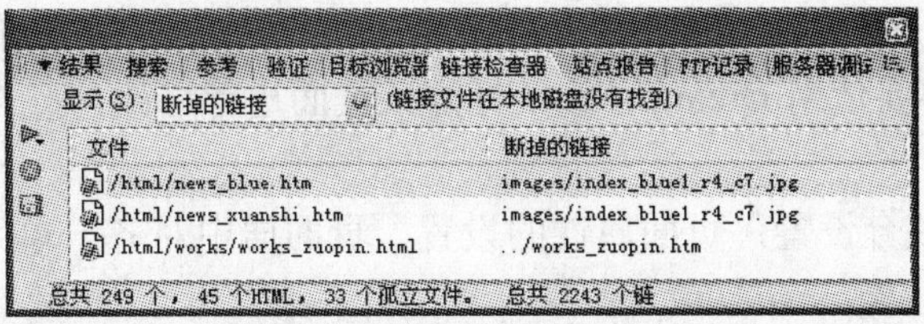

图 1.197 【结果】面板的【链接检查器】选项卡

2. 修复损坏的链接

检查链接后，【链接检查器】中将显示损坏的链接以及孤立的文件，直接在【链接检查器】的“断掉的链接”列表中单击损坏的链接及图片路径，输入正确的路径及文件名，或者双击“文件”列表中的文件，打开该文件，找到出错的链接及图片，在【属性】检查器面板中输入正确的路径及文件名。修复完毕后按 Enter 键确认，修复正确的文件会从【链接检查器】列表中消失。

六、上机练习

打开教学资源中“项目一\上机练习\ch1-4-2\素材文档”，利用所学的站点创建与管理知识，完成“新城房产”网站的站点创建与管理、站点文件及文件夹的创建操作。

【操作提示】

站点根目录文件夹命名为“xincheng”，保存在 E 盘根目录下，站点名称为“新城房产”。

在根目录下创建“html”、“css”文件夹，在“html”文件夹中创建 news.html 网页文件。

模块三　班级主页首页基本元素的插入

一、能力目标

掌握利用 Dreamweaver 8 完成网页文字、图像、Flash 等基本元素的插入与编辑的操作技能。

二、任务布置

班级主页 index 页面完成切片并导出后，在站点创建完成的基础上，利用 Dreamweaver 8 打开 inde.html 页面，在 Dreamweaver 8 工作环境下插入网页文字和图像，设置主体内容部分单元格的背景，并在 banner 单元格中插入 Flash，所需要的图像和 Flash 素材已放置在 images 文件夹中。同时修改 index 页面中的其他元素以及页面属性，完成 index 页面的制作。

三、任务解析

网页切片的最大作用是可以将设计精美网页界面图转换为 Dreamweaver 可以编辑的网页文件，在 Fireworks 中利用【切片】工具将班级主页界面设计图切片导出并使用 Dreamweaver 打开后，可以看到网页文件 index.html 是由各切片图像拼贴而成的，在网页文件中保持界面设计图中的框架布局和美观性，切片的另一个作用是将大的界面设计图像切割成大小在 15K 左右的小图像，提高网页的网络传输速度，同时删除网页中重复的或不需要的切片图像，改用背景色或与重复部分相同切片图来作为背景填充，可以减小网站文件大小。因此，切片导出 index 页面后，还需要使用 Dreamweaver 打开该页面进行修改与整合。

（一）知识要点

（1）页面修改与整合设置：页面属性的设置、页面居中对齐、单元格背景图与背景色的设置、样式表的应用。

（2）网站名称链接与用户登录表单制作：热点地图的插入与设置、文本的插入与属性设置、表单元素文本字段的插入与设置。

（3）公告栏与友情链接的制作：文本的插入与属性设置、滚动字幕的制作、表单元素跳转菜单的插入与设置。

（4）网站 banner 区域设置：Flash 的插入与属性设置、单元格背景图像的设置。

（5）主内容区域设置：图像的插入与属性设置、单元格背景图像的设置。

（6）页脚部分设置：文本的插入与属性设置、单元格背景色的设置。

（二）操作方法

1. 页面属性的设置

（1）选择【修改】|【页面属性】命令，打开【页面属性】对话框；或单击【属性】检查器面板中的【页面属性】按钮，打开【页面属性】对话框。

（2）在打开的对话框中，分别选择【外观】类、【链接】类等类别，设置页面的相关属性。

（3）设置完后单击【确定】按钮。

2. 单元格背景图与背景色的设置

（1）在需要设置背景图或背景色的单元格中单击，使光标定位在单元格中；或者按住 Ctrl 键，移动鼠标到单元格上，此时单元格边框显示为红色框，单击选中单元格。

（2）在【属性】检查器面板【单元格】栏中设置【背景】或【背景颜色】框属性。

3. 热点地图的插入与属性设置

（1）单击选中需要添加热点地图的图像对象。

（2）单击【属性】检查器面板右下角的箭头以完全显示面板。

（3）在【地图】框下方选择热点工具，在选中的图像上绘制热点。

（4）使用工具选中热点，在【属性】检查器面板中设置地图名称、超级链接等属性。

4．文本的插入与属性设置

（1）在需要插入文本的单元格中单击，使光标定位在单元格中。

（2）选择输入法，输入文本内容。

（3）选中需要设置属性的文本，在【属性】检查器面板中设置文本大小、字体、颜色等属性。

5．图像的插入与属性设置

（1）在【常用】工具栏中单击插入图像的按钮，或者选择【插入】|【图像】命令，打开【选择图像源文件】对话框。

（1）在打开的【选择图像源文件】对话框中找到需要插入的图像文件并选中。

（2）单击【确定】按钮。

（3）在文档中单击选中图像对象。

（4）在【属性】检查器面板中设置图像大小、链接、对齐方式等属性。

6．文本字段的插入与属性设置

（1）在需要插入文本字段的单元格中单击。

（2）在【表单】工具栏中单击插入文本字段的按钮，或者选择【插入】|【表单】|【文本域】命令（要想表单起作用，需要在插入表单元素之前先插入表单）。

（3）单击选中文本字段，在【属性】检查器面板中设置类型、字符宽度等属性，还可以打开【标签检查器】面板，在面板的【属性】选项卡中设置文本字段高度等属性。

7．跳转菜单的插入与属性设置

（1）在需要插入跳转菜单的单元格中单击。

（2）在【表单】工具栏中单击插入跳转菜单的按钮，或选择【插入】|【表单】|【跳转菜单】命令。

（3）在弹出的【插入跳转菜单】对话框中输入菜单项文本及超级链接，选中菜单项后，单击或按钮进行添加或删除菜单项操作，单击或按钮调整菜单项的顺序，需要在菜单项后添加前往按钮则勾选【菜单之后插入前往按钮】项。

（4）单击选中跳转菜单，在【属性】检查器面板中设置菜单项初始化时选定值等属性，单击【列表值】按钮可以打开【列表值】对话框修改列表值。

8．滚动字幕的制作

（1）选定制作滚动字幕的单元格，切换到【代码】视图。

（2）在【代码】视图中，将光标定位在选中代码中文字开始的位置输入标记<marquee>，在文字结束的位置输入标记</ marquee>。

（3）在<marquee>标记“marquee”后敲空格，在弹出的列表中选择 behavior、direction 等参数以设置滚动类型、方向等属性。

9．Flash 的插入与属性设置

（1）打开工具栏【常用】选项卡，单击插入媒体的按钮，在弹出菜单中选择插入 Flash 的按钮，或者选择【插入】|【媒体】|【Flash】命令。

（2）在打开的【选择文件】对话框中找到需要插入的 Flash 文件并选中。

（3）单击【确定】按钮。

（4）在文档中单击选中 Flash 对象。

（5）在【属性】检查器面板中设置 Flash 的宽高、对齐方式、参数等属性。

四、操作步骤

（一）页面的修改与整合

1. 页面属性设置

（1）使用 Dreamweaver 8 打开班级主页首页文件 index.html 并创建站点“网络 0933”（参照模块二 班级主页站点的创建与管理完成）。

（2）选择【修改】|【页面属性】命令，或者单击【属性】检查器面板中的【页面属性】按钮， 打开 【页面属性】对话框。

（3）在如图 1.198 所示的对话框【外观】类中设置上、下边距均为 0 像素（px），其他为默认设置。

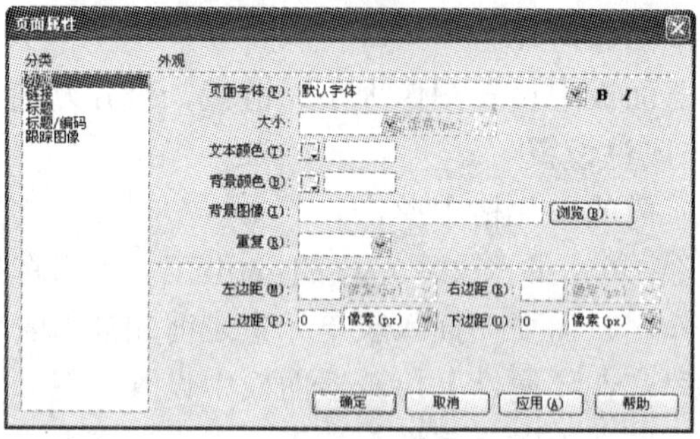

图 1.198 页面属性【外观】设置

（4）切换到【链接】类，设置【变换图像链接】颜色为（#ECA00C）、【已访问链接】颜色为（#CC0000）、【活动链接】颜色为（#FFFF00）、【下划线样式】为始终无下划线，其他默认，如图 1.199 所示。在该网站中，此步设置也可以通过设置 CSS 样式表来完成。

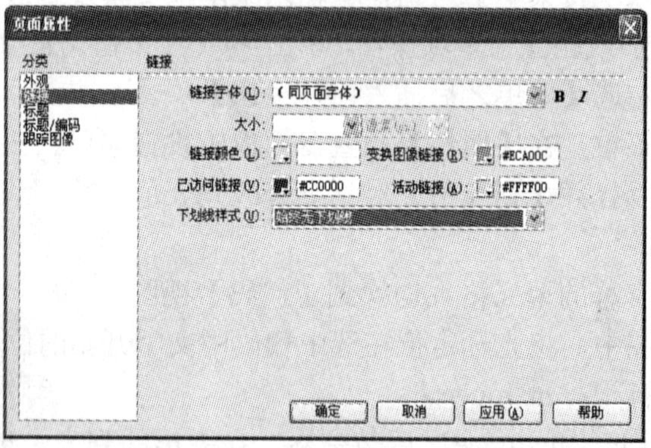

图 1.199 页面属性【链接】设置

（5）切换到【标题/编码】类，设置【标题】为班级主页、【编码】为简体中文（GB2312），其他默认，如图 1.200 所示。

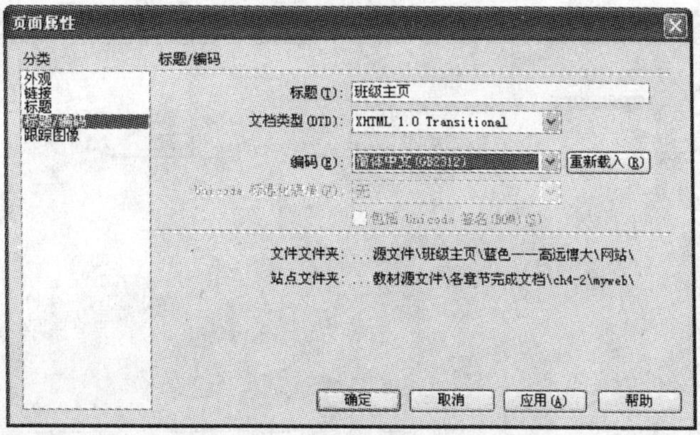

图 1.200　页面属性【标题/编码】设置

2. 页面居中对齐设置

（1）在页面内容上单击，以便在状态栏的【标签检查器】显示更多的标签。

（2）在【标签检查器】中单击<body>标记右侧第一个<table>标记以选中整个表格。

（3）在【属性】检查器面板中设置【对齐】为居中对齐。

3. 页面背景切片图像修改

（1）从左至右删除页面背景图像 index_r1_c1、index_r1_c2、index_r1_c3 和 index_r1_c24，对图像所在单元格应用样式表 bodybg。

（2）bodybg 样式表的建立与设置：

步骤一：在【CSS】面板的【<样式>】上右击选中新建，弹出【新建 CSS 规则】对话框，在对话框中设置【选择器类型】为类、【名称】为 bodybg、【定义在】为仅对该文档，单击【确定】按钮，如图 1.201 所示。

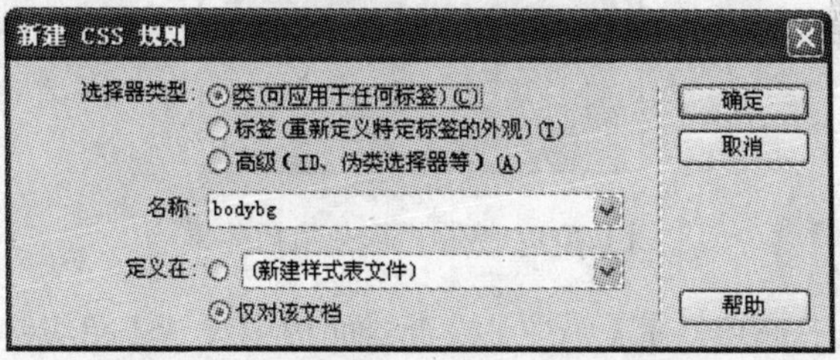

图 1.201　【新建 CSS 规则】对话框

步骤二：弹出【.bodybg 的 CSS 规则定义】对话框，选中【背景】分类，设置背景图像为 index_r1_c1 并横向重复，单击【确定】按钮，如图 1.202 所示。

样式表的具体设置在后面任务六中详细说明。

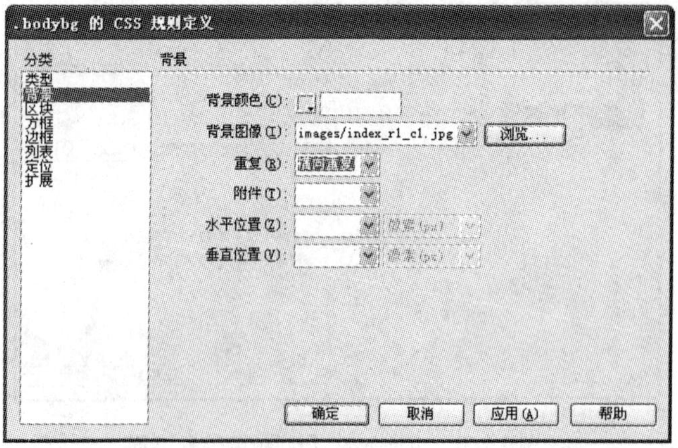

图 1.202　样式具体设置对话框

（3）在【标签检查器】中单击第一个<table>标记以选中整个表格。

（4）在【属性】检查器面板中设置表格背景色为（#DBF2FA）。

（二）网站名称链接与用户登录表单制作

1．网站名称链接制作

（1）单击选中需要添加热点地图的网站名称切片图像 index_r2_c3，并单击【属性】检查器面板右下角的箭头以完全显示面板。

（2）在【地图】框下方选择矩形热点工具，在网站名称切片图像上绘制矩形热点区域，绘制后如图 1.203 所示。

图 1.203　绘制矩形热点后效果

（3）使用工具选中热点，在【属性】检查器面板中设置【超级链接】为 index.html，【目标】为_self，【替换】为“班级首页”，如图 1.204 所示。

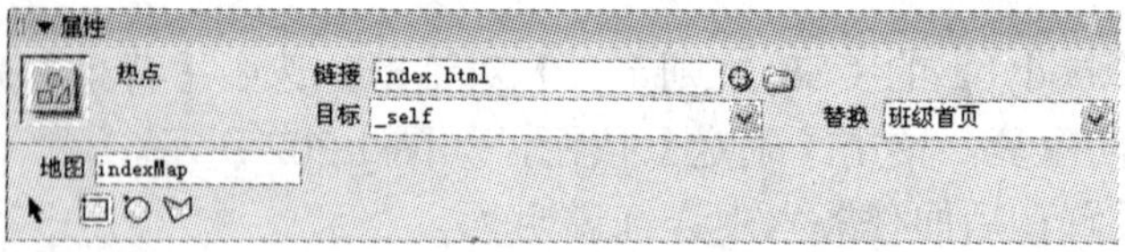

图 1.204　热点属性设置

2．用户登录表单制作

文本框单元格背景色设置。

（1）删除界面设计中的用户名和密码文本框的切片图像 index_r5_c5 与 index_r6_c5。

（2）在图像所在单元格中单击，使光标定位在单元格中。

（3）在【属性】检查器面板【单元格】栏中设置【背景颜色】为（#277CA5）。

用户登录文本框的插入与设置：

（1）在用户名文本框所在的单元格中单击。

（2）在【表单】工具栏中单击插入文本字段的按钮，单击【确定】按钮插入文本字段框。

（3）单击选中该文本字段框，在【属性】检查器面板中修改用户名文本字段框名称为“id”、【类型】为单行、【字符宽度】为 15。如图 1.205 所示。

（4）打开【标签检查器】面板，在面板的【属性】选项卡【图像】列表中设置文本字段高度【height】值为 8。

图 1.205　用户文本框【属性】设置面板

（5）选定密码文本框所在的单元格，同样插入文本字段框，设置文本字段框的【文本域】为“pw”、【字符宽度】为 16、【类型】为密码、【height】为 10。

文本框美观性的样式表应用参见后面任务六的内容。

小提示：为了保持用户表单文本框的宽高一致性，单行文本框和密码框中分别输入中英文字符，因为不同字符占据空间大小不同的因素，因此会有这两个文本框宽高设置值不同而预览时宽高却相同的效果。

（三）公告栏与友情链接的制作

1. 公告栏文字设置

（1）在公告栏内容所在的单元格中输入公告栏内容文本并全选中。

（2）在【属性】检查器面板设置文字【大小】10pt、文字颜色为黑色（#000000），设置单元格【垂直】对齐方式为顶端、单元格【背景颜色】为白色（#FFFFFF），如图 1.206 所示。

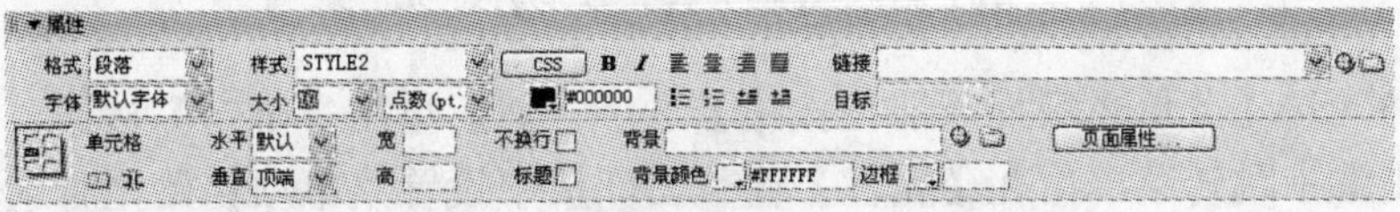

图 1.206　公告栏文字【属性】设置面板

2. 滚动字幕的制作

（1）全选中公告栏文本，切换到【代码】视图。

（2）在【代码】视图，将光标定位在选中代码中文字开始的位置，输入标记<marquee>，在文字结束的位置输入标记</ marquee>。

（3）在<marquee>标记“marquee”字母后敲空格，在弹出的参数列表中选择 behavior、direction 等参数以设置字幕为滚动方式、方向向上、滚动速度为 3、字幕高度为 252，代码如下所示。

```
        <marquee behavior="scroll" direction="up" scrollamount="3" height="252">
              •让我们携起手来，披着阳光穿行岁月，加快青春的脚步，去点亮挂在心头的那束理想之光。
<br />
              <br />
```

```
        ·班级主页测试中，请提意见和建议。 <br />
        <br />
        ·班会通知：时间（12 月 1 日）<br />
        下午 3 点，地点 308。<br />
        <br />
        ·请全班同学 12 月 6 日上午到多媒体 311 拍摄证件照。 <br />
        <br />
        ·大家把自己最新手机号码，所在地（工作的写单位所在地）及单位名称留言在我日志中或
给邮件。<br />
    </marquee>
```

3. 友情链接跳转菜单的制作

（1）在跳转菜单所在的单元格中单击。

（2）在【表单】工具栏中单击插入跳转菜单的按钮，或选择【插入】|【表单】|【跳转菜单】命令。

（3）在弹出的【插入跳转菜单】对话框中输入如图 1.207 所示的菜单项文本及超级链接，选中菜单项后，单击或按钮进行添加或删除菜单项，单击和按钮调整菜单项的顺序。

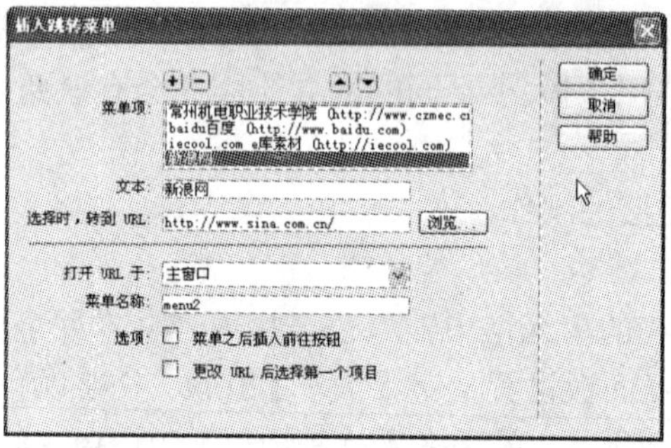

图 1.207 【插入跳转菜单】对话框

（4）取消勾选【菜单之后插入前往按钮】选项，然后单击【确定】按钮。

（5）单击选中跳转菜单，在【属性】检查器面板中设置菜单项初始化时选定值等属性，单击【列表值】按钮可以打开【列表值】对话框修改列表值，【属性】设置如图 1.208 所示。

图 1.208 跳转菜单【属性】设置

（三）网站 banner 区域设置

1. banner 区背景图像设置

（1）删除 banner 图像切片 index_r4_c7。

（2）选中 banner 图像切片所在单元格，在【属性】检查器面板中设置单元格【背景】为 banner 图像切片 index_r4_c7。

2. 在 banner 背景图像单元格插入 Flash

（1）光标定位在设置了 banner 图像背景的单元格。

（2）打开【常用】工具栏，单击插入媒体的按钮，在弹出菜单中选择插入 Flash 的按钮，或者选择【插入】|【媒体】|【Flash】命令。

（3）在打开的【选择文件】对话框中找到需要插入的 Flash 文件 butterfly.swf 并选中，单击【确定】按钮。

（4）在文档中单击选中 Flash 对象，在【属性】检查器面板中设置 Flash 的宽高（698，169），勾选【循环】和【自动播放】属性。如图 1.209 所示。

图 1.209　Flash【属性】设置

（5）单击【参数】按钮，打开【参数】对话框，设置参数 wmode、值为 Transparent。【参数】对话框如图 1.210 所示。

图 1.210　【参数】设置

（四）主内容区域设置

1. 标题行的设置

（1）删除标题行所在单元格中的切片图像，对该单元格应用类样式表 .linebg，设置背景图像为 flower_line、背景图像不重复、水平垂直位置均居中。

（2）设置单元格【垂直】对齐方式为居中。

（3）在工具栏中选择表格按钮，在该单元格中插入一个 1 行 2 列的表格，表格设置如图 1.211 所示。

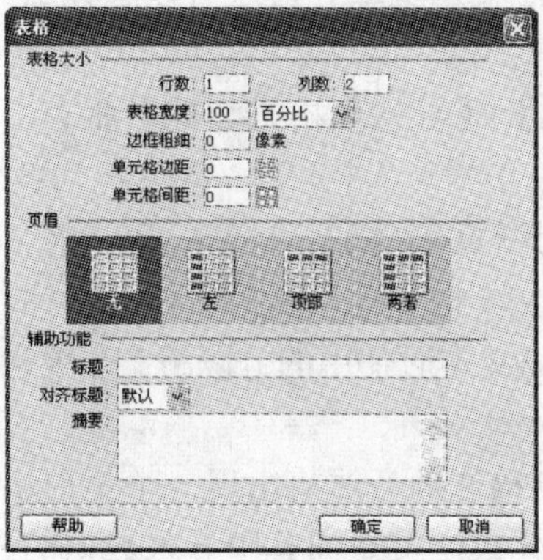

图 1.211　【表格】设置对话框

（4）在表格第一个单元格中单击【常用】选项卡中单击插入图像的按钮打开【选择图像源文件】对话框，选择图像 shouyejiyu.gif 插入。

（5）在第二个单元格中插入文字，文字参见文档“首页页面文字.doc”。标题行设置后效果如图 1.212 所示。

图 1.212　标题行效果

2. 主内容区域背景设置

（1）分别把主内容区域边框背景切片图像 index_r9_c7 和 index_r9_c23 设置为图像所在单元格的背景图像。

（2）把主内容区域背景切片图像 index_r11_c8 设为该图像所在单元格的单元格背景。

3. 主内容区文字输入

（1）在主内容区单元格中插入 2 行 1 列的表格，插入表格的具体操作参见下一模块“模块二　班级新闻模块页面设计与制作”。

（2）在表格第二行单元格中输入“首页寄语”文字，文字参见文档“首页页面文字.doc”。

（3）可以设置文字样式，规定字体大小 11pt，行高 18pt。

（五）页脚部分设置

（1）设置页脚版权信息部分单元格背景色为（#E8E8E8），单元格【垂直】居中对齐。

（2）版权信息中的文字为选择了 html 切片后从 Fireworks 中导出的文字，选中这些文字并进行分行显示，设置文字大小 10pt、颜色为黑色。

至此，完成导出页面 index 的修改与整合，在主内容区输入文字后，完成班级主页首页的基本制作。可以打开“项目一\各章节完成文档\ch1-4-3\myweb”下的 index.html 浏览。

五、举一反三

（一）文本的导入与特殊字符的插入

1. 导入文本

除了直接输入和复制的方法输入文本外，还可以选择从其他文档导入文本。

导入表格式数据：

（1）选择【文件】|【导入】|【导入表格式数据】命令，或选择【插入】|【表格对象】|【导入表格式数据】命令。

（2）出现【导入表格】对话框。

（3）浏览所需的文件或在文本框中输入所需文件的名称。

（4）选择将文件保存为分隔文本时使用的分隔符。选项包括【制表符】、【逗号】、【分号】、【冒号】和【其他】。

（5）如果选择【其他】，则该选项旁边将出现一个空白字段。输入用做分隔符的字符。

（6）使用其余的选项格式化或定义要向其中导入数据的表格。

（7）单击【确定】按钮。

将 Word 或 Excel 文档插入到新的或现有的 Web 页面中：

（1）使用 Dreamweaver 打开要插入 Word 或 Excel 文档的 Web 页面，并切换到【设计】视图。

（2）将文件从当前位置拖放到要在其中显示内容的页面中。在【插入文档】对话框中设置选项并单击【确定】按钮。

（3）或者选择【文件】|【导入】|【Word 文档】命令或【文件】|【导入】|【Excel 文档】命令。在【导入文档】对话框中，浏览要添加的文件，在对话框底部选择【格式化】选项：

- 仅文本：可以插入无格式文本。如果原始文本带格式，所有格式将被删除。
- 带结构的文本：可以插入文本并保留结构，但不保留基本格式设置。例如，可以粘贴文本并保留段落、列表和表格的结构，但是不保留粗体、斜体和其他格式设置。
- 带结构的文本以及基本格式：可以插入结构化并带简单 HTML 格式的文本（例如，段落和表格以及带有 b、i、u、strong、em、hr、abbr 或 acronym 标签的格式化文本）。
- 带结构的文本以及全部格式：可以插入文本并保留所有结构、HTML 格式设置和 CSS 样式。

（4）如果选择了【带结构的文本】或【基本格式】，则粘贴文本时可以使用清理 Word 段落间距清除段落间的多余空格。

（5）单击【打开】按钮，Word 或 Excel 文档的内容即出现在页面中。

2. 在文档中插入特殊字符

若要将特殊字符插入到文档中，则将插入点放在要插入特殊字符的位置，选择【插入】|【HTML】|【特殊字符】命令，在弹出的子菜单中选择字符名称。或者在【文本】类别中，单击【字符】按钮选择需要的字符。

3. 在字符之间添加空格

HTML 只允许字符之间包含一个空格；若要在文档中添加其他空格，必须插入连续空格。可以设置一个在文档中自动添加不换行空格的首选参数。设置添加不换行空格的首选参数操作为选择【编辑】|【首选参数】，在【常规】类别中确保选中【允许多个连续的空格】。

若要插入不换行空格，则在【插入】栏中的【HTML】类别中，单击【字符】按钮并选择【插入不换行空格】项。或者选择【插入】|【HTML】|【特殊字符】|【不换行空格】命令。也可以按 Ctrl+Shift+空格键来插入。

（二）鼠标经过图像与导航条的制作

1. 鼠标经过图像

鼠标经过图像是一种在浏览器中查看并使用鼠标指针移过它时发生变化的图像。在创建鼠标经过图像之前需要先准备好一对或多对图像，这对图像用做鼠标经过图像创建中的主图像（当首次载入页时显示的图像）和次图像（当鼠标指针移过主图像时显示的图像），鼠标经过图像自动设置为响应 onMouseOver 事件。

创建鼠标经过图像的基本操作如下：

（1）将插入点放置在要显示鼠标经过图像的位置。

（2）单击【常用】工具栏中【鼠标经过图像】按钮。或者选择【插入】|【交互式图像】|【鼠标经过图像】命令。

（3）打开【插入鼠标经过图像】对话框完成设置，如图 1.213 所示。

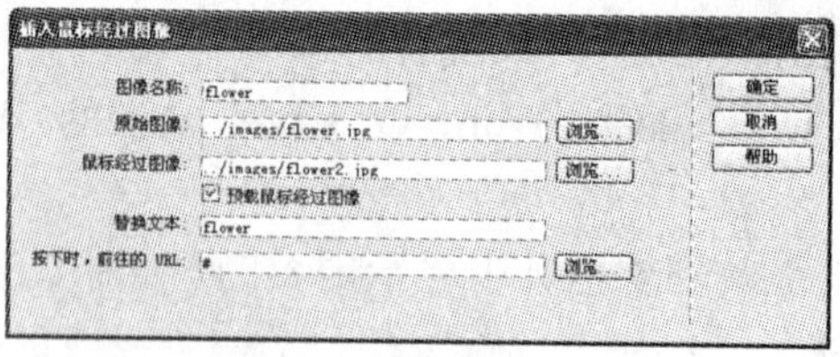

图 1.213　鼠标经过图像设置对话框

其中：

【预先载入图像】将不会立即出现在页面上的图像载入浏览器缓存中，这样可防止当图像应该出现时由于下载而导致延迟。

【交换图像】通过更改<img>标签的 SRC 属性将一个图像与另一个图像交换。使用此动作可创建按钮鼠标经过图像和其他图像效果。

【恢复交换图像】将最后一组交换的图像恢复为以前的源文件。每次将【交换图像】动作附加到某个对象时 Dreamweaver 都默认自动添加该动作。

（4）单击【确定】按钮。

（5）选择【文件】|【在浏览器中预览】命令或按 F12 键，在浏览器中查看图像效果。

鼠标经过图像中的这两个图像应大小相等；如果这两个图像大小不同，Dreamweaver 将自动调整第二个图像的大小以匹配第一个图像的属性。

2．导航条

导航条由图像或图像组组成，这些图像的显示内容随用户操作而变化。在创建导航条之前，需要为各个导航项目的显示状态准备一组图像。创建导航条后，可使用【修改导航条】命令进行修改。

插入导航条的基本操作如下：

（1）选择【插入】|【图像对象】|【导航条】命令，或者在【常用】工具栏中【图像】菜单下的【插入导航条】按钮。

（2）打开【插入导航条】对话框，完成设置，如图 1.214 所示。

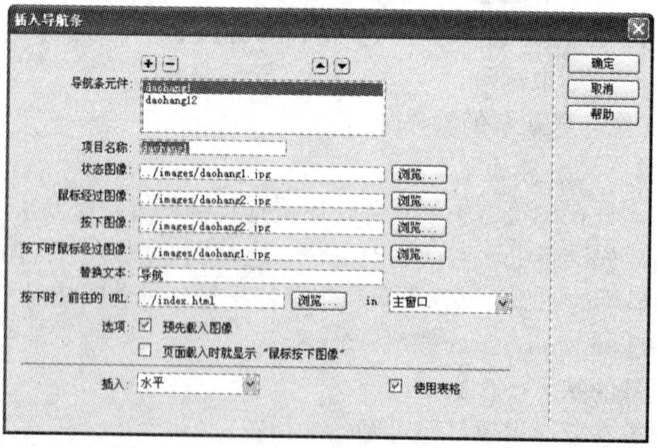

图 1.214　【插入导航条】对话框

（3）单击【确定】按钮。

（4）创建导航条后如果需要修改，则选择【修改】|【导航条】命令，打开【修改导航条】对话框，【导航条项目】列表中，选择要编辑的项目进行修改。

（三）网页页面与网页元素所对应的 html 标签

1. XHTML

XHTML 是可扩展超文本标签语言（Extensible HyperText Markup Language），它是一个 W3C 标准。XHTML 作为一种 XML 应用被重新定义的 HTML，与 HTML4.01 几乎是相同的，但 XHTML 是更严格更纯净的 HTML 版本，目标是取代 HTML。XHTML 与 HTML 最大的不同在于：

（1）XHTML 元素必须被正确地嵌套。

（2）XHTML 元素必须被关闭。

（3）标签名必须用小写字母。

（4）XHTML 文档必须拥有根元素。

（5）XHTML 属性名称必须小写。

（6）XHTML 属性值必须加引号。

（7）XHTML 属性不能简写。

（8）XHTML 用 id 属性代替 name 属性。

（9）XHTML DTD 定义了强制使用的 HTML 元素。

XHTML 文档简化结构如下。

```
<!DOCTYPE html    PUBLIC "-//W3C//DTD XHTML 1.0 Strict//EN"
"http://www.w3.org/TR/xhtml1/DTD/xhtml1-strict.dtd">
<!--上面代码是文档类型声明-->
<html>
<!--文档开始标签-->
<head>
<!--与</head>构成一组头部标记，显示文档信息-->
<title>simple document</title>
<!--设置网页的标题-->
</head>
<body>
<!--在<body>与</body>这组标签之间插入网页主体部分要显示的内容代码-->
</body>
</html>
<!--文档结束标记-->
```

2. <!DOCTYPE>

<!DOCTYPE>声明位于文档中的最前面的位置，处于<html>标签之前。此标签可告知浏览器文档使用哪种 HTML 或 XHTML 规范。

该标签可声明三种 DTD 类型，分别表示严格版本、过渡版本以及基于框架的 HTML 文档。以下面这个<!DOCTYPE>标签为例：

```
<!DOCTYPE html
PUBLIC "-//W3C//DTD XHTML 1.0 Strict//EN"
"http://www.w3.org/TR/xhtml1/DTD/xhtml1-strict.dtd">
```

在上面的声明中，声明了文档的根元素是 html，它在公共标识符被定义为“-//W3C//DTD XHTML 1.0 Strict//EN” 的 DTD 中进行了定义。浏览器将明白如何寻找匹配此公共标识符的 DTD。如果找不到，浏览器将使用公共标识符后面的 URL 作为寻找 DTD 的位置。

3．<html>、<head>、<body>

此标签告知浏览器其自身是一个 HTML 文档。<html>与</html>标签限定了文档的开始点和结束点，在它们之间是文档的头部和主体。文档的头部由<head>标签定义，而主体由<body>标签定义。<head>与</head>构成一组，用于定义文档的头部，它是所有头部元素的容器。文档的头部描述了文档的各种属性和信息，包括文档的标题、在 Web 中的位置以及和其他文档的关系等。在<body>与</body>之间包含文档的所有内容（如文本、超链接、图像、表格和列表等）。

4．<p>

<p> 标签定义段落。p 元素会自动在其前后创建一些空白。浏览器会自动添加这些空间，也可以在样式表中规定。<p>标签的应用实例如下所示。

```
<p>这是段落标记，成组出现</p>
```

5．

可插入一个简单的换行符。
标签是单个的标签（意味着它没有结束标签，因此：
</br>）。在 XHTML 中，把结束标签放在开始标签中，也就是
。
标签的应用实例如下所示。

```
•班级主页测试中，请提意见和建议。 <br />
    <br />
    •班会通知：时间（12 月 1 日）<br />
    下午 3 点，地点 308。<br />
```

6．<!--……-->

<!-- …-->是注释标签，用来在源文档中插入注释。注释会被浏览器忽略。用户可使用注释对代码进行解释，以利于以后对代码的编辑。<!-- … -->标签的应用实例如下所示。

```
<!DOCTYPE html  PUBLIC "-//W3C//DTD XHTML 1.0 Strict//EN"
"http://www.w3.org/TR/xhtml1/DTD/xhtml1-strict.dtd">
<!--上面代码是文档类型声明-->
```

7．<img>

<img>用于定义一幅图像。<img>标签没有结束标签。在 XHTML 中，<img>标签必须被正确地关闭，关闭时在<img>标签的结束括号（>）前加入（/）。在 HTML4.01 中，不赞成使用 imge 元素的“align”、“border”、“hspace”以及“vspace”属性。插入图像的<img>标签应用实例如下。

```
<img src="img/bowuguan.jpg" alt="博物馆" width="511" height="384" />
```

8．<a>

<a>标签可定义锚。锚 (anchor) 有两种用法：一是通过使用 href 属性，创建指向另外一个文档的链接（或超链接）；二是通过使用 name 或 id 属性，创建一个文档内部的书签，也就是说，可以创建指向文档片段的链接。

<a>标签最重要的属性是 href 属性，它指定链接的目标。在所有浏览器中，链接的默认外观是：未被访问的链接为带有下画线的蓝色文字；已被访问的链接是带有下画线的紫色文字；活动链接则是带有下画线的红色文字，这些链接外观可以更改。<a>标签的使用实例如下所示。

```
<!--下面是使用文本创建链接到站点下的网页文档-->
<p><a href="news.html" target="_self">班级新闻</a></p>
```

```
<!--下面是使用文本创建链接到网址-->
<p> <a href="http://www.czmec.cn" target="_blank">学院网址</a></p>

<!--下面是使用图像创建超级链接-->
<a href="works.html"><img src="../images/xinwen.gif" alt="zuopin" width="94" height="23"
border="0" /></a>

<!--下面是使用文本链接到同一页内不同的位置-->
<a href="#C4">查看 Chapter 4。</a>

<!--下面是创建电子邮件链接-->
<a href="mailto:someone@microsoft.com?subject=Hello%20again">发送邮件</a>
```

9．<table>

<table>标签定义 HTML 表格。简单的 HTML 表格由 table 元素以及一个或多个 tr、th 或 td 元素组成。tr 元素定义表格行，th 元素定义表头，td 元素定义表格单元。<table>标签的简单应用实例如下。

```
<table border="1">
  <tr>
    <th>星期</th>
    <th>课程</th>
  </tr>
  <tr>
    <td>星期一</td>
    <td>网页</td>
  </tr>
</table>
```

10．<td>

<td>标签定义 HTML 表格中的标准单元格。HTML 表格有两类单元格：<th>创建表头单元，该标签包含表格头部信息。<td>创建标准单元，该标签包含表格数据，td 元素中的文本一般显示为正常字体且左对齐。应用参见如上<table>部分应用例子所示。

11．<class>与<style>

<class>定义元素的类。<style>定义内联样式。<class>与<style>标签应用实例如下。

```
<style type="text/css">
.gonggao { font-family: "宋体";
       font-size: 10pt;
       line-height: 12pt;
<!--font-family 定义字体、font-size 定义文字大小、line-height 定义文字行高-->
</style>
……
<span class="gonggao">
• 班级主页测试中，请提意见和建议。 <br />
<br />
```

```
        </span>
```

12. <marquee>

<marquee>标签创建一个滚动的文本字幕。参数 direction 表示滚动的方向，值可以是 left，right，up，down，默认为 left；behavior 表示滚动的方式，值可以是 scroll（连续滚动），slide（滑动一次），alternate（来回滚动）；loop 表示循环的次数，值是正整数，默认为无限循环；scrollamount 表示运动速度，值是正整数，默认为 6；scrolldelay 表示停顿时间，值是正整数，默认为 0，单位是毫秒；height、width 表示运动区域的高度和宽度，值是正整数（单位是像素）或百分数，默认 width=100% height 为标签内元素的高度。<marquee>标签应用实例如下。

```
        <marquee direction="right" behavior="scroll" scrollamount="10" scrolldelay="200">这是一个滚动字幕。</marquee>
```

六、上机练习

打开教学资源中“项目一\上机练习\ch1-4-3\素材文档”，完成“新城房产”网站首页网页的制作。首页效果如图 1.215 所示。

图 1.215 鼠标经过图像设置对话框

【操作提示】

（1）启动 Dreamweaver 8，打开导出的 index.html 文件，选择【站点】|【新建站点】命令，按照向导创建站点，保存位置选择上述保存 index.html 的文件夹“web”。

（2）在 index.html 制作界面中，删除导航所在位置的图 index_r2_c1.jpg 和 index_r2_c2.jpg，设置图像所在的单元格【高度】为 35（高度同所删除的图 index_r2_c2.jpg 的高度），合并两图所在的单元格，并设置单元格【背景图像】为 index_r2_c2.jpg。

（3）删除导航下方的白色图 index_r3_c1.jpg。

（4）删除页面下方灰色图 index_r5_c1.jpg 和 index_r5_c2.jpg，合并图像所在的两个单元格，设置合并后单元格【高度】为 39，设置单元格【背景图像】为 index_r5_c1.jpg。

（5）删除页面右侧绿色图像 index_r3_c4.jpg 和 index_r4_c4.jpg，合并图像所在的两个单元格，设置合并后单元格【宽度】为 242，设置单元格【背景图像】为 index_r3_c4.jpg。

（6）删除页面底端白色图像 index_r6_c1.jpg 和 index_r6_c4.jpg，合并图像所在的两个单元格。

（7）选中整张表格（标签栏点击<body>旁的<table>）设置表格【对齐方式】为居中。

（8）在导航栏所在的单元格插入一 1 行 7 列的表格，设置【宽度】100%、【高度】100%，输入导航内容“首页”、“公司资讯”、“新闻中心”、“新城楼盘”、“投资广场”、“招标公告”、“联系你我”。文字应用样式.font（.font 样式表设置：字体为默认、大小为 10pt）。

（9）在导航下方左侧空白单元格中插入一表格，【宽度】为 100%，通过合并拆分操作后得到表格效果如图 1.216 所示。

<table>
<tr><td>图 bt-xwdt_17</td><td>图 bt-rptj_23</td></tr>
<tr><td>图 rongyu</td><td rowspan="2">内嵌八行一列的表格</td></tr>
<tr><td>文字</td></tr>
<tr><td colspan="2">Flash：sy-buttom</td></tr>
</table>

图 1.216　表格效果

（10）在对应的单元格中插入图像和文字（素材可从素材文件夹中取）。

任务五 《我们的青春年代》班级主页二级页面制作

模块一 任务预备知识

一、教学目标

（1）掌握表格的插入、删除与属性设置的基本操作。
（2）掌握行、列的插入、删除与属性设置操作。
（3）掌握单元格的拆分与合并操作，以及单元格属性设置操作。
（4）掌握布局表格与布局单元格的基本操作。

二、工作任务

启动 Dreamweaver 8，学习表格、单元格与布局表格、布局单元格的基本操作。

三、理论知识

（一）表格的基本操作

表格是用于在 HTML 页上显示表格式数据以及对文本和图形进行布局的强有力的工具。表格由一行或多行组成；每行又由一个或多个单元格组成。虽然 HTML 代码中通常不明确指定列，但 Dreamweaver 允许用户对列、行和单元格进行操作。通过表格可以以像素为单位来控制网页元素的位置。

1．表格的创建

表格的创建可通过单击【常用】或【布局】工具栏中的【表格】按钮，或者选择【插入】|【表格】命令的方式来进行。创建表格的操作步骤如下。

（1）将光标定位在需要插入表格的位置。

（2）单击【常用】或【布局】工具栏中的【表格】按钮，或者选择【插入】|【表格】命令，打开【表格】对话框，如图 1.217 所示。

① 在“表格大小”部分中设置以下选项：

【行数】确定表格具有的行的数目。

【列数】确定表格具有的列的数目。

【表格宽度】以像素为单位或按占浏览器窗口宽度的百分比指定表格的宽度。

【边框粗细】指定表格边框的宽度（以像素为单位）。

【单元格边距】确定单元格边框和单元格内容之间的像素数。

【单元格间距】确定相邻的表格单元格之间的像素数。

小提示：

如果在【表格】对话框中没有明确指定【边框粗细】的值，则大多数浏览器会将边框粗细设置为 1 来显示表格。如果要求在浏览器中预览时显示的表格无边框，则将【边框粗细】设置为 0。

如果在【表格】对话框中没有明确指定【单元格间距】和【单元格边距】的值，大多数浏览器按单元格边距都设置为 1，单元格间距设置为 2 显示表格。如果要求在浏览器中预览时不显示表格中的边距和间距，则将“单元格边距”和“单元格间距”设置为 0。

② 在“页面”部分设置一个标题选项：

【无】对表不启用列或行标题。

【左侧】可以将表格的第一列作为标题列，以便用户为表格中的每一行输入一个标题。

【顶部】可以将表格的第一行作为标题行，以便用户为表格中的每一列输入一个标题。

【两者】使用户能够在表中输入列标题和行标题。

③ 在“辅助功能”部分设置以下选项：

【标题】提供了一个显示在表格外的表格标题。

【对齐标题】指定表格标题相对于表格的显示位置。

【摘要】给出了表格的说明。屏幕阅读器可以读取摘要文本，但是该文本不会显示在用户的浏览器中。

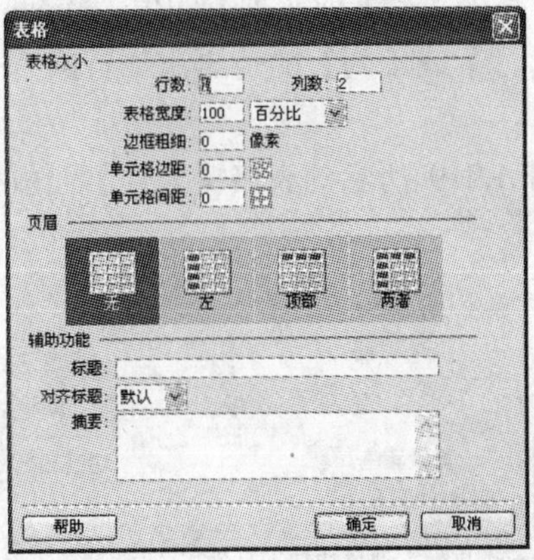

图 1.217 【表格】对话框

（3）在对话框中完成表格的设置，单击【确定】按钮创建表格。

（4）表格创建后，将光标定位在需要输入内容的单元格中，输入文本或插入图像等。

2. 表格行、列的插入与删除

表格创建后，如果需要在表格中添加行、列，可以单击【布局】工具栏中添加行或列的按钮或者选择【插入】|【表格对象】命令来插入，还可以选择【修改】|【表格】命令，在弹出的子菜单中选择选项进行插入。

如果插入的是单个行或列，则参照如下操作。

（1）选定需要插入行或列的单元格。

（2）根据插入的行或列相对于单元格的位置要求，在【布局】工具栏中单击【在上面插入行】按钮 、【在下面插入行】按钮 、【在左边插入列】按钮 或者【在右边插入列】

按钮 来插入行或列。

（3）或者选择【插入】|【表格对象】命令，在弹出的菜单中选择同上的选项插入行或列。

（4）或者选择【修改】|【表格】命令，在弹出的子菜单中选择同上的选项进行插入。

如果插入的是多行或多列，则参照如下操作。

（1）选定需要插入行或列的单元格。

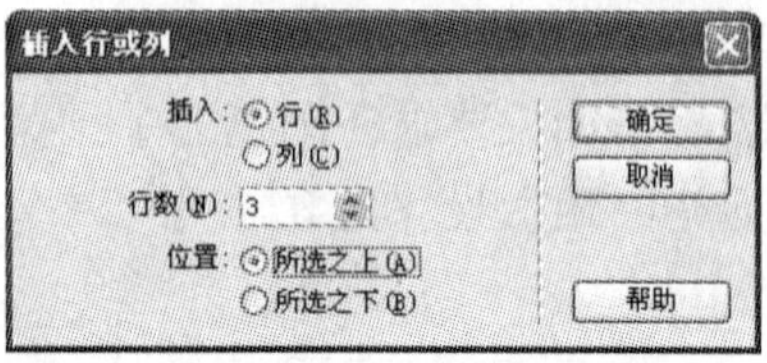

图 1.218　【插入行或列】对话框

（2）选择【修改】|【表格】命令，在弹出的子菜单中选择【插入行或列】，弹出【插入行或列】的对话框，如图 1.218 所示。

（3）在弹出的对话框中选择插入【行】或【列】项，设置【行数】（选择了【行】），或者【列数】（选择了【列】），并设置插入的【位置】。

（4）单击【确定】按钮。

如果要删除行或列，则按照以下操作方法之一进行操作。

（1）单击要删除的行或列中的一个单元格，然后选择【修改】|【表格】|【删除行】命令或【修改】|【表格】|【删除列】命令。

（2）移动鼠标指针到行的左边缘或列的上边缘，当鼠标指针变为选择箭头时单击以选择单个行或列，然后选择【编辑】|【清除】或按 Delete 键。

（3）单击表格中某个单元格，然后选择【修改】|【表格】|【选择表格】命令以选中该表格，在【属性】检查器面板中减少【行】或【列】的值，Dreamweaver 在表格的底部删除行、在表格的右侧删除列（增加【行】或【列】的值再添加行或列）。

3. 设置表格的属性

选中表格后，可以在如图 1.219 所示的表格【属性】面板中设置该表格任一项的属性，属性设置选项如下。

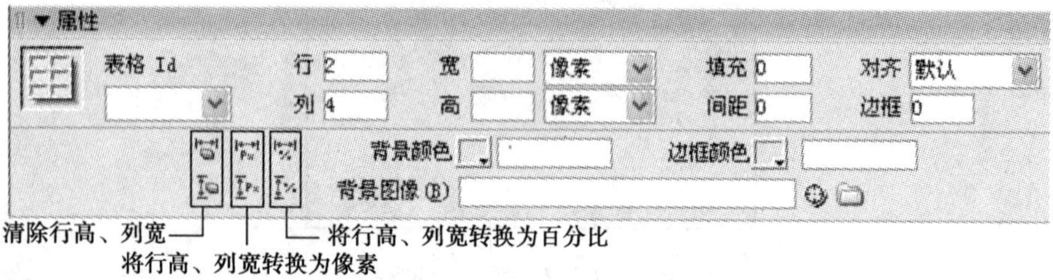

图 1.219　表格【属性】设置

其中：

【表格 Id】是表格的 Id。

【行】和【列】是表格中行和列的数目。

【宽】和【高】是以像素为单位或按占浏览器窗口宽度的百分比计算的表格宽度和高度。但通常不需要设置表格的高度。

【单元格边距】是单元格内容和单元格边框之间的像素数。

【单元格间距】是相邻的表格单元格之间的像素数。

【对齐】确定表格相对于同一段落中其他（如文本或图像等）元素的显示位置。

【左对齐】沿其他元素的左侧对齐表格，同一段落中的文本在表格的右侧换行。

【右对齐】沿其他元素的右侧对齐表格，文本在表格的左侧换行。

【居中对齐】将表格居中，文本显示在表格的上方和/或下方。

【默认】指示浏览器应该使用其默认对齐方式。当将对齐方式设置为【默认】时，其他内容不显示在表格的旁边，若要在其他内容旁边显示表格，则使用【左对齐】或【右对齐】。

【边框】指定表格边框的宽度（以像素为单位）。

【清除列宽】和【清除行高】按钮从表格中删除所有明确指定的行高或列宽。

【将表格宽度转换成像素】和【将表格高度转换成像素】按钮将表格中每列的宽度或高度设置为以像素为单位的当前宽度，同时将整个表格的宽度设置为以像素为单位的当前宽度。

【将表格宽度转换成百分比】和【将表格高度转换成百分比】按钮将表格中每列的宽度或高度设置为按占【文档】窗口宽度百分比表示的当前宽度，同时将整个表格的宽度设置为按占【文档】窗口宽度百分比表示的当前宽度。

【背景颜色】是表格的背景颜色。

【边框颜色】是表格边框的颜色。

【背景图像】是表格的背景图像。

4．设置行、列、单元格的属性

选中表格行、列或单元格后，可以在【属性】检查器面板中查看与修改选定对象的属性值，【属性】设置选项如下。

【水平】指定单元格、行或列内容的水平对齐方式。有左对齐、右对齐、居中对齐及默认四个选项，通常常规单元格为左对齐，标题单元格为居中对齐。

【垂直】指定单元格、行或列内容的垂直对齐方式。对齐方式有顶端、中间、底部、基线与默认五个选项，垂直对齐通常是居中对齐。

【宽】和【高】是以像素为单位或按占整个表格宽度或高度百分比计算的所选单元格的宽度和高度。若要让浏览器根据单元格的内容以及其他列和行的宽度和高度确定适当的宽度或高度，则数值框内为空。默认情况下，浏览器选择一列的宽度来容纳列中最宽的图像或最长的行。这就是为什么当用户将内容添加到某个列时，该列有时变得比表格中其他列宽得多的原因。

【背景】设置单元格、列或行的背景图像。单击文件夹图标浏览到某个图像，或使用“指向文件”图标选择某个图像文件。

【背景颜色】使用颜色选择器设置的单元格、列或行的背景颜色。

【边框】是单元格的边框颜色。

【合并单元格】按钮可以将所选的多个单元格、行或列合并为一个单元格。只有当单元格形成矩形或直线的块时才可以合并这些单元格。

【拆分单元格】按钮可以将一个单元格分成两个或更多单元格。一次只能拆分一个单元格；如果选择的单元格多于一个，则此按钮将禁用。

【不换行】可以防止换行，从而使给定单元格中的所有文本都在一行上。

【标题】可以将所选的单元格格式设置为表格标题单元格。默认情况下，表格标题单元格的内容为粗体并且居中。

5．单元格的合并与拆分

创建表格后，通过单元格的拆分与合并，Dreamweaver 可以自动重新构造表格以创建指定的排列方式。只要整个选择部分的单元格形成一行或一个矩形，就可以通过【合并】操作合并任意数目的相邻的单元格，以生成一个跨多个列或行的单元格，【拆分】操作可以将单元格拆分成任意数目的行或列，而不管之前它是否是合并的。

将表格中的两个或多个单元格合并为一个单元格的操作如下。

（1）选择连续行中形状为矩形的单元格。

（2）选择【修改】【表格】|【合并单元格】命令。

（3）或者在【属性】检查器面板中单击合并单元格的按钮 。

（4）所选单元格的内容放置在最终的合并单元格中，所选的第一个单元格的属性将应用于合并的单元格。

将表格中的一个单元格拆分为多个单元格的操作如下。

（1）单击单元格。

（2）选择【修改】|【表格】|【拆分单元格】命令，或者在【属性】检查器面板中单击拆分单元格的按钮 。

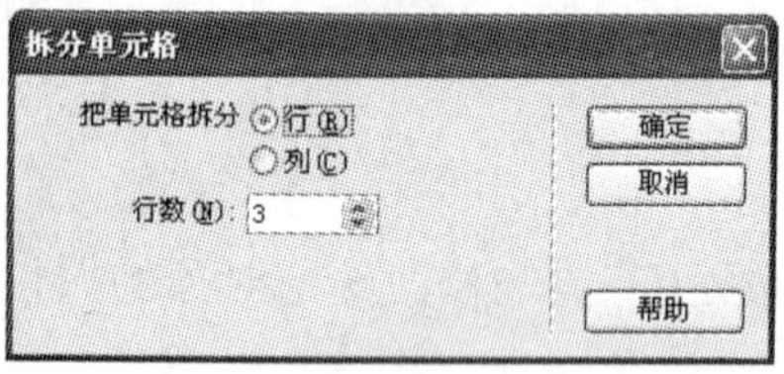

图 1.220 【拆分单元格】对话框

（3）在弹出的【拆分单元格】的对话框中设置把单元格拆分为【行】还是【列】，并指定行数或列数，如图 1.220 所示。

（4）单击【确定】按钮。

小提示：单元格的选定还可以结合 Ctrl 的方式来选定。选定单元格时，按住 Ctrl 键，移动鼠标到单元格上，此时单元格边框显示为红色边框，然后单击，即可选定单元格。

在拆分单元格前，如果没有看到按钮，可以单击【属性】检查器右下角的箭头，完全显示【属性】检查器面板后再去选择。

（二）布局表格与布局单元格的基本操作

在绘制布局表格或布局单元格之前，必须从【标准】模式切换到【布局】模式。如果在【布局】模式中创建布局表格，则在向表格中添加内容或对表格进行编辑之前最好切换回【标准】模式。

在【布局】模式中，可以在添加内容前使用布局单元格和表格来对页面进行布局。添加内容时根据需要在四周移动单元格，以调整布局。为实现最大灵活性，可以仅在准备添加内容时绘制每一个单元格。这样能够将布局表格中的更多空白空间保留更长一段时间，以更方便地移动单元格或调整单元格的大小。

页面上显示的布局表格外框为绿色，而布局单元格外框为蓝色。当用户将鼠标指针移动到表格单元格上时，Dreamweaver 会高亮显示该单元格。

1. 绘制布局表格和单元格

在【布局】模式中，可以在页上绘制布局单元格和表格。如果绘制的布局单元格不在布局表格中，Dreamweaver 会自动创建一个布局表格以容纳该单元格。布局单元格不能存在于布局表格之外。

绘制布局表格和布局单元格时，可以使用 Dreamweaver 网格和标尺来帮助网页布局设计。Dreamweaver 将新单元格的边缘与旁边现有单元格的边缘自动靠齐，绘制单元格靠近包含它的布局表格的边缘，则单元格的边缘也会与该表格的边缘自动靠齐。

绘制布局表格的操作步骤如下。

（1）确保处于【布局】模式中。

（2）在工具栏的【布局】类别中，单击【绘制布局表格】按钮，鼠标指针变为加号（+）。

（3）将鼠标指针放置在页上，然后拖动指针以创建布局表格。

（4）可以在页布局的空白区域中创建布局表格，也可以在现有布局单元格和表格的周围或嵌套在现有布局表格中创建布局表格。

（5）页上显示的布局表格外框为绿色。

绘制布局单元格的操作步骤如下。

（1）确保处于【布局】模式中。

（2）在工具栏的【布局】类别中，单击【绘制布局单元格】按钮，鼠标指针变为加号（+）。

（3）将鼠标指针放置在页上，然后拖动指针以创建布局单元格。

（4）可以在页布局的空白区域中创建布局单元格，也可以在现有布局单元格和表格的周围或嵌套在现有布局表格中创建布局单元格。

（5）页上显示的单元格外框为蓝色。

可以将一个布局表格绘制在另一个布局表格中，创建嵌套表格，对外部表格所进行的更改不会影响嵌套表格中的单元格。嵌套布局表格的大小不能超过包含它的表格。

2. 将内容添加到布局单元格中

在【布局】模式中可以将文本、图像和其他内容添加到布局单元格中，就像在【标准】模式中将内容添加到表格单元格一样。单击用户要添加内容的单元格，然后输入文本或插入其他内容。在布局单元格中插入文本或图像的操作方法与在【标准】模式中将内容添加到表格单元格一样。

插入内容时只能将内容插入布局单元格中，而不是布局表格的灰色空白区域，因此在可以添加内容之前，必须先创建布局单元格。当添加宽度大于布局单元格的内容时，该单元格将自动扩展。当单元格扩展时，该单元格所在的列也随之扩展，这可能会改变周围单元格的大小。

3. 设置布局表格属性

布局表格的属性设置如图 1.221 所示，它包含以下选项。

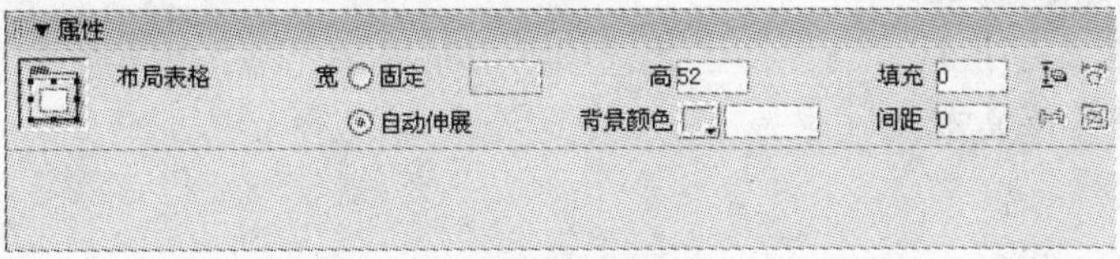

图 1.221　布局表格【属性】设置

【宽】是表格的宽度。有两个选项，【固定】将表格设置为固定宽度。可以在旁边的文本框中输入宽度值，以像素为单位。【自动伸展】使表格最右边的列自动伸展。

【高】是以像素为单位表格的高度。

【单元格边距】以像素为单位设置布局单元格内容和单元格边框之间的间隔。如果在更改单元格边距时出现一个带有括号的布局表格列宽，则使用【使单元格宽度一致】选项。

【单元格间距】以像素为单位设置相邻布局单元格之间的间隔。如果在更改单元格间距时出现一个带有括号的布局表格列宽，则使用【使单元格宽度一致】选项。

【清除行高】是删除布局表格中所有单元格的显式高度设置。即使某些单元格是空的，Dreamweaver 也会在绘制单元格时指定显式单元格高度以显示的布局。因此应该先将内容放置到布局单元格后再单击该按钮；否则，空单元格将在垂直方向收缩。

【使单元格宽度一致】如果布局中有固定宽度的单元格，则该选项使 HTML 代码中的单元格宽度与它们在屏幕上的外观宽度匹配。当单击【使单元格宽度一致】时，Dreamweaver 将重置表格中每个单元格在 HTML 中指定的宽度以匹配该单元格中内容的宽度。

【删除所有间隔图像】是从布局表格中删除间隔图像。删除间隔图像可能导致表格中的某些列变得非常窄。通常情况下应该在适当的位置保留间隔图像，除非每个列都包含其他内容可以将该列保持在所需的宽度。

【删除嵌套】是删除嵌套在另一个布局表格中的布局表格，而不丢失它的任何内容。内部的布局表格消失，它包含的布局单元格成为外部表格的一部分。

4．设置布局单元格属性

布局单元格的属性设置如图 1.222 所示，它包含以下选项。

图 1.222　布局单元格【属性】设置

【宽】是表格的宽度。有两个选项，【固定】将表格设置为固定宽度。可以在旁边的文本框中输入宽度值，以像素为单位。【自动伸展】使表格最右边的列自动伸展。

【高】是以像素为单位表格的高度。

【背景颜色】是布局单元格的背景颜色。单击颜色框并在颜色选择器中选择一种颜色，或在旁边的文本框中输入对应于某种颜色的十六进制数字。

【水平】设置单元格内容的水平对齐方式。用户可以将该对齐设置为【左对齐】、【居中对齐】、【右对齐】或【默认】。

【垂直】设置单元格内容的垂直对齐方式。用户可以将该对齐设置为【顶对齐】、【居中】、【底部】、【基线】或【默认】。

【不换行】禁止文字换行。当选择了此选项后，布局单元格按需要加宽以适应文本，而不是在新的一行上继续该文本。

模块二　班级新闻模块页面设计与制作

一、能力目标

掌握利用表格进行网页布局的操作技能。

二、任务布置

参照班级主页首页的页面设计，利用表格完成班级新闻模块的布局设计与制作。

三、任务解析

在网站页面设计中保持一致性是一个重要的组成部分，它能使网站有效地传达信息而不会导致用户迷惑或焦虑。网站页面一致性的设计主要在网站页面框架结构、导航条布局、网站 Logo、Banner 等在不同页面中反复出现的网页元素的设计上保持一致性。

班级主页网站中其他页面的设计可以通过以首页 index 的框架结构为基础并进行修改来保持网站的一致性。

（一）知识要点

文件的复制，表格的创建，表格与单元格的属性设置，单元格的拆分与合并。

（二）操作方法

1．表格的创建

（1）将光标定位在需要插入表格的位置。

（2）单击【常用】或【布局】工具栏中的【表格】按钮，或者选择【插入】|【表格】命令，打开【表格】对话框。

（3）在对话框中完成表格的设置，单击【确定】按钮创建表格。

2．表格、单元格的属性设置

（1）移动鼠标到表格线上，鼠标指针变成夹子形状时单击以选中表格。

（2）光标定位在单元格中以选中单元格。

（3）在【属性】检查器面板中修改表格或单元格的大小、宽、高、边框、背景等属性。

3．单元格的合并

（1）选择连续行中形状为矩形的单元格。

（2）选择【修改】|【表格】|【合并单元格】命令；或者在【属性】检查器面板中单击合并单元格的按钮。

（3）所选单元格的内容放置在最终的合并单元格中，所选的第一个单元格的属性将应用于合并的单元格。

4．单元格的拆分

（1）单击单元格。

（2）选择【修改】|【表格】|【拆分单元格】命令，或者在【属性】检查器面板中单击拆分单元格的按钮。

（3）在弹出的【拆分单元格】的对话框中设置把单元格拆分为【行】还是【列】，并指定行数或列数。

（4）单击【确定】按钮。

四、操作步骤

（一）“班级首页”首页寄语表格的创建

（1）将光标定位在主内容区单元格内，单击【常用】工具栏上的【表格】按钮。

（2）在弹出的【表格】对话框中设置【行数】为 2、【列数】为 1、【表格宽度】52%，【边框粗细】、【单元格边距】和【单元格间距】均为 0，其他设置为默认，如图 1.223 所示。

（3）单击【确定】按钮。

（4）选定所创建的表格，在【属性】检查器面板中设置【表格 id】为文字“table1”、【对齐】为右对齐。

图 1.223　【表格】对话框

（5）分别选定第一行和第二行单元格，在【属性】检查器面板中设置单元格【高】分别为 85 和 321。

（二）“班级新闻”页面的创建

（1）启动 Dreamweaver 8，打开 index.html。

（2）选择【文件】|【另存为】命令，打开【另存为】对话框，如图 1.224 所示。

（3）在对话框中更改文件名称为“news”，文件【保存在】html 文件夹中。

（4）单击【保存】按钮，弹出提示框询问是否更新链接，选择【是】。

（三）“班级新闻”页面修改

1．修改公告栏部分

（1）启动 Dreamweaver 8，打开 news.html 文件。

（2）在 news 页面中，删除“公告栏”图像与公告栏内容，图像所在单元格设置背景色为白色。

（3）在“公告栏”图像所在的单元格中插入“班级导航”图像 daohang_button.jpg，图像水平居中对齐，图像在 images 文件夹中。

（4）在原来“公告栏”内容所在单元格中插入一个 1 行 1 列的表格。

图 1.224　【另存为】对话框

（5）在【属性】检查器面板中设置表格【填充】、【间距】、【边框】均为 0，表格【宽】95%、【高】288 像素、【对齐】为左对齐。

（6）设置表格所在单元格【垂直】对齐方式为顶端对齐，并在单元格中输入“班级新闻”的新闻子页面标题，选中标题文本单击【项目列表】按钮添加项目列表。标题文本参见文档“新闻页面文字.doc”。

（7）可以对文字应用样式表设置文字样式（大小 10pt、行高 20pt），修改成“班级导航”后效果如图 1.225 所示。

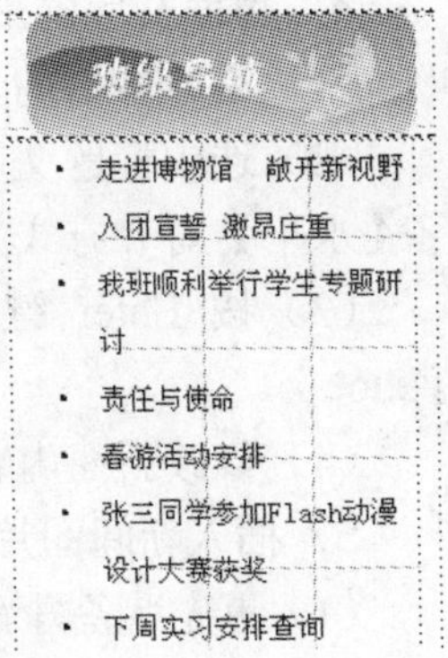

图 1.225 “班级导航”部分效果

小提示：页面预览时发现导航栏中，链接内容上方有一大段空白，这是在 index 页面制作时设置滚动字幕的高度的原因，删除空白的步骤是：

（1）将光标定位到之前插入滚动字幕的单元格中，单击【拆分】按钮，同时显示【代码】和【设计视图】。

（2）在【代码】视图中找到光标所在位置，找到如下代码段并删除：

```
<span class="gonggao">
        <marquee behavior="scroll" direction="up" height="230" scrollamount="3" class="STYLE2">
        </marquee>
</span></p>
```

（3）按 F12 键预览页面效果时发现空白段已被删除。

页面主内容区域内容发生更改后，主内容区单元格的高度会发生变化，如果单元格高度变大，主内容区左侧的单元格框架也会随之被撑大，此时会发现有的单元格显示主框架表格的背景图而影响页面的美观性，解决方法是选定主内容区所在行的所有单元格（不包括页面背景所在的单元格），然后在【属性】检查器面板中设置单元格【背景颜色】为白色。

2．修改标题行部分

（1）删除标题行“首页寄语”图像和文字。

（2）在标题行原来插入“首页寄语”图像的单元格中插入“班级新闻”图像“xinwen.gif”。

（3）在图像右侧单元格中输入文字“我们班最新发生的，以及即将发生的那些事儿……”。标题部分修改后如图 1.226 所示。

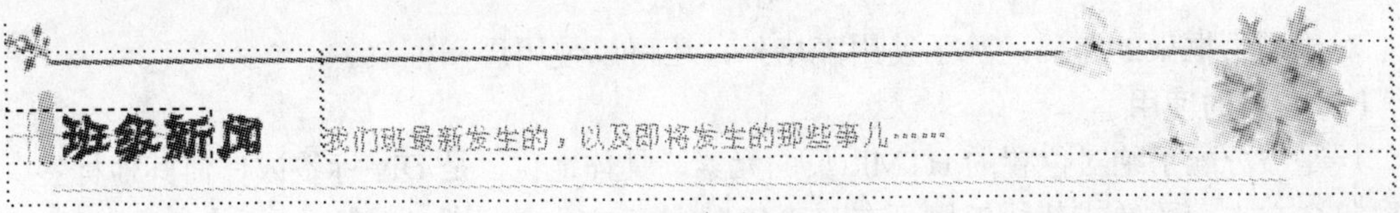

图 1.226 “班级导航”部分效果

3．修改主内容区

（1）删除主内容区文字内容，删除内容后页面。

（2）删除主内容所在单元格的背景图像设置，改为设置单元格背景色，背景色为白色。

（3）在主内容所在单元格中，选定表格“table1”，在【属性】检查器面板中修改表格【宽】为 625 像素、【高】为 737 像素，【对齐】为居中对齐。

（4）选定表格“table1”的所有单元格，在【属性】检查器面板中单击合并单元格按钮，得到1行1列的表格。

4．页面文字的输入

（1）在合并后的表格单元格中输入班级新闻标题“走进博物馆 敞开新视野”。

（2）选中标题文字，在【属性】检查器面板中单击粗体按钮**B**，设置文字加粗，设置文字【水平】对齐方式为居中对齐。

（3）按 Enter 键换行，新建一段落，输入新闻内容，新闻内容参见文档“新闻页面文字.doc”。

（4）修改新闻内容文本的字体格式和对齐方式。

5．插入新闻图片

（1）事先准备好新闻所需要的图像文件，存放在新建的“img”文件夹中，“img”文件夹位于“html”文件夹下。

（2）在 news 页面新闻内容文字结尾处按 Enter 键换行。

（3）在新行中插入图像 bowuguan.jpg，设置图像【对齐】方式为居中对齐。

6．制作超级链接链接新闻页面

（1）打开 news.html 页面，在“班级导航”内容中选中文字“走进博物馆 敞开新视野”。

（2）在【属性】检查器面板中，在【链接】右侧的文本框中输入链接地址“news.html”，或者拖动【指向文件】按钮到【文件】面板中站点文件 news.html 上，也可以单击【浏览文件】按钮打开对话框，找到站点目录中的 news.html 文件。

（3）设置【链接】属性后，可以按 F12 预览，移动鼠标到“走进博物馆 敞开新视野”文字上，鼠标变成小手状态，单击后页面跳转到相应的网页文件。

（4）在“班级导航”内容中分别选中“入团宣誓 激昂庄重”等文字，按照前3步的操作，完成与 news_xuanshi.html 等页面的超级链接（事先已经完成 news_xuanshi.html 等页面的制作）。

至此，完成班级新闻页面的制作，可以按 F12 键在浏览器中预览页面效果。可以按照上述的操作步骤制作班级新闻子页面“入团宣誓 激昂庄重”news_xuanshi.html、“我班顺利举行学生专题研讨”news_zhuanti.html、“责任与使命”news_zeren.htm 等，各页面均设置超级链接，通过链接页面之间可以相互访问。打开“项目一\各章节完成文档\ch1-5-2\myweb\html”浏览“班级新闻”页面。

五、举一反三

对于网页框架的布局，除了使用表格外，还可以使用层和框架。

（一）层的使用

层是被分配了绝对位置的 HTML 页面元素，具体地说，是 Div 标签或任何其他标签。层可以包含文本、图像或其他任何可在 HTML 文档正文中放入的内容。

在 Dreamweave 中可以使用层来设计页面的布局。可以将层前后放置，隐藏某些层而显示其他层，以及在屏幕上移动层。也可以在一个层中放置背景图像，然后在该层的前面放置第二个层，它包含带有透明背景的文本。

利用层可以非常灵活地放置内容。但是使用旧版本的 Web 浏览器的站点访问者查看层时可能会遇到麻烦。若要确保所有人都能够查看 Web 页，可以使用层设计页面布局，然后将层转换为表。

1. 创建层

文档中在使用【绘制层】工具绘制层时，Dreamweaver 将在代码中插入该层的 HTML 标签。默认情况下，Dreamweaver 会在文档中插入 Div 标签，并为层分配 id 值（默认情况下，Layer1 表示绘制的第一层，Layer2 表示绘制的第二层，依次类推）。可以使用【层】面板或【属性】检查器将层重新命名为任何名称。Dreamweaver 还使用了文档头中的嵌入式 CSS 来定位层和确定层的确切尺寸。

插入层时 Dreamweaver 将显示层的边框，默认情况下，在将指针移到层上时高亮显示。通过在【查看】|【可视化助理】菜单中勾选【层外框】和【CSS 布局外框】项，可以启用层边框。在设计时，还可以启用层的背景和框模型，作为可视化助理。

创建层后，只需将插入点放置于该层中，然后像在页面中添加内容一样，就可以将内容添加到层中。创建层有 3 种方法：

（1）将光标定位在需要插入层的位置，选择【插入】|【布局对象】|【层】命令，文档中显示新插入的层。

（2）在【布局】工具栏中单击【绘制层】按钮，在文档中按住鼠标左键拖动以绘制一个层。

（3）切换到【布局】工具栏，单击并按住左键拖动【绘制层】按钮到文档窗口中松开，可以创建一个新层。

如果要连续绘制多个层，则在【布局】工具栏中单击【绘制层】按钮，在文档中按住 Ctrl 键，可以连续绘制多个层。

2. 创建嵌套层

Dreamweaver 允许在已有的层中再嵌入层，通常把嵌入的层称为子层，已有的层称为父层。使用层的嵌套可以将几个关系紧密的层组合在一起。移动父层，子层将与父层一起移动；改变父层的可见性，子层可以继承父层的可见性。

创建嵌套层的操作方法有 3 种：

（1）将鼠标指针定位于已经创建好的父层中，选择【插入】|【布局对象】|【层】命令，则在父层中插入一个子层。

（2）直接拖放【布局】工具栏中的【绘制层】按钮到父层中。

（3）在【层】面板中，按住 Ctrl 键，选中面板中的一个层，并拖动到要嵌入的层上，在目标层的四周出现选中的方框时松开鼠标左键即可创建。如图 1.227、图 1.228 所示。

图 1.227　拖动 Layer2 到 Layer1 上

图 1.228　Layer2 显示为嵌套形式

3. 调整层大小

可以调整单个层的大小，也可以同时调整多个层的大小，以使其具有相同的宽度和高度。

如果已启用【防止重叠】选项，那么在调整层的大小时将无法使该层与另一个层重叠。

调整单个层大小的操作步骤如下。

（1）在【设计】视图中，移动鼠标到层上单击，选择一个层。

（2）若要通过拖动来调整大小，则拖动该层四周任一大小调整柄。

（3）若要通过键盘一次调整 1 像素的大小，则按住 Ctrl 键的同时按键盘上的上、下、左、右箭头键移动层的右边框和下边框来调整大小。

（4）若要按网格靠齐增量来调整大小，则按住 Shift+Ctrl 组合键的同时按键盘上的上、下、左、右箭头来调整大小。

（5）也可以在【属性】检查器输入【宽】和【高】的值。

同时调整多个层的大小，可以执行以下操作。

（1）按住 Shift 键单击层以同时选中两个或多个层。

（2）选择【修改】|【对齐】|【设成宽度相同】命令，或者【修改】|【对齐】|【设成高度相同】命令，以最后选定的层的宽度或高度为参照值调整其他层的大小。

（3）在【属性】检查器面板的【多个层】部分输入宽度和高度值。如图 1.229 所示。这些值将应用于所有选定层。

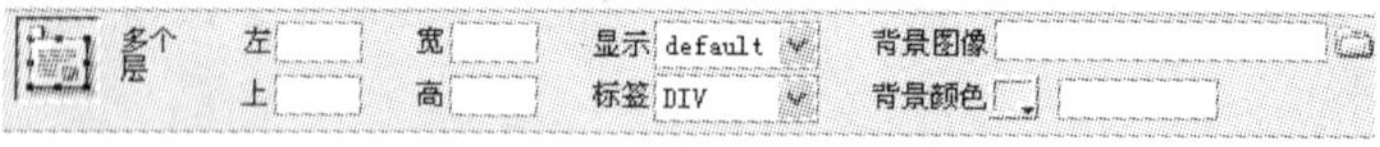

图 1.229　【多个层】属性设置面板

4．更改层的层叠顺序

使用【属性】检查器或【层】面板可更改层的层叠顺序。【层】面板列表顶部的层将位于堆叠顺序的顶部，并且会出现在其他层之前。

在 HTML 代码中，层的堆叠顺序或 z 轴确定层在浏览器中的绘制顺序。层的 Z 轴值越高，该层的堆叠顺序就越高。用户可以使用【层】面板或【属性】检查器来更改每个层的 Z 轴。

在【层】面板中更改层的层叠顺序的操作步骤如下。

（1）选择【窗口】|【层】命令，打开【层】面板。

（2）将层向上或向下拖至所需的堆叠顺序。当用户移动层时会出现一条线，它指示该层将出现的位置。当放置线出现在层叠顺序中的所需位置时，请松开鼠标按钮。

在【属性】检查器中更改层的层叠顺序的操作步骤如下。

（1）选择【窗口】|【层】命令，打开【层】面板以查看当前堆叠顺序。

（2）在【层】面板或【文档】窗口中选择一个层。

（3）在层的【属性】检查器中，在【Z 轴】文本框中输入一个数值。数值较大的层在上方显示，数值较小的层在下方显示。

5．更改层可见性

可以使用【层】面板手动显示和隐藏层，以查看页在不同条件下的显示方式。当前选定层始终会变为可见，它在选定时将出现在其他层的前面。更改层可见性的操作方法如下。

（1）选择【窗口】|【层】命令，打开【层】面板。

（2）在层的眼形图标列内单击可以更改其可见性。眼睛睁开表示该层可见，眼睛闭合表示该层不可见。如果没有眼睛图标，则该层通常会继承其父级的可见性。

（3）如果层没有嵌套，父级就是文档正文，而文档正文始终是可见的。另外，如果未指定可见性，也不会显示眼睛图标，则在【属性】检查器中表示为【默认】可见性。

6. 层与表格的互相转换

使用层可以定位一个页面中的元素。与表格和单元格相比，层更易于操作和修改。页面设计时可以在层和表格之间来回转换，以调整布局并优化网页设计。不能转换页面上特定的表格或层，必须将整个页面上的层转换为表格或将表格转换为层。

将层转换为表格的操作如下。

（1）选定需要转换为表格的层。

（2）选择【修改】|【转换】|【层到表格】命令，即可显示【转换层为表格】对话框，如图 1.230 所示。

（3）在对话框中选择所需的【表格布局】选项和【布局工具】选项。其中【表格布局】选项说明如下：

【最精确】为每个层创建一个单元格，并附加保留层之间的空间所必需的任何单元格。

【最小】合并空白单元，如果层定位在指定数目的像素内，则层的边缘应对齐。如果选择此选项，结果表将包含较少的空行和空列，但不一定与用户的布局精确匹配。

【使用透明 GIF】用透明的 GIF 填充表的最后一行。这将确保该表在所有浏览器中以相同的列宽显示。当启用此选项后，不能通过拖动表列来编辑结果表。当禁用此选项后，结果表将不包含透明 GIF，但在不同的浏览器中可能会具有不同的列宽。

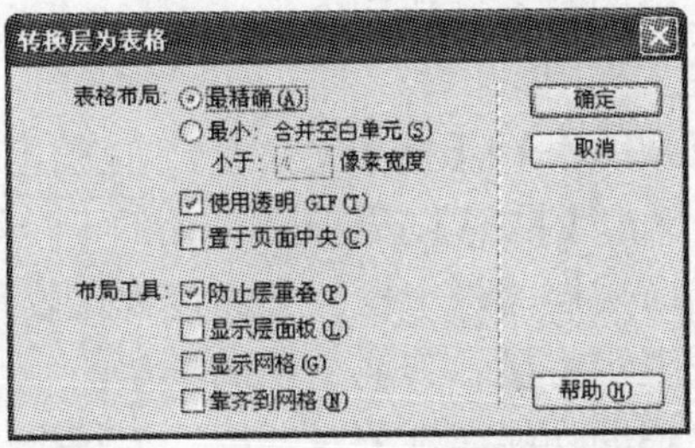

图 1.230　【转换层为表格】对话框

【置于页面中央】将结果表放置在页面的中央。如果禁用此选项，表将在页面的左边缘开始。

【布局工具】选项说明：【防止层重叠】可以防止层的重叠。【显示层面板】转换后显示【层】面板。【显示网格】是在转换完成后显示网格。【靠齐到网格】启用吸附到网格的功能。

将表格转换为层的操作如下。

（1）选择【修改】|【转换】|【表格到层】命令，显示【转换表格为层】对话框，如图 1.231 所示。

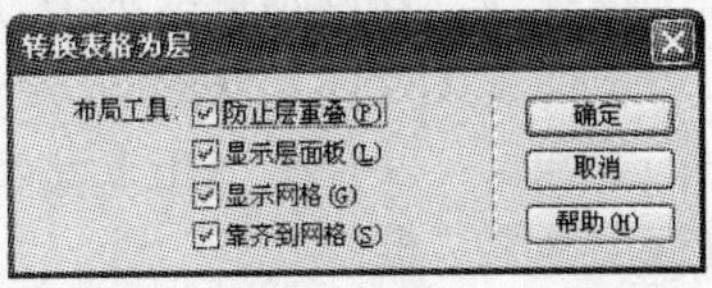

图 1.231　【转换表格为层】对话框

（2）在对话框中选择【布局工具】项，单击【确定】按钮。

（3）表格转换为层。但是空单元格不会转换为层，除非它们具有背景颜色。

（二）框架的使用

框架提供将一个浏览器窗口划分为多个区域、每个区域都可以显示不同 HTML 文档的方法。框架是浏览器窗口中的一个区域，它可以显示与浏览器窗口的其余部分中所显示内容无关的 HTML 文档。框架的最常见用途就是导航。一组框架通常包括一个含有导航条的框架和另一个要显示主要内容页面的框架。

框架集是 HTML 文件，它定义一组框架的布局和属性，包括框架的数目、框架的大小和位置以及在每个框架中初始显示的页面的 URL。框架集文件只是向浏览器提供应如何显示一组框架以及在这些框架中应显示哪些文档的有关信息。框架集文件本身不包含要在浏览器中显示的 HTML 内容，但 noframes 部分除外，Dreamweaver 允许指定要在不支持框架的基于文本的浏览器和较旧的图形浏览器中显示的内容。此类内容存储在框架集文件中，用 noframes 标签括起来。当不支持框架的浏览器加载该框架集文件时，浏览器只显示用 noframes 标签括起来的内容。

使用框架可以使访问者的浏览器不需要为每个页面重新加载与导航相关的图形，而且每个框架都具有自己的滚动条，因此访问者可以独立滚动这些框架。但是使用框架也有一定缺点，使用框架可能难以实现不同框架中各元素的精确图形对齐，对导航进行的测试也可能很耗时间，还有就是各个带有框架的页面的 URL 不显示在浏览器中，因此访问者可能难以将特定页面设为书签。

1. 创建框架和框架集

在 Dreamweaver 中有两种创建框架集的方法：用户既可以从若干预定义的框架集中选择，也可以自己设计框架集。

（1）使用预定义的框架集。

通过预定义的框架集，用户可以很容易地选择要创建的框架集类型。创建预定义的框架集并在某一框架中显示现有文档的基本操作如下：

步骤一：将插入点放置在文档中。

步骤二：选择【插入】|【HTML】|【框架】命令，在弹出的子菜单中选择预定义的框架集。或者在【布局】工具栏中单击【框架】按钮上的下拉箭头，然后选择预定义的框架集。框架集图标提供应用于当前文档的每个框架集的可视化表示形式。框架集图标的蓝色区域表示当前文档，而白色区域表示将显示其他文档的框架。

步骤三：出现【框架标签辅助功能属性】对话框，为每个框架指定一个名称。

步骤四：单击【确定】按钮。

（2）设计框架集。

可以通过向窗口添加【拆分器】，在 Dreamweaver 中设计用户自己的框架集。将一个框架拆分成几个更小的框架的基本操作如下。

步骤一：要拆分插入点所在的框架，从【修改】|【框架集】子菜单选择拆分项。

步骤二：要以垂直或水平方式拆分一个框架或一组框架，请将框架边框从【设计】视图的边缘拖入【设计】视图的中间。

步骤三：要使用不在【设计】视图边缘的框架边框拆分一个框架，则在按住 Alt 键的同时拖动框架边框。

步骤四：要将一个框架拆分成四个框架，请将框架边框从【设计】视图一角拖入框架的中间。

（3）删除框架。

删除一个框架时，将边框框架拖离页面或拖到父框架的边框上。如果要删除的框架中的文档有未保存的内容，则 Dreamweaver 将提示用户保存该文档。但不能通过拖动边框完全删除一个框架集。要删除一个框架集，请关闭显示它的【文档】窗口。如果该框架集文件已保存，则删除该文件。

2．查看和设置框架集属性

要查看或设置框架集属性，请执行以下操作：

（1）通过执行以下操作之一选择框架集，框架集【属性】设置面板如图 1.232 所示。

图 1.232　框架集【属性】设置

（2）在【文档】窗口的【设计】视图中单击框架集中两个框架之间的边框。

（3）在【框架】面板（【窗口】|【框架】）中单击围绕框架集的边框。

（4）在【属性】检查器（【窗口】|【属性】）中，单击右下角的展开箭头，查看所有框架集属性。

（5）根据需要更改以下选项：

【边框】确定在浏览器中查看文档时在框架周围是否应显示边框。要显示边框，则选择【是】；要使浏览器不显示边框，则选择【否】。要允许浏览器确定如何显示边框，则选择【默认值】。

【边框宽度】指定框架集中所有边框的宽度。

【边框颜色】设置边框的颜色。使用颜色选择器选择一种颜色，或者键入颜色的十六进制值。

【像素】将选定列或行的大小设置为一个绝对值。对于应始终保持相同大小的框架（例如导航条）而言，此选项是最佳选择。在为以百分比或相对值指定大小的框架分配空间前，为以像素为单位指定大小的框架分配空间。设置框架大小的最常用方法是将左侧框架设置为固定像素宽度，将右侧框架大小设置为相对大小，这样在分配像素宽度后，能够使右侧框架伸展以占据所有剩余空间。

【百分比】指定选定列或行应相当于其框架集的总宽度或总高度的百分比。以【百分比】为单位的框架分配空间是在以【像素】为单位的框架之后，但在将单位设置为【相对】的框架之前。

【相对】指定在为【像素】和【百分比】框架分配空间后，为选定列或行分配其余可用空间；剩余空间在大小设置为【相对】的框架中按比例划分。

若要设置选定框架集的各行和各列的框架的大小，请单击【行列选择范围】区域左侧或顶部的选项卡；然后在【值】文本框中，输入高度或宽度。

3．查看和设置框架属性

（1）在【文档】窗口的【设计】视图中，按住 Alt 键的同时单击一个框架，或者在【框架】面板（【窗口】|【框架】）中单击框架。

（2）在【属性】检查器（【窗口】|【属性】）中，单击右下角的展开箭头，查看所有框架属性，框架【属性】面板设置如图 1.233 所示。

（3）根据需要更改以下选项：

【框架名称】是链接的 target 属性或脚本在引用该框架时所用的名称。框架名称必须是单个单词；允许使用下画线（_），但不允许使用连字符（-）、句点（.）和空格。框架名称必须以字母起始（而不能以数字起始）。框架名称区分大小写。不要使用 JavaScript 中的保留字（例如 top 或 navigator）作为框架名称。

图 1.233　框架【属性】设置

【源文件】指定在框架中显示的源文档。单击文件夹图标可以浏览到一个文件并选择一个文件。

【滚动】指定在框架中是否显示滚动条。若此选项设置为【默认】则将不设置相应属性的值，从而使各个浏览器使用其默认值。大多数浏览器默认为【自动】，意味着只有在浏览器窗口中没有足够空间来显示当前框架的完整内容时才显示滚动条。

【不能调整大小】使访问者无法通过拖动框架边框在浏览器中调整框架大小。

【边框】在浏览器中查看框架时显示或隐藏当前框架的边框。为框架选择【边框】选项将重写框架集的边框设置。【边框】选项为【是】（显示边框）、【否】（隐藏边框）和【默认值】；大多数浏览器默认为显示边框，除非父框架集已将【边框】设置为【否】。只有当共享该边框的所有框架都将【边框】设置为【否】时，或者当父框架集的【边框】属性设置为【否】并且共享该边框的框架都将【边框】设置为【默认值】时，边框才是隐藏的。

【边框颜色】为所有框架的边框设置边框颜色。此颜色应用于和框架接触的所有边框，并且重写框架集的指定边框颜色。

【边距宽度】以像素为单位设置左边距和右边距的宽度（框架边框和内容之间的空间）。

【边距高度】以像素为单位设置上边距和下边距的高度（框架边框和内容之间的空间）。但是设置框架的边距宽度和高度并不等同于在【修改】|【页面属性】对话框中设置边距。

要更改框架的背景颜色，请在页面属性中设置该框架中文档的背景颜色。

六、上机练习

打开教学资源文件中的“项目一\上机练习\ch1-5-2\素材文档”，利用表格或布局表格，完成“网络 0832 班班级主页”网站首页的设计与制作。

【操作提示】

1．站点的创建

（1）在 E:\建立以自己名字命名的文件夹，该文件夹就是本地站点的根目录，是为网站特别建立的一个文件夹。

（2）选择菜单【站点】|【新建站点】命令，打开【站点定义】向导，选择【基本】选项卡，根据向导完成站点创建。

（3）在文件面板中右击【班级主页】，选择【新建文件夹】，命名为“image”。

（4）右击【班级主页】，选择【新建文件】选项，命名为“index.htm”。

（5）双击进入 index 页面，进行页面制作。

2．网站首页文件 index.html 页面框架结构设计

（1）在 index 页面中插入一 3 行 1 列的表格，表格宽度为 819px，边框、边距、间距为 0，表格对齐方式为居中。

（2）参照案例页面调整表格每行的高度，在第 1 行插入班级主页的网站标志图 Banner.png，在第 3 行设定单元格背景色（#BEDE5D），输入版权信息的文字内容。

（3）拆分第 2 行单元格为左右 2 列，右侧单元格再拆分为 6 行 1 列，参照案例页面调整每行的高度。（6 行中作为标题行的 1、3、5 行可设单元格高度为 39px，2、4、6 行根据需要调整高度）。

（4）拆分标题行为左右两列（1、3、5 标题行和 4、6 行都进行相同的拆分）。

（5）设定标题行背景色为（#F2F6E7）。

3．index.html 页面元素的插入

（1）图像的插入：利用【插入】|【图像】或者使用【常用】工具栏中的按钮，选择图像，从站点文件夹下的 image 文件夹众选择需要的图像进行插入。

（2）文字的插入：

方法一：直接输入文字。

遇到的问题：空格的输入。解决方法：①将中文输入法中的半角改成全角，再敲空格键即可；②在 Dreamweaver 的属性面板的 格式 无 中选择【预先格式化的】，再敲空格键即可。

方法二：通过【复制】、【粘贴】操作输入文字。遇到的问题：文字的格式需重新设定。

（3）图像对象的插入。

① 鼠标经过图像的插入：选择【插入】|【图像对象】|【鼠标经过图像】命令，或者使用【常用】工具栏中的按钮，选择 鼠标经过图像，打开如下对话框，按照图 1.234 所示输入。

图 1.234　【插入鼠标经过图像】对话框

② 导航条的插入：选择【插入】|【图像对象】|【导航条】命令，或者使用【常用】工具栏中的按钮，选择 导航条，打开如下对话框，按照图 1.235 所示输入。

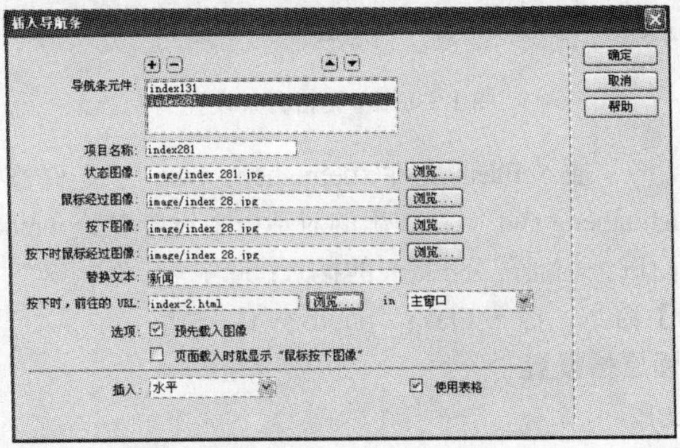

图 1.235　【插入导航条】对话框

4．多媒体元素的插入

（1）Flash 的插入：选择【插入】|【媒体】|【Flash】命令，或者使用【常用】工具栏中的按钮，选择 Flash，打开对话框，找到对应的 Flash 文件插入。

（2）网页中透明 Flash 的设置：选中插入的 Flash 文件，在属性面板中点击【参数】按钮 参数...，在弹出的对话框中设置参数 wmode、值 transparent，如图 1.236 所示。

图 1.236 【参数】对话框

（3）Flash 图像查看器的插入：选择【插入】|【媒体】|【图像查看器】命令，保存并设置参数，如图 1.237 所示。

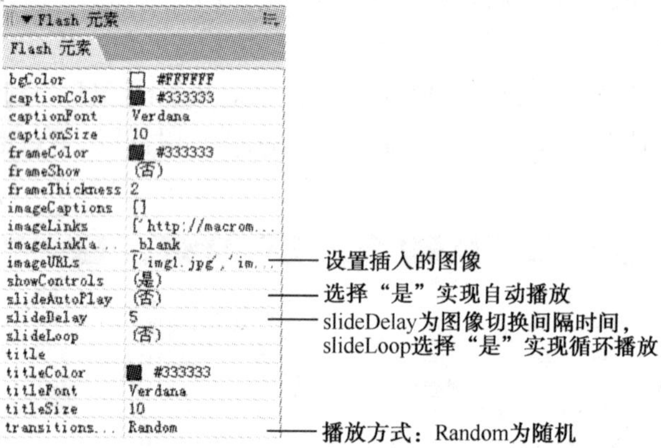

图 1.237 【Flash 元素】面板

（4）index.html 页面页头部分 Flash“xuehuaheng.swf”的插入：

步骤一：删除页头部分（表格第一行）的插图 Banner.png。

步骤二：选中插图 Banner.png 所在的单元格，设置单元格背景，如图 1.238 所示。

图 1.238 单元格背景设置

步骤三：在此单元格中插入 Flash 文件 xuehuaheng.swf，适当调整大小。

步骤四：选中“xuehuaheng.swf”，在弹出的对话框中设置参数 wmode 的值为 transparent。

（5）index.html 页面班级相册部分 Flash 的插入：选中“班级相册”下方单元格，选择【插入】|【媒体】|【Flash】命令，插入 Flash“photo.swf”。

5．index.html 页面属性设置

（1）页面属性的设置。

在属性面板中单击 页面属性...，在弹出的对话框中设置相应的属性。如图 1.239 所示。

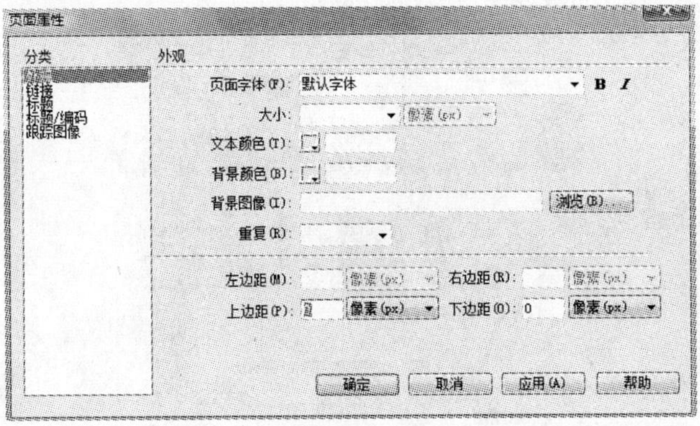

图 1.239 【页面属性】设置

其中背景图像的显示方式（在【重复】中设置）有【不重复】、【重复】、【横向重复】、【纵向重复】4 种方式。

（2）链接设置。

【链接颜色】：对文字添加了超级链接后表示有超级链接所显示的颜色。

【已访问链接颜色】：该超级链接的文字被点击后所显示的颜色。

【变换图像链接颜色】：鼠标移到有链接的文字上所显示的颜色。

【活动链接颜色】：鼠标移到有链接的文字上单击，按住鼠标左键尚未松开时显示的颜色。如图 1.240 所示。

（3）标题/编码设置。在该选项卡中可以设置文档的标题与页面的文字编码，一般编码采用【简体中文（GB231-12)】。

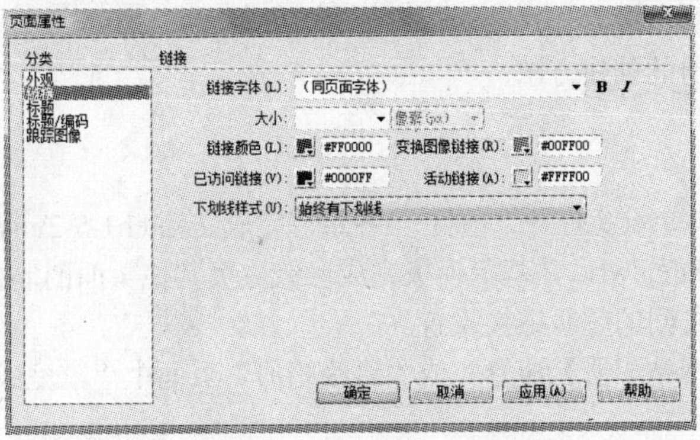

图 1.240 【页面属性】设置

（4）index.html 页面属性设置。

步骤一：设置页面上下边距为 0。

步骤二：页面链接的设置：链接颜色、已访问链接颜色（#FF0000)；变换图像链接颜色、活动链接颜色（#FFFF00)；下画线样式：始终无下画线。

页面效果如图 1.241 所示。

图 1.241　网络 0832 班班级主页效果

模块三　其他页面的制作

一、能力目标

（1）掌握利用模板创建网页的能力。
（2）掌握网站超级链接制作技能。
（3）掌握网站相册的创建方法。

二、任务布置

（1）使用 Dreamweaver 8 打开“项目一\各章节完成文档\ch1-5-2\myweb”下的 index.html 文件，创建模板 template.dwt，并基于模板完成班级主页其他页面的制作。
（2）完成各页面之间的超级链接设置。
（3）利用【创建网站相册】命令完成“班级相册”页面中“家庭成员”子页面的制作。

三、任务解析

在 Dreamweaver 中，如果设计的页面布局良好，页面美观，可以将页面生成相应的模板保存下来，在必要的时候可以直接套用该模板，从而可以迅速生成风格统一的网站其他页面。将设计较好的网页文件保存下来以备反复使用的文件为模板文件，模板文件的扩展名为.dwt。使用模板文件可以使网站页面风格统一，系统性和整体性较强，也可以省去重复劳动的麻烦，此外如果需要修改不同页面中相同的网页元素如超级链接，则不需要打开不同的页面逐个进行修改，只需要更改所使用的模板文件即可。当修改一个模板时，可以同时更新使用了该模板的所有网页文档。

在本模块需要完成网站模板文件的创建，并基于模板文件创建“班级相册”、“班级文学”和“班级作品”三大模块页面的制作，以及各模块下的子页面制作。“班级相册”模块包括“班级成员”子页、“活动的经常瞬间”子页和“美好的生活”子页。“班级成员”子页要求用【创建网站相册】命令来完成。“班级文学”模块包括“诗歌散文”、“生活杂谈”、“笑话集锦”和“小说专区”子页。页面留待扩充，所以子页之间的超级链接制作空链接来代替。“班级作品”模块包括“作品展示”、“学习资料”和“素材下载”子页。在该部分需要实现文件下载制作。

（一）知识要点

（1）创建模板网页：将现有文档保存为模板，设置模板可编辑区域，超级链接的制作。

（2）“班级相册”模块页面及子页的制作：从模板创建网页文件、创建网站相册、套用模板到页、表格的使用、图像的插入、文本的插入、Flash 的插入、超级链接的制作。

（3）“班级文学”模块页面及子页的制作：从模板创建网页文件、文本的插入、超级链接的制作。

（4）“班级作品”模块页面及子页的制作：从模板创建网页文件、表格的使用、图像的插入、文本的插入、超级链接的制作。

（二）操作方法

1．将现有的文档保存为模板

（1）在 Dreamweaver 8 中打开现有的网页文档。

（2）选择【文件】|【另存为模板】命令，打开【另存为模板】对话框；

（3）在【站点】弹出菜单中选择保存该模板的站点，在【另存为】文本框中输入模板名称。

（4）单击【保存】按钮。

2．插入模板可编辑区域

（1）在模板文档中选择需要设置为可编辑区域的文本、表格或单元格等内容。

（2）选择【插入】|【模板对象】|【可编辑区域】命令，或者在【常用】工具栏的【模板】按钮下拉菜单中单击【可编辑区域】按钮；或者右击，在弹出的快捷菜单中选择【模板】|【新建可编辑区域】命令。

（3）弹出【新建可编辑区域】对话框，在【名称】文本框中为该区域输入唯一的名称。

（4）单击【确定】按钮。

3．选择可编辑区域

单击可编辑区域左上角的选项卡，或者选择【修改】|【模板】命令，在弹出的子菜单底部列表中选择可编辑区域的名称。

4．修改可编辑区域名称

（1）单击可编辑区域左上角的选项卡以选中它。

（2）在【属性】检查器中的【名称】文本框中输入一个新名称。

（3）按 Enter 键确定，Dreamweaver 将新名称应用于可编辑区域。

5．删除可编辑区域

选择【修改】|【模板】|【删除模板标记】命令，或者右击，在弹出的快捷菜单中选择【模板】|【删除模板标记】选项。

6．超级链接的制作

（1）选中需要添加链接的文本或图像。

（2）在【属性】检查器面板中，单击【链接】文本框右侧的文件夹图标，打开【选择文件】对话框，通过浏览选择链接到的文件。

（3）在 URL 文本框中显示被链接的文档的路径。

（4）根据需要从“目标”弹出菜单中，选择文档打开的位置。

7. 从模板创建网页文件

（1）打开 Dreamweaver，选择【文件】|【新建】命令，打开【新建文档】对话框；

（2）在对话框中切换到【模板】选项卡。

（3）在【模板用于】列表中选择模板用于的站点，在【站点】列表中单击选中该站点下的模板文件。

（4）单击【创建】按钮，打开基于该模板新创建的网页文档。

（5）选择【文件】|【保存】命令，保存网页文档。

8. 创建网站相册

（1）在 Dreamweaver 8 中，选择【命令】|【创建网站相册】命令；

（2）在打开的【创建网站相册】对话框中输入【相册标题】、单击【源图像文件夹】和【目标文件夹】右侧【浏览】按钮，指定相应文件夹。

（3）设置相册缩略图大小、列数、图像格式，并勾选【显示文件名称】和【为每张相片建立导览页面】项。

（4）单击【确定】按钮，启动 Fireworks 8 对图像进行批处理。

（5）处理完毕后在 Dreamweaver 中弹出提示框提示相册已经建立，单击【确定】按钮。

（6）打开相册网页，在页面中可以修改相册标题、格式等。

9. 套用模板到页

（1）打开需要套用模板的网页文档。

（2）选择【修改】|【模板】|【套用模板到页】命令，打开【选择模板】对话框。

（3）在对话框中选择相应站点下的模板文件，单击【选定】按钮。

（4）如果模板不能自动指定到模板区域的内容，则弹出【不一致的区域名称】对话框。

（5）在对话框中选择未解析的内容，在【将内容移到新区域】右侧的列表中选择解析到的对应区域，单击【确定】按钮。

四、操作步骤

（一）基于现有网页创建模板

1. 创建模板前的准备工作

启动 Dreamweaver 8，创建站点，站点名称为“网络 0933”，站点根目录为 myweb 文件夹。

2. 创建网页模板

（1）打开站点 myweb 文件夹下的 news.html 文件；

（2）选择【文件】|【另存为模板】命令，打开【另存为模板】对话框，如图 1.242 所示。

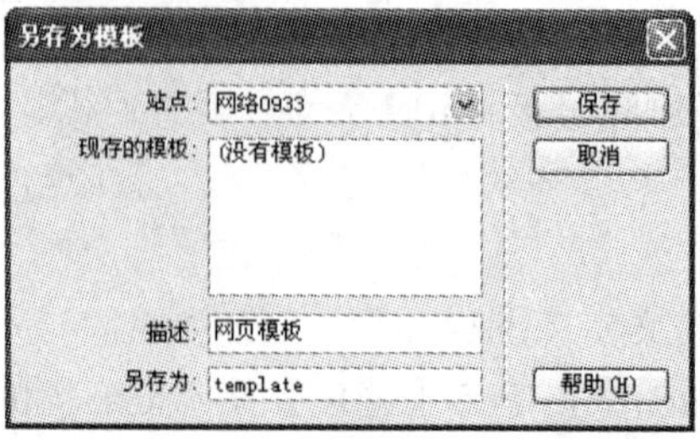

图 1.242 【另存为模板】对话框

（3）在对话框的【站点】弹出菜单中选择保存模板的站点“网络 0933”，在【另存为】文本框中输入模板名称“template”。

（4）单击【保存】按钮，系统自动在 myweb 文件夹中新建 templates 文件夹以保存模板文件 template.dwt。

3．创建可编辑区域

（1）在打开的 template.dwt 模板文件中，选中“班级导航”内容部分的表格。

（2）选择【插入】|【模板对象】|【可编辑区域】命令，或者在【常用】工具栏的【模板】按钮下拉菜单中单击【可编辑区域】按钮。

（3）弹出【新建可编辑区域】对话框，在【名称】文本框中为该区域输入名称“daohang”，如图 1.243 所示。

（4）单击【确定】按钮。

（5）参照上述步骤，分别选中主内容标题行表格和主内容区表格插入可编辑区域“biaoti”和“neirong”，模板页面效果如图 1.244 所示。

图 1.243　【新建可编辑区域】对话框

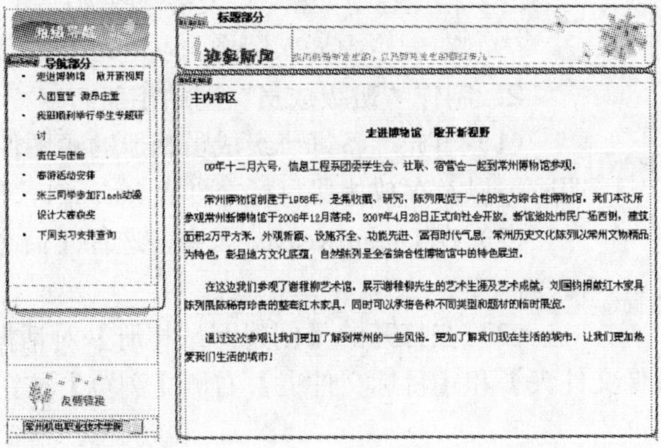

图 1.244　插入可编辑区域后

（6）选择【文件】|【保存】命令，保存模板文件为 template.dwt。

（二）制作“班级相册”模块页面及子页面

1．制作“班级相册”模块页面

（1）打开模板文件 template.dwt，选择【文件】|【新建】命令，打开【新建文档】对话框。

（2）切换到【模板】选项卡，打开【从模板新建】对话框，如图 1.245 所示。

（3）在【模板用于】列表中选择模板用于的站点“网络 0933”，在【站点】列表中单击选中该站点下的模板文件 template。

（4）单击【创建】按钮，打开基于该模板新创建的网页文档。

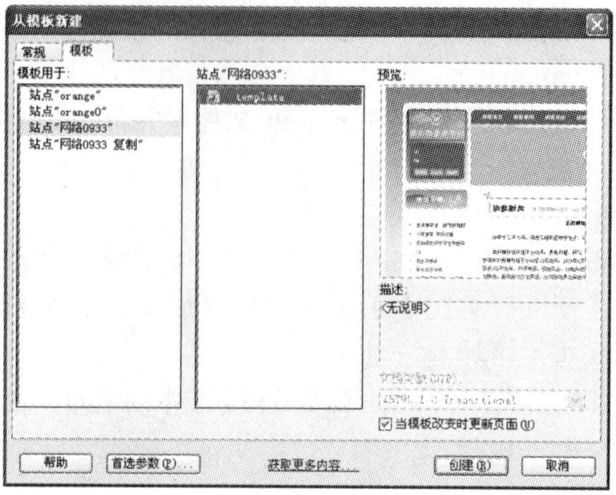

图 1.245 【从模板新建】对话框

（5）选择【文件】|【保存】命令，保存网页文档，命名为 photo.html，保存在 html 文件夹中。

（6）在 photo.html 中，修改“班级导航”部分原有内容，改为“班级成员”、“活动的精彩瞬间”、“美好的生活”，文本样式与原有样式相同。

（7）修改标题部分图片与文字，将标题图像 xinwen.gif 改为 xiangce.gif，修改文字为“我们班最新发生的，以及即将发生的那些事儿……”。

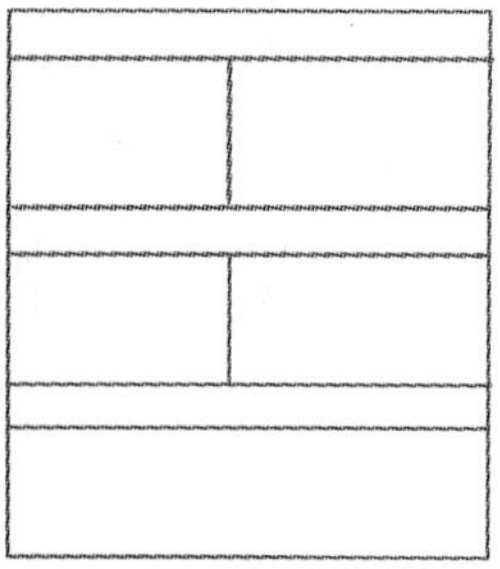

图 1.246 主内容区表格布局

（8）删除主内容区部分的内容，修改表格宽度为 92%，拆分与合并表格所在单元格，将表格修改为如图 1.246 所示的布局结构。

（9）在表格中插入图像与文字，完成页面制作。

2. 制作“班级成员”网站相册

（1）事先准备好班级成员相册的源图像文件夹 katong 及成员照片，以及存放相册目标文件夹 katong1，保存在 html 文件夹中。

（2）在 Dreamweaver 8 中，选择【命令】|【创建网站相册】命令。

（3）在打开的【创建网站相册】对话框中输入【相册标题】为 photo、单击【源图像文件夹】和【目标文件夹】右侧【浏览】按钮，指定文件夹 katong 和 katong1。

（4）设置相册【缩略图大小】为 100、【列】为 5、缩略图与相片格式为【jpeg 较高品质】，并勾选【显示文件名称】和【为每张相片建立导览页面】项，如图 1.247 所示。

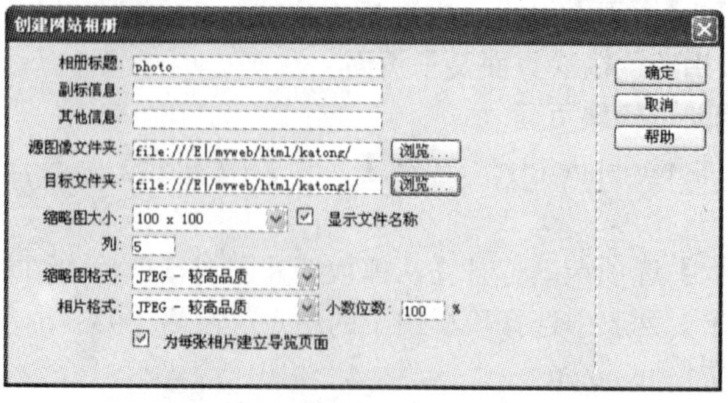

图 1.247 【创建网站相册】对话框

（5）单击【确定】按钮，启动 Fireworks 8 对图像进行批处理。

（6）处理完毕后在 Dreamweaver 中弹出提示框提示相册已经建立，单击【确定】按钮。

（7）打开相册网页，在页面中删除相册标题所在表格，并删除空行。

3. 对“班级成员”相册页面套用模板

（1）在 Dreamweaver 中打开“班级成员”相册页面。

（2）选择【修改】|【模板】|【套用模板到页】命令，打开【选择模板】对话框。

（3）在对话框中选择“网络 0933”站点下的模板文件 template，单击【选定】按钮，如图 1.248 所示。

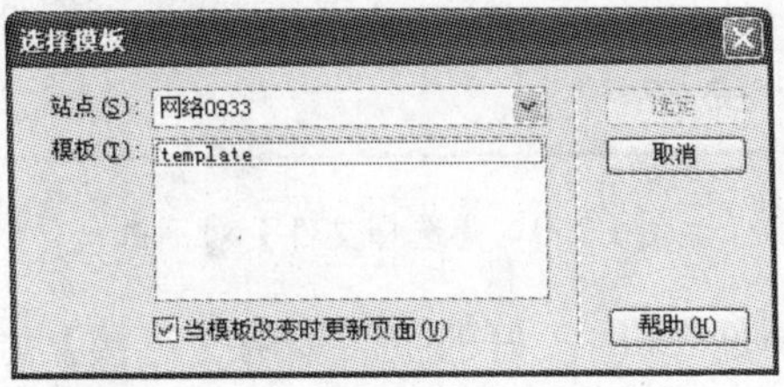

图 1.248 【选择模板】对话框

（4）在弹出的【不一致的区域名称】对话框中，选择在【已解析】栏中显示为【未解析】的内容【Document body】，在【将内容移到新区域】右侧的列表中选择解析到的对应区域【neirong】，单击【确定】按钮，如图 1.249 所示。

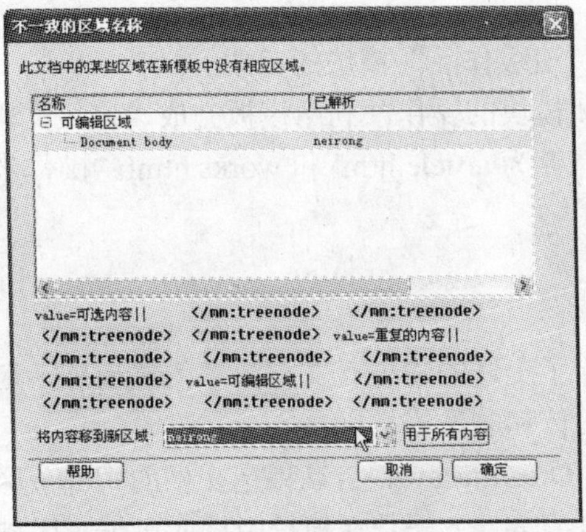

图 1.249 【不一致的区域名称】对话框

（5）在应用了模板的页面中修改“班级导航”部分文本内容和标题行部分图像和文本。

4. 完成“班级相册”模块子导航的超级链接

（1）打开 photo.html 和 katong1 文件夹下的 index.htm 页面，设置“班级导航”部分的子导航的超级链接。

（2）选中“班级成员”文本，在【属性】检查器面板中，单击【链接】文本框右侧的文件夹图标，打开【选择文件】对话框。

（3）在对话框中浏览并打开站点下 katong1 文件夹，选中 index.htm 文件，如图 1.250 所示。

（4）单击【确定】按钮，【属性】检查器面板的【链接】文本框中显示被链接的文档的路径，从“目标”弹出菜单中，选择文档打开的位置为【_self】,如图 1.251 所示。

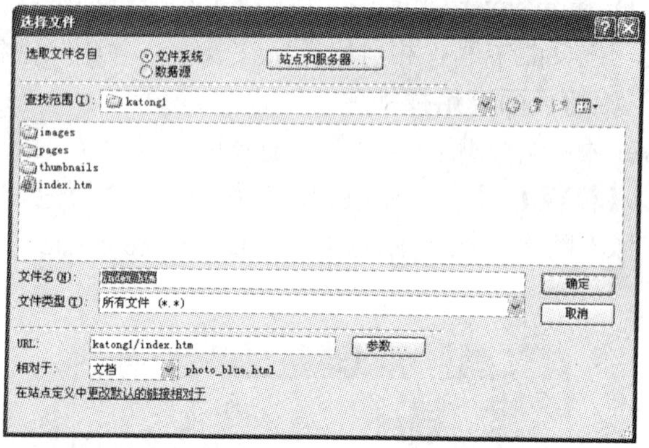

图 1.250 【选择文件】对话框

（5）选中“活动的精彩瞬间”和“美好的生活”，在【链接】文本框中输入英文状态的“#”或“javascript:;”，敲 Enter 键确定，制作剩余两个子页的空链接，剩余子页可以在课余时间扩展完成。

图 1.251 【属性】面板中链接设置

（三）“班级文学”与“班级作品”模块的完成

参照上述完成班级相册模块的操作，利用模板完成“班级文学”和“班级作品”模块页面及子页面的制作，分别保存为 article.html 和 works.html。操作步骤不再赘述。

五、举一反三

（一）模板

网页模板的创建方法除了上述的将现有文档另存为模板外，还可以直接新建空白的模板文件，然后在模板文档中设计和制作模板文件。

将文档另存为模板时，Dreamweaver 自动锁定文档的大部分区域。模板创作者指定基于模板的文档中的哪些区域可编辑，方法是在模板中插入可编辑区域或可编辑参数。创建模板时，可编辑区域和锁定区域都可以更改。但是，在基于模板的文档中，模板用户只能在可编辑区域中进行更改；无法修改锁定区域。

小提示：

Dreamweaver 将模板文件保存在站点的本地根文件夹中的 templates 文件夹中，使用文件扩展名.dwt。如果该 templates 文件夹在站点中尚不存在，Dreamweaver 将在用户保存新建模板时自动创建该文件夹。

不要将模板移动到 templates 文件夹之外或者将任何非模板文件放在 templates 文件夹中。此外，不要将 templates 文件夹移动到本地根文件夹之外，这样做将在模板中的路径中引起错误。

1. 模板区域的类型

（1）可编辑区域。可编辑区域是基于模板的文档中的未锁定区域，它是模板用户可以编辑的部分。模板创作者可以将模板的任何区域指定为可编辑的。要让模板生效，它应该至少包含一个可编辑区域；否则，将无法编辑基于该模板的页面。

（2）重复区域。重复区域是文档中设置为重复的布局部分。例如，可以设置重复一个表格行。通常重复部分是可编辑的，这样模板用户可以编辑重复元素中的内容，同时使设计本身处于模板创作者的控制之下。在基于模板的文档中，模板用户可以根据需要使用重复区域控制选项添加或删除重复区域的副本。在模板中可以插入重复区域和重复表格两种类型的重复区域。

（3）可选区域。可选区域是在模板中指定为可选的部分，用于保存有可能在基于模板的文档中出现的内容（如可选文本或图像）。在基于模板的页面上，模板用户通常控制是否显示内容。

2．插入模板区域

（1）插入可编辑区域。可编辑模板区域控制在基于模板的页面中用户可以编辑哪些区域。可编辑区域的插入可以从菜单栏、工具栏及快捷菜单中插入，插入操作方法上述文档已有介绍，不再赘述。可编辑区域在模板中由高亮显示的矩形边框围绕，该边框使用在首选参数中设置的高亮颜色。该区域左上角的选项卡显示该区域的名称。如果在文档中插入空白的可编辑区域，则该区域的名称会出现在该区域内部。

但是，不能对特定模板中的多个可编辑区域使用相同的名称。也不要在【名称】文本框中使用特殊字符。

（2）插入重复区域。重复区域是可以根据需要在基于模板的页面中复制任意次数的模板部分。可以通过设为重复区域的特定项目来控制页面布局重复区域通常用于表格；但是也可以为其他页面元素定义重复区域。重复区域有重复区域和重复表格两种重复区域模板对象。

模板用户可以使用重复区域在模板中复制任意次数的指定区域。重复区域不是可编辑区域。若要使重复区域中的内容可编辑，必须在重复区域内插入可编辑区域。在模板中插入重复区域的操作如下。

步骤一：在文档中选择想要设置为重复区域的文本或内容，或者将插入点放入文档中想要插入重复区域的地方。

步骤二：选择【插入】|【模板对象】|【重复区域】命令，或者在工具栏的【常用】类别中单击【模板】按钮右侧的箭头，在子菜单中单击【重复区域】按钮，弹出【新建重复区域】对话框，如图1.252所示。

图1.252　【新建重复区域】对话框

步骤三：在【名称】文本框中输入重复区域的名称，一个模板中的多个重复区域不能使用相同的名称，并且命名区域时不要使用特殊字符。

步骤四：单击【确定】按钮，重复区域即被插入到模板中。

（3）插入可选区域/可编辑的可选区域。可选区域是模板中的区域，用户可将其设置为在基于模板的文档中显示或隐藏。使用可选区域可以控制不一定在基于模板的文档中显示的内容。当要为在文档中显示内容设置条件时，可以使用可选区域来完成。

可选区域有两种对象，可选区域与可编辑的可选区域。使用可选区域，模板用户可以显示和隐藏特别标记的区域，在这些区域中用户无法编辑内容。可选区域的模板选项卡在单词if之后，根据模板中设置的条件，模板用户可以定义该区域在他们所创建的页面中是否可见。使用可编辑可选区域，模板用户可以设置是否显示或隐藏该区域，并使用户可以编辑该区域中的内容。

插入可选区域时，可以为模板参数设置特定值或在模板中定义条件语句；可以根据需要在以后修改可选区域。根据定义的条件，模板用户可以在创建的基于模板的文档中编辑参数并控制是否显示可选区域。在模板中插入可选区域/可编辑的可选区域操作如下。

步骤一：在文档中选择想要设置为可选区域的元素。

步骤二：选择【插入】|【模板对象】|【可选区域】/【可编辑的可选区域】命令。

步骤三：或者在工具栏的【常用】类别中单击【模板】按钮上的箭头，在子菜单中单击【可选区域】按钮 IF /【可编辑的可选区域】按钮。

步骤四：在弹出的【新建可选区域】对话框中输入区域名称，如果要设置其他选项则单击【高级】选项卡，如图1.253所示。

步骤五：单击【确定】按钮。

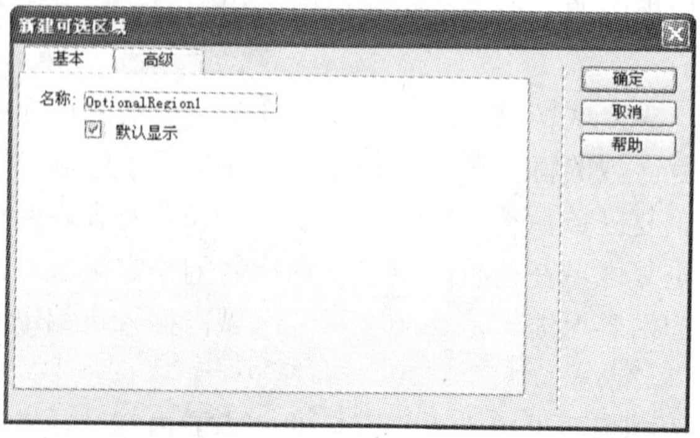

图1.253　【新建可选区域】对话框

修改可选区域模板参数的操作如下。

步骤一：打开基于模板的文档。

步骤二：选择【修改】|【模板属性】命令。

步骤三：打开【模板属性】对话框，对话框中显示了可用属性的列表，以及可选区域和可编辑标签属性。

步骤四：在【名称】列表中选择一个属性，该对话框将更新以显示所选属性的标签及其指定值。选择【显示】复选框以显示文档中的可选区域，或取消选择该复选框将其隐藏。如果想将可编辑属性一直传递到基于嵌套模板的文档，则选中【允许嵌套模板以控制此】复选框。如图1.254所示。

（4）从模板分离文档。基于模板创建的网页文档，在制作的过程中若需要修改其他不可更改的区域，可以将该页面从文档中分离出来，成为一个普通的网页文档，然后再进行修改。从模板分离文档的基本操作如下。

步骤一：打开基于模板创建的网页文档。

步骤二：选择【修改】|【模板】|【从模板中分离】命令。

步骤三：文档即从模板中分离出来，原本不可编辑的区域均可被修改。

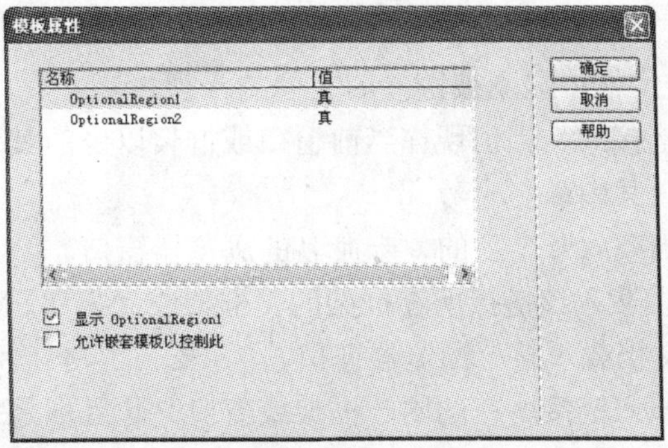

图 1.254 【模板属性】对话框

（二）超级链接

1．超级链接的种类

（1）链接到文档或文件的普通链接。该链接指的是链接到其他文档或文件如图形、影片、PDF 或声音等文件的链接。

（2）命名锚记链接。此类链接跳转至文档内的特定位置。通过创建命名锚记可使用属性检查器链接到文档的特定部分。命名锚记是在文档中设置标记，这些标记通常放在文档的特定主题处或顶部。然后可以创建到这些命名锚记的链接。通过这些链接可快速将访问者带到指定位置。

（3）电子邮件链接。此类链接新建一个收件人地址已经填好的空白电子邮件。单击电子邮件链接时，该链接使用与用户浏览器相关联的邮件程序打开一个新的空白信息窗口，在电子邮件消息窗口中，【收件人】文本框自动更新为显示电子邮件链接中指定的地址。

（4）空链接和脚本链接。此类链接使用户能够在对象上附加行为，或者创建执行 JavaScript 代码的链接。空链接是未指派的链接，空链接用于向页面上的对象或文本附加行为。创建空链接后，可向空链接附加行为，以便当鼠标指针滑过该链接时，交换图像或显示层。脚本链接执行 JavaScript 代码或调用 JavaScript 函数。通过该链接可以在不离开当前网页的情况下为访问者提供有关某项的附加信息。脚本链接还可用于在访问者单击特定项时，执行计算、表单验证和其他处理任务。

2．创建超级链接的方法

（1）链接到文档或文件的普通链接。若要链接到站点内的文档，输入文档相对路径或站点根目录相对路径；若要链接到站点外的文档，则输入包含协议（如 http://）的绝对路径。此种方法可用于输入尚未创建的文件的链接。

对于文档相对路径，则省略对于当前文档和所链接的文档都相同的绝对 URL 部分。如果要链接的目标文件与当前文档位于同一文件夹中，则直接输入文件名；如果要链接的目标文件位于子文件夹中，则需要提供子文件夹的名称，在子文件夹名称后输入正斜杠（/），然后再输入文件名；如果要链接的目标文件位于父文件夹中，则在文件名前添加“../”，其中“..”表示文件夹层次结构中向上提升一级。

若要使用属性检查器的文件夹图标或“链接”文本框链接文档，请执行以下操作：

步骤一：在“文档”窗口的“设计”视图中选择文本或图像。

步骤二：在【属性】检查器面板中单击【链接】文本框右侧的文件夹图标，打开【选择文件】对话框，通过浏览选择链接到的文件，或者直接在【链接】文本框中输入文档的路径和文件名。

步骤三：在 URL 文本框中显示被链接的文档的路径。

步骤四：若要使所链接的文档出现在当前窗口或框架以外的其他位置，则从【目标】弹出菜单中选择一个选项。其中：

_blank 将链接的文档载入一个新的、未命名的浏览器窗口。

_parent 将链接的文档载入该链接所在框架的父框架或父窗口。如果包含链接的框架不是嵌套框架，则所链接的文档载入整个浏览器窗口。

_self 将链接的文档载入链接所在的同一框架或窗口。此目标是默认的，所以通常不需要指定它。

_top 将链接的文档载入整个浏览器窗口，从而删除所有框架。

若要使用【指向文件】图标链接文档，请执行以下操作：

步骤一：在【文档】窗口的【设计】视图中选择文本或图像。

步骤二：拖动属性检查器中【链接】文本框右侧的【指向文件】图标，然后指向另一个打开的文档、已打开文档中的可见锚记或者指向【文件】面板中的一个文档。

步骤三：【链接】文本框将更新、显示该链接；

步骤四：释放鼠标按钮。

若要使用【超级链接】命令添加超级链接，请执行以下操作：

步骤一：将插入点放在文档中希望出现超级链接的位置，或者选中文本、图像等对象。

步骤二：选择【插入】|【超级链接】命令，或者在工具栏的【常用】类别中，单击【超级链接】按钮，打开如图 1.255 所示的【超级链接】对话框。

步骤三：在对话框的【链接】选择链接到的文件或文档，在【目标】中选择链接文件打开时出现的位置。

步骤四：单击【确定】按钮。

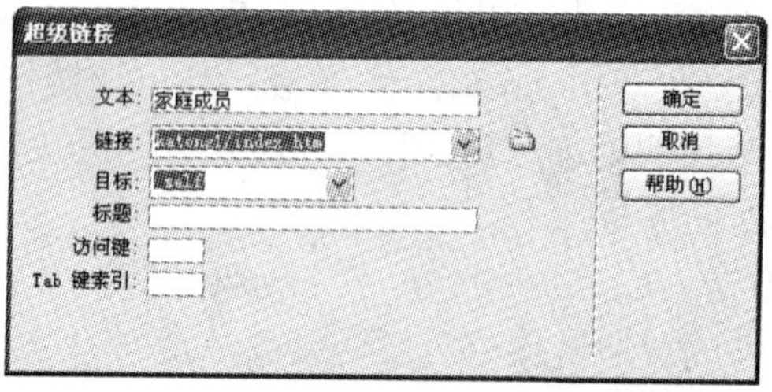

图 1.255 【超级链接】对话框

（2）创建命名锚记链接到文档中的特定位置。创建到命名锚记的链接的过程分为两步。首先，创建命名锚记，然后创建到该命名锚记的链接，具体操作步骤如下。

第一步，创建命名锚记。

步骤一：将文档窗口切换到【设计】视图中。

步骤二：将插入点定位在需要命名锚记的地方。

步骤三：选择【插入】|【命名锚记】命令，或者在工具栏的【常用】类别中单击【命名锚记】按钮，打开【命名锚记】对话框。

步骤四：在【锚记名称】文本框中，输入锚记的名称，如图 1.256 所示。

图 1.256　【命名锚记】对话框

步骤五：单击【确定】按钮，锚记标记在插入点处出现。如果看不到锚记标记，可选择【查看】|【可视化助理】|【不可见元素】命令。

第二步，链接到命名锚记。

步骤一：将文档窗口的切换到【设计】视图中。

步骤二：选择要为其创建链接的文本或图像。

步骤三：在【属性】检查器面板的【链接】文本框中，输入一个英文状态符号“#”和锚记名称。如：若要链接到当前文档中的名为“book”的锚记，则在文本框中输入#book。若要链接到站点文件夹下其他文档中的名为“book”的锚记，则在文本框中输入该文档的路径和文件名加上“#book”，如“../index.html#book”，如图 1.257 所示。此外，需要注意的是锚记名称区分大小写。

图 1.257　链接到不同文件夹不同文档设置

（3）创建电子邮件链接。使用【插入电子邮件链接】命令创建电子邮件链接的基本操作如下。

步骤一：将文档窗口的切换到【设计】视图中；将插入点放在需要插入电子邮件链接的位置，或者选中要添加电子邮件链接的文本或图像。

步骤二：选择【插入】|【电子邮件链接】命令，或者在工具栏的【常用】类别中单击【插入电子邮件链接】按钮；打开【电子邮件链接】对话框。

步骤三：在【文本】文本框中键入或编辑要在文档中作为电子邮件链接出现的文本，在【电子邮件】文本框中输入该邮件将发送到的电子邮件地址，如图 1.258 所示。

步骤四：单击【确定】按钮。

使用属性检查器创建电子邮件链接的基本操作如下。

步骤一：选中需要添加电子邮件链接的文本或图像。

步骤二：在【属性】检查器面板的【链接】文本框中，输入 mailto:和电子邮件地址，如 mailto:wl0933@czmec.cn；需要注意的是在冒号和电子邮件地址之间不能输入任何空格，如图 1.259 所示。

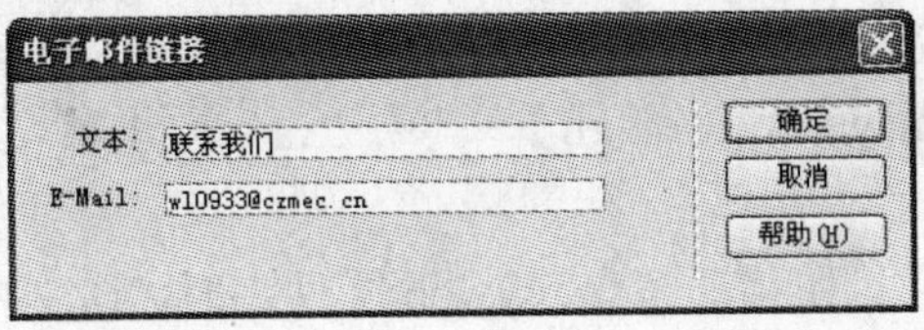

图 1.258　【电子邮件链接】对话框

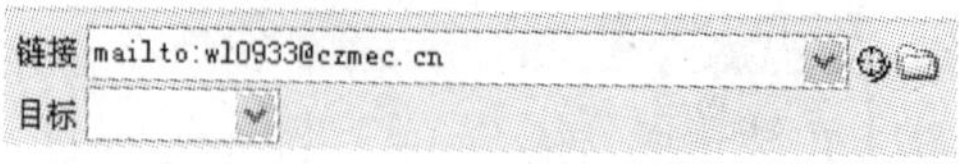

图 1.259　电子邮件链接【属性】面板设置

（4）创建空链接和脚本链接。若要创建空链接，请执行以下操作。

步骤一：将文档窗口切换到【设计】视图中。

步骤二：选择文本、图像或其他对象。

步骤三：在【属性】检查器面板的【链接】文本框中输入 javascript:;（javascript 一词后依次为一个英文状态的冒号和分号）；或者在【链接】文本框中输入英文状态的“#”，也能达到空链接的效果。

若要创建脚本链接，请执行以下操作。

步骤一：将文档窗口切换到【设计】视图中。

步骤二：选择文本、图像或其他对象。

步骤三：在【属性】检查器面板的【链接】文本框中输入“javascript:”和 JavaScript 代码或函数调用。例如，在【链接】文本框中输入 javascript:alert（'返回首页'），则在单击该链接时会显示一个含有“返回首页”消息的 JavaScript 警告框。

（三）相对路径和绝对路径

1．相对路径

（1）文档相对路径。文档相对路径对于大多数 Web 站点的本地链接来说是最适用的路径。在当前文档与所链接的文档处于同一文件夹内，而且可能保持这种状态的情况下，文档相对路径特别有用。文档相对路径还可用来链接到其他文件夹中的文档，方法是利用文件夹层次结构，指定从当前文档到所链接的文档的路径。文档相对路径的基本思想是省略掉对于当前文档和所链接的文档都相同的绝对 URL 部分，而只提供不同的路径部分。

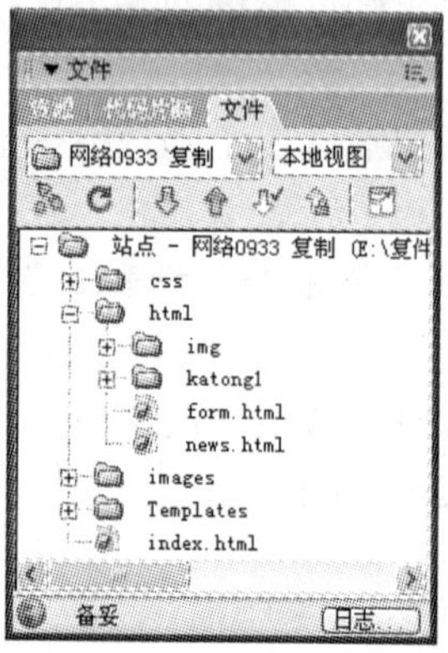

图 1.260　班级主页 myweb 目录结构

例如，班级主页站点结构如图 1.260 所示。在该站点下：

- news.html 和 form.html 位于同一文件夹 html 中，若要从 news.html 链接到 form.html，则文件名就是相对路径：【form.html】。
- index.html 位于 myweb 文件夹下，而 news 位于 myweb 的子文件夹 html 中，若要从 index.html 链接到 news.html，则使用相对路径 html/news.html。每个正斜杠“/”表示在文件夹层次结构中下移一级。
- 与上述相反，若要从子文件夹 html 中的 news.html 链接到父文件夹 myweb 中的 index.html，则使用相对路径【../index.html】。每个“../”表示在文件夹层次结构中上移一级。

若要从 news.html 链接到父文件夹 myweb 的其他子文件夹 images 中的 xinwen.gif 图像文件，则使用相对路径【../images/xinwen.gif】。其中“../”向上移至父文件夹；“images/”向下移至 images 子文件夹中。

若成组地移动一组文件，如移动整个 myweb 文件夹时，该文件夹内所有文件保持彼此间的相对路径不变，此时不需要更新这些文件间的文档相对链接。但是当移动含有文档相对链接的单个文件或者移动文档相对链接所链接到的单个文件时，则必须更新这些链接。

（2）站点根目录相对路径。站点根目录相对路径提供从站点的根文件夹到文档的路径。

如果在处理使用多个服务器的大型 Web 站点，或者在使用承载有多个不同站点的服务器，则可能需要使用这些类型的路径。如果用户不熟悉此类型的路径，则最好使用文档相对路径。

站点根目录相对路径以一个正斜杠“/”开始，该正斜杠表示站点根文件夹。例如，/html/news.html 是文件 news.html 相对的站点根目录路径，该文件位于站点根文件夹的 myweb 的子文件夹 html 中。

在某些 Web 站点中，需要经常在不同文件夹之间移动 HTML 文件，在这种情况下，站点根目录相对路径是指定链接的最佳方法。移动含有根目录相对链接的文档时，不需要更改这些链接。但是如果移动或重命名根目录相对链接所链接的文档，即使文档彼此之间的相对路径没有改变，仍必须更新这些链接。

2．绝对路径

绝对路径提供所链接文档的完整 URL，而且包括所使用的协议（如对于 Web 页，通常使用 http://）。例如，http://www.czmec.cn/s/4/t/115/1e/d2/info7890.htm 就是一个绝对路径。必须使用绝对路径，才能链接到其他服务器上的文档。尽管对本地链接（即到同一站点内文档的链接）也可使用绝对路径链接，但不建议采用这种方式，因为一旦将此站点移动到其他域，则所有本地绝对路径链接都将断开。对本地链接使用相对路径还能在需要在站点内移动文件时，提供更大的灵活性。

当插入图像文件时，如果使用图像的绝对路径，而图像又驻留在远程服务器而不在本地硬盘驱动器上，则将无法在文档窗口中查看该图像。此时，必须在浏览器中预览该文档才能看到它。只要情况允许，对于图像应尽量使用文档或站点根目录相对路径。

（四）库

库是用来存放那些在网页设计过程中出现的被反复使用的图像等元素的地方，在制作过程中，遇到频繁重复的内容时，可以用库来制作，可以提高工作效率。

可以从文档 body 部分中的任意元素创建库项目，这些元素包括文本、表格、表单、Java applet、插件、ActiveX 元素、导航条和图像。对于链接项（如图像），库只存储对该项的引用。原始文件必须保留在指定的位置，才能使库项目正确工作。

1．创建库项目

基于选定内容创建库项目的基本操作如下。

步骤一：选择文档的一部分并另存为库项目。

步骤二：选择【窗口】|【资源】命令，打开【资源】面板，并将选定内容拖到【资源】面板的【库】类别中；或者单击【资源】面板中的【库】类别按钮，切换到【库】类别中，单击底部的【新建库项目】按钮。

步骤三：为新的库项目输入一个名称，然后按 Enter 键，Dreamweaver 在站点本地根文件夹的 library 文件夹中，将每个库项目都保存为一个单独的文件（文件扩展名为.lbi）。

2．编辑库项目

当编辑库项目时，可以更新使用该项目的所有文档。如果选择不更新，那么文档将保持与库项目的关联；也可以在以后更新它们。

对库项目的其他种类的更改包括：重命名项目以断开其与文档或模板的连接，从站点的库中删除项目，以及重新创建丢失的库项目。

小提示：编辑库项目时，【CSS 样式】面板不可用，因为库项目中只能包含 body 元素，而 CSS 样式表代码却插入到文档的 head 部分。【页面属性】对话框也不可用，因为库项目中不能包含 body 标签或其属性。

编辑库项目的基本操作如下。

步骤一：单击【资源】面板中的【库】类别按钮选择【库】类别。

步骤二：选择库项目，库项目的预览出现在【资源】面板的顶部。预览时不能进行任何编辑操作。

步骤三：单击面板底部的【编辑】按钮。或者双击库项目，Dreamweaver 将打开一个用于编辑该库项目的新窗口。此窗口非常类似于【文档】窗口，但它的【设计】视图的背景为灰色，表示用户正在编辑库项目而不是文档。

步骤四：编辑库项目然后保存更改。在出现的对话框中，选择是否更新本地站点上那些使用编辑过的库项目的文档。选择【更新】将更新本地站点中所有包含编辑过的库项目的文档；选择【不更新】将不更改任何文档，直到使用【修改】|【库】|【更新当前页】或【更新页面】才进行更改。

六、上机练习

打开教学资源中的“项目一\上机练习\ch1-5-3\素材文档”，创建并利用模板完成网络 0832 班班级主页“班级新闻”和“班级相册”模块页面的设计与制作。“班级新闻”页面效果如图 1.261 所示。

图 1.261　“班级新闻”页面

模块四　留言簿的制作

一、能力目标

（1）掌握利用表单及表单元素设计与制作留言簿框架的操作技能。

（2）修改模板文档的基本操作。

二、任务布置

（1）使用 Dreamweaver 8 打开“项目一\各章节完成文档\ch1-5-3\myweb”下的模板文件 template.dwt，制作“班级留言”模块的表单页面。

（2）在模板中完成网站主导航超级链接的制作，并应用到各模块页面。

三、任务解析

表单是网页与浏览者的一种交互界面。使用表单可以收集来自用户的信息，是网站管理者与浏览者（用户）之间进行沟通的桥梁，利用表单处理程序，可以收集、分析用户的反馈意见，从而做出合理的决策。利用表单可以完成留言板、用户登录、站内搜索等功能。

表单有两个重要组成部分，一是描述表单的 HTML 源代码，二是用于处理用户在表单域中输入的服务器端应用程序客户端脚本，如 ASP。使用 Dreamweaver 8 可以创建表单、向表单中添加表单对象以及使用行为来完成如验证用户信息等功能。表单对象包含在表单域中，表单域定义了一个表单的开始和结束。

在本模块中使用表单和表单对象制作“班级留言”模块中简单留言簿的表单页面，但是没有实现表单交互功能，如果需要实现表单交互，可以参考“项目二　企业网站制作”部分的内容介绍。

本模块完成后，班级主页网站整体页面制作完毕，为了实现各模块页面的相互跳转访问，必须完成主导航栏的超级链接制作。打开模板文件 template.dwt，在模板文档中完成主导航的超级链接设置，可以全部更新基于模板创建的班级主页网站各页面的主导航链接，以提高工作效率。

（一）知识要点

表单的插入与设置、单行文本域的插入与设置、密码域的插入与设置、多行文本域的插入与设置、单选按钮的插入与设置、按钮的插入与设置、修改模板文件。

（二）操作方法

1. 表单的插入与设置

（1）将插入点放在文档中需要插入表单的位置。

（2）选择【插入】|【表单】命令，或者单击工具栏【表单】类别中【表单】按钮。

（3）插入一个空的表单，在【设计】视图下用红色的虚轮廓线指示（如果没有看到此轮廓线，则选择【查看】|【可视化助理】|【不可见元素】命令，勾选【不可见元素】）。

（4）单击表单轮廓以将其选定，在【属性】检查器面板的【动作】文本框中输入路径，或者单击文件夹图标浏览以指定将处理表单数据的页面或脚本。

（5）在【方法】弹出菜单中选择一项以指定将表单数据传输到服务器所使用的方法。

2. 单行文本域的插入与设置

（1）将插入点放在红色虚线指示的表单域内。

（2）选择【插入】|【表单】|【文本域】命令，或者单击工具栏【表单】类别中【文本字段】按钮。

（3）弹出【输入标签辅助功能属性】对话框，设置相应标签属性。

（4）单击【确定】按钮，插入文本域。

（5）单击选中文本域，在【属性】检查器面板中选择【类型】为【单行】。

（6）设置文本域名称、字符宽度、最多字符数、应用类等。

3．密码域的插入与设置

（1）将插入点放在红色虚线指示的表单域内。

（2）选择【插入】|【表单】|【文本域】命令，或者单击工具栏【表单】类别中【文本字段】按钮。

（3）弹出【输入标签辅助功能属性】对话框，设置相应标签属性。

（4）单击【确定】按钮插入文本域。

（5）单击选中文本域，在【属性】检查器面板中选择【类型】为【密码】。

（6）设置密码域名称、字符宽度、最多字符数、应用类等。

4．多行文本域的插入与设置

（1）将插入点放在红色虚线指示的表单域内。

（2）选择【插入】|【表单】|【文本区域】命令，或单击工具栏【表单】类别中【文本区域】按钮。

（3）弹出【输入标签辅助功能属性】对话框，设置相应标签属性。

（4）单击【确定】按钮插入多行文本域。

（5）单击文本域选中，此时【属性】检查器面板中【类型】设置为【多行】。

（6）设置文本域名称、字符宽度、行数，选择换行方式、应用类等。

5．单项按钮的插入与设置

（1）将插入点放在红色虚线指示的表单域内。

（2）选择【插入】|【表单】|【单选按钮】命令，或单击工具栏【表单】类别中【单选按钮】图标。

（3）弹出【输入标签辅助功能属性】对话框，设置标签文字等属性。

（4）单击【确定】按钮插入单选按钮。

（5）选中单选按钮，在【属性】检查器面板中设置单选按钮名称、选定值、初始状态和类属性。

6．按钮的插入与设置

（1）将插入点放在红色虚线指示的表单域内。

（2）选择【插入】|【表单】|【按钮】命令，或单击工具栏【表单】类别中【按钮】图标。

（3）弹出【输入标签辅助功能属性】对话框，设置标签属性。

（4）单击【确定】按钮插入按钮。

（5）在【属性】检查器面板中设置按钮名称、值、动作和类属性。

7．修改模板文件

（1）打开 template 文件夹，使用 Dreamweaver 打开 template.dwt 文件。

（2）在打开的模板文档中进行相应的修改。

（3）保存模板文件，此时弹出【更新模板文件】对话框，单击【更新】按钮。

（4）更新完成后单击【关闭】按钮，保存在 Dreamweaver 中打开的基于该模板创建的网页文档中。

四、操作步骤

（一）“班级留言”模块页面的制作

（1）打开模板文件 template.dwt，选择【文件】|【新建】命令，打开【新建文档】对话框；切换到【模板】选项卡，打开【从模板新建】对话框，如图 1.262 所示。

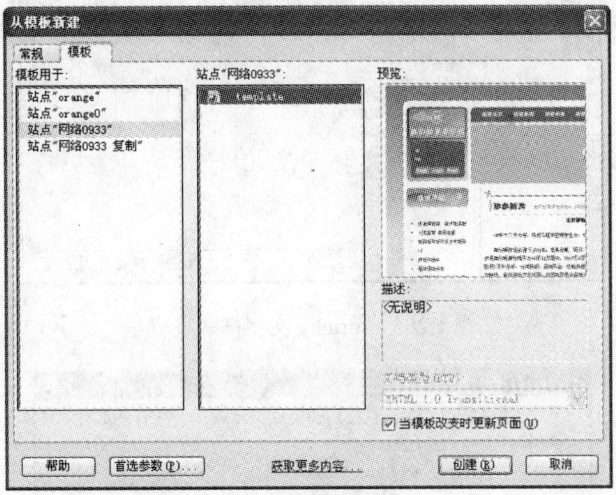

图 1.262　【从模板新建】对话框

（2）在【模板用于】列表中选择模板用于的站点“网络 0933”，在【站点】列表中单击选中该站点下的模板文件 template。

（3）单击【创建】按钮，打开基于该模板新创建的网页文档。

（4）选择【文件】|【保存】命令，保存网页文档，命名为 form.html，保存在 html 文件夹中。

（5）修改 form.html 页面中“班级导航”部分文字、标题部分图片与文字，删除主内容区部分的内容及内容所在表格，设置光标所在单元格【垂直】对齐方式为顶端。

（6）保存文档。

（二）留言簿表单的制作

1．留言簿表单布局

（1）在光标所在位置单击工具栏【表单】类别中【表单】按钮，插入表单。

（2）在表单域中插入一个 8 行 2 列的表格，表格【宽】80%、【高】320 像素，【对齐】为居中对齐。

（3）新建样式表.formbg，对表格应用背景 message.jpg，并设置表格中文字的样式。样式表设置对话框如图 1.263 和图 1.264 所示。

（4）设置表格第 1 列所有单元格【水平】右对齐，表格第 2 列所有单元格【水平】左对齐。

2．用户名输入栏的设置

（1）在表格第二行第一列单元格中输入“用户名：”。

（2）在第二行第二列单元格中单击工具栏【表单】类别中【文本字段】按钮。

（3）在弹出的【输入标签辅助功能属性】对话框中单击【确定】按钮，插入文本域。

（4）单击文本域选中，在【属性】检查器面板中选择【类型】为【单行】项。

（5）设置【文本域】名称为 name、字符宽度 20，应用类设置字体为宋体、大小为 10pt，【属性】检查器面板设置如图 1.265 所示。

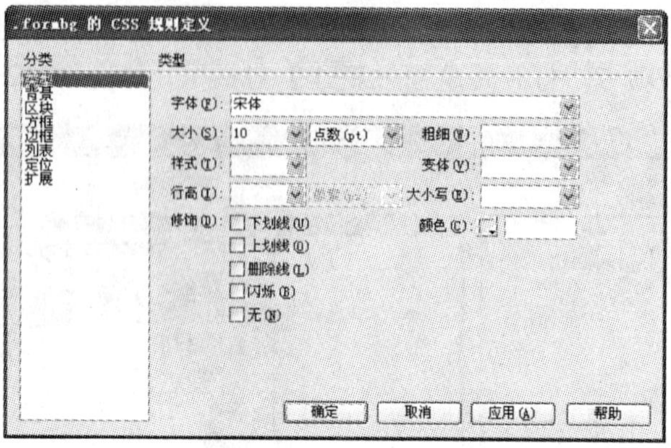

图 1.263　formbg 文字样式设置

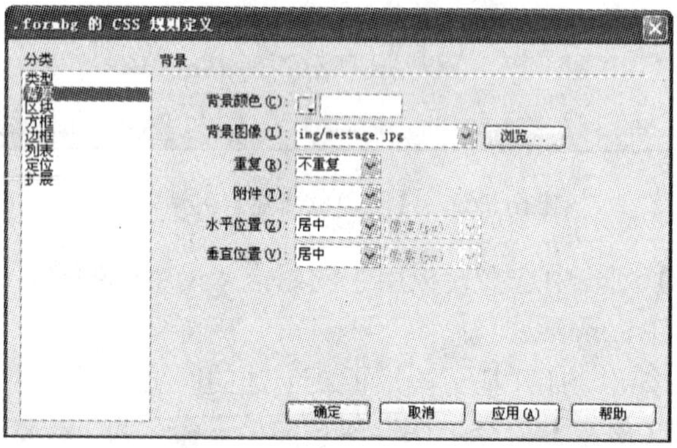

图 1.264　formbg 背景样式设置

图 1.265　用户名文本框属性设置

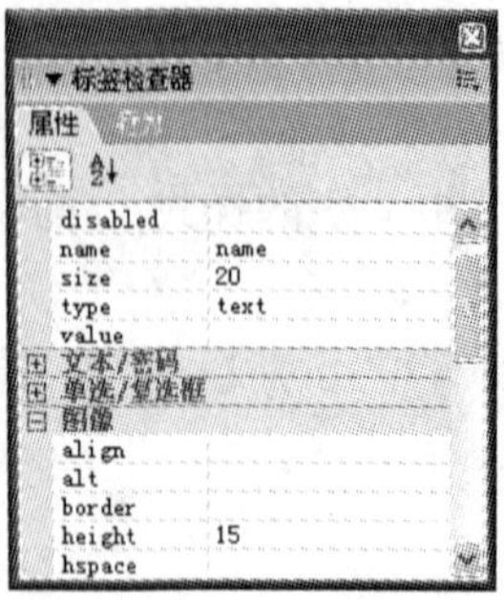

图 1.266　用户名文本框高度设置

（6）选择【窗口】|【标签检查器】命令，打开【标签检查器】对话框，切换到【属性】选项卡，在【图像】列表中设置【height】为 15，如图 1.266 所示。

3．密码输入栏的设置

（1）在表格第三行第一列单元格中输入"密码："。

（2）在第三行第二列单元格中单击工具栏【表单】类别中的【文本字段】按钮  。

（3）在弹出的【输入标签辅助功能属性】对话框中单击【确定】按钮，插入文本域。

（4）单击文本域选中，在【属性】检查器面板中选择【类型】为【密码】。

（5）设置【文本域】为 password、字符宽度 20，应用类设置字体为宋体、大小为 10pt，设置高度为 15。【属性】检查器面板设置如图 1.267 所示。

图 1.267　密码文本框属性设置

4．性别选择栏的设置

（1）在表格第四行第一列单元格中输入“性别：”。

（2）在第四行第二列单元格中单击工具栏【表单】类别中的【单选按钮】图标。

（3）弹出【输入标签辅助功能属性】对话框，设置【标签文字】分别为“男”和“女”，【位置】为在表单项后，如图 1.268 所示。

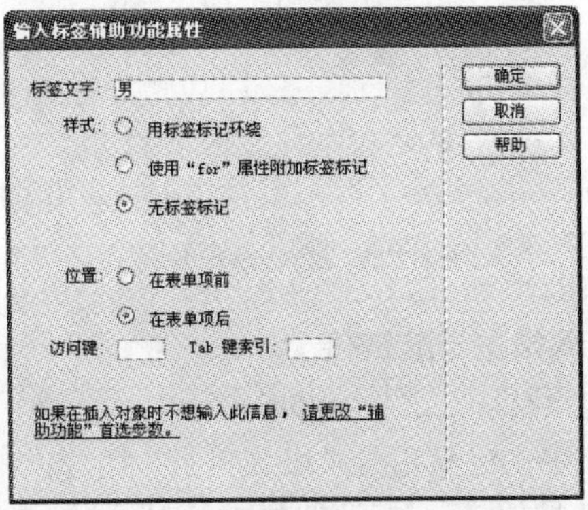

图 1.268　“男”单选按钮标签辅助属性设置

（4）单击【确定】按钮，插入两个单独的单选按钮，属性默认。

5．留言栏的设置

（1）在表格第五行第一列单元格中输入“留言：”。

（2）选中第六行所有单元格进行合并，设置合并后单元格【水平】居中对齐、【垂直】顶端。

（3）在单元格中单击工具栏【表单】类别中的【文本区域】按钮。

（4）在弹出的【输入标签辅助功能属性】对话框中单击【确定】按钮，插入多行文本域。

（5）单击文本域选中，此时【属性】检查器面板中【类型】设置为【多行】。

（6）设置【文本域】为 message、【字符宽度】为 40、【行数】为 10，应用类样式 formbg。【属性】检查器面板设置如图 1.269 所示。

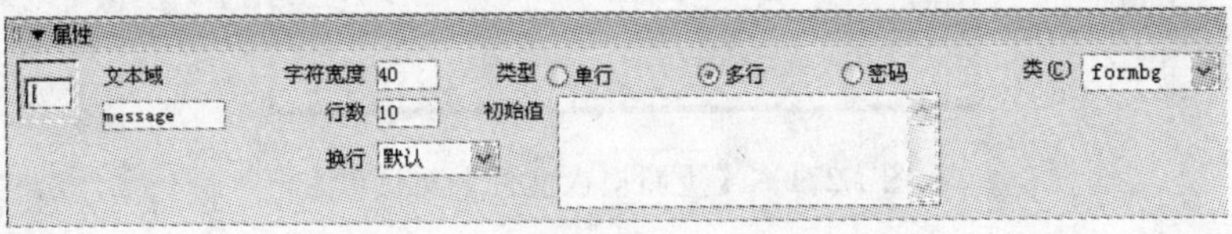

图 1.269　留言文本框属性设置

6．按钮栏的设置

（1）选中第七行所有单元格进行合并，设置合并后单元格【水平】为居中对齐。

（2）单击工具栏【表单】类别中的【按钮】图标▭。

（3）在弹出的【输入标签辅助功能属性】对话框中单击【确定】按钮，插入“提交”按钮。

（4）参照上述（1）～（3）步再次插入按钮，在【属性】检查器面板中设置【动作】为重设表单，其他为默认。

至此完成留言簿表单的制作，调整表格布局，使表单内容处于表格背景范围内适当位置。调整布局后表单设置效果如图 1.270 所示。

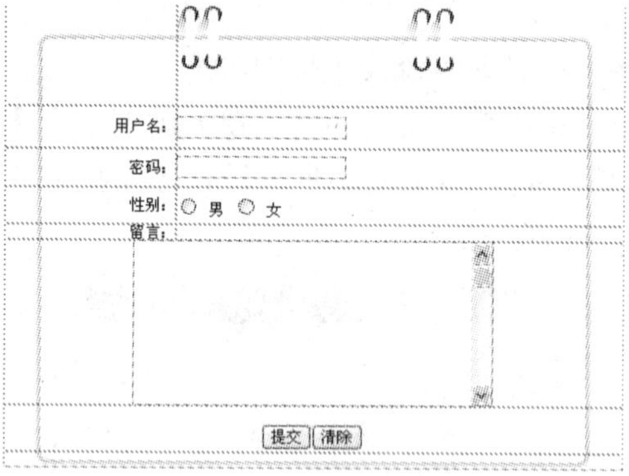

图 1.270　表单设置效果

（三）修改模板文件设置网站主导航链接

（1）使用 Dreamweaver 打开模板文件 template.dwt。

（2）在模板文档中单击选中主导航部分“班级首页”切片，在【属性】检查器面板的【链接】文本框右侧单击浏览文件按钮📁，打开选择文件对话框。

（3）在对话框中选择站点 myweb 文件夹下 index.html 文件，单击【确定】按钮。

（4）参照上述（1）～（3）步分别完成对主导航部分“班级新闻”、“班级相册”、“班级文学”、“班级作品”、“班级留言”和“班级登录”切片的链接，分别链接至 html 子文件夹下的 news.html、photo.html、article.html、works.html、form.html 和 login.html 文件。login.html 文件参照本模块“上机练习”部分提示完成。

（5）保存模板文件，将弹出如图 1.271 所示的【更新模板文件】对话框，单击【更新】按钮。

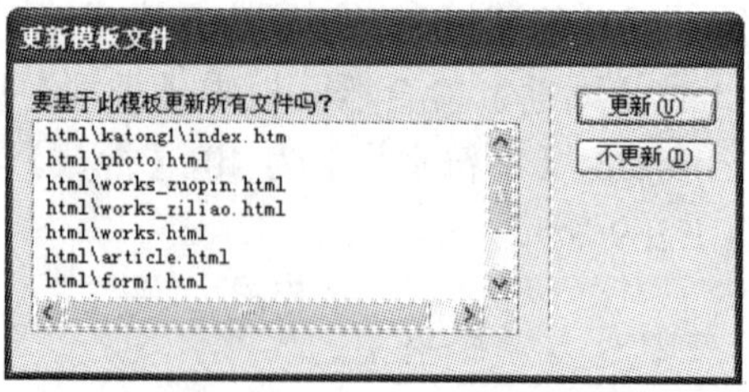

图 1.271　【更新模板文件】对话框

（6）更新完成后单击【关闭】按钮，保存在 Dreamweaver 中打开的基于该模板创建的网页文档。

小提示：对于没有基于模板 template.dwt 创建的 news.html 等网页文档，可以通过逐个打开相应的网页文件来设置主导航的超级链接。或者通过【从模板新建网页】或者【套用模板到页】等操作转为基于模板创建的网页文档。

在基于模板创建的网页中，如果遇到点击超级链接无反应的情况，则可以打开相应基于模板创建的网页，在【代码】视图中找到开头部分的代码“<!-- saved from url=(0014) about:internet -->”删除代码，保存页面即可。

五、举一反三

（一）表单

1. 表单的属性设置

在【表单名称】文本框中，输入标识该表单的唯一名称。命名表单后，就可以使用脚本语言（如 JavaScript 或 VBScript）引用或控制该表单。如果不命名表单，则 Dreamweaver 使用语法 formn 生成一个名称，并在向页面中添加每个表单时递增 n 的值。

在【操作】文本框中，指定处理该表单的动态页或脚本的路径。可以在【操作】文本框中键入完整路径，也可以单击文件夹图标定位到同一站点中包含该脚本或应用程序页的相应文件夹。

在【方法】弹出菜单中，选择将表单数据传输到服务器的方法，其中 POST 方法将在 HTTP 请求中嵌入表单数据。GET 方法将值附加到请求该页面的 URL 中。默认方法则使用浏览器的默认设置将表单数据发送到服务器。通常，默认方法为 GET 方法。

不要使用 GET 方法发送长表单。URL 的长度限制在 8192 个字符以内。如果发送的数据量太大，数据将被截断，从而导致意外的或失败的处理结果。

由 GET 方法传递的参数所生成的动态页可以被添加书签，因为重新生成页面所需的全部值都包含在浏览器地址框中显示的 URL 中。与此相反，由 POST 方法传递的参数所生成的动态页，不可以被添加书签。

如果要收集机密用户名和密码、信用卡号或其他机密信息，则 POST 方法看起来比 GET 方法更安全。但是，由 POST 方法发送的信息是未经加密的，容易被黑客获取。若要确保安全性，则要通过安全的连接与安全的服务器相连。可以使用【MIME 类型】弹出菜单指定对提交给服务器进行处理的数据使用 MIME 编码类型。默认设置 application/x-www-form-urlencode 通常与 POST 方法协同使用。如果要创建文件上传域，则指定 multipart/form-dataMIME 类型。

如果需要使用【目标】弹出菜单指定一个窗口，则在该窗口中显示被调用程序所返回的数据。如果命名的窗口尚未打开，则打开一个具有该名称的新窗口。

2. 表单对象类型

【文本域】接受任何类型的字母数字文本输入内容。文本可以单行或多行显示，也可以以密码域的方式显示，在这种情况下，输入文本将被替换为星号或项目符号，以避免旁观者看到这些文本。

【隐藏域】存储用户输入的信息，如姓名、电子邮件地址或偏爱的查看方式，并在该用户下次访问此站点时使用这些数据。

【按钮】在单击时执行操作。通常，这些操作包括提交或重置表单。可以为按钮添加自定义名称或标签，或使用预定义的【提交】或【重置】标签之一。

【复选框】允许在一组选项中选择多个选项。用户可以选择任意多个适用的选项。

【单选按钮】代表互相排斥的选择。在某单选按钮组（由两个或多个共享同一名称的按钮组成）中选择一个按钮，就会取消选择该组中的所有其他按钮。

【列表】菜单在一个滚动列表中显示选项值，用户可以从该滚动列表中选择多个选项。

【菜单】选项在一个菜单中显示选项值，用户只能从中选择单个选项。

【跳转菜单】是可导航的列表或弹出菜单，它可以插入一种菜单，这种菜单中的每个选项都链接到某个文档或文件。跳转菜单可包含菜单选择提示（可选）、所链接菜单项的列表（必需）和【前往】按钮（可选）三个基本部分。

【文件域】可以浏览其计算机上的某个文件并将该文件作为表单数据上传。要有服务器端脚本或能够处理文件提交的页面才可以使用【文件域】。【文件域】要求使用 POST 方法将文件从浏览器传输到服务器。该文件被发送到表单的【动作】文本框中所指定的地址。查看用来处理表单数据的服务器技术文档。

【图像域】可以在表单中插入一个图像。图像域可用于生成图形化按钮，例如【提交】或【重置】按钮。

3．文本域的属性设置

（1）为该文本域指定一个名称。每个文本域都必须有一个唯一名称。所选名称必须在该表单内唯一标识该文本域。表单对象名称不能包含空格或特殊字符。可以使用字母数字字符和下画线（_）的任意组合。请注意，为文本域指定的标签是将存储该域的值（输入的数据）的变量名。这是发送给服务器进行处理的值。

（2）指定字符宽度和最多字符数。指字符宽度设置域中最多可显示的字符数。字符宽度的数值决定文本域在网页中显示的宽度。字符宽度数值可以小于【最多字符数】，【最多字符数】指定在域中最多可输入的字符数。例如，如果【字符宽度】设置为 20（默认值），而用户输入 100 个字符，则在该文本域中只能看到其中的 20 个字符。请注意，虽然无法在该域中看到这些字符，但域对象可以识别它们，而且它们会被发送到服务器进行处理。

最多字符数设置单行文本域中最多可输入的字符数。使用【最多字符数】将邮政编码限制为 5 位数，将密码限制为 10 个字符等。如果将【最多字符数】文本框保留为空白，则用户可以输入任意数量的文本。如果文本超过域的字符宽度，文本将滚动显示。如果用户输入超过最大字符数，则表单将产生警告声。

（3）指定文本域类型。

【单行】将产生一个 type 属性设置为 text 的 input 标签。【字符宽度】设置映射为 size 属性，【最多字符数】设置映射为 maxlength 属性。

【密码】将产生一个 type 属性设置为 password 的 input 标签。【字符宽度】和【最多字符数】设置映射的属性与在单行文本域中的属性相同。当用户在密码文本域中输入时，输入内容显示为项目符号或星号，以保护不被其他人看到。

【多行】将产生一个 textarea 标签。【字符宽度】设置映射为 cols 属性，【行数】设置映射为 rows 属性。

（4）设置文本区域的行数和换行方式。行数设置多行文本域的域高度。换行则指定当用户输入的信息较多、无法在定义的文本区域内显示时要如何显示用户输入的内容。换行选项中包含如下选项：

【关闭或默认】防止文本换行到下一行。当用户输入的内容超过文本区域的右边界时，文本将向左侧滚动。用户必须按 Return 键才能将插入点移动到文本区域的下一行。

【虚拟】在文本区域中设置自动换行。当用户输入的内容超过文本区域的右边界时，文本换行到下一行。当提交数据进行处理时，自动换行并不应用于数据。数据作为一个数据字符串进行提交。

【物理】在文本区域设置自动换行，当提交数据进行处理时，也对这些数据设置自动换行。

4. 复选框的属性设置

在【复选框】文本框中为该对象指定一个名称。每个复选框都必须有一个唯一名称。所选名称必须在该表单内唯一标识该复选框。此名称不能包含空格或特殊字符。

【选定值】设置在该复选框被选中时发送给服务器的值。例如在调查表单中可以将值 4 设置为表示非常满意，值 1 设置为表示极不满意。

【初始状态】确定在浏览器中载入表单时，该复选框是否被选中。

【动态】使服务器可以动态确定复选框的初始状态。

【类】可以将 CSS 规则应用于对象。

5. 设置【单选按钮组】对话框的选项

【单选按钮组】对话框创建一组在 HTML 表单中使用的单选按钮。

在【名称】文本框中，输入该单选按钮组的名称。如果希望这些单选按钮将参数传递回服务器，则这些参数将与该名称相关联。

单击加号（+）按钮向组添加一个单选按钮。如果需要，可以为新按钮输入标签和选定值。

单击向上或向下箭头重新排序这些按钮。

如果希望在浏览器中打开页面时，某特定单选按钮处于选中状态，则在【选取值等于】框中输入一个等于该单选按钮值的值。

可以输入静态值，或者通过单击该框旁边的闪电图标，然后选择包含可能选定值的记录集，来指定动态值。无论在何种情况下，所指定的值都应与组中单选按钮之一的选定值相匹配。

6. 列表/菜单的属性设置

【列表/菜单】为该菜单指定一个名称。该名称必须是唯一的。

【类型】指定该菜单是单击时下拉的菜单（【菜单】选项），还是显示一个列有项目的可滚动列表（【列表】选项）。如果希望表单在浏览器中显示时仅有一个选项可见，则选择【菜单】选项。若要显示其他选项，用户必须单击向下箭头。如果希望表单在浏览器中显示时列出部分或全部选项，或者打算允许用户选择多个菜单项，则选择【列表】选项。

【高度】在【列表】菜单中设置菜单显示的项数。

【选定范围】在【列表】菜单指定用户是否可以从列表中选择多个项。

【列表值】打开一个对话框，使用【列表值】对话框向表单菜单中添加菜单项。

【动态】使服务器可以在该菜单第一次显示时动态选择其中的一个菜单项。

7. 图像域的属性设置

【图像区域】为该按钮指定一个名称。“提交”和“重置”是两个保留名称，“提交”通知表单将表单数据提交给处理应用程序或脚本，“重置”将所有表单域重置为其原始值。

【源文件】指定要为该按钮使用的图像。

【替代】用于输入描述性文本，一旦图像在浏览器中载入失败，将显示这些文本。

【对齐】设置对象的对齐属性。

【编辑图像】启动默认的图像编辑器并打开该图像文件进行编辑。

【类】可以将 CSS 规则应用于对象。

8. 文件上传域的属性设置

【文件域名称】指定该文件域对象的名称。

【字符宽度】指定希望该域最多可显示的字符数。

【最多字符数】指定域中最多可容纳的字符数。如果用户通过浏览来定位文件，则文件名和路径可超过指定的“最多字符数”的值。但是，如果用户尝试输入文件名和路径，则文件域仅允许键入“最多字符数”值所指定的字符数。

（二）与表单相关的 html 标签

1. <form>

<form>标签用于为用户输入创建 HTML 表单。大多数情况下被用到的表单标签是输入标签<input>，如文本字段、复选框、单选框、提交按钮等。表单还可以包含<menus>、<textarea>、<fieldset>、<legend>和<label>标签。输入类型是由类型属性 type 定义。<form>标签使用的实例如下所示。

```
<form>
<input name="textfield32" type="password" class="gonggao" size="19" align="top" height="15" />
</form>
```

2. <input>

<input>标签用于搜集用户信息。根据不同的 type 属性值，输入字段有很多种形式。在 XHTML 中，<input>标签必须被正确关闭。单行文本域和密码域的使用实例如下所示。

```
<form>
用户名:
<input type="text" name="id">
<br>
密码:
<input type="password" name="pw">
</form>
```

3. <textarea>

<textarea>标签定义多行的文本输入。可以通过 cols 和 rows 属性来规定 textarea 的尺寸，更好的办法是使用 CSS 的 height 和 width 属性。文本区域标签的使用实例如下所示。

```
<form>
<textarea name="message" cols="40" rows="10" class="gonggao" id="message"></textarea>
</form>
```

4. <button>

<button>标签定义一个按钮。<button>与<inputtype="button">相比提供了更为强大的功能和更丰富的内容。<button>与</button>标签之间的所有内容都是按钮的内容，其中包括任何可接受的正文内容，如文本或多媒体内容。请始终为按钮规定 type 属性。Internet Explorer 的默认类型是"button"，而其他浏览器（包括 W3C 规范）的默认值是"submit"。按钮标签的使用实例如下所示。

```
<form>
<input name="Submit1" type="submit" id="Submit1" value="提交" />
```

```
<input name="Submit2" type="reset" class="anniu" value="清除" />
</form>
```

5. <select>

<select>可创建单选或多选菜单。当提交表单时，浏览器会提交选定的项目，或者收集用逗号分隔的多个选项，将其合成一个单独的参数列表，并且在将<select>表单数据提交给服务器时包括 name 属性。下拉列表的实例如下所示。

```
<form>
<select name="cars">
<option value="volvo">Volvo</option>
<option value="saab">Saab</option>
<option value="fiat">Fiat</option>
<option value="audi">Audi</option>
</select>
</form>
```

6. <option>

<option>定义下拉列表中的一个选项（一个条目）。浏览器将<option>标签中的内容作为<select>标签的菜单或是滚动列表中的一个元素显示。option 元素位于<select>元素内部。

7. <label>

<label>标签为 input 元素定义标注（标记）。

<label>不会向用户呈现任何特殊效果。不过，它为鼠标用户改进了可用性。当用户选择该标签时，浏览器就会自动将焦点转到和标签相关的表单控件上。<label>标签的 for 属性应当与相关元素的 id 属性相同。使用<label>设置单选按钮选项的实例如下所示。

```
<form>
  <label for="male">Male</label>
  <input type="radio" name="sex" id="male" />
  <label for="female">Female</label>
  <input type="radio" name="sex" id="female" />
</form>
```

六、上机练习

制作网络 0933 班级主页网站中的“班级登录”表单网页文件 login.html。

【操作提示】

（1）在光标所在位置插入一个 3 行 1 列的表格，表格【宽】93%、【高】332 像素，【对齐】为居中对齐。

（2）新建样式表 loginbg，对表格第二行所在单元格应用背景，样式表设置对话框如图 1.272 所示。

（3）设置单元格【水平】为居中对齐、【垂直】为居中。

（4）在第二行单元格中插入表单。

（5）在表单域中插入一个 2 行 2 列的表单布局表格，表格【宽】47%、【高】82 像素。

（6）在表格中插入文本域制作用户登录表单。

（7）如果需要添加表单的交互功能，可以参考项目二。

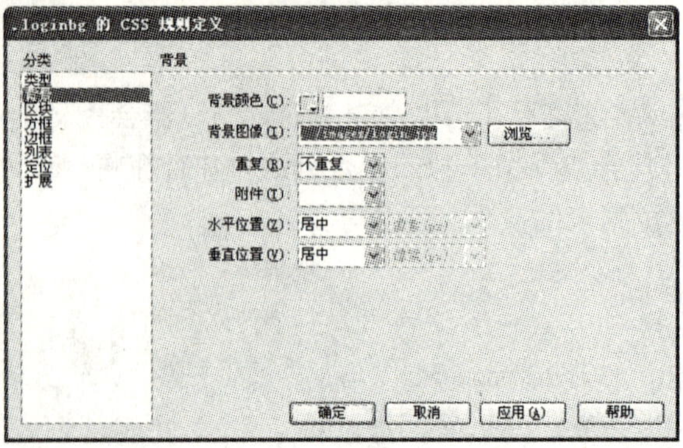

图 1.272　【样式表设置】对话框

任务六 《我们的青春年代》班级主页页面的美化

模块一 任务预备知识

一、教学目标

（1）熟悉 CSS 语法。

（2）掌握 CSS 的插入方法。

（3）掌握 CSS 的创建、修改和样式属性设置操作。

（4）掌握时间轴特效、行为和 JavaScript 特效的插入操作。

二、工作任务

学习 Dreamweaver 中 CSS 样式的使用和特效的制作技能。

三、理论知识

（一）CSS 样式概述

CSS（Cascading Style Sheet，层叠样式表）是一系列格式设置规则，CSS 可以控制许多仅使用 HTML 无法控制的属性。通过使用 CSS 可以以像素为单位设置字体大小，还可以非常灵活地控制页面的外观，从精确的布局定位到特定的字体和样式等，确保在多个浏览器中以更一致的方式处理页面布局和外观。

“层叠”是指对同一个元素或 Web 页面应用多个样式的能力。例如，可以创建一个 CSS 规则来应用文字颜色，创建另一个规则来应用边距，然后将两者应用于一个页面中的同一文本。所定义的样式“层叠”到 Web 页面上的元素，并最终创建设计者想要的设计效果。CSS 的主要优点是容易更新；只要对一处 CSS 规则进行更新，则使用该定义样式的所有文档的格式都会自动更新为新样式。

在 Dreamweaver 8 中，选择【窗口】|【CSS 样式】命令（快捷方式 Shift＋F11），打开【CSS 样式】面板。或者在【属性】检查器面板中单击 CSS 按钮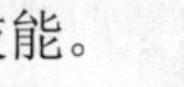

打开【CSS 样式】面板。

【CSS 样式】面板包括【全部】和【正在】两个选项卡。在【全部】选项卡中列出了当前文档中定义的规则以及附加到当前文档的样式表中定义的所有规则。该选项卡包括两个窗格：【所有规则】和【属性】窗格。使用【属性】窗格可以编辑【所有规则】窗格中任何所选的 CSS 属性。在【正在】选项卡中显示当前所选规则内容和属性。【CSS 样式】面板【全部】选项卡如图 1.273 所示。

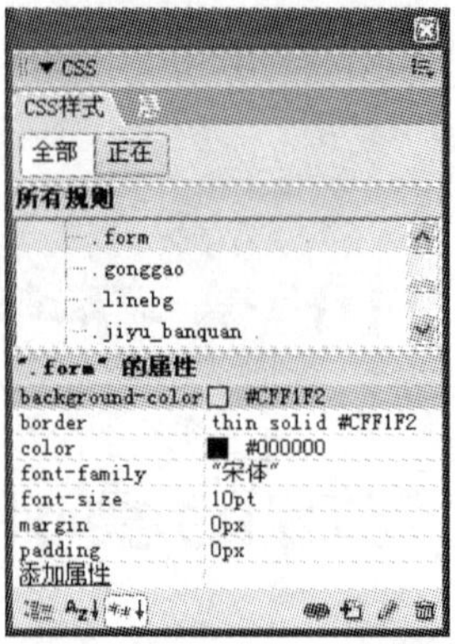

图 1.273　【CSS 样式】面板

(二) CSS 样式的使用

1. 创建 CSS 规则

创建 CSS 规则，可以通过【CSS 样式】面板进行创建。创建 CSS 规则的操作步骤如下。

(1) 单击面板右下角的【新建 CSS 规则】按钮，或者在【所有规则】列表中的“<样式>”上右击，选择【新建】按钮。

(2) 弹出如图 1.274 所示的【新建 CSS 规则】对话框。在对话框中设置【选择器类型】、【标签】和【定义在】属性。

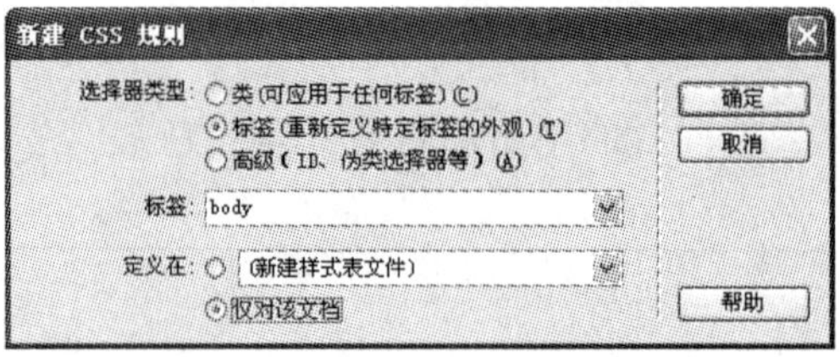

图 1.274　【新建 CSS 规则】对话框

其中，【选择器类型】有 3 种：

【类】为创建可以作为 class 属性的自定义样式，在【标签】栏中输入自定义的样式名称，定义的格式以英文句点（.）开始，后面加上自定义的名称，如“.font”。

【标签】为重新定义特定的 HTML 标签的格式，选择该类型后，再在【标签】栏的下拉列表中选择某种 HTML 标签。

【高级】为具体某个标记组合或所有包含特定 ID 属性的标记定义格式设置，选择该类型后，再在【标签】栏下拉列表中对超级链接设置的四种状态四个选择器：a:link、a:visited、a:hover 和 a:active 进行设置。

(3) 此外【定义在】设置定义的样式的位置，【新建样式表文件】选项创建新的外部样式表文件，选择此选项后弹出【保存样式表文件为】对话框，需要保存外部样式表，扩展名为.css；【仅对该文档】选项则在当前文档中嵌入 CSS 样式。

(4) 单击【确定】按钮，弹出如图 1.275 所示的【CSS 规则定义】对话框。在对话框中设置【类型】、【背景】等 CSS 样式属性。

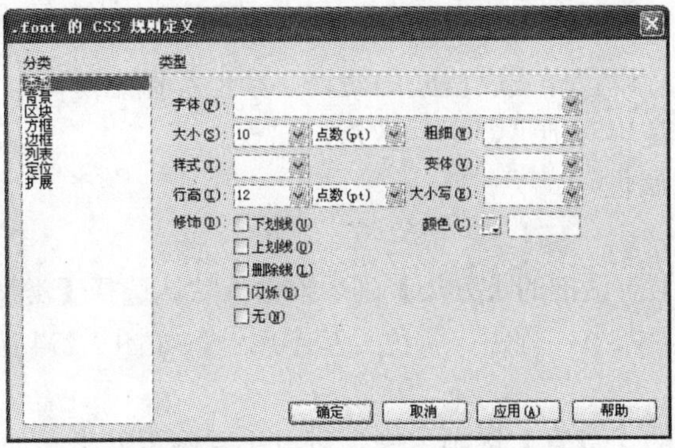

图 1.275 【CSS 规则定义】对话框

（5）单击【确定】按钮，在【CSS 样式】面板的【所有规则】列表中显示所定义的 CSS 规则。

2. 应用 CSS 样式表

创建【标签】或者【高级】样式后，样式将自动应用到所选对象上，但是创建了【类】样式后，还需要手动将样式表应用到所选网页元素上，才能使用样式表所定义的格式。

在页面中应用样式表时分为两种情况：

（1）当选择的对象为文字或单元格时，在【属性】检查器面板的【样式】下拉列表中选择相应的类样式名称进行应用。

（2）当选择的对象为表格、图像、表单等网页元素时，在【属性】检查器面板的【类】下拉列表中选择相应的类样式名称进行应用。

3. 附加 CSS 样式表

需要在页面中应用保存的外部样式表文件中所定义的 CSS 规则，则需要选择【附加样式表】选项。具体操作方法如下。

（1）在【CSS 样式】面板的右下角单击【附加样式表】按钮，或者在【属性】检查器面板的【样式】或【类】下拉列表中选择【附加样式表】选项，弹出【链接外部样式表】对话框，如图 1.276 所示。

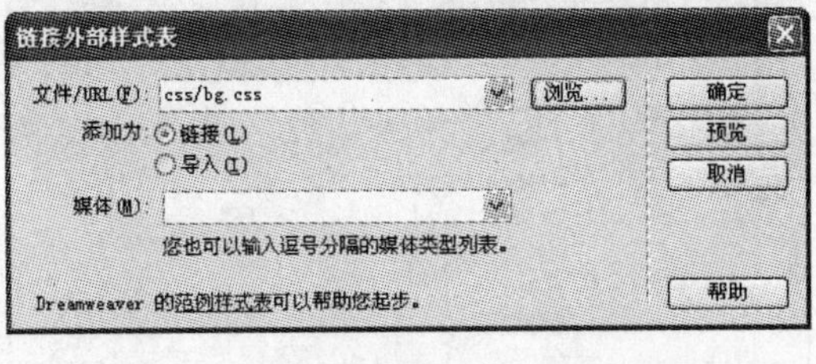

图 1.276 【链接外部样式表】对话框

（2）在对话框中单击【浏览】按钮，在弹出的对话框中选择需要链接的外部样式表文件，并单击【确定】按钮返回【链接外部样式表】对话框。

（3）此时【文件/URL】栏显示链接的外部样式表文件的路径和名称，在【添加为】部分选择【链接】单选按钮时，表明要链接到外部样式表；选择【导入】单选按钮时则将外部 CSS 样式导入到当前文档中。

（4）单击【确定】按钮。

小提示：

附加外部样式表时，设置样式表格式的文档必须保存在站点内，否则在【文件/URL】栏中显示的样式表地址不是相对地址，会导致链接错误。

4．设置CSS样式属性

（1）设置字体属性。

在【CSS规则定义】对话框的【分类】列表框中，默认选择【类型】选项卡，在该选项卡中可以设定文字的字体、大小、行距、颜色等基本属性，如图1.274所示。

（2）设置背景属性。

在【分类】列表框的【背景】选项卡中，可以设置网页元素（如表格、页面）的背景样式属性，如图1.277所示。在【重复】列表中可以设置背景图像的显示方式，有不重复、重复、横向重复和纵向重复4个选项；在【附件】列表中可以设定背景图像是固定显示还是随着网页内容的滚动而滚动显示；通过【水平位置】和【垂直位置】可以设置背景图像的水平和垂直的对齐方式，还可以输入具体的值来设置背景图像特定的位置。

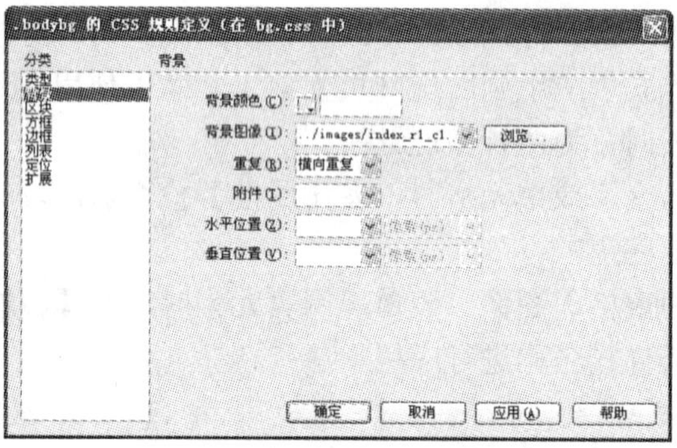

图1.277　【背景】选项卡

（3）设置区块属性。

在【分类】列表框的【区块】选项卡中，可以设置网页元素（如表格、文字）间距和对齐方式等属性，如图1.278所示。

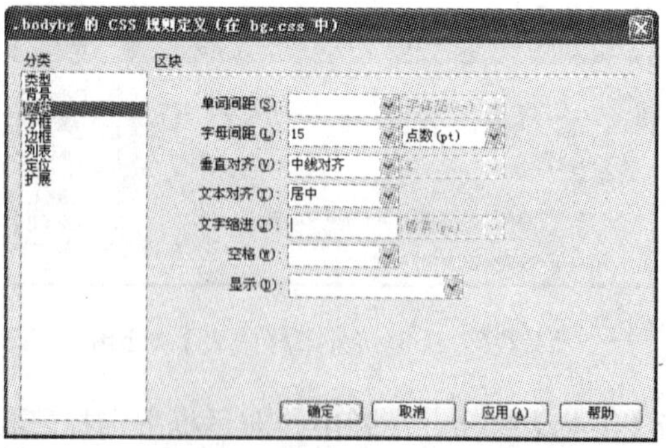

图1.278　【区块】选项卡

（4）设置方框属性。

在【分类】列表框的【方框】选项卡中，可以控制元素在页面上的放置方式和属性定义，可以在应用填充和边界时将设置应用于元素的各个边，如图1.279所示。其中【宽】和【高】用于设置元素的宽度和高度；【浮动】设置图像浮于页面的左边距或右边距。

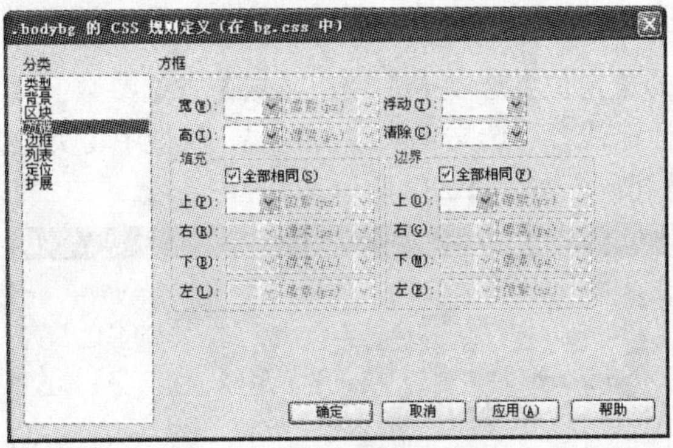

图 1.279 【方框】选项卡

（5）设置边框属性。

在【分类】列表框的【边框】选项卡中，可以设置元素（如表格或单元格）的上、下、左、右边框样式，可以单独设置各边框样式，也可以选择【全部相同】应用于所有边框，如图 1.280 所示。其中【样式】定义边框的外观样式，有点画线、虚线、实线等样式；【宽度】设边框线的粗细，可以选择预设的粗、中、细，也可以设置具体的值；【颜色】设置边框线的颜色。

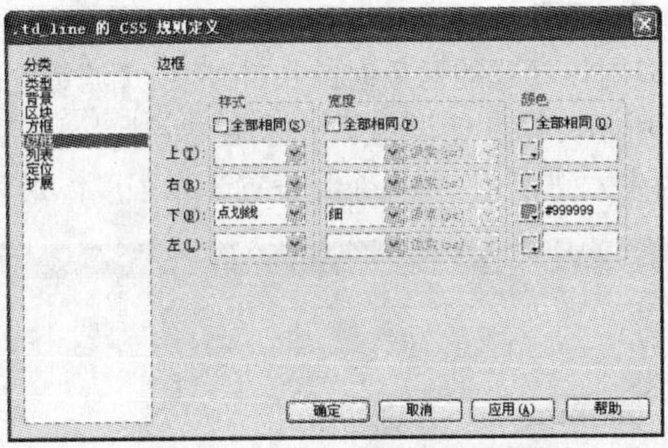

图 1.280 【边框】选项卡

（6）设置列表属性。

在【分类】列表框的【列表】选项卡中，可以设置列表符号的样式，【类型】设置项目符号或编号的外观，【浏览图像】可以自定义项目符号图像样式，【位置】设置列表是否换行和缩进（外部）以及文本是否做边距（内部），如图 1.281 所示。

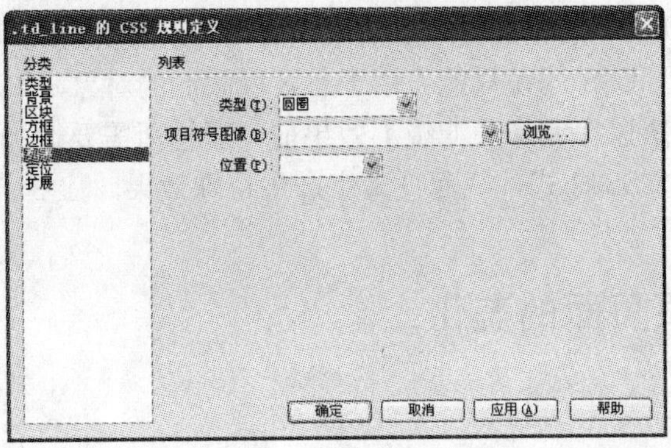

图 1.281 【列表】选项卡

（7）设置定位属性。

在【分类】列表框的【定位】选项卡中使用【层】首选参数（【编辑】|【首选参数】）中定义层的默认标记，将标记或者所选文本块改为新层，属性中【类型】定义位置，【显示】和【溢位】与层的属性设置相同。如图 1.282 所示。

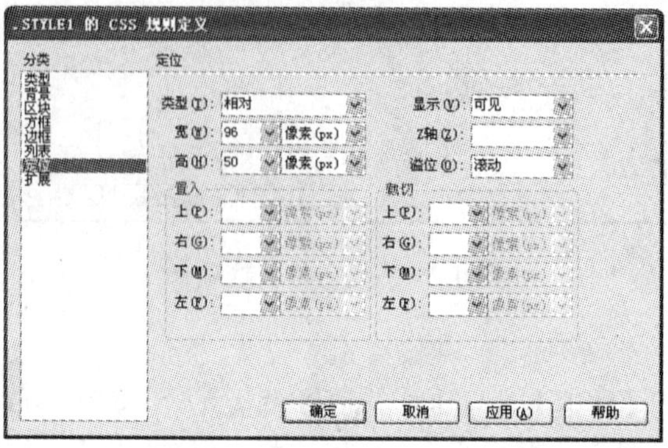

图 1.282　【定位】选项卡

（8）设置扩展属性。

在【分类】列表框的【扩展】选项卡中，【分页】设置显示页面时强制分页的位置，【光标】设置鼠标指针在经过应用该样式的对象时的指针外观，【滤镜】设置为应用样式的对象设置特殊效果，如图 1.283 所示，属性值设置了鼠标在文字上为十字形状，文字效果为红色光晕效果，color 设置颜色为十六进制值，strength 设置光晕强度，最大 255。

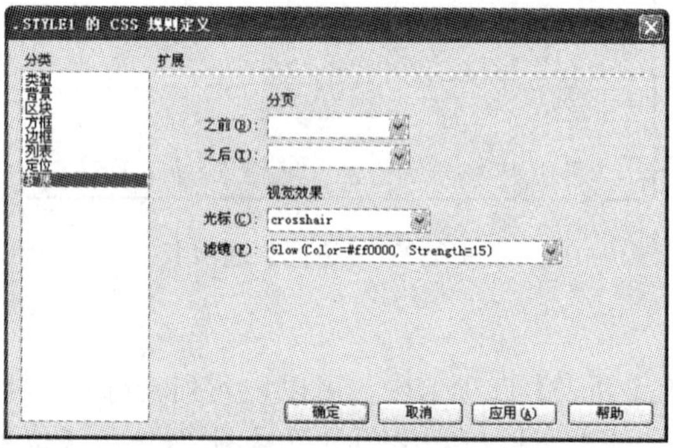

图 1.283　【扩展】选项卡

小提示：【光标】列表中的光标实际效果依赖用户的系统设置。

在 Dreamweaver 中，CSS 滤镜只能作用于有区域限制的对象，如表格、单元格、图片等，而不能直接用于文字，所以在制作【滤镜】效果前，要把所需要增加特效的文字事先放在表格中，然后对表格应用 CSS 样式，从而使文字产生特殊效果。

模块二　班级主页页面的美化

一、能力目标

利用 CSS 样式表完成对站点页面的美化操作，保持页面的整体性和美观性。

二、任务布置

利用 CSS 样式完成班级主页 myweb 站点下各页面的文字样式、边框样式、超级链接样式、背景样式的设置。

三、任务解析

在 Dreamweaver 中，可以使用 CSS 样式表来定义页面的文字格式和背景样式等，使页面在不同浏览器下保持页面的整体统一布局和相同的文字大小，使用样式表也可以设置特殊的文字或背景等样式，起到美化页面的作用。

在班级主页网站中，站点各页面的标题、导航、正文和版权信息文字样式保持相同，可以创建外部样式表文件，然后在各页面中根据需要附加外部样式表，在页面浏览时可以避免样式的重复加载，对于特定的只在某页起作用的样式，可以设置为内嵌样式来完成。

（一）知识要点

CSS 样式表的创建与属性设置、应用 CSS 样式表、附加 CSS 样式表。

（二）操作方法

1．类样式的创建与属性设置

（1）选择【窗口】|【CSS 样式】命令，打开【CSS 样式】面板。

（2）单击面板右下角的【新建 CSS 规则】按钮，弹出【新建 CSS 规则】对话框。

（3）在对话框中设置【选择器类型】为类，在【标签】输入类样式名称。

（4）如果要设置【仅对该文档】的样式，则在【定义在】部分选择【仅对该文档】项，如果要将样式表保存为外部样式表文件，则选择【新建样式表文件】项。

（5）单击【确定】按钮，弹出【CSS 规则定义】对话框。

（6）在对话框的【分类】列表框中，选择【类型】设置文字样式框，选择【背景】设置背景样式，选择【边框】设置边框样式。

2．CSS 样式表的应用

（1）当选择的对象为文字或单元格时，在【属性】检查器面板的【样式】下拉列表中选择相应的类样式名称进行应用。

（2）当选择的对象为表格、图像、表单等网页元素时，在【属性】检查器面板的【类】下拉列表中选择相应的类样式名称进行应用。

3．附加 CSS 样式表

（1）在【CSS 样式】面板的右下角单击【附加样式表】按钮，或者在【属性】检查器面板的【样式】或【类】下拉列表中选择【附加样式表】选项。

（2）在弹出的【链接外部样式】对话框中单击【浏览】按钮，在弹出的对话框中选择需要链接的外部样式表文件，并单击【确定】按钮返回。

（3）在【添加为】部分选择【链接】单选按钮时，表明要链接到外部样式表；选择【导入】单选按钮时则将外部 CSS 样式导入到当前文档中。

（4）单击【确定】按钮。

4．超级链接样式的创建

（1）在【新建 CSS 规则】对话框中设置【选择器类型】为高级。

（2）在【标签】列表框中分别选择超级链接的四种状态选择器：a:link、a:visited、a:hover 和 a:active。

（3）如果要设置内嵌样式，则在【定义在】部分选择【仅对该文档】项，如果要将样式表保存为外部样式表文件，则选择【新建样式表文件】项。

（4）单击【确定】按钮，在弹出的【CSS 规则定义】对话框中设置所需样式。

小提示：

在【页面属性】设置对话框的【链接】选项卡中设置链接样式，Dreamweaver 8 会自动创建超级链接选择器的样式代码。因此通过创建样式表和通过【页面属性】设置超级链接样式的效果相同。

四、操作步骤

1．班级首页 index 页面中的样式设计。

（1）页面背景样式.bodybg 的创建与设置。

- 启动 Dreamweaver 8，打开 index.html 文件。
- 选择【窗口】|【CSS 样式】命令，打开【CSS 样式】面板。
- 单击面板右下角的【新建 CSS 规则】按钮，弹出【新建 CSS 规则】对话框。
- 在对话框中设置【选择器类型】为类，在【标签】输入类样式名称.bodybg。
- 在【定义在】部分选择【仅对该文档】。
- 单击【确定】按钮，弹出【CSS 规则定义】对话框。
- 在对话框的【分类】列表框中选择【背景】，设置背景图像为 index_r1_c1 并横向重复，单击【确定】按钮，如图 1.284 所示。

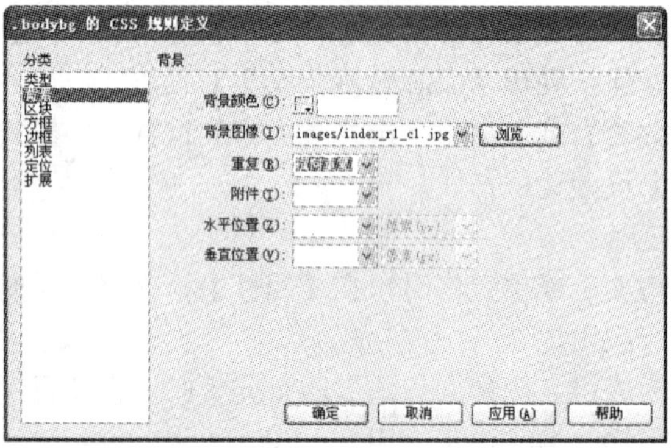

图 1.284　bodybg 背景样式设置对话框

- 在页面的背景单元格中应用 bodybg 样式。

（2）公告栏文字样式.gonggao 的创建与设置。

- 单击面板右下角的【新建 CSS 规则】按钮，弹出【新建 CSS 规则】对话框。
- 在对话框中设置【选择器类型】为类，在【标签】输入类样式名称.gonggao。
- 在【定义在】部分选择【仅对该文档】。
- 单击【确定】按钮，弹出【CSS 规则定义】对话框。
- 在对话框的【分类】列表框中选择【类型】，设置【字体】为宋体、【大小】10pt、【行高】12pt，如图 1.285 所示。
- 在页面中选中公告栏部分的文字，在【属性】检查器面板的【样式】下拉列表中选择 gonggao。

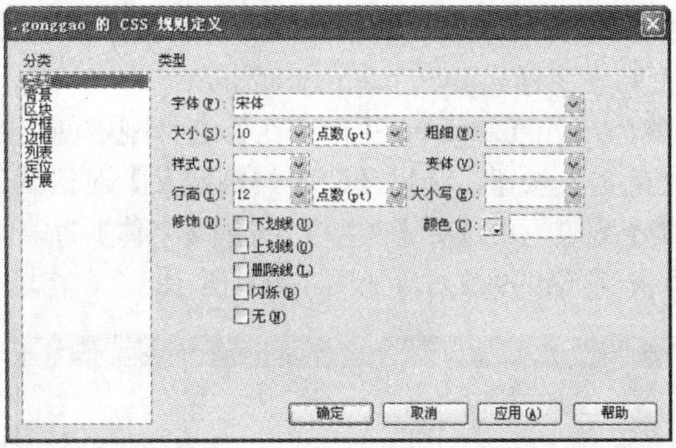

图 1.285　gonggao 文字样式设置对话框

（3）正文文字样式.font 的设置。

- 单击面板右下角的【新建 CSS 规则】按钮，弹出【新建 CSS 规则】对话框。
- 在对话框中设置【选择器类型】为类，在【标签】输入类样式名称.font。
- 在【定义在】部分选择【新建样式表文件】，单击【确定】按钮，弹出【保存样式表文件为】对话框，设置【文件名】为 bg.css，保存在 myweb\css 文件夹中，如图 1.286 所示。

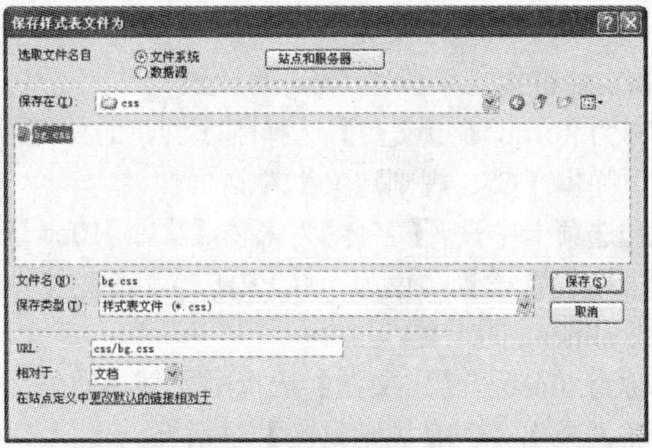

图 1.286　【保存样式表文件为】对话框

- 单击【确定】按钮，弹出【CSS 规则定义】对话框。
- 在对话框的【分类】列表框中选择【类型】，设置【大小】11pt、【行高】18pt，其他默认，如图 1.287 所示。

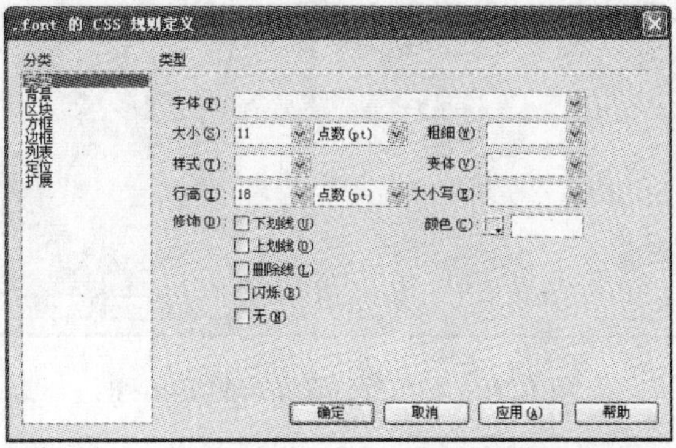

图 1.287　font 文字样式设置对话框

● 在页面中选中正文文字，在【属性】检查器面板的【样式】下拉列表中选择 font。

（4）标题行文字和页脚文字样式.jiyu_banquan 的设置。

● 创建类样式，名称为. jiyu_banquan，【定义在】选择刚才创建的外部样式表文件【bg.css】，单击【确定】按钮，弹出【CSS 规则定义】对话框。

● 在对话框的【分类】列表框中选择【类型】，设置【字体】为宋体、【大小】9pt、【行高】12pt、【颜色】为灰色（#999999），如图 1.288 所示。

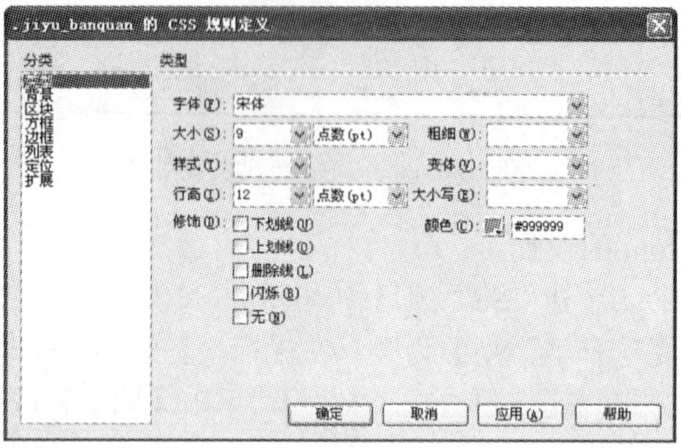

图 1.288　标题行文字样式设置对话框

● 在页面中分别对标题行文字和版权文字应用 CSS 样式 .jiyu_banquan。

（5）用户登录表单和友情链接表单样式.form 的设置。

● 创建类样式，名称为. form，【定义在】选择刚才创建的外部样式表文件【bg.css】，单击【确定】按钮，弹出【CSS 规则定义】对话框。

● 在对话框的【类型】选项卡中设置【字体】为宋体、【大小】10pt、【颜色】为黑色(#000000)，在【背景】选项卡中设置背景颜色为（#CFF1F2）。

（6）标题行背景样式 .linebg 的设置。

● 创建类样式，名称为. linebg，【定义在】选择刚才创建的外部样式表文件【bg.css】，单击【确定】按钮，弹出【CSS 规则定义】对话框。

● 在对话框的【分类】列表框中选择【背景】，设置【背景图像】为 images 文件夹下的 flower_line.jpg，【重复】选择不重复，位置均居中，如图 1.289 所示。

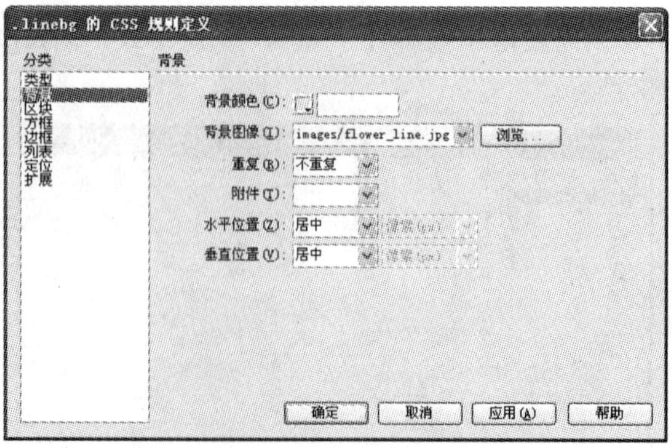

图 1.289　标题行背景样式设置对话框

● 在页面中对标题行所在单元格应用 CSS 样式.linebg。

- 参照上述（1）～（3）步设置“班级留言”和“班级登录”页面中的背景样式.formbg和.loginbg，也可以把Banner区的背景图设成背景样式，以控制背景图像的正确显示。

2. 网站其他页面的样式应用

（1）应用外部样式表bg.css中定义的font等CSS样式。

- 在【CSS样式】面板的右下角单击【附加样式表】按钮，或者在【属性】检查器面板的【样式】或【类】下拉列表中选择【附加样式表】选项，如图1.290所示。

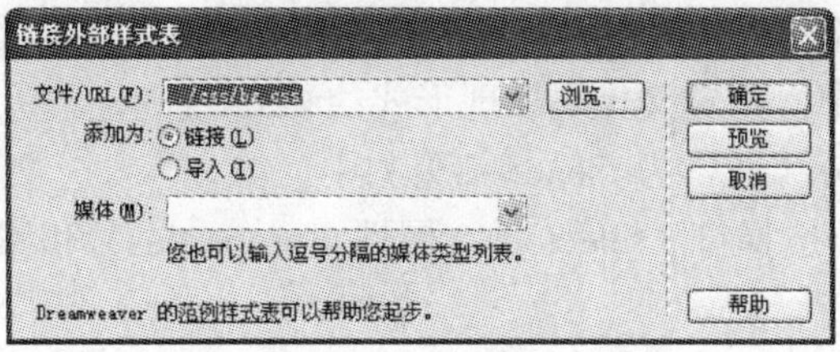

图1.290 附加外部样式表

- 在弹出的【链接外部样式】对话框中单击【浏览】按钮，在弹出的对话框中选择站点myweb下css子文件夹中的bg.css，在【添加为】部分选择【链接】或【导入】项，单击【确定】按钮。
- 在文档中选中需要应用.font样式的文字，在【属性】检查器面板的【样式】下拉列表中选择font。

（2）“班级导航”和页面中超级链接文字样式.daohang的设置。

- 创建类样式，名称为. daohang，【定义在】选择刚才创建的外部样式表文件bg.css，单击【确定】按钮，弹出【CSS规则定义】对话框。
- 在对话框的【分类】列表框中选择【类型】，设置【字体】为宋体、【大小】10pt、【行高】20pt，其他默认。
- 分别对各页面的“班级导航”部分子导航文字和“班级作品”模块页面中超级链接文字应用CSS样式.daohang。

（3）“班级作品”模块边框样式. td_line的设置。

- 创建类样式，名称为. td_line，【定义在】选择【仅对该文档】，单击【确定】按钮，弹出【CSS规则定义】对话框。
- 在对话框的【分类】列表框中选择【边框】，取消勾选【样式】、【宽度】和【颜色】下方的【全部相同】选项，仅设置下边框的样式：【样式】为点画线，【宽度】为细，【颜色】为灰色（#999999），如图1.291所示。

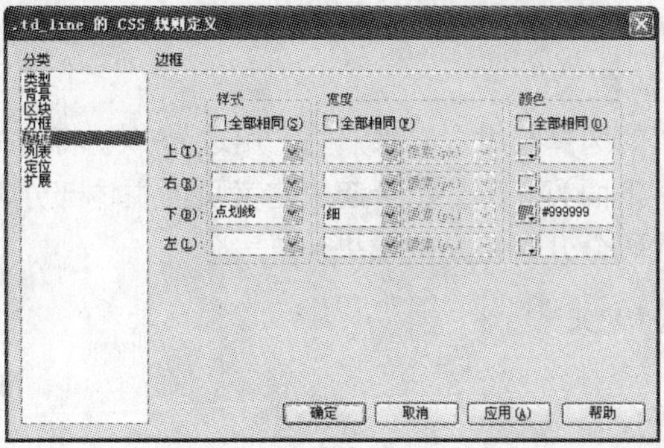

图1.291 边框样式设置对话框

● 在页面中选中需要应用边框样式的单元格，在【属性】检查器面板的【样式】下拉列表中选择 td_line。

五、举一反三

（一）CSS 语法

1. 基本语法

使用 CSS 设置页面格式时，内容与表现形式是相互分开的。页面内容（HTML 代码部分）位于自身的 HTML 文件中，而定义代码表现形式的 CSS 规则位于另一个文件（外部样式表）或 HTML 文档的另一部分（通常为<head>部分）中。

CSS 由三部分构成：选择符（selector）、属性（properties）和属性的取值（value）。CSS 的基本语法格式如下。

selector{ property：value }

（选择符{属性：值}）

选择符可以是多种形式，一般是要定义样式的 HTML 标记，如 body、table、p 等，可以通过定义样式表来定义它们的属性和值。属性与值之间使用（:）隔开。

例如，要设置页面的上、下边距和文字颜色，样式定义代码如下所示，其中：body 是指页面主体部分，margin-top 和 margin-bottom 分别控制页面的上边距和下边距，color 是控制文字的颜色，颜色为十六进制值（#000000），设置页面中文字的颜色为黑色。

```
body {
    margin-top: 0px;
    margin-bottom: 0px;
    color: #000000;
}
```

如果属性值由多个单词组成，则必须在值上加引号；如果需要对一个选择符指定多个属性，则使用分号（;）将所有的属性和值分开。为了使定义的样式表方便阅读，可以将多个指定的属性和值采用分行格式书写。如下所示为定义段落的文字对齐方式、颜色和字体的代码示例。

```
p{
    text-align: center;
    color: #FFFF00;
    font-family: "华文行楷";
}
```

2. 选择符组

可以把相同属性和值的选择符组合起来书写，用逗号（,）将选择符分开，这样可以减少样式的重复定义。例如，下面第一部分组合起来定义页面主体部分、单元格和段落文字大小代码的效果与第二部分代码分开来定义的效果一样。

```
第一部分：组合起来定义
body,td,p {
    font-size: 10pt;
}
```

```
第二部分：分开来定义
body {        font-size: 10pt;}
td {font-size: 10pt;}
p {font-size: 10pt;}
```

3．类选择符

使用类选择符能够将相同的元素分类定义为不同的样式，定义类选择符时，在自定义类的名称前加一个应用文状态的句点符号（.），在句点符号前加上 HTML 标记名。例如，要定义两个不同的段落格式，一个段落左对齐，另一个段落居中对齐，则可分为两步进行。

第一步，先定义两个类，代码如下：

```
p.left{text-align:left}
p.center{text-align:center}
```

第二步，找到要应用格式的段落，在 HTML 代码部分的段落标记<p>里加入定义好的 class 类。代码如下：

```
<p class="left">
这个段落左对齐
</p>
<p class="center">
这个段落居中对齐
</p
```

使用类选择符进行样式定义时，可以省略句点号(.)前的 HTML 标记名，这种省略 HTML 标记的类选择符时 CSS 样式定义中常用的方法，使用这样的方法可以很方便地在任意想要定义样式的元素上套用预先定义好的类样式。

4．ID 选择符

在 HTML 页面中 ID 参数指定了某个单一元素，ID 选择符是用来对这个单一元素定义单独的样式的。ID 选择符的应用与类选择符的应用类似，只要把 class 换成 ID 即可。定义 ID 选择符时在 ID 名称前加上英文状态的井号（#）。使用与类选择符类似，例如，把上例的类用 ID 替代后代码如下。

第一步先定义：

```
P#left{text-align:left}
P#center{text-align:center}
```

第二步应用：

```
<p id="left">
这个段落左对齐
</p>
<p id="center">
这个段落居中对齐
</p
```

同样，使用 ID 选择符定义时也可以省略井号（#）前的标记名，省略后类选择符和 ID 选择符的使用代码如下：

```
p.left{text-align:left}
改成
.left{text-align:left}
P#left{text-align:left}
改成
# left{text-align:left}
```

但是，ID 选择符的局限性很大，只能单独定义某个元素的样式，一般只在特殊情况下使用。

5. 包含选择符

包含选择符是可以单独对某种元素包含关系定义的样式表，元素 1 里包含元素 2，这种方式只对在元素 1 里的元素 2 定义，对单独的元素 1 或元素 2 无定义。例如，在表格内的链接改变了样式，文字大小为 16 像素，而表格外的链接的文字仍为默认大小。代码如下：

```
table a
{
font-size:16px
}
```

6. 样式表的层叠性

层叠性就是继承性，样式表的继承规则是外部的元素样式会保留下来继承给这个元素所包含的其他元素。事实上，所有在元素中嵌套的元素都会继承外层元素指定的属性值，有时会把很多层嵌套的样式叠加在一起，除非另外更改。当样式表继承遇到冲突时，则总是以最后定义的样式为准。例如，在 div 标记中嵌套 p 标记，同时又在 p 标记里定义了 p 的颜色，代码如下：

```
div{color:red;font-size:10pt}
    p{color:blue}
    ...
<p> 这个段落文字为蓝色 10 号字</p>
</div>
```

预览时看到文字 color 属性为最后 p 标记中定义的红色，而文字的大小则继承了 div 中的大小 10pt。

对不同的选择符定义相同的元素时，要考虑不同选择符之间的优先级。ID 选择符、类选择符和 HTML 标记选择符，因为 ID 选择符为最后加到元素上的，所以 ID 选择符的优先级最高，其次是类选择符，最后是 HTML 标记选择符。如果想要改变优先级，可以在样式属性值后加上“!important”来提升样式表的优先权。

7. CSS 样式表的注释

可以在 CSS 样式表中插入注释来说明代码的意思，使用注释有利于以后编辑和更改代码时对代码含义的理解。注释在浏览器中不显示。CSS 注释以“/*”开头，以“*/”结尾。举例如下所示。

```
/*定义段落样式表*/
p
{
```

```
text-align:center;/*文本居中排列*/
color:blue;/*文字为蓝色*/
font-family:"华文行楷";/*字体为华文行楷*/
}
```

（二）在网页代码中插入 CSS

1. 内嵌样式表

内嵌样式表是混合在 HTML 标记里，直接在 HTML 标记里加入 style 参数的方式来使用的，style 参数的内容就是 CSS 的属性和值。用内嵌样式表的方法，可以简单地对某个元素单独定义样式。内嵌样式表的实例如下，其中 style 参数后面双引号（" "）里的内容相当于在样式表大括号（{ }）里的内容。

```
<table style="color:blue;font-size:10pt">
```

2. 内部样式表

在【代码】视图中，内部样式表是把样式表放到页面的<head>部分，这些定义的样式就可以应用到页面中。样式表用<style>标签插入，实例如下：

```
<head>
…
<style type="text/css">
p{color:#000000}
</style>
…
</head>
```

小提示：

有些低版本的浏览器不能识别 style 标记而忽略标记里的内容，最后把 style 标记里的内容以文本方式直接显示在页面上，为了避免这种情况，可以加 HTML 注释的方式（<!--注释-->）隐藏内容而不显示出来。

3. 链入外部样式表

链入外部样式表是把样式表保存为一个扩展名为.css 的样式表文件，然后在页面中使用<link>标记链接到这样样式表文件。<link>标记必须放在<head>部分，实例如下：

```
<head>
…
<link rel="stylesheet" type="text/css" href=" css/bg.css"   />
…
</head>
```

上例表示浏览器从 bg.css 文件中以文档格式读出定义的样式表。rel="stylesheet"表示在页面中使用外部样式表，type="text/css"表示文件的类型是样式表文件，href="css/bg.css"指出样式表文件所在的位置和样式表名称。

一个外部样式表文件可以应用于多个页面。当改变这个样式表文件时，所有链接该外部样式表的页面的样式都随之改变。外部样式表在制作大量相同样式页面的网站时非常有用，它不仅可以减少许多重复的工作量，而且还有利于样式表以后的修改、编辑，在页面浏览时不需要重复下载代码。对于样式表文件的编辑可以使用任何文本编辑器如记事本打开编辑，也可以使用 Dreamweaver 打开样式表文件进行编辑。

4．导入外部样式表

导入外部样式表是在内部样式表的<style>里导入一个外部样式表，使用“@import”导入。实例如下所示。在实例中“@import"css/bg.css"”表示导入 bg.css 样式表，使用时需要注意样式表路径。导入外部样式表的方法与链入外部样式表的方法类似，但导入外部样式表更具有优势，它相当于存在内部样式表里。

```
<head>
…
<style type="text/css" >
<!--
@import"css/bg.css"
其他样式表的声明
-->
…
</head>
```

六、上机练习

打开教学资源中“项目一\上机练习\ch1-6-2\素材文档”，利用 CSS 样式表完成“网络 0832 班班级主页”网站首页和新闻模块页面的样式美化操作。

【操作提示】

1．网站正文文字的样式设置

（1）新建【类】样式，在【名称】栏输入样式名.font，【定义在】选择【新建样式表文件】，保存文件为 font.css，存放在 image 文件夹下。

（2）打开类样式表设置的对话框，设置大小 10pt，行高 12pt，颜色为黑色。单击【确定】按钮。

（3）选中需要设置.font 的文字，在属性面板的【样式】列表中选择 font。

（4）News 等页面正文文字的设置：在【<样式>】上右击，选择【附加样式表】，打开如下对话框，单击浏览选择保存的 font.css 样式表，单击【确定】按钮。

2．News 页面表格边框样式设置

（1）按照创建.font 样式的方式创建.line 样式，在打开的 CSS 规则对话框中从原来的【类型】切换到【边框】，按照图 1.292 所示进行设置。

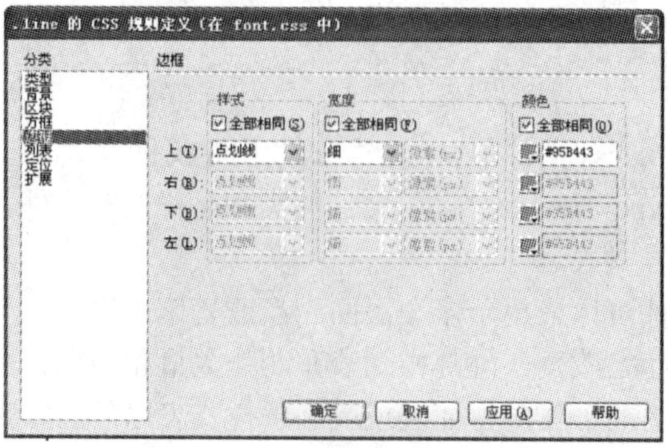

图 1.292　边框样式设置对话框

（2）在 news 页面中选择新闻所在的表格，在属性面板的【类】中选择 line。

3. News1 页面背景样式设置

（1）创建.bg 样式，设置【背景】选项卡，【背景图像】为 bj224.jpg、【重复】选择不重复、【水平位置】右对齐、【垂直位置】为底部，如图 1.293 所示。

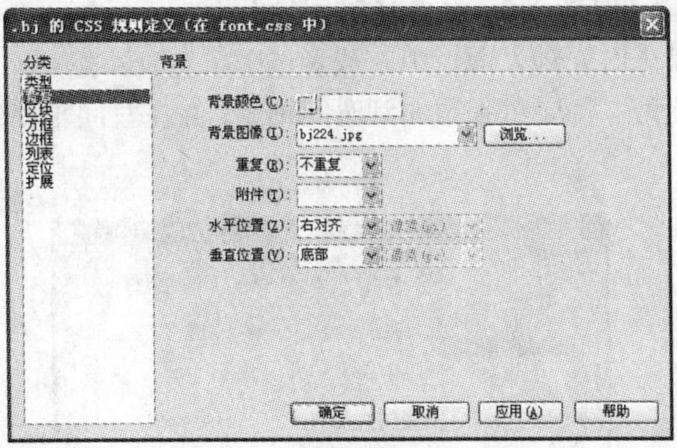

图 1.293 边框样式设置对话框

（2）在 news1 页面中设置单元格背景样式为.bg。

模块三 班级主页页面特效制作

一、能力目标

掌握为网站制作页面特效的技能。

二、任务布置

能利用时间轴、行为等特效为网站制作页面特效。

三、任务解析

（一）时间轴特效

应用【时间轴】面板可以制作动画，改变图片的源文件，以及在指定的时间执行行为等。选择【窗口】|【时间轴】选项（快捷方式为 Alt＋F9），可以打开如图 1.294 所示的【时间轴】面板，时间轴动画的创建实例如下所示。时间轴特效需要借助层来完成，所以在创建时间轴特效前，必须先创建相应的层来存放产生特效的对象。

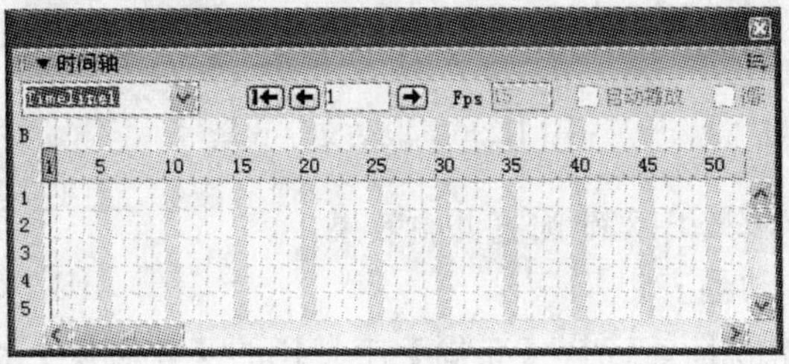

图 1.294 【时间轴】面板

1．制作来回滚动的文字效果

（1）切换到【设计】视图，选择【布局】工具栏的【绘制层】按钮。

（2）在文档中拖动鼠标绘制层对象，并在层中输入文字“滚动文字效果”。

（3）移动鼠标到层的边框上拖动鼠标，将层移动到文档左侧。

（4）选择【窗口】|【时间轴】，打开【时间轴】面板。

（5）拖动层对象到【时间轴】面板中，或者选中层对象，然后选择【修改】|【时间轴】|【增加对象到时间轴】选项，将层对象添加到时间轴上，并在时间轴第一个通道中添加时间线，如图 1.295 所示。

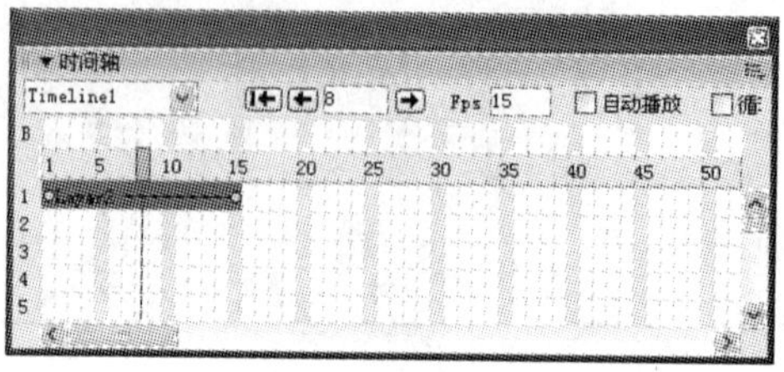

图 1.295　添加时间线后

（6）时间线的开始和结尾的圆点表示关键帧，选中在 15 帧位置的结束关键帧，在文档中拖动层到文档右侧，在层的开始和结束位置之间出现一条轨迹线。

（7）在 30 帧位置单击右键或选择【修改】|【时间轴】选项，然后选择【添加帧】选项，添加关键帧。

（8）选中第 30 帧关键帧，在文档中拖动层对象返回左侧。

（9）或者在完成第 5 步后，拖动 15 帧位置的结束关键帧到 30 帧位置松开，拉长时间线，并按住 Ctrl 键在 15 帧位置单击，此时绘制单击的 15 帧处添加一个关键帧，然后调整第 15 帧层的位置在文档的右侧、调整 30 帧层的位置返回左侧。

（10）在时间线上单击线条选中时间线，单击右键选中【删除】项可以删除时间线。

（11）勾选【自动播放】复选框实现动画的自动播放，勾选【循环】复选框实现循环播放，【时间轴】设置和层设置如图 1.296 所示。

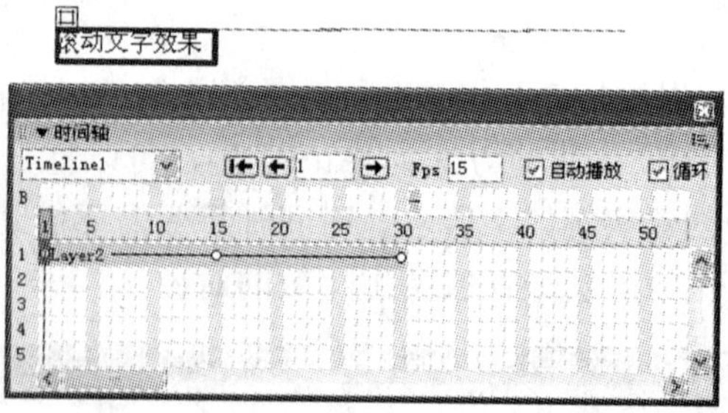

图 1.296　滚动文字设置

（12）完成动画制作，按 F12 键预览页面效果。

2．制作飘动的广告动画

（1）切换到【设计】视图，选择【布局】工具栏的【绘制层】按钮。

（2）在文档中拖动鼠标绘制层对象，并在层中插入广告图像。

（3）选中层对象，选择【修改】|【时间轴】|【录制层路径】选项。

（4）移动鼠标到层的左上角图标□上，按住鼠标左键拖动层对象绘制层路径，创建路径轨迹。

（5）松开鼠标左键结束绘制，在弹出的对话框中单击【确定】按钮。

（6）在【时间轴】面板的通道中显示记录动画路径的时间线，其中包含记录路径转折点的许多关键帧。

（7）在时间线的线条上单击可以选中整个时间线，拖动时间线，调整时间线的开始位置和所在通道。

（8）在关键帧上单击可以选中该关键帧，然后在文档中拖动层可以调整路径，在关键帧上单击右键选中【移除帧】项可以删除所选关键帧。

（9）勾选【自动播放】复选框实现动画的自动播放，勾选【循环】复选框实现循环播放，动画设置以及【时间轴】设置如图 1.297 所示。

（10）完成动画制作，按 F12 键预览页面效果。

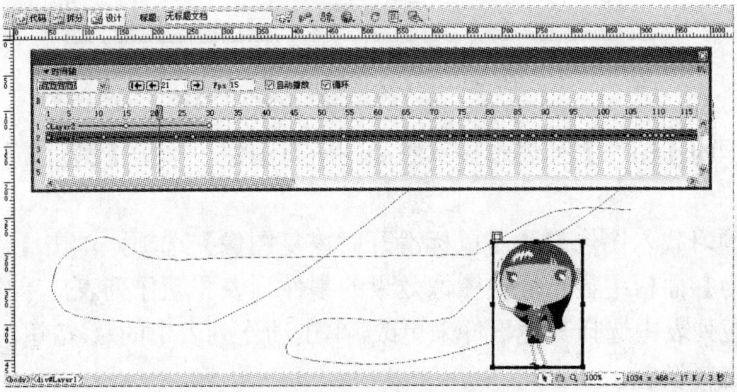

图 1.297　飘动的广告设置

（二）行为特效

Dreamweaver 8 提供了丰富的行为，设置这些行为可以为网页对象添加一些动态效果和简单的交互功能，可以使不熟悉 JavaScript 或 VBScript 语言的网页设计者也能很方便地设计出通过复杂 JavaScript 或 VBScript 语言才能实现的功能。

行为有三个重要组成部分：对象、事件和动作。对象是产生行为的主体，许多网页元素都可以成为对象，如图片、文字等；事件是触发动态效果的条件，可以添加在各种网页元素上，也可以添加在 HTML 标记中；行为通过动作来完成动态效果。使用 Dreamweaver 8 中内置的行为，系统会自动向页面中添加 JavaScript 代码，不需要用户自己编写。

在 Dreamweaver 8 中，行为的添加和控制主要通过【行为】面板来实现。选择【窗口】|【行为】（快捷键为 Shift＋F4），可以打开如图 1.298 所示的【行为】面板。

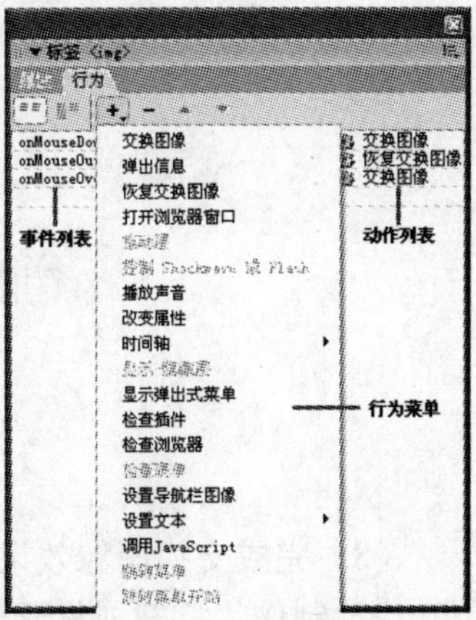

图 1.298　【行为】面板

1．制作“交换图像”效果

交换图像行为可通过更改 img 标签的 src 属性将一个图像与另一个图像进行交换，或者交换多个图像。由于只有 src 属性受到该行为的影响，所以应该换入一张与原图具有相同高度和宽度的图像，以适应初始化图像的大小，否则换入的图像显示时会被压缩或拉伸。具体步骤如下所述。

（1）准备两张或多张相同大小的图像。

（2）在需要插入交换图像效果的位置插入原始图像并选中。

（3）在【行为】面板中单击【添加行为】按钮，从弹出的行为菜单中选择【交换图像】项，弹出【交换图像】对话框，如图 1.299 所示。

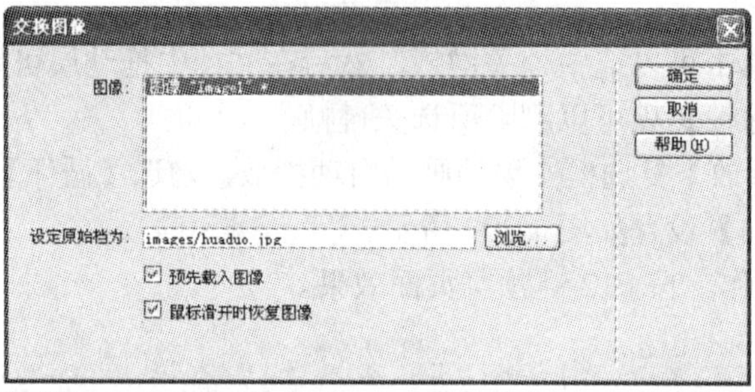

图 1.299　【交换图像】对话框

（4）在对话框的【图像】列表中显示添加的所有图像，单击【浏览】按钮，可以添加交换的图像。

（5）勾选【预习载入图像】和【鼠标滑开时恢复图像】选项，单击【确定】按钮。

（6）在【行为】面板中显示交换图像效果的事件列表和动作列表，单击选择某一事件，可以从事件的下拉列表中选择其他事件来更改，单击动作列表中的按钮，可以再次打开【交换图像】对话框进行设置。

（7）如果需要添加多张图像，则从行为菜单中多次选择【交换图像】行为，添加多张交换图像，根据需要修改事件列表，事件与动作列表设置如图 1.300 所示。

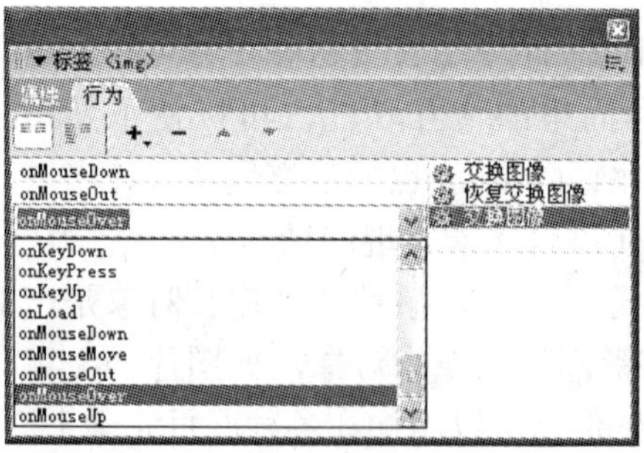

图 1.300　事件列表与动作列表设置

（8）完成交换图像效果，按 F12 键浏览页面效果。

2．制作“打开浏览器窗口”效果

应用打开浏览器窗口行为可以打开一个新的窗口，用来显示链接模板文件，可以是一幅图片，也可以是一个网页文件。打开浏览器窗口行为主要用于浏览大的图像。事先准备需要浏览的图像的缩略图，对缩略图添加【打开浏览器窗口】行为。具体步骤如下所述。

（1）事先准备好需要浏览的大图像，并利用图像处理软件准备的小缩略图。

（2）在文档中插入图像缩略图并选中。

（3）在【行为】面板中单击【添加行为】按钮 +，从弹出的行为菜单中选择【打开浏览器窗口】项，弹出【打开浏览器窗口】对话框，如图 1.301 所示。

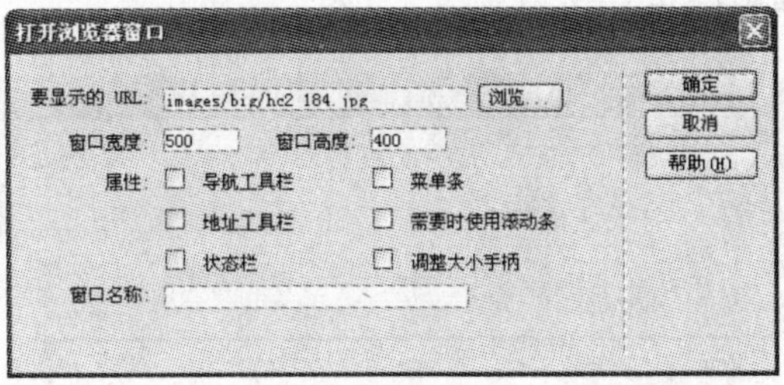

图 1.301　【打开浏览窗口】对话框

（4）在对话框中单击【浏览】按钮，在新浏览器窗口打开大图像，并在【要显示的 URL】中显示添加的图像地址。

（5）在【窗口宽度】和【窗口高度】中设置宽度和高度。

（6）根据需要勾选所需的属性，单击【确定】按钮。

（7）完成效果，按 F12 浏览页面效果。

3. 显示—隐藏层效果

显示—隐藏层行为可以利用各种事件显示、隐藏或者恢复层原来的可见性属性，可以控制多个层的显示或者隐藏。要添加【显示—隐藏层】行为，必须事先在页面中添加层对象。利用【显示—隐藏层】行为控制页面内容的交换显示效果，制作的具体操作步骤如下所述。

（1）在文档中插入"导航一"和"导航二"的图像按钮。

（2）在按钮右侧绘制层 Layer1 和 Layer2。

（3）选定"导航一"图像，在【行为】面板中单击【添加行为】按钮 +，从弹出的行为菜单中选择【显示—隐藏层】项，弹出【显示—隐藏层】对话框，如图 1.302 所示。

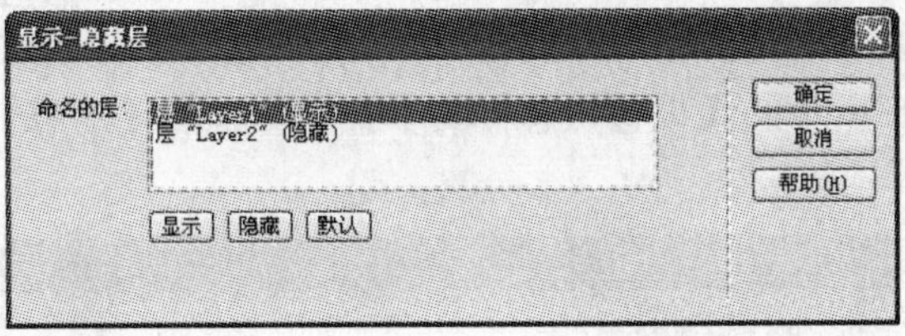

图 1.302　【显示—隐藏层】对话框

（4）在对话框中选中层"Layer1"，单击【显示】按钮，选中层"Layer2"，单击【隐藏】按钮，单击【确定】按钮。

（5）在【行为】面板的事件列表中选择"onclick"事件，设置单击"导航一"图像时 Layer1 显示、Layer2 隐藏。

（6）参照前 5 步操作完成对"导航二"图像的【行为】设置，对该图像设置 Layer1 隐藏、Layer2 显示。

（7）在【层】面板中设置层 Layer1 和 Layer2 的初始状态：Layer1 显示、Layer2 隐藏，按 F12 键浏览页面效果。

4. 制作其他行为效果

（1）弹出信息。【弹出信息】用于弹出信息提示框，弹出信息有两种：一种是打开页面自动弹出对话框；另一种是通过单击某一对象然后弹出对话框。在【行为】面板中单击【添加行为】按钮+，从弹出的行为菜单中选择【弹出信息】项，在弹出的如图 1.303 所示的【弹出信息】对话框中设置弹出信息。

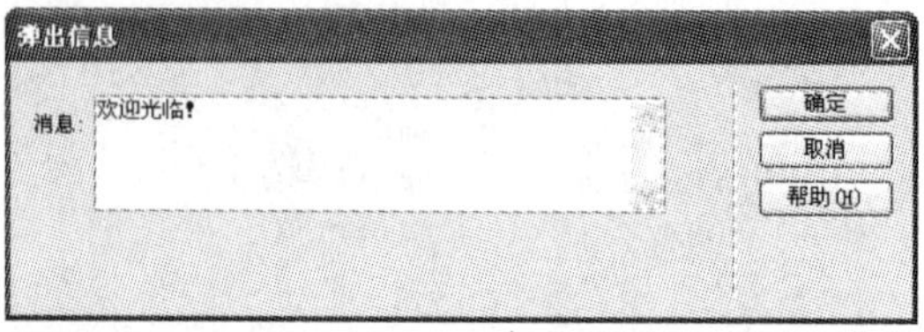

图 1.303 【弹出信息】对话框

（2）设置层文本。【设置层文本】行为用于指定内容替换某一页面上层的内容和格式设置。该内容可以包括任何有效的 HTML 源代码。设置层文本之前需要事先在页面中绘制层对象，选中该层后，在【行为】面板中单击【添加行为】按钮+，从弹出的行为菜单中选择【设置文本】|【设置层文本】，在弹出的如图 1.304 所示的【设置层文本】对话框中设置显示文本部分的 HTML 代码。

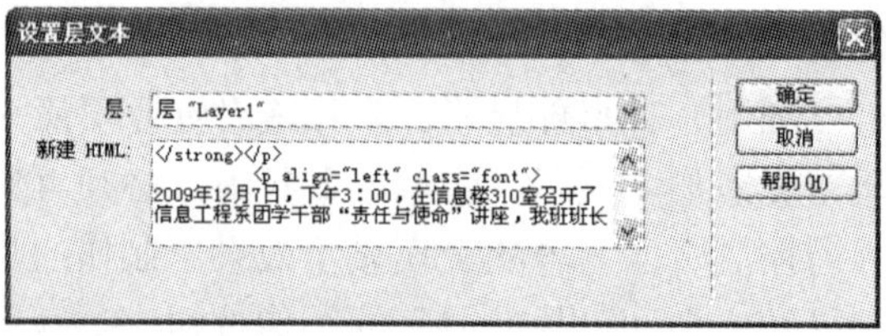

图 1.304 【设置层文本】对话框

（3）设置状态栏文本。在浏览器窗口的左下方状态栏上显示当前状态的提示信息。如果需要添加【设置状态栏文本】行为，需要选中<body>标签或者页面上的其他对象，然后在【行为】面板中单击【添加行为】按钮+，从弹出的行为菜单中选择【设置文本】|【设置状态栏文本】项，在弹出的如图 1.305 所示的【设置状态栏文本】对话框的【消息】文本框中输入要在状态栏中显示的信息。

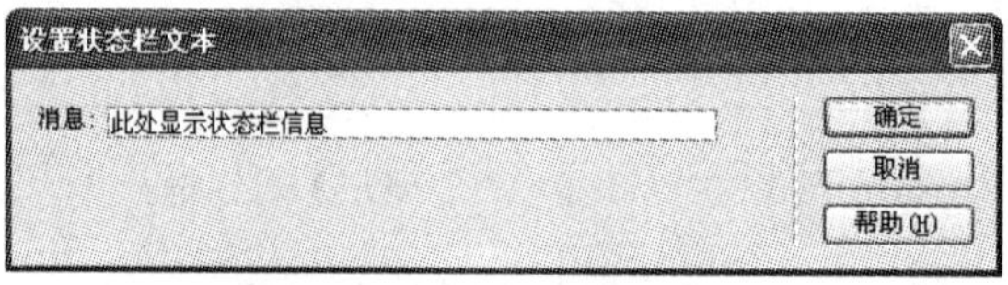

图 1.305 【设置状态栏文本】对话框

除了上述行为特效外，还可以制作播放声音、拖动层、显示弹出式菜单等行为特效，选定需要添加特效的对象后，在【行为】面板中添加和设置行为即可。根据具体的要求设置【行为】面板中事件列表，选择如 onclick（单击）、onLoad（页面打开时）、onmouseover（鼠标在对象上）等响应事件。

四、操作步骤

（一）为班级首页 Index 页面添加庆祝国庆的浏览器窗口

（1）事先利用 Fireworks 8 制作庆祝国庆的背景图像素材 guoqing1 和礼花 flash 素材 lihua1

和 lihua2。

（2）为了添加礼花 Flash 效果，控制页面边距，新建一网页文档 small.html，并设置【页面属性】对话框中的上、下、左、右边距均为 0。

（3）在文档 small.html 中插入庆祝国庆的图像 guoqing1。

（4）在图像上绘制两个层对象，分别插入礼花 Flash 文件 lihua1.swf 和 lihua2.swf，并设置 Flash 对象的 wmode 参数值为 transparent，将 flash 设为透明背景。插入图像和 Flash 后效果如图 1.306 所示。

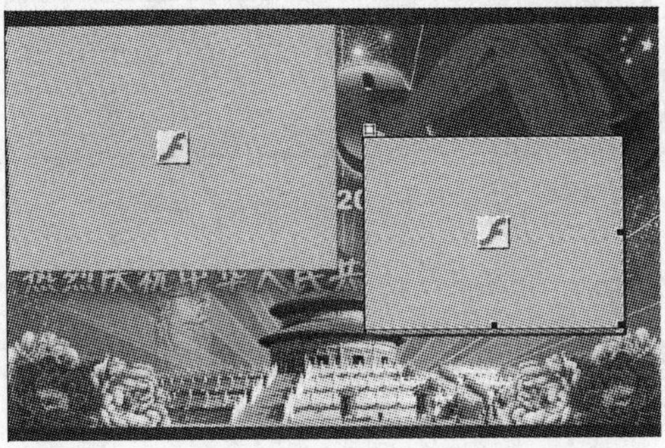

图 1.306　插入 Flash 和图像后

（5）保存文档 small.html。

（6）打开班级首页文档 Index.html，单击<body>标签选中。

（7）在【行为】面板中单击【添加行为】按钮 +，从弹出的行为菜单中选择【打开浏览器窗口】项，弹出【打开浏览器窗口】对话框。

（8）在对话框中单击【浏览】按钮选择刚才创建的 small.html 文档，【要显示的 URL】中显示文档地址，在【窗口宽度】和【窗口高度】中设置宽度为 640，高度为 410，如图 1.307 所示。

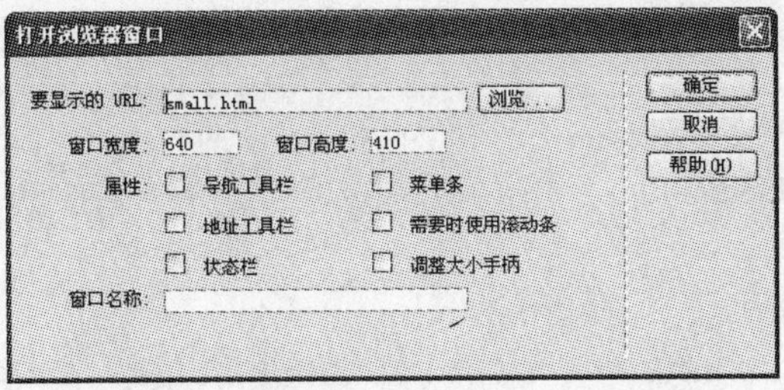

图 1.307　【打开浏览器窗口】对话框

（9）在【行为】面板的事件列表中设置事件为 onload，设置班级首页页面打开时即弹出窗口。

（10）单击【确定】按钮完成设置，按 F12 键浏览页面效果。

（二）为班级首页 Index 页面添加“考试报名”链接图像的时间轴动画

（1）事先利用 Fireworks 8 制作“考试报名”动画图像 ks.jpg。

（2）在班级首页文档 Index.html 中绘制一个层对象，并在层中插入图像 ks.jpg，并对图像创建超级链接：http://www.czmec.cn。

（3）选中该层，选择【修改】|【时间轴】|【录制层路径】，移动鼠标到层的左上角图标

上，按住鼠标左键拖动层对象绘制层路径，创建路径轨迹。

（4）松开鼠标结束绘制，在弹出的对话框中单击【确定】按钮，勾选【自动播放】复选框实现动画的自动播放。

（5）选中创建了时间轴动画的层对象，在【行为】面板中单击【添加行为】按钮 +▾，从弹出的行为菜单中选择【时间轴】项，在子菜单中选择【停止时间轴】项，弹出【停止时间轴】对话框，如图 1.308 所示，设置停止动画对应的时间轴 Timeline1。

图 1.308　【停止时间轴】对话框

（6）按照第 5 步的操作方法，添加【播放时间轴】行为。

（7）在【行为】面板的事件列表中设置【停止时间轴】动作对应的事件为 onMouseOver，设置【播放时间轴】动作对应的事件为 onMouseOut。

（8）完成设置，按 F12 键浏览页面效果。

五、举一反三

除了时间轴和行为特效外，还可以在代码中添加相应效果的 JavaScript 代码，从而创建网页特效。JavaScript 特效有很多种，可以利用网络查找需要的特效代码，然后插入到网页相应代码段。例如，可以使用 JavaScript 改变图片的 src 属性，并结合时间延后的方法来创建动画。下列代码通过给图片自定义设定时间，然后单击开始按钮动态显示图片，单击停止按钮停止图片动画，实现图片的动态播放。代码插在<body>与</body>之间。

```
<body>
<p align="center"><font color="#000000" size="14px">动态播放图片</font></p>
<style type="text/css">
<!--
td{font-size:12px; color:#f0f0f0;}
#bs{font-size:12px;}
-->
</style>
<script language="javascript" type="text/javascript">
<!--
var img=new Array(6);          //新建图片数组
var start=null;                //开始时指针为空
var counter=1;                 //初始图片序列计时
var delayTime=null;
if(document.images)
{
/*如果要添加或者删除图片，在这里要改变循环条件。但不要加载太多图片，这样会使整体程序执行时变慢。 */
 for(i=1;i<=6;i++)
```

```
  {
   img[i]=new Image();
   img[i].src="image/img"+i+".jpg";
  }
}
//得到用户自定义时间
function getDelayTime(dlTime)
 {
  var temp=parseInt(dlTime);
  if(temp !=NaN)
     delayTime=temp*1000;
      else
        delayTime=4000;
 }
 //改变图片
 function anim()
  {
   counter++;
   document.images[0].src=img[counter].src;
   if(counter==6)
   counter=0;
  }
  //显示图片
  function start1()
   {
    getDelayTime(document.form1.delay.value);
     with(document.form1)
     {
      start=setInterval("anim()",delayTime);
      document.form1.Show1.disabled=true;
      document.form1.Show2.disabled=false;
     }
   }
   //停止显示图片
   function stop()
    {
      clearInterval(start);
      document.form1.Show1.disabled=false;
      document.form1.Show2.disabled=true;
     }
//-->
</script>
<table align="center" border="0" cellspacing="1" cellpadding="4" bgcolor="#c0c020">
<tr><td valign="top" align="center" bgcolor="#ffffff">
<img src="image/img1.jpg" border="0" /><br />
<form name="form1">
<font color="#000000">请输入图片显示间隔时间：</font>
```

```
<input type="text" size="2" value="1" name="delay" /><br />
<input type="button" value="开始显示" name="Show1" onclick="start1();" id="bs" />
<input type="button" value="停止显示" name="Show2" onclick="stop();" id="bs"   /><br />
</form>
</td></tr></table>
</body>
```

六、上机练习

查找资料，练习其他时间轴和行为特效。

项目二 《森兴木材》企业网站的创建

一、项目需求分析

（一）项目的提出

网站类型：企业网站

网站名称：《森兴木材》

网站用户群：徐州森兴木业有限公司

网站要求：企业门户网站，包括公司简介、产品展示、新闻中心、用木常识和联系我们5个模块，要求动态实现新闻管理与发布、通过口令实现用户登录以及用户留言等功能。

实现技术：图像处理软件＋Flash

（二）企业网站信息结构（如图2.1所示）

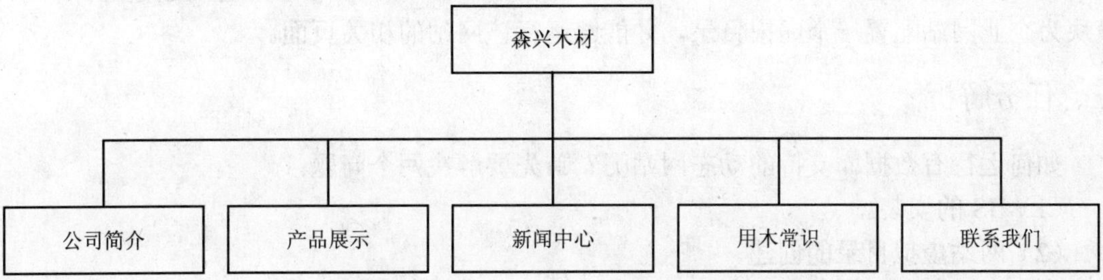

图2.1 《森兴木材》模块结构图

二、项目实施模块划分

企业网站项目的模块划分（如表2.1所示）

表2.1 企业网站项目模块划分表

序号 \ 内容	任务	模块
1	企业网站的界面设计	首页、公司简介界面设计制作
		产品展示、用木常识界面设计与制作
		新闻中心、联系我们界面设计与制作
2	企业网站的动态实现	企业网站服务器的配置
		企业网站数据库的创建与链接
		企业网站新闻的添加、删除和修改实现
		企业网站新闻的动态显示
		管理员登录设计与实现
		用户留言设计与实现

任务一　企业网站主页的设计

模块一　企业网站服务器的配置

一、能力目标

（1）掌握 internet 信息服务的安装方法和步骤；
（2）掌握虚拟目录的创建方法。

二、任务布置

企业网站是一个有数据库操作的网站，在运行的时候需要安装“internet 信息服务”。本模块通过实际操作的过程详细介绍如何在本地机上安装 internet 信息服务与创建虚拟目录。该模块为企业网站配置一个虚拟目录，并能够运行该网站的相关页面。

三、任务解析

如何运行有数据库支持的动态网站呢？首先要解决两个问题：
（1）IIS 的安装。
（2）网站虚拟目录的创建。
详细设计过程参照下面的操作步骤进行。

四、操作步骤

ISS 较新的版本为 6.0 版，在 Windows 2003 Server 操作系统中默认安装。下面以在 Windows XP Profenssional 系统下安装 IIS5.0 为例，说明其安装以及虚拟目录的设置过程。

（一）IIS 的安装过程

（1）打开 Windows XP 的【控制面板】窗口，双击【添加/删除程序】的图标，打开【添加或删除程序】对话框，如图 2.2 所示。

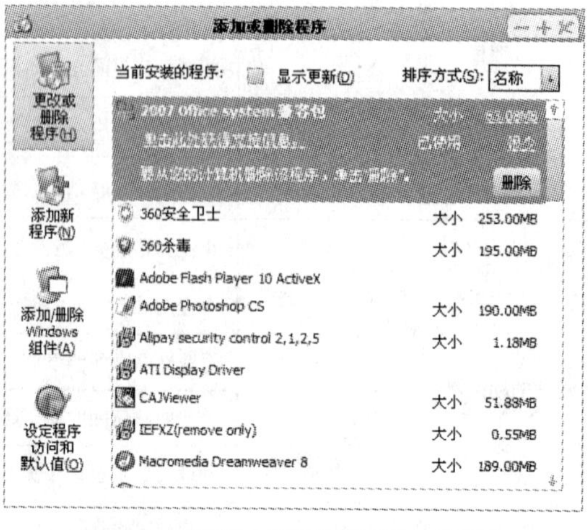

图 2.2　【添加或删除程序】对话框

（2）双击对话框左侧的【添加/删除 Windows 组件（A）】，弹出【Windows 组件向导】对话框，如图 2.3 所示。

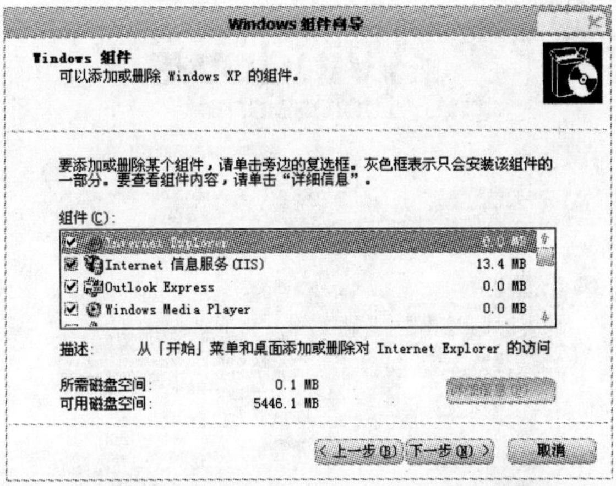

图 2.3 【Windows 组件向导】对话框

（3）从组件中选择【Internet 信息服务（IIS）】,然后单击【详细信息】按钮，弹出【Internet 信息服务（IIS）】对话框，如图 2.4 所示。

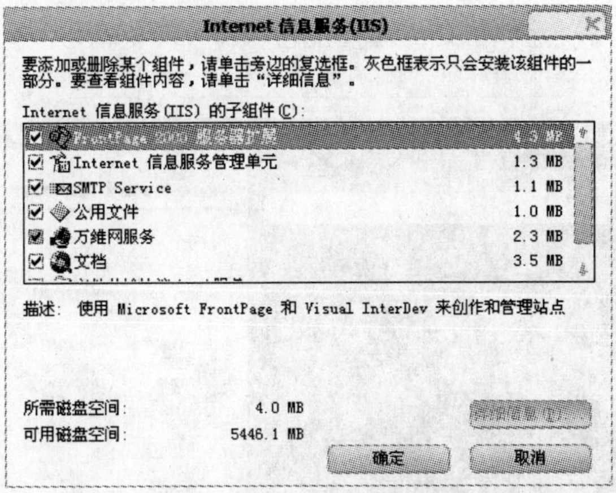

图 2.4 【Internet 信息服务（IIS）】对话框

（4）选中所有的选项，然后单击【确定】按钮返回到前一个对话框，再单击【下一步】按钮进行安装。在安装的过程中，根据向导的提示将【Windows XP】安装光盘放入光盘驱动器，然后单击【下一步】按钮，直到安装完成为止。

小提示：如果没有【Windows XP】安装光盘，可以从网上下载软件包 I386。

（5）安装完 IIS 后，要进行一项测试，确定 IIS 安装成功。在 IE 浏览器的地址栏内输入本台计算机的名称或者 IP 地址，也可以输入【http://127.0.0.1】或者 http://localhost。如果浏览器出现如图 2.5 的欢迎界面和如图 2.6 所示的帮助界面，则表示 IIS 安装成功。

图 2.5　欢迎界面

图 2.6　帮助界面

（二）企业网站虚拟目录的创建

要从主目录以外的其他目录中发布网站，必须创建虚拟目录。创建虚拟目录的步骤如下所述。

（1）在【Internet 信息服务】窗口中，右击【默认网站】选项，在弹出的下拉菜单中依次选择【新建】|【虚拟目录】命令，如图 2.7 所示。

图 2.7　创建虚拟目录

（2）此时在弹出的对话框内单击【下一步】按钮，输入别名“企业网站”，如图 2.8 所示。

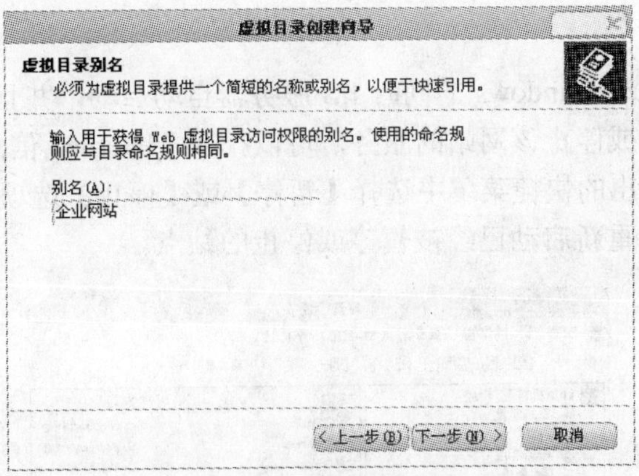

图 2.8　创建虚拟目录别名

（3）单击【下一步】按钮，选择网站的物理目录，如图 2.9 所示。

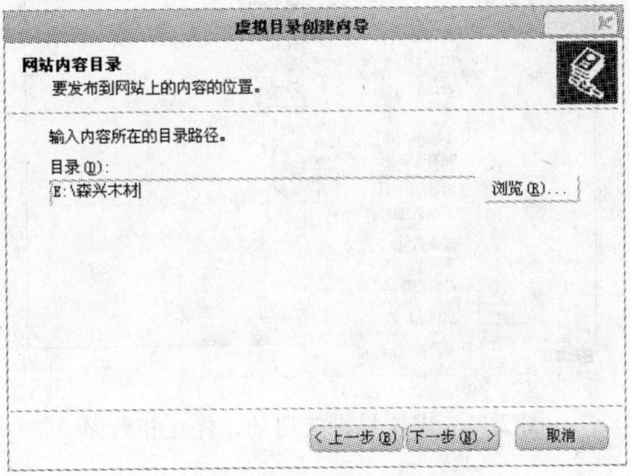

图 2.9　选择虚拟目录路径

（4）单击【下一步】按钮，在出现的【访问权限】对话框内，选中所有的选项，如图 2.10 所示。

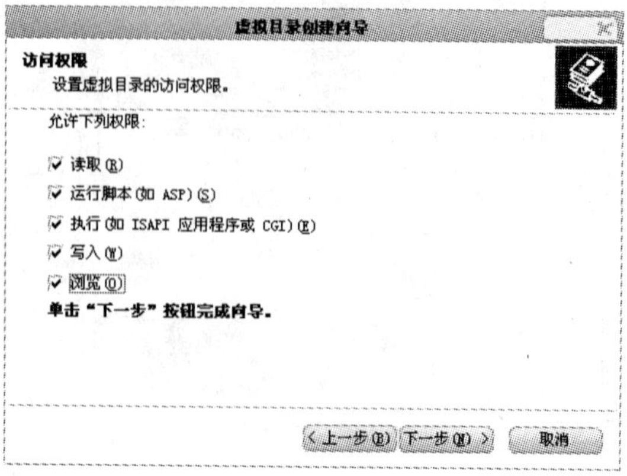

图 2.10　设置访问权限

（5）单击【下一步】按钮，完成虚拟目录的创建。创建完成后，即可在左侧看到当前网站目录下新建的虚拟目录。

五、举一反三

默认情况下，在启动 Windows 的同时 IIS 服务器自动启动，并且默认的网站也将同时启动。如果需要临时暂停或停止该网站的服务，可以打开【Internet 信息服务窗口】，再右击要停止的默认网站，在弹出的快捷菜单中选择【暂停】或【停止】选项即可，如图 2.11 所示。同样用类似的方法可以重新启动已经被暂停或停止的站点。

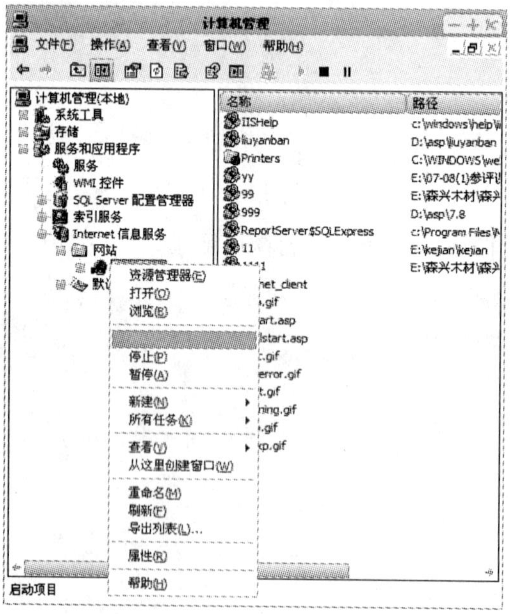

图 2.11　虚拟目录的启动、停止和暂停

六、上机练习

（1）在自己的计算机上安装“Internet 信息服务”，并进行测试是否安装成功。

（2）打开【Internet 信息服务】窗口，创建一个虚拟目录，指向本项目的站点文件夹，并对其属性进行必要的设置。

模块二　企业网站主页的设计

一、能力目标

（1）掌握使用表格布局页面的方法。

（2）掌握页面内对象的插入和设置。

二、任务布置

打开教学资源中的“项目二\各章节完成文档\ch2-2-1”，根据提供的素材，完成如图 2.12 所示的企业主页的首页界面的设计。页面尺寸要求为在 1024×768 分辨率下满屏显示。

图 2.12　企业网站首页

三、任务解析

1. ASP 动态页面的创建

现在编写动态页面的语言很多，如：JSP、ASP、ASP.NET、PHP 等，本项目采用相对简单的 ASP 语言来编写。

Dreamweaver 网页设计软件中集成了 ASP 环境，一般使用 Dreamweaver 来开发 ASP 网页，方法是选择【文件】|【新建】|【常规选项卡】|【动态页】|【ASP VBScript】项，然后单击【创建】按钮即可。

2. 首页的布局

页面采用表格来进行布局，它包括一个 flash 制作的 Logo、导航条、页面的主体、页脚。页面的布局参考如图 2.13 所示。

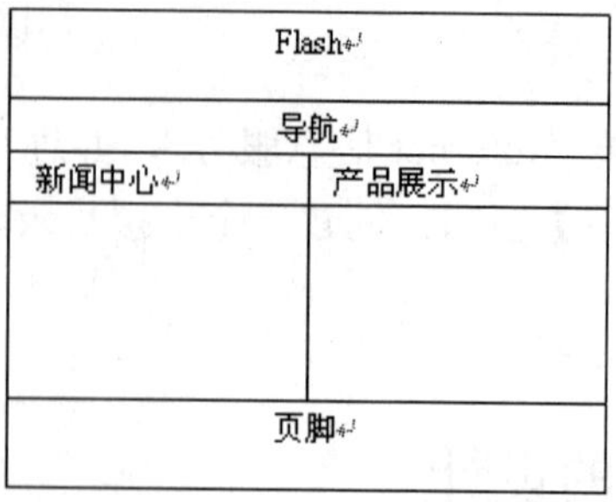

图 2.13　企业首页布局图

四、操作步骤

1. 创建 ASP 动态页面

打开 Dreamweaver 软件，新建一个动态页 ASP VBScript 文件如图 2.14 所示。保存该文件在文件夹“森兴木材”中，命名为 index.asp。

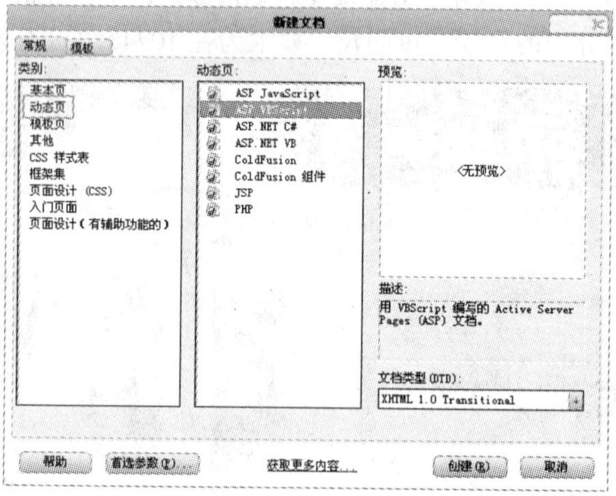

图 2.14　新建文档

2. 页头制作

在该页面中插入一个 1 行 1 列的表格，表格宽 900 像素、高 158 像素，边框、间距、填充均为 0，居中对齐。属性设置如图 2.15 所示。并在表格中插入站点文件夹 swf 中的 sx.swf 文件。

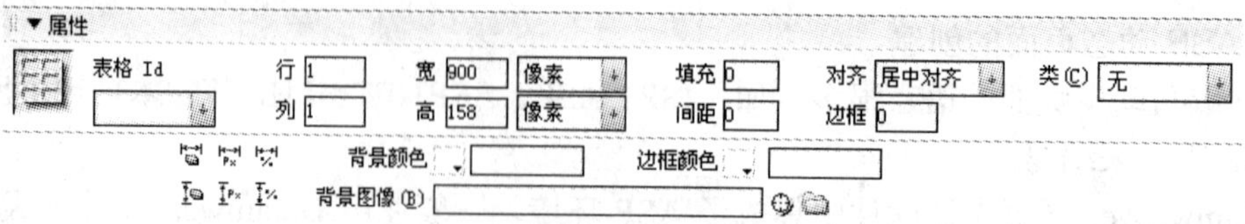

图 2.15　表格属性

3. 导航栏制作

(1) 在表格下方再插入一个 1 行 1 列的表格，表格宽 900 像素、高 53 像素，边框、间距、填充均为 0，居中对齐。属性设置如图 2.16 所示。

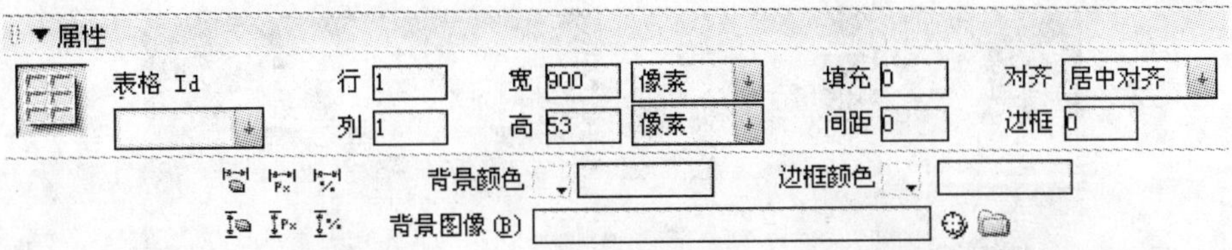

图 2.16　表格属性

（2）插入该站点文件夹 image 中的 34.jpg 文件，并在对应的文本上面添加热区，链接到相应的页面，效果如图 2.17 所示。

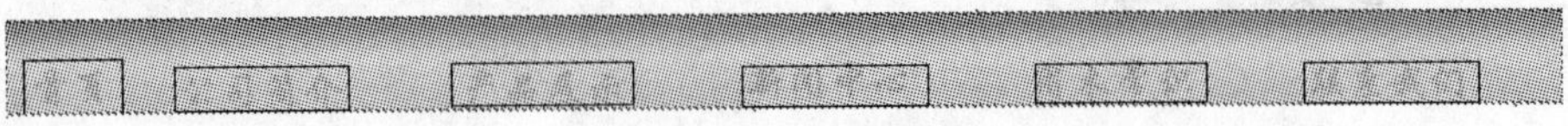

图 2.17　导航设置

4．页面主体制作

在导航栏的下方插入一个 1 行 2 列的表格，表格宽 900 像素、高 324 像素，边框、间距、填充均为 0，表格居中对齐。在表格的每一列中分别插入表格，需要的图片请在本书教学资源中的“项目二\各章节完成文档\ch2-2-1”查找，效果如图 2.18 所示。

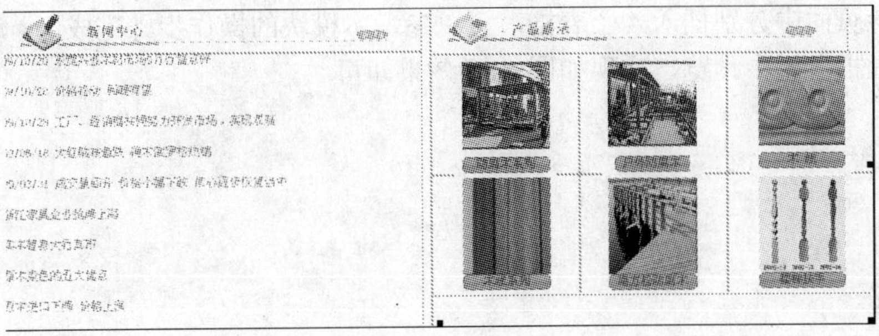

图 2.18　页面主体设置

5．页脚的制作

在页面的最后插入一个 1 行 2 列的表格，表格宽 900 像素，边框、间距、填充均为 0，表格居中对齐。表格中所需图片请在本书教学资源的“项目二\各章节完成文档\ch2-2-1”查找，如图 2.19 所示。

图 2.19　页脚设置

五、上机练习

打开教学资源中“项目二\上机练习\素材文档\ch2-2-1”，根据提供的素材，利用 Dreamweaver 完成如图 2.20 所示的“新闻中心”页面的设计。

图 2.20　“新闻中心”页面

【操作提示】

（1）打开 Dreamweaver 软件，新建一个动态页 ASP VBScript 页面，保存在站点文件夹 html 中，命名为 xinwenzhongxin.asp。

（2）在该页面中分别插入 4 个表格，可以参考本模块的操作步骤完成。

（3）在虚拟目录中预览，实现如图 2.20 效果即可。

任务二　企业网站新闻的创建

模块一　任务预备知识

一、教学目标

（1）掌握 VBScript 语言中变量的定义和使用。

（2）掌握 VBScript 程序流程控制的使用。

（3）掌握 ASP 内置对象中 Response 对象、Request 对象、Server 对象、Application 对象以及 Session 对象的使用。

二、理论知识

（一）VBScript 语言基础

VBScript 的全称为 Microsoft Visual Basic Scripting Edition，是 Visual Basic 语言的一个子集，它并不是一个完整的程序设计语言，它可以用纯文本建立，直接包含在 HTML 文档或 ASP 文档中，它既可以开发出在客户端运行的 Web 脚本程序，也可以开发出在服务器端运行的 Web 脚本程序。下面一起来了解一下 VBScript 语言。

1．VBScript 数据类型

VBScript 只有一种称为 Variant 的数据类型。Variant 是一种特殊的可变数据类型。它包含的数据子类型如表 2.2 所示。

表 2.2　VBScript 数据类型

子　类　型	描　　述
Empty	未初始化的 Variant。对于数值变量，值为 0；对于字符串变量，值为零长度字符串 ("")
Null	不包含任何有效数据的 Variant
Boolean	包含 True 或 False
Byte	包含 0～255 的整数
Integer	包含-32 768～32 767 的整数
Currency	-922 337 203 685 477.5808～922 337 203 685 477.5807
Long	包含-2 147 483 648～2 147 483 647 的整数
Single	包含单精度浮点数，负数范围从-3.402 823E38～-1.401 298E-45，正数范围从 1.401 298E-45～3.402 823E38

续表

子 类 型	描 述
Double	包含双精度浮点数，负数范围从-1.797 693 134 862 32E308～-4.940 656 458 412 47E-324，正数范围从 4.940 656 458 412 47E-324～1.797 693 134 862 32E308
Date (Time)	包含表示日期的数字，日期范围从公元 100 年 1 月 1 日～公元 9999 年 12 月 31 日
String	包含变长字符串，最大长度可为 20 亿个字符
Object	包含对象
Error	包含错误号

2．VBScript 常量

常量是在程序执行过程中其值从不发生变化的数据。在 VBScript 中，常量分为普通常量和符号常量，普通常量无须定义即可使用，符号常量是一个具有一定含义的名称，用于替代数字或字符串。

VBScript 预定义了一些符号常量，例如：Empty、Null、True、False；同时也可以通过 Const 语句创建一个具有一定含义的字符型或数值型常量，例如：

```
Const mystring="今天是晴天。"
Const i=0
```

3．VBScript 变量

变量是一种使用方便的占位符，用于引用计算机内存地址，该地址可以存储 Script 运行时可更改的程序信息。在 VBScript 中只有一个基本数据类型，即 Variant，因此所有变量的数据类型都是 Variant。

声明变量的一种方式是使用 Dim 语句。例如：

Dim DegreesFahrenheit

声明多个变量时，使用逗号分隔变量。例如：

Dim Top, Bottom, Left, Right

给变量赋值：变量在表达式左边，要赋的值在表达式右边。例如：Bottom= 200。

变量命名必须遵循 VBScript 的标准命名规则，即：

（1）第一个字符必须是字母。

（2）不能包含嵌入的句点。

（3）长度不能超过 255 个字符。

（4）在被声明的作用域内必须唯一。

4．VBScript 运算符

当表达式包含多个运算符时，将按预定顺序计算每一部分，这个顺序被称为运算符优先级。可以使用括号越过这种优先级顺序，强制首先计算表达式的某些部分。运算时，总是先执行括号中的运算符，然后再执行括号外的运算符。但是，在括号中仍遵循标准运算符优先级。

当表达式包含多种运算符时，首先计算算术运算符，然后计算比较运算符，最后计算逻辑运算符。所有比较运算符的优先级相同，即按照从左到右的顺序计算比较运算符。算术运算符和逻辑运算符的优先级如表 2.3 所示。

表 2.3　运算符及优先级

算术运算符		比较运算符		逻辑运算符	
描述	符号	描述	符号	描述	符号
求幂	^	等于	=	逻辑非	Not
负号	-	不等于	<>	逻辑与	And
乘	*	小于	<	逻辑或	Or
除	/	大于	>	逻辑异或	Xor
整除	\	小于等于	<=	逻辑等价	Eqv
求余	Mod	大于等于	>=	逻辑隐含	Imp
加	+	对象引用比较	Is		
减	-				
字符串连接	&				

当乘号与除号同时出现在一个表达式中时，按从左到右的顺序计算乘、除运算符。同样当加与减同时出现在一个表达式中时，按从左到右的顺序计算加、减运算符。

字符串连接（&）运算符不是算术运算符，但是在优先级顺序中，它排在所有算术运算符之后和所有比较运算符之前。Is 运算符是对象引用比较运算符，它并不比较对象或对象的值，而只是进行检查，判断两个对象引用是否引用了同一个对象。

（二）VBScript 程序流程

在 VBScript 中，可使用条件语句和循环语句来控制脚本代码的执行流程。

1．if …then…else 语句

if …then…else 语句结构执行时将首先判断条件是否成立，根据判断的结果为 True 还是 False 执行相应的语句。其中的条件通常是一个使用比较运算符或逻辑运算符的表达式。根据不同的应用需要，if …then…else 语句结构有如下几种形式：

（1）if 条件 then 语句。

（2）if 条件 then 语句序列 end if。

（3）if 条件 then 语句序列 1 else 语句序列 2 end if。

（4）if 条件 1then。

语句序列 1。

```
如：elseif 条件 2
          语句序列 2
elseif 条件 3
          语句序列 3
…
end if
```

【例 1】判断用户名和密码是否正确。

```
<% If xinming="admin" and pw="admin" then
 Response.write("用户名和密码正确")
 else
 Response.write("用户名和密码不正确")
 end if   %>
```

【例 2】判断成绩，当成绩≥90 且≤100 时为优秀，当成绩≥70 且<90 时为良好，当成绩≥

60 且<70 时为及格，否则为不及格。

```
<%
Dim score
score=75
if score>=90 then
response.write("优秀")
elseif score>=70 then
response.write("良好")
elseif score>=60 then
response.write("及格")
else
response.write("不及格")
end if
%>
```

2. Select…Case 语句

Select Case 结构提供了 if...then...elseIf 结构的一个变通形式，可以从多个语句块中选择执行其中的一个。Select Case 语句提供的功能与 if...then...else 语句类似，但是可以使代码更加简练易读。

Select Case 结构在其开始处使用一个只计算一次的简单测试表达式。表达式的结果将与结构中每个 Case 的值比较。如果匹配，则执行与该 Case 关联的语句块。

【例 3】判断系统日期是周几。

```
<%
Dim Week,Newweek
Week=WeekDay(Date)
Select Case    Week
Case 1
    Newweek="星期日"
Case 2
    Newweek="星期一"
Case 3
    Newweek="星期二"
Case 4
    Newweek="星期三"
Case 5
    Newweek="星期四"
Case 6
    Newweek="星期五"
Case else
    Newweek="星期六"
end Select
Response.write("今天是：")&Newweek %>
```

3. DO…Loop 循环

可以使用 Do...Loop 语句多次（次数不定）运行语句块。当条件为 True 时或条件变为 True 之前，重复执行语句块。

它有四种结构：

（1）DO While 条件

　　语句组

Loop

（2）DO

　　语句组

Loop While 条件

（3）Do Until 条件

语句组

Loop

（4）Do

语句组

Loop Until 条件

【例 4】使用两种循环实现 1～50 的累加。

```
方法一:
<%
Dim n,sum
n =1
sum=0
Do While n<=50
    n = n+1
    sum=sum+n
Loop
Response.write"1 到 50 的和为:"&sum
%>
```

```
方法二:
    <%
    Dim n,sum
n =1
    sum=0
    Do Until n<=50
  n = n+1
  sum=sum+n
Loop
    Response.write"1 到 50 的和为:"&sum
    %>
```

4. While…Wend 循环

While...Wend 语句是为那些熟悉其用法的用户提供的。但是由于 While...Wend 缺少灵活性，所以建议最好使用 Do...Loop 语句。

5. For…Next 循环

For...Next 语句用于将语句块运行指定的次数。在循环中使用计数器变量，该变量的值随每一次循环增加或减少，其结构为：

```
For 循环变量=初始值 to 终止值 [step 步长值]
  语句组
Next
```

【例 5】使用循环语句在页面内输出 1～10 的数字。

```
<%
Dim i
For i=1 to 10
Response.write i&"<br>"
Next
%>
```

（三）ASP 内置对象

ASP 支持面向对象的程序设计方式，并且提供了多个特定的对象和组件供开发者调用，像这些不需要经过任何声明或建立的过程即可直接使用的就是ASP内置对象。表2.4即为ASP所提供的常用的内置对象及其功能的简短说明。对于初学者来说，应掌握最常见的 response 和 request 对象的使用方法。

表 2.4　ASP 内置对象

ASP 对象名称	说　　明
Response	响应客户端信息，包含一系列属性和方法
Request	取得客户端提交信息
Application	在一个 Application 内提供多用户共享空间
Session	包含属于特定来访者的信息
Server	为 ASP 脚本提供 Web Server 服务器信息

1．Response 对象

Response 对象控制发送给用户的信息，包括直接发送信息给浏览器、重定向浏览器到另一个 URL，使用该对象的页面要保存成.asp 格式。下面详细介绍这两种方法。

（1）Response.write 方法。该方法是 response 对象最常用的方法，用来向客户端浏览器动态输出数据，并且允许与 html 语言混合使用。例如：新建一个 1.asp 文件，代码页代码如下：

```
<html >
<head></head>
<body>
<% response.write"欢迎光临我的网站" %>
</body>
</html>
```

（2）Response.redirect 方法。该方法可用来将客户端的浏览器重新定向到一个新的网页。例如：新建一个 2.asp 文件，代码页代码如下：

```
<%
If xingming="admin" and pw="admin" then
Response.redirect "xinwenguanli.asp"
Else
Response.write "用户名或密码错误！"
End if
```

2．Request 对象

Response 对象的功能是将服务器端的数据发送到客户端的浏览器，而 Request 对象则用来接收客户端递交的数据，它通常是用来读取客户端提交的表单信息。下面详细介绍这个集合。

Request.form 集合用来获得客户在表单中输入的信息。

例如：显示用户注册的信息。

注册页面 1.html 代码如下：

```
<form id="form1" name="form1" method="post" action="2.asp">
  <p>请输入注册信息</p>
  <p>姓名:
    <label>
    <input name="xingming" type="text" id="xingming" />
    </label>
</p>
  <p>年龄:
    <label>
    <input name="age" type="text" id="age" />
    </label>
  </p>
  <p>
    <label>
    <input type="submit" name="Submit" value="提交" />
    </label>
    <label>
    <input type="reset" name="Submit2" value="重置" />
    </label>
  </p>
</form>
```

显示页面 2.asp 代码如下：

```
<%
Dim age,name
name=request.form("xingming")
age=request.form("age")
if name=Empt or age=Empt then
response.write"您的信息没有填完整！"
else
response.write"您的姓名是:"&name&"<br>"
response.write"您的年龄是:"&age&"<br>"
end if
%>
```

3. Server 对象

Server 对象能够完成服务器端的许多重要功能。Server.CreateObject 方法是 Server 对象最为重要的方法之一，可用来创建已经注册到服务器上的某个 ActiveX 组件的实例。使用 Server.CreateObject 方法为 ActiveX 组件创建对象实例的语法为：

```
Set 对象变量名=Server.CreateObject("ActiveX 组件名")
```

默认情况下，Server.CreateObject 方法创建的组件实例在当前脚本结束运行后，服务器会自动清除该实例，也可以使用下面的语句清除指定的对象实例，语法如下：

```
Set 对象变量名=Nothing
```

模块二　企业网站数据库的创建与连接

一、能力目标

（1）掌握 Access 数据库软件的使用方法。

（2）能够利用 Access 数据库软件创建本项目所需要的数据库。

（3）掌握数据库与页面进行连接的方法。

二、任务布置

利用 Access 数据库软件进行企业网站新闻数据库的设计，并利用相关的代码使数据与页面进行连接。该数据库包含的两张表分别如图 2.21、图 2.22 所示。

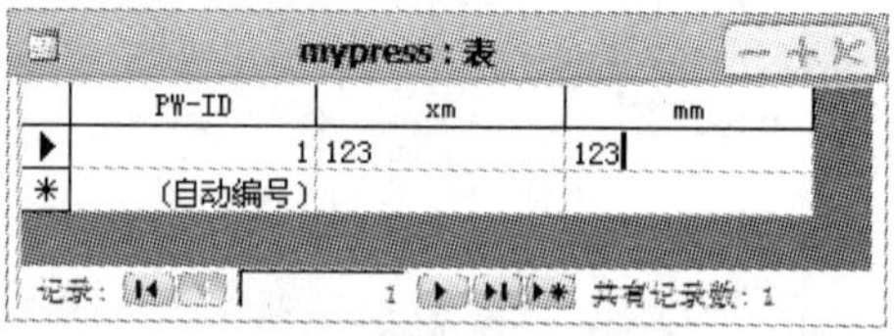

mypress : 表

PW-ID	xm	mm
1	123	123
(自动编号)		

记录：1 共有记录数：1

图 2.21　mypress 表

news : 表

id	news-subject	news-content	news-faburen	news-adddate
3	枋材、木皮、人i	9月，温家宝总理	李晓云	4 上午 11:33:20
5	我司中纤板产品	经有关部门认真	李晓云	4 上午 11:34:56
6	国资委蔡永进来	8月13日，市国	李晓云	4 上午 11:36:28
7	市慈善总会慰问	8月5日上午，市	李晓云	4 上午 11:36:59
8	炎炎夏日送清凉	进入7月份，夏	李晓云	4 上午 11:37:21
9	就金融危机形势	3月25日，温州	99	4 上午 11:38:07
(自动编号)				5 上午 01:30:19

记录：1 共有记录数：6

图 2.22　news 表

三、任务解析

1．企业网站数据库的创建

该数据库包含两张表，mypress 表用来存储管理员基本信息；news 表用来存储新闻信息。

2．页面与数据库的连接

首先创建一个数据库连接文件，选择【开始】|【所有程序】|【附件】|【记事本】项，在记事本中输入相应的代码，选择【文件】|【保存】项，在弹出的对话框中输入 conn.inc，保存类型选择【所有类型】。其他 ASP 文件要与该数据链接，方法是在代码页中添加“<!--#include file="conn.inc"-->”代码。

四、操作步骤

（一）创建数据库

（1）选择【开始】|【所有程序】|【Microsoft office】|【Microsoft office Access 2003】项，打开 Access 软件。

（2）选择【文件】|【新建】|【空数据库】项，在弹出的数据库保存对话框中选择保存路径，输入数据库名称“newstest.mdb”，单击【创建】按钮保存，如图 2.23 所示。

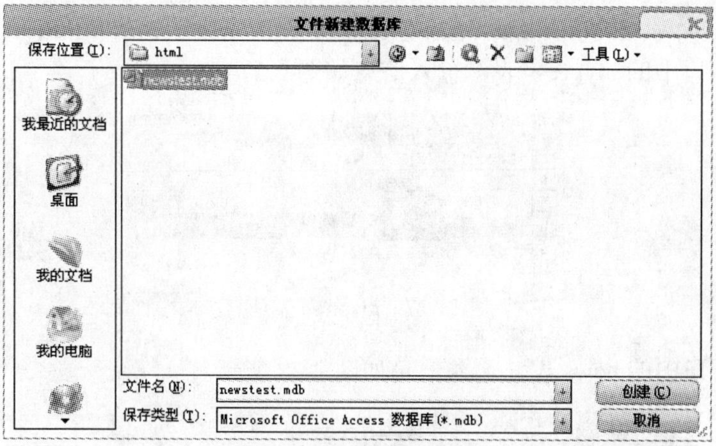

图 2.23　保存数据界面

（3）在如图 2.24 所示的界面中双击【使用设计器创建表】按钮新建一张表，在打开的窗口中输入如图 2.25 所示的字段名，保存名称为“mypress”。同理新建一张表“news”，输入字段名如图 2.26 所示。

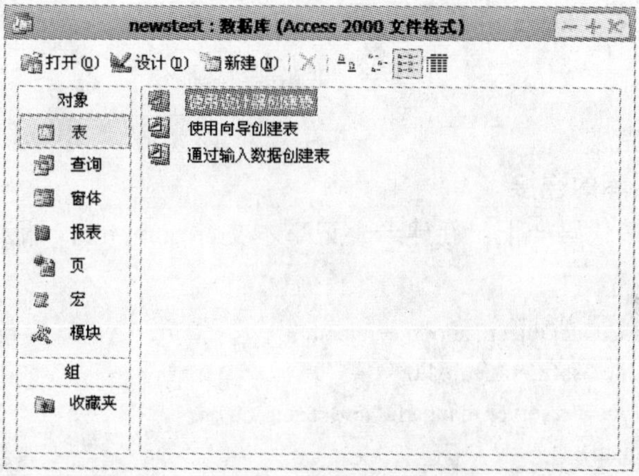

图 2.24　数据库设计界面

图 2.25　mypress 表字段设计

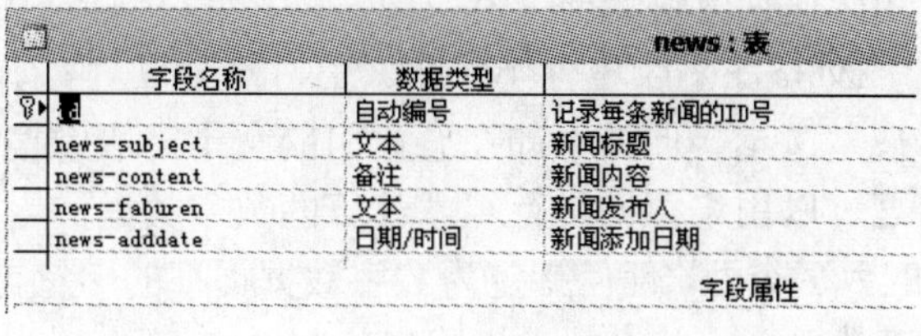

图 2.26　news 表字段设计

小提示：在 news 表中 news-adddate 字段名要使用一个默认值：now()。

（4）双击窗口中的 mypress 表，输入信息如图 2.27 所示。

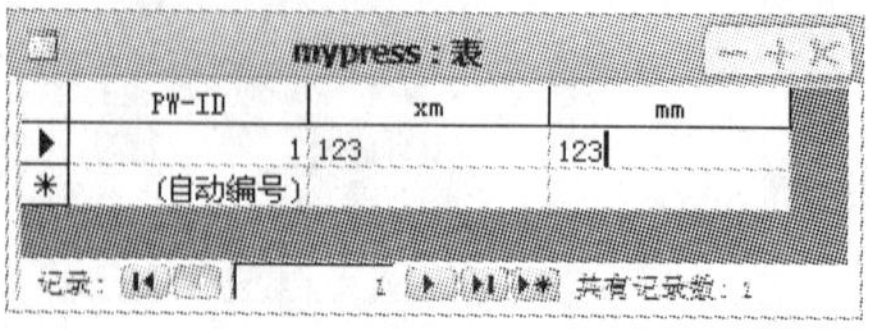

图 2.27 mypress 表信息

（5）双击窗口中的 news 表，输入信息如图 2.28 所示。

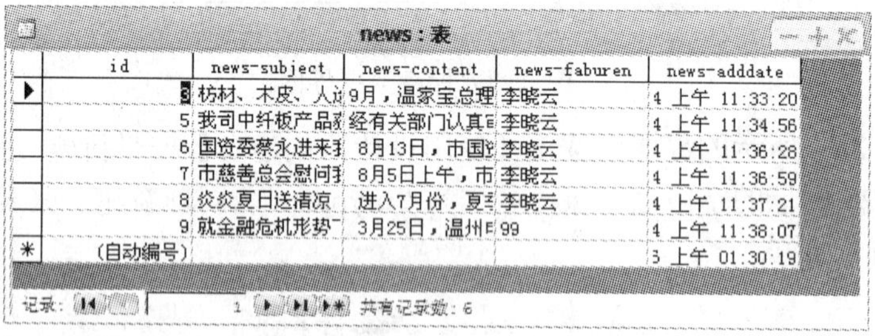

图 2.28 news 表信息

企业数据库创建完成。

（二）页面与数据库的连接

数据库和页面连接代码如下。新建一个记事本文件 conn.inc，输入以下内容。

```
<%
set conn=server.CreateObject("adodb.connection")
p1="provider=microsoft.jet.oledb.4.0;"
path1="data source="&server.mappath("newstest.mdb")
conn.open p1&path1
%>
```

五、举一反三

在表的设计视图中，每一个字段都有设计类型，Access 允许十种数据类型：文本、备注、数值、日期/时间、货币、自动编号、是/否、OLE 对象、超级链接、查询向导。

文本：这种类型允许最大 255 个字符或数字，Access 默认的大小是 50 个字符，而且系统只保存输入到字段中的字符，而不保存文本字段中未用位置上的空字符。可以设置“字段大小”属性控制可输入的最大字符长度。

备注：这种类型用来保存长度较长的文本及数字，它允许字段能够存储长达 64 000 个字符的内容。但 Access 不能对备注字段进行排序或索引，却可以对文本字段进行排序和索引。在备注字段中虽然可以搜索文本，但却不如在有索引的文本字段中搜索得快。

数字：这种字段类型可以用来存储进行算术计算的数字数据，用户还可以设置“字段大小”属性定义一个特定的数字类型，任何指定为数字数据类型的字符可以设置成“字节”、“整数”、“长整数”、“单精度数”、“双精度数”、“同步复制 ID”、“小数” 5 种类型。在 Access 中通常默认为“双精度数”。

日期/时间：这种类型是用来存储日期、时间或日期时间一起的，每个日期/时间字段需要8个字节来存储空间。

货币：这种类型是数字数据类型的特殊类型，等价于具有双精度属性的数字字段类型。向货币字段输入数据时，不必输入人民币符号和千位处的逗号，Access会自动显示人民币符号和逗号，并添加两位小数到货币字段。当小数部分多于两位时，Access会对数据进行四舍五入。精确度为小数点左方15位数及右方4位数。

自动编号：这种类型较为特殊，每次向表格添加新记录时，Access会自动插入唯一顺序或者随机编号，即在自动编号字段中指定某一数值。自动编号一旦被指定，就会永久地与记录连接。如果删除了表格中含有自动编号字段的一个记录后，Access并不会为表格自动编号字段重新编号。当添加某一记录时，Access不再使用已被删除的自动编号字段的数值，而是重新按递增的规律重新赋值。

是/否：这种字段是针对于某一字段中只包含两个不同的可选值而设立的字段，通过是/否数据类型的格式特性，用户可以对是/否字段进行选择。

OLE 对象：这个字段是指字段允许单独地“链接”或“嵌入”OLE 对象。添加数据到OLE对象字段时，可以链接或嵌入Access表中的OLE对象是指在其他使用OLE协议程序创建的对象，例如Word文档、Excel电子表格、图像、声音或其他二进制数据。OLE对象字段最大可为1GB，它主要受磁盘空间限制。

超级链接：这个字段主要是用来保存超级链接的，包含作为超级链接地址的文本或以文本形式存储的字符与数字的组合。当单击一个超级链接时，Web浏览器或Access将根据超级链接地址到达指定的目标。超级链接最多可包含三部分：一是在字段或控件中显示的文本；二是到文件或页面的路径；三是在文件或页面中的地址。在这个字段或控件中插入超级链接地址最简单的方法就是在“插入”菜单中单击“超级链接”命令。

查阅向导：这个字段类型为用户提供了一个建立字段内容的列表，可以在列表中选择所列内容作为添入字段的内容。

六、上机练习

按照本模块讲解的数据库的建立方法，完成留言板数据库liuyan.mdb的创建。该数据库包括两张表：管理员表和留言表，如图2.29所示，两张表的设计视图如图2.30、图2.31所示。设计结果参照教学资源中“项目二\上机练习素材\ch2-4-1”。

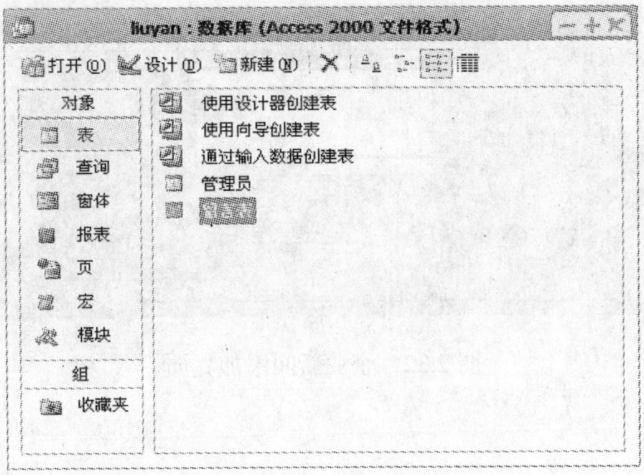

图 2.29　liuyan.mdb 数据库

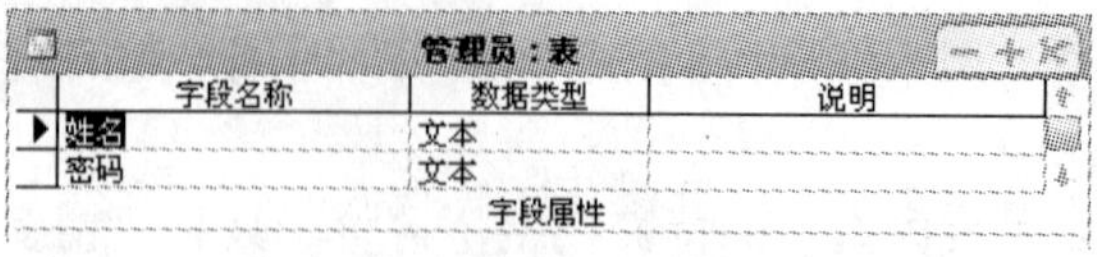

图 2.30　管理员表

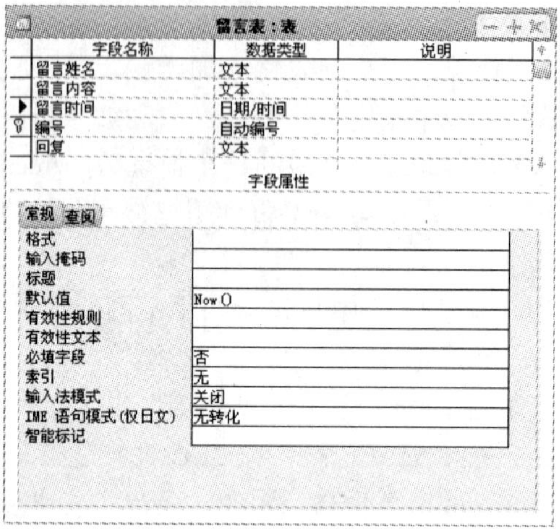

图 2.31　留言表

模块三　企业网站新闻的基本操作

一、能力目标

（1）掌握企业网站后台页面的设计方法。

（2）掌握 SQL 数据库操作语言的使用。

二、任务布置

打开教学资源中“项目二\各章节完成文档\ch2-5-1”中的素材，设计企业网站后台新闻管理页面，它包括新闻的添加、删除和修改操作。效果如图 2.32、图 2.33、图 2.34 所示。

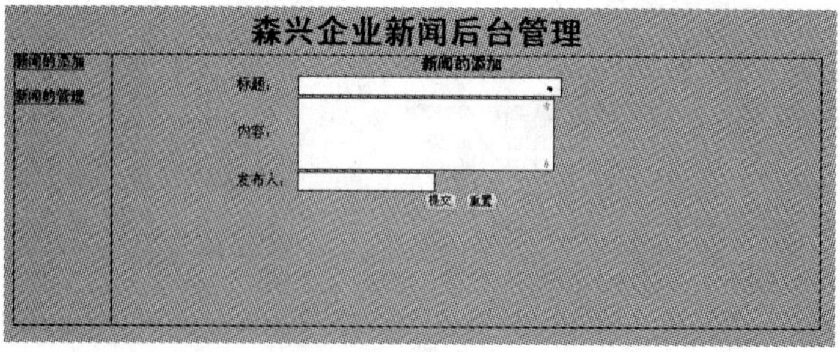

图 2.32　企业新闻添加界面

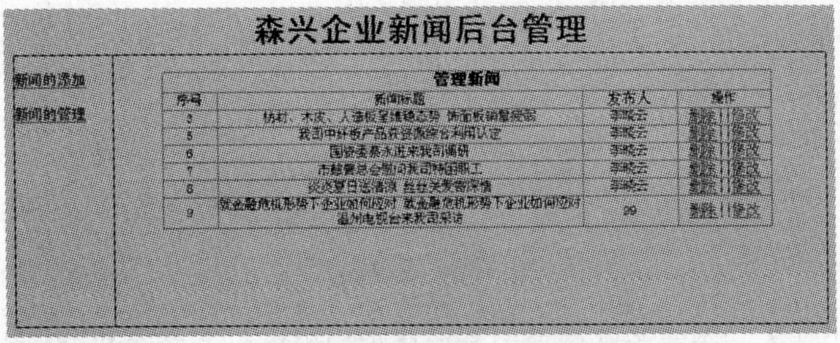

图 2.33　企业新闻管理界面

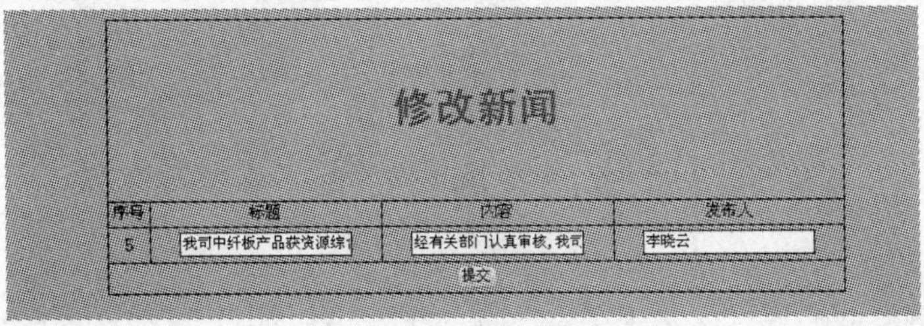

图 2.34　企业新闻修改界面

三、任务解析

本模块实现森兴企业新闻管理后台的操作，设计过程中使用 6 个动态页面：新闻的添加界面 indexadmin1.asp、添加处理界面 chuli.asp、新闻的管理界面 Guanli1.asp、删除处理界面 shanchu.asp、修改界面 xiugai.asp 和修改处理界面 edit.asp。这些页面的关系和功能如图 2.35 所示。

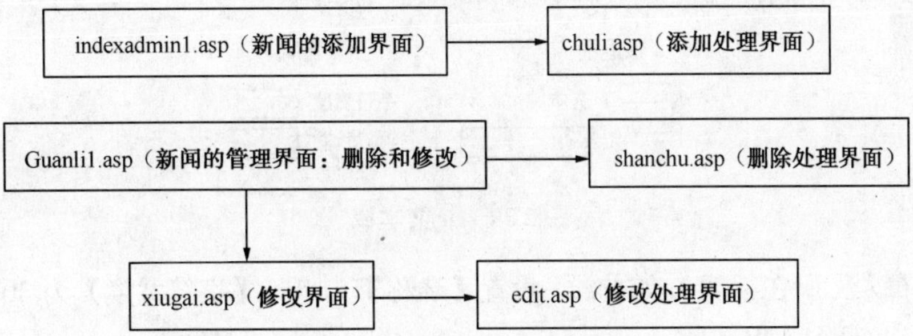

图 2.35　页面结构和功能图

四、操作步骤

（一）新闻添加页面的设计与实现

（1）打开 Dreamweaver 软件，新建一个动态页面“ASP VBScript”页面，保存为“indexadmin1.asp”。

（2）在页面中插入一个宽 900 像素的 1 行 1 列的表格，在其中输入“森兴企业新闻后台管理”，设置成“黑体、36 像素、居中”。再插入一个宽 900 像素的 1 行 2 列的表格，其中第一列宽 108 像素，在其中输入导航信息“新闻的添加”、“新闻的管理”。

（3）在第二列中插入一个表单，表单的属性设置如图 2.36 所示。

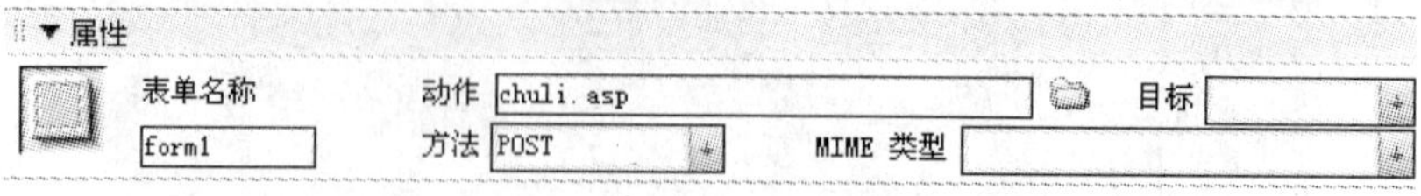

图 2.36　表单属性

（4）在表单中插入一个宽 500 像素的 5 行 2 列的表格；表格详细设计如图 2.37 所示。

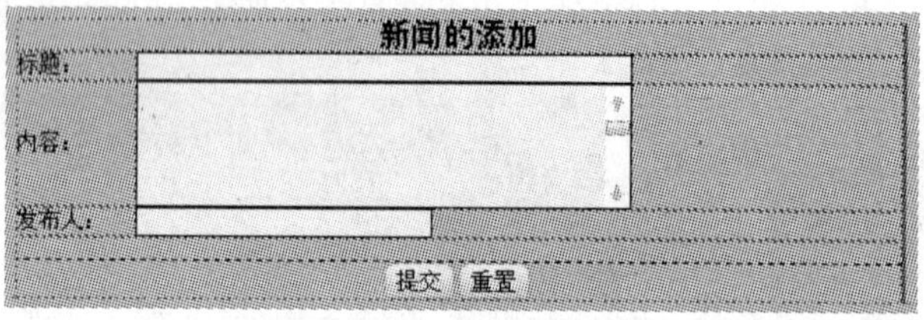

图 2.37　表格设置

（5）表单中“标题”右侧插入文本域，设置【名称】为 bt，【字符宽度】为 40，【类型】为单行，属性设置如图 2.38 所示。

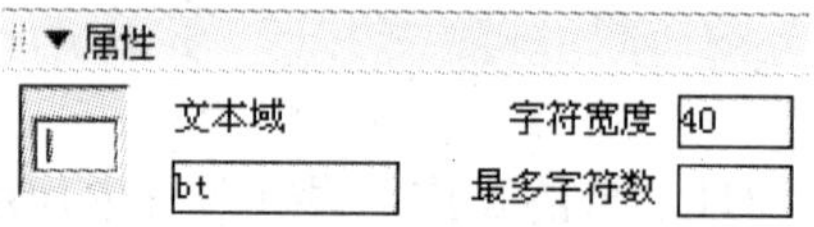

图 2.38　bt 文本域

（6）表单“内容”右侧插入文本域，设置【名称】为 nr，【字符宽度】为 38，【类型】为多行，【行数】为 5，属性设置如图 2.39 所示。

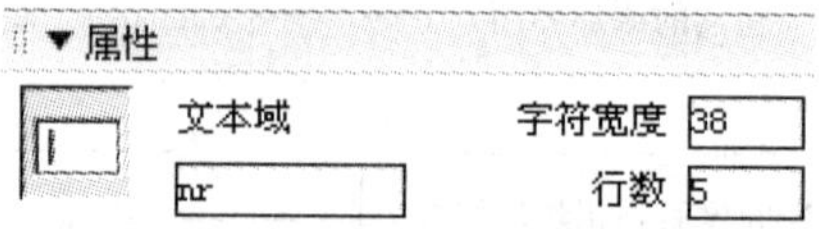

图 2.39　nr 文本域

（7）“发布人”所在行插入文本域，设置【名称】为 fbr，【字符宽度】为 30，【类型】为单行，属性设置如图 2.40 所示。

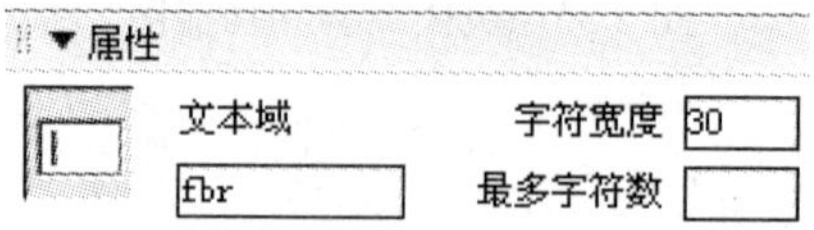

图 2.40　fbr 文本域

（8）设计完成后效果如图 2.41 所示。

（9）输入完信息后，单击【提交】按钮，该表单提交的信息由“chuli.asp”页面进行处理，完成新闻的添加功能。

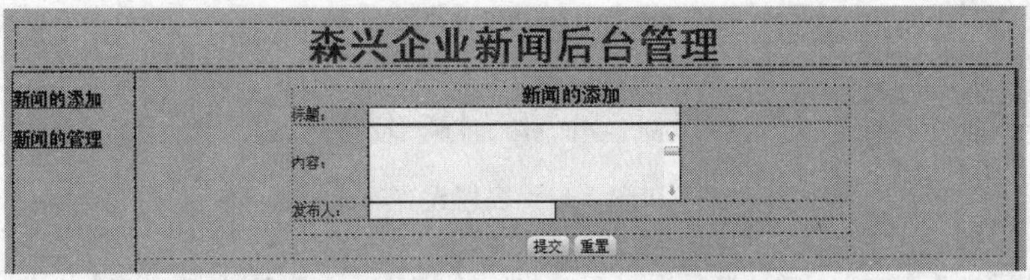

图 2.41　新闻添加界面

（10）“chuli.asp”页面的创建，打开 Dreamweaver 软件，选择【文件】|【新建】|【常规选项卡】|【动态页】|【ASP VBScript】项，单击【创建】按钮，创建新的页面。

（11）切换到【代码】视图，删除已有的代码，重新输入如图 2.42 所示的代码。

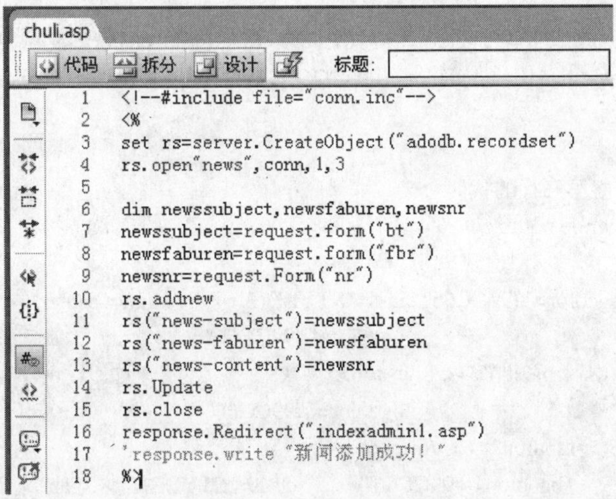

图 2.42　chuli.asp 代码页

（二）新闻的删除、修改页面的设计与实现

（1）打开 Dreamweaver 软件，新建一个动态页面【ASP VBScript】页面，保存为“guanli1.asp”。

（2）切换到【代码】视图，在文档第一行代码“<%@LANGUAGE="VBSCRIPT" CODEPAGE="936"%>”下面添加数据库连接代码：

```
<!--#include file="conn.inc"-->
<%
set rs=server.CreateObject("adodb.recordset")
rs.open"news",conn,1,3 %>
```

（3）在页面中插入一个宽 900 像素的 1 行 1 列的表格，在其中输入文字“森兴企业新闻后台管理”，设置文字格式【字体】为黑体、【大小】为 36 像素、【对齐】为居中。

（4）在表格下方再插入一个 1 行 2 列的表格，表格宽 900 像素，表格第一列宽 108 像素，在列中输入导航信息“新闻的添加”、“新闻的管理”。

（5）在表格第二列中插入一个 3 行 4 列的表格，表格宽 674 像素，表格前两行按照图 2.43 所示的信息输入相应的标题内容，第三行通过编写 VBScript 代码循环输出 news 表中所有的新闻的序号、新闻标题、发布人和相应的操作选项，效果如图 2.43 所示，该表格的代码如下。

图 2.43　表格设置

```
<table width="674" border="0" align="center" cellpadding="0" cellspacing="1" bgcolor="#0066CC">
        <tr><th    colspan="4"    bgcolor="#99CC66"    scope="col"><div    align="center"><span
class="STYLE7">管理新闻</span></div></th></tr>
        <tr>
    <td width="60" bgcolor="#99CC66"><div align="center" class="STYLE15">序号</div></td>
          <td  width="407"  bgcolor="#99CC66"><div  align="center"  class="STYLE15">新闻标题
</div></td>
          <td width="103" bgcolor="#99CC66"><div align="center">发布人</div></td>
          <td  width="104"  bgcolor="#99CC66"><div  align="center"><span  class="STYLE15">操作
</span></div></td>
        </tr>
    <!—以下为表格第三行的代码-->
        <% do while not rs.eof %>
        <tr>
          <td bgcolor="#99CC66" class="STYLE15"><div align="center"><%=rs("id")%></div></td>
          <td                bgcolor="#99CC66"                class="STYLE15"><div
align="center"><%=rs("news-subject")%></div></td>
          <td                bgcolor="#99CC66"                class="STYLE15"><div
align="center"><%=rs("news-faburen")%></div></td>
          <td      bgcolor="#99CC66"      class="STYLE15"><span      class="STYLE13"><div
align="center"><a href="shanchu.asp?id=<%=rs("id")%>">
            删 除 </a>||<span  class="STYLE13"><a  href="xiugai.asp?id=<%=rs("id")%>"> 修 改
</a></span></div></td>
        </tr>
        <%
      rs.movenext
      loop
      rs.close
      %>
    </table>
```

（6）“guanli.asp”完成后的效果如图 2.44 所示。

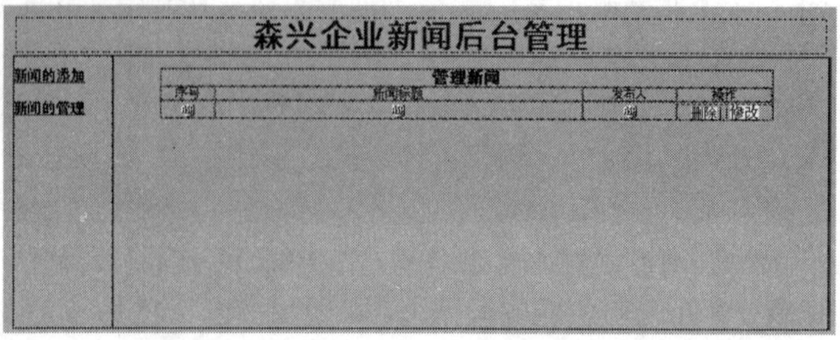

图 2.44　guanli.asp 页面

（7）单击新闻后面的【删除】操作通过连接到新闻的删除操作页“shanchu.asp”实现，该页面的全部代码如下：

```
<!--#include file="conn.inc"-->
<%
set rs=server.CreateObject("adodb.recordset")
sql="select * from news where id ="&request("id")
rs.open sql,conn,3,2
rs.delete
rs.update
response.redirect("guanli1.asp")
 %>
```

（8）单击新闻后面的【修改】操作通过连接到新闻的修改操作“xiugai.asp”和“edit.asp”两个页面实现。

（9）按照以上的方法创建一个 ASP VBScript 动态页“xiugai.asp”，该页面的设计如图 2.45 所示。在“xiugai.asp”代码页面的“<%@LANGUAGE="VBSCRIPT" CODEPAGE="936"%>”下一行添加数据库连接代码，如下所示：

```
<!--#include file="conn.inc"-->
<%
set rs=server.CreateObject("adodb.recordset")
sql="select * from news where id="&request("id")
rs.open sql,conn,1,3
%>
```

（10）在“xiugai.asp”页面中插入一个表单，表单的属性设置如图 2.45 所示。

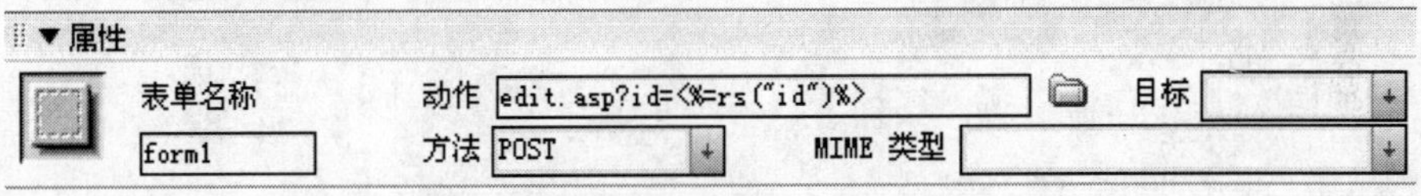

图 2.45　表单属性

（11）在表单中插入一个 4 行 4 列的表格，表格的前两行按照图 2.46 进行内容的输入。

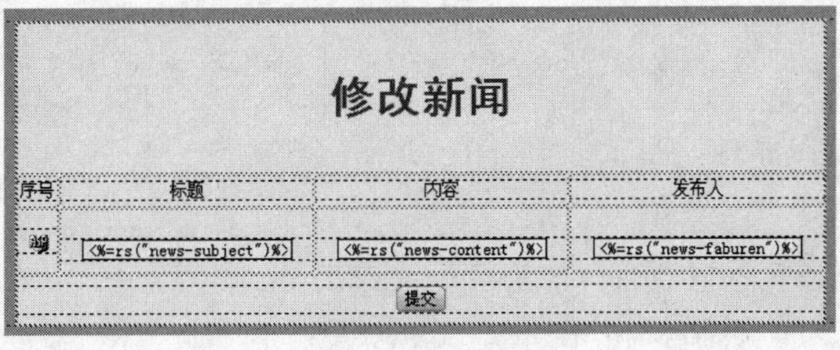

图 2.46　表单的设置

（12）表格第三行通过“guanli1.asp”页面传递过来的新闻编号，输出要修改的新闻的序号、标题、内容、发布人信息，其中标题、内容、发布人信息由表单的文本域输出，标题文本域的初始值为“<%=rs("news-subject")%>”、内容文本域的初始值为“<%=rs("news-content")%>”、发布人文本域的初始值为“<%=rs("news-faburen")%>”；第四行插入一个【提交】按钮。该表单的代码如下所示：

```
<form id="form1" name="form1" method="post" action="edit.asp?id=<%=rs("id")%>">
  <table width="650" height="239" border="0" align="center" cellpadding="0" cellspacing="1" bgcolor="#000000">
    <tr>
      <th height="119" colspan="4" bgcolor="#99CC66" scope="col"><span class="STYLE1">修改新闻</span></th>
    </tr>
    <tr>
      <td bgcolor="#99CC66"><div align="center"><span class="STYLE11">序号</span></div></td>
      <td bgcolor="#99CC66"><div align="center"><span class="STYLE11">标题</span></div></td>
      <td bgcolor="#99CC66"><div align="center"><span class="STYLE11">内容</span></div></td>
      <td bgcolor="#99CC66"><div align="center"><span class="STYLE11">发布人</span></div></td>
    </tr>
    <tr>
      <td bgcolor="#99CC66"><div align="center"><%=rs("id")%></div></td>
      <td bgcolor="#99CC66"><label>
        <div align="center">
          <input name="bt" type="text" id="bt" value="<%=rs("news-subject")%>" />
        </div>
      </label></td>
      <td bgcolor="#99CC66"><label>
        <div align="center">
          <input name="nr" type="text" id="nr" value="<%=rs("news-content")%>" />
        </div>
      </label></td>
      <td bgcolor="#99CC66"><label>
        <div align="center">
          <input name="fbr" type="text" id="fbr" value="<%=rs("news-faburen")%>" />
        </div>
      </label></td>
    </tr>
    <tr>
      <td colspan="4" bgcolor="#99CC66"><label> </label>
          <div align="center">
            <input type="submit" name="Submit" value="提交" />
        </div></td>
    </tr>
  </table>
</form>
```

（13）按照以上的方法创建一个 ASP VBScript 动态页“edit.asp”页面，该页面用来将修改完的信息写入数据库，选择【代码】页，输入以下代码：

```
<!--#include file="conn.inc"-->
<%
set rs=server.CreateObject("adodb.recordset")
sql="select * from news where id=" & request("id")
rs.open sql,conn,3,2
rs("news-subject")=request("bt")
rs("news-content")=request("nr")
rs("news-faburen")=request("fbr")
rs.update
response.redirect("guanli1.asp")
%>
```

至此，完成新闻的删除和修改操作。

五、举一反三

数据库的操作包含查询（Select）、插入（Insert）、删除（Delete）、更新（Update）四种，上面对他们分别进行了应用，下面分别对他们进行详细的介绍。

1．查询

在数据库中查询记录使用的 SQL 命令分成简单的查询和带条件的查询。

简单的查询基本语法格式为：

SELECT 列名 1[,...列名 n] FROM 表名

带条件的查询基本语法格式为：

SELECT 列名 1[,…列名 n] FROM 表名 WHERE 条件表达式 [order by <排序关键字>[ASC|DESC]]

说明：

（1）若要查找表中所有的列，可以用“*”来表示。

（2）条件表达式一般包括：比较表达式、逻辑表达式、使用 BETWEEN 关键字、使用 IN 关键字、使用 LIKE 关键字（模糊查询）。

（3）ASC 表示按照排序关键字升序排列，DESC 表示按照排序关键字降序排列。

2．插入

在数据中插入记录的 SQL 命令为 INSERT，基本语法格式为：

insert into <表名>[(<字段名 1>[,<字段名 2>，…])] values(<表达式 1>[,<表达式 2>，…])

说明：

（1）本命令是向指定表的尾部添加一条新的记录。

（2）语法格式中的表达式的类型要和指定的字段名一一对应。

3．删除

删除数据表的记录的 SQL 命令为 DELETE，基本语法格式为：

DELETE FROM <表名> [WHERE<删除条件>]

说明：删除条件用来控制删除的记录，若默认此条件则将删除所有记录。

4. 更新

修改或更新数据表中的数据的 SQL 命令为 UPDATE，其语法结构为：

UPDATE<表名>

SET<字段名 1>=<表达式 1>[,<字段名 2>=<表达式 2>,…]

[WHERE<更新条件>]

说明：WHERE<更新条件>是对符合条件的记录进行更新，默认为对所有记录的指定字段进行更新。

六、上机练习

利用教学资源中“项目二\上机练习\ch2-5-1”素材，设计完成留言板的留言、删除和更新留言功能页面的设计，效果如图 2.47、图 2.48、图 2.49 所示。操作步骤参考本模块前述内容。

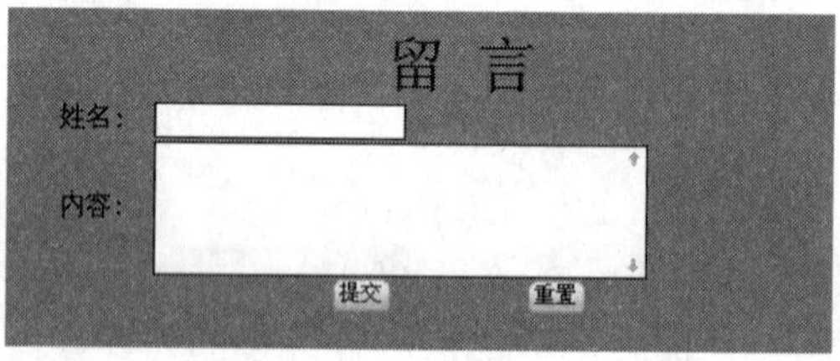

图 2.47　留言页

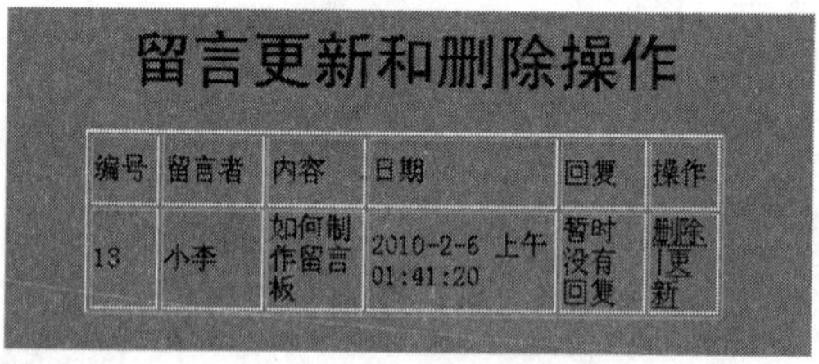

图 2.48　留言的管理

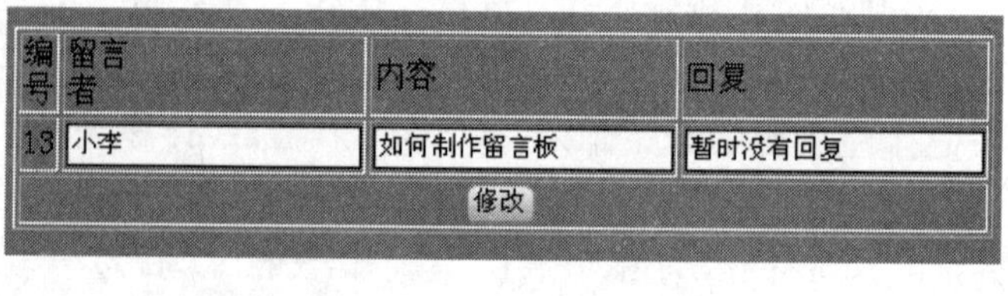

图 2.49　留言的修改

模块四　企业网站新闻的显示

一、能力目标

掌握企业网站新闻的动态显示和新闻详细信息的查看设计。

二、任务布置

利用教学资源中“项目二\各章节完成文档\ch2-2-1”中的 index.asp，设计完成企业网站首页新闻的动态显示。在本项目中，已经设计完成了企业网站首页的设计，通过本模块对它进行一个新闻的动态显示的改进，当后台对新闻数据表进行更新时，首页总是显示最新发布的 9 条新闻的标题，并能够访问其详细信息，效果如图 2.50 所示。

图 2.50　企业首页

三、任务解析

1. VBScript 语言循环语句

循环语句有很多种，本模块选用 do while 条件 语句序列 loop 结构。例如：

```
<%
Dim i
i=1
do while i<=9
response.write i & “<br>”
i=i+1
loop
%>
```

本模块在这个循环的基础上修改了 do while 的判断条件“not rs.eof and i<=9”，其中“not rs.eof”表示没有到记录的末尾。

2. 设计新闻详细信息的查看

该页面要求能够读出新闻的标题和新闻的详细信息。

四、操作步骤

（1）打开教学资源中“项目二\各章节完成文档\ch2-2-1”中的“index1.asp”文件，在代码页第一行“<!--#include file="conn.inc"-->”后面添加如下代码进行数据库链接：

```
<%
sql="select * from news order by newsadddate desc"
set rs=server.CreateObject("adodb.recordset")
rs.open sql,conn,1,3
%>
```

（2）修改第三个表格第一列的新闻中心下的新闻静态标题，通过编写 VBScript 代码实现动态从数据库中读出最新的 9 条新闻标题，代码如下：

```
<table width="98%" height="21" border="0" cellpadding="0" cellspacing="0">
        <tr> <td valign="top">
            <%
            dim i
            i=1
            do while not rs.eof and i<=9
            %>
        <p><span                                                class="STYLE5"><a
href="xinwen.asp?id=<%=rs("id")%>"><%=rs("news-subject")%></a></span></p>
            <% i=i+1
              rs.movenext
            loop
            rs.close %>
        </td> </tr>
    </table>
```

（3）运行修改后的“index.asp”页面，发现只显示了 6 条新闻的标题，原因是新闻数据表中只有 6 条新闻，运行效果如图 2.51 所示。

图 2.51　修改后的“index.asp”页面

当单击每条新闻的标题时，页面会跳转到 “xinwen.asp”，该页面能够详细显示超链接的新闻，该页面设计简单效果如图 2.52 所示。

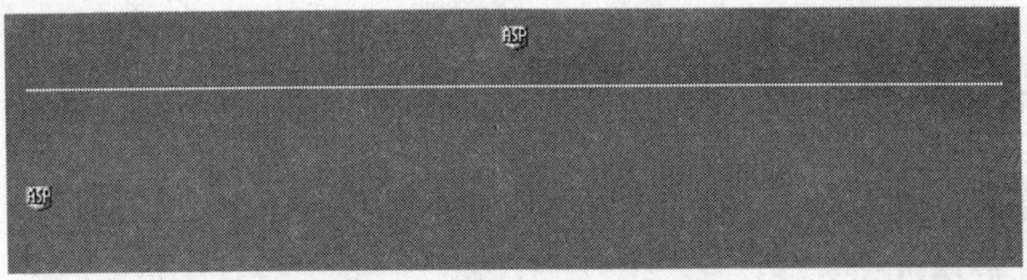

图 2.52　“xinwen.asp”页面

该页的全部代码如下：

```
<%@LANGUAGE="VBSCRIPT" CODEPAGE="936"%>
<!--#include file="conn.inc"-->
<%
set rs=server.CreateObject("adodb.recordset")
sql="select * from news where id="&request("id")
rs.open sql,conn,1,3
%>
<html>
<head>
<style type="text/css">
<!--
body {
	background-color: #669999;
}
-->
</style></head>
<body>
	<p align="center"><%=rs("news-subject")%></p>
	<hr />
	<p> 	</p>
<%=rs("news-content")%>
<p> </p>
</body>
</html>
```

五、上机练习

参照本模块的制作步骤制作留言查看页面，参考界面如图 2.53 所示，制作的界面可以参考教学资源中“项目二\上机练习\ch2-6-1”。

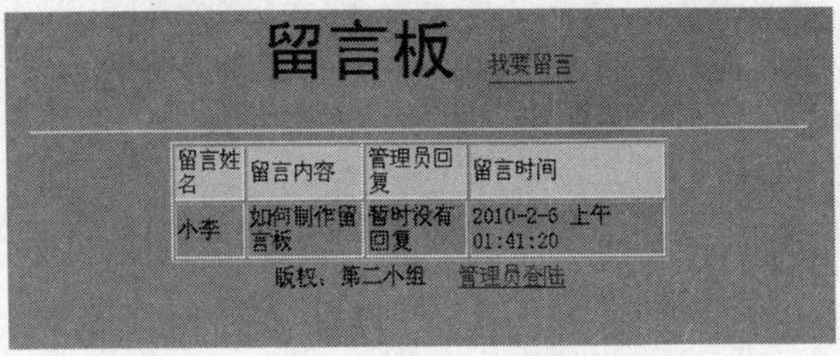

图 2.53　留言显示页面

模块五　企业网站管理员登录页的设计

一、能力目标

（1）掌握登录页的设计方法。

（2）掌握登录代码的编写。

二、任务布置

按照教学资源中“项目二\各章节完成文档\ch2-7-1”的素材设计森兴企业管理员登录界面“denglu.asp”，如图 2.54 所示，并通过在“logngl.asp”页面中编写 VBScript 代码实现登录。

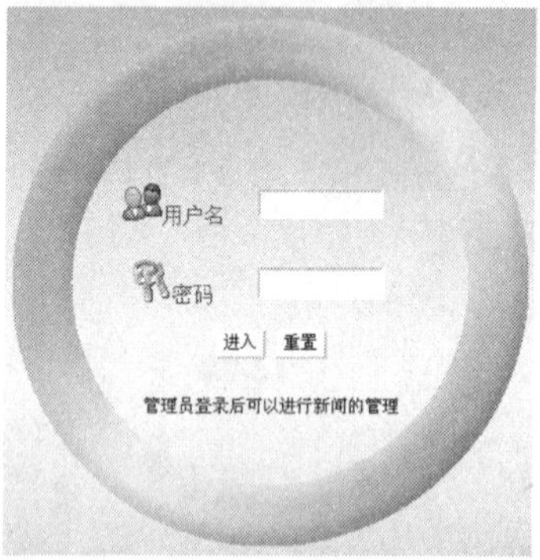

图 2.54　登录页

三、任务解析

（1）登录页采用了一个渐变的图像作为背景，同时登录框采用了一个圆作为背景，具有较好的视觉效果。

（2）登录页通过一个表单把输入的信息传到 logngl.asp 页面，判断输入的用户名和密码在数据表“mypress”中存在否，如果存在则跳转到“indexadmin1.asp”页面即新闻添加页，否则输出“用户名或密码错误！”

四、操作步骤

（1）打开 Dreamweaver 软件，新建一个动态页“ASP VBScript”页面，保存为“denglu.asp”，设置页面背景为“back.gif”，效果如图 2.55 所示。

图 2.55　添加背景的页面

（2）在该页面中插入一个宽 400 像素、高 400 像素的 1 行 1 列的表格，设置表格“水平居中、背景图像为 quan.gif”，效果如图 2.56 所示。

图 2.56　添加了表格的背景

（3）在表格中插入一个表单，表单属性设置如图 2.57 所示。在表单内插入一个宽 240 像素、高 150 像素的 4 行 2 列表格，表格内参考图 2.58 进行设计，用户名输入文本域命名为“admin”，其属性设置如图 2.59 所示，密码输入文本域命名为“password”，其属性设置如图 2.60 所示。

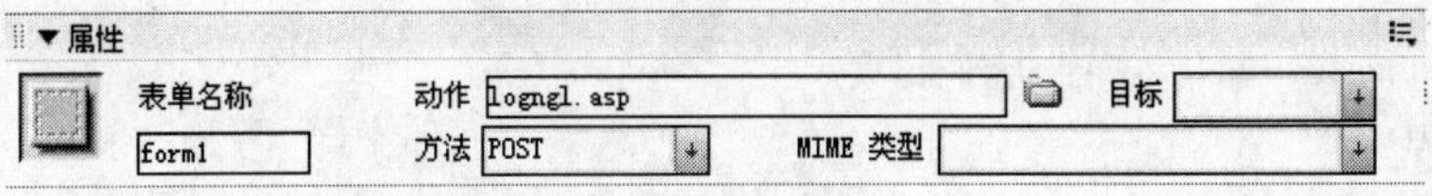

图 2.57　表单属性

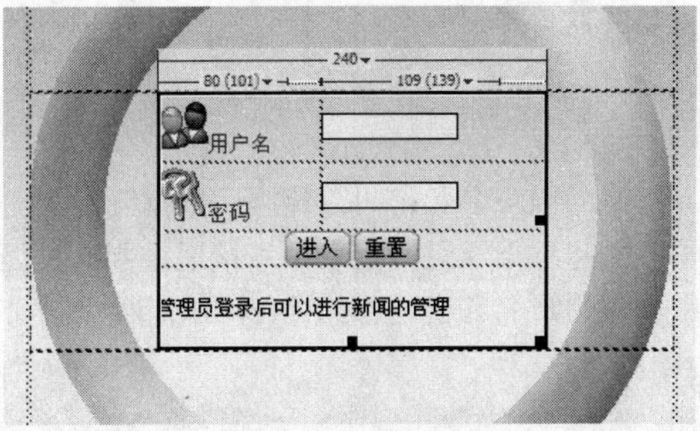

图 2.58　表格内对象设置

图 2.59　用户名输入文本域属性

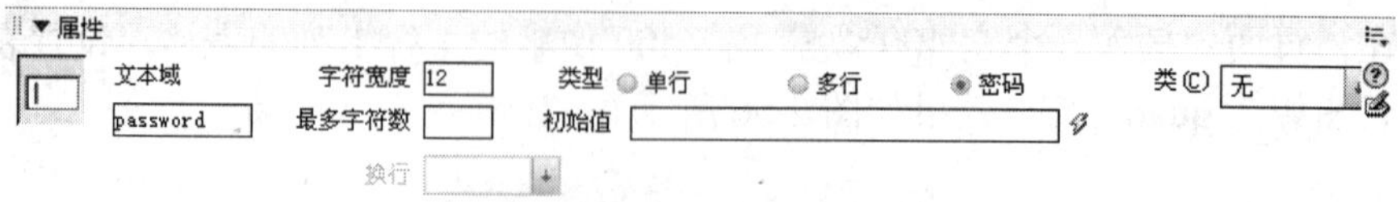

图 2.60　密码输入文本域属性

（4）单击“denglu.asp”登录页中的【进入】按钮时，跳转执行判断页面“logngl.asp”，该页面是一个代码页，该页面的全部代码如下：

```
<!--#include file="conn.inc"-->
<%
sql="select * from mypress "
set rs=server.CreateObject("adodb.recordset")
rs.open sql,conn,1,3
 dim admin
 dim password
 admin=request("admin")
 password=request("password")
 do while not rs.eof
   if admin=rs("xm") and password=rs("mm") then
     response.redirect("indexadmin1.asp")
 else
   response.write("用户名或密码错误！")
 end if
 rs.movenext
 loop
 rs.close %>
```

（5）在虚拟目录中进行预览。

五、举一反三

管理员登录需要输入正确的用户名和密码，增强了数据库的安全性。有的系统在设置管理员用户名和密码时为了方便起见不通过数据表，直接通过判断页面进行设置。

例如：在此判断页中设置用户名和密码都为“tyy”，判断代码如下：

```
<%
 dim admin
 dim password
 admin=request("admin")
 password=request("password")
   if admin="tyy" and password="tyy" then
     response.redirect("top.asp")
 else
      response.redirect("index1.asp")
 end if
%>
```

六、上机练习

利用教学资源中“项目二\上机练习\ch2-7-1”，制作留言板的管理员登录页面如图 2.61 所示，管理员登录后可以进行留言的删除和回复操作，要求使用数据表中的管理员信息登录。

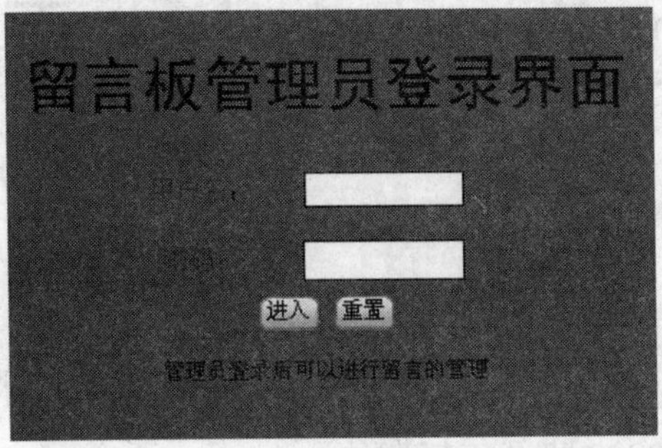

图 2.61　留言板登录页

项目三　My Zone 个人主页设计与制作

一、项目需求分析

（一）项目的提出

- 网站类型：个人主页
- 网站名称：《My Zone》
- 网站用户群：网络 0933 班（年轻群体）
- 网站要求：作为学生个人的展示空间，包括个人介绍、个人相册展示、个人日志、好友链接、音乐欣赏等模块
- 实现技术：图像处理软件＋Flash

（二）个人主页网站信息结构

网站模块结构图如图 3.1 所示。

图 3.1　《My Zone》模块结构图

二、项目实施模块划分

个人主页项目的模块划分（如表 3.1 所示）

表 3.1　个人主页项目模块划分表

内容 / 序号	任务	模块
1	个人主页的界面设计	个人主页欢迎动画的设计制作
		个人主页的界面框架设计
		个人主页 Logo 与导航条设计
2	具体页面的制作和 ActionScript 的添加	导航按钮和页面连接的实现
		首页的制作完善
		展示页面的制作
		个人日志页面的制作
		好友链接页面的制作
		网站背景音乐的添加，简易播放器的制作

（二）个人主页网站完成后效果图（如图 3.2（a）～图 3.2（e）所示）

（a）片头页面效果图

（b）首页页面效果图

（c）相册页面效果图

图 3.2　个人主页页面效果图

（d）日志页面效果图

（e）好友页面效果图

图 3.2　个人主页页面效果图（续）

任务一 《My Zone》个人主页的界面设计

模块一 任务预备知识

一、教学目标

熟练掌握 Flash 8 的基本操作和基础动画的制作。

二、工作任务

掌握 Flash 8 的基本操作。

三、理论知识

（一）Flash 基础

Flash 是一种创作工具，设计人员和开发人员可使用它来创建演示文稿、应用程序和其他允许用户交互的内容。Flash 可以包含简单的动画、视频内容、复杂演示文稿和应用程序以及介于它们之间的任何内容。通常，使用 Flash 创作的各个内容单元称为应用程序，即使它们可能只是很简单的动画。用户可以通过添加图片、声音、视频和特殊效果，构建包含丰富媒体的 Flash 应用程序。

Flash 是一个可以用来制作网络交互多媒体平台的软件，虽然现在它在动画制作方面的应用可能更普及一些，但是 Flash Web 也是网络交互多媒体的一种表现形式，而且更细致和美丽。

（二）Flash 8 的基本操作

1．Flash 8 的工作环境

如图 3.3 所示是一个空白 Flash 文档的窗口。

（1）位于窗口最上方的是【菜单栏】，软件打开时，默认主工具栏是隐藏惯用工具栏的用户可以执行【窗口】|【工具栏】|【主工具栏】命令，在【菜单栏】【主工具栏】。

（2）【文档选项卡】用于切换打开的文档。

（3）【舞台】周围灰色的部分，平时可以在里面进行编辑操内容在正式发布文档中不可见，一般可以用来作为辅助的部分，如动画的

（4）右侧的常用面板，可以根据个人的习惯设置，在【窗口】菜单下选择打开。

2．时间轴

【时间轴】面板：时间轴也叫做时间线，用于表示动画元素在不同时间存在的不同状态；将不同的图像与先后顺序，加入时间轴中，再安排好他们的出场时间、动画效果等，设置逐一播放，构成连续的动画作品。面板构成如图 3.4 所示。

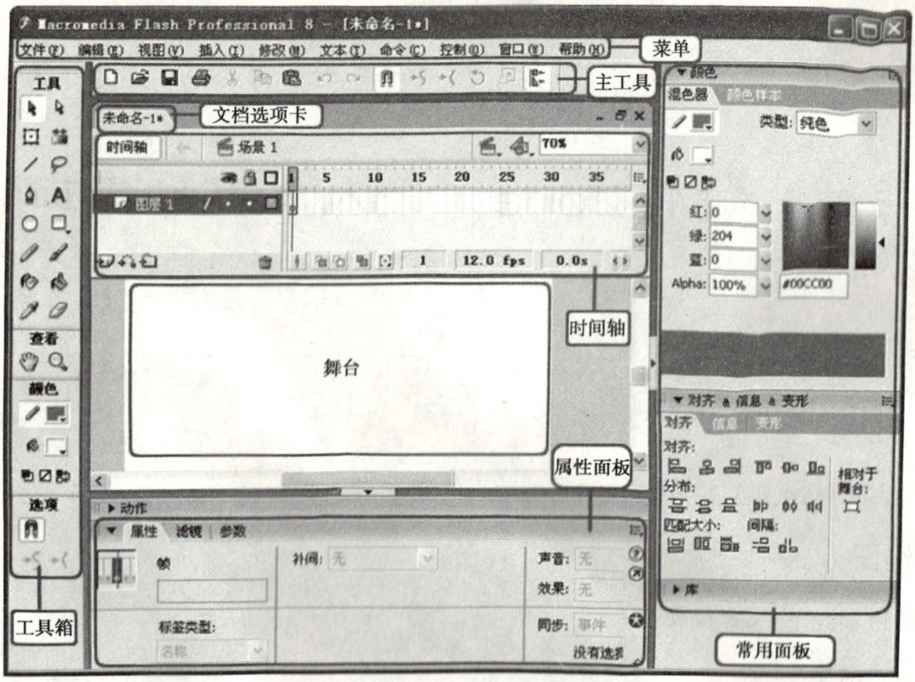

图 3.3　Flash 8 工作环境

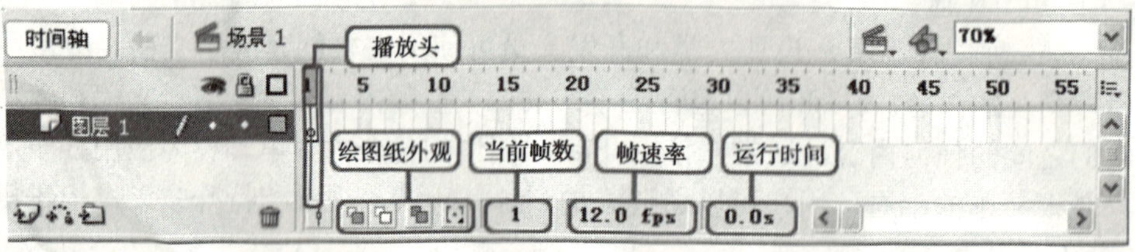

图 3.4　【时间轴】面板

（1）帧速率：当前动画文件在播放时每秒播放的帧数，Flash 默认的帧速率是 12fps（帧/秒），数值越大，播放的速度就越快，反之越慢，但是要注意，如果速率太低的话在动画播放时会明显感觉到画面停顿。

要修改帧速率的话，可以直接在时间轴上帧速率的位置双击，或者选择菜单栏【修改】|【文档】命令（快捷键 Ctrl+J），都将会打开【文档属性】对话框，可在其中直接修改，如图 3.5 所示。

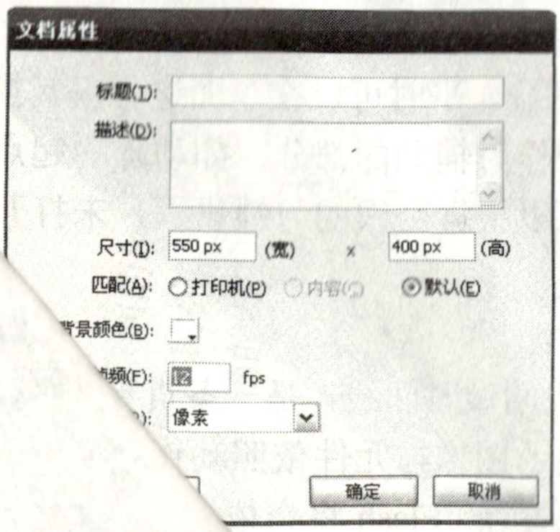

图 3.5　【文档属性】对话框

也可在未选择任何对象的情况下，直接从窗口下方的属性面板中修改，如图 3.6 所示，这两种方法修改的都是文档属性，本质上是一致的。

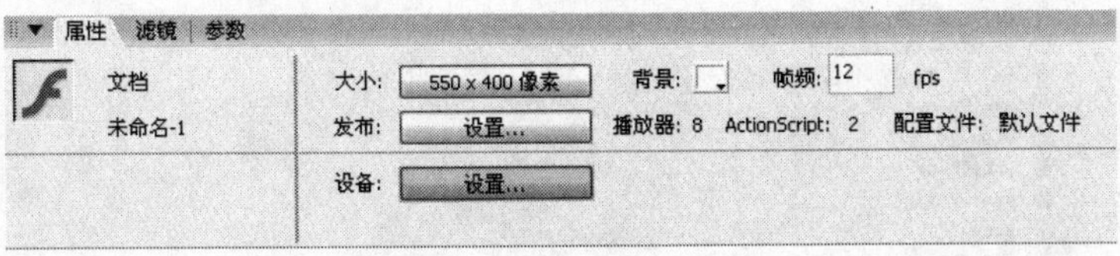

图 3.6 【属性】面板

3. 工具箱

位于窗口左侧的长条形区域就是工具箱，是用户在创作过程中最常用的一个面板，通过单击可以选择其中的各种工具，其中矩形工具 □ 带有一个向下的三角，鼠标单击该工具不放，将发现多角星形工具和它在一起，根据操作需要进行选择。

选择不同工具时，会看到该工具对应的选项和属性，该工具的相关设置可以在选项和属性中进行修改，图 3.7 是矩形工具对应的选项和属性。

图 3.7 【矩形】工具选项和属性

工具箱分为 4 种类别：工具、查看、颜色和选项，如图 3.8 所示，具体功能参见附录 C。

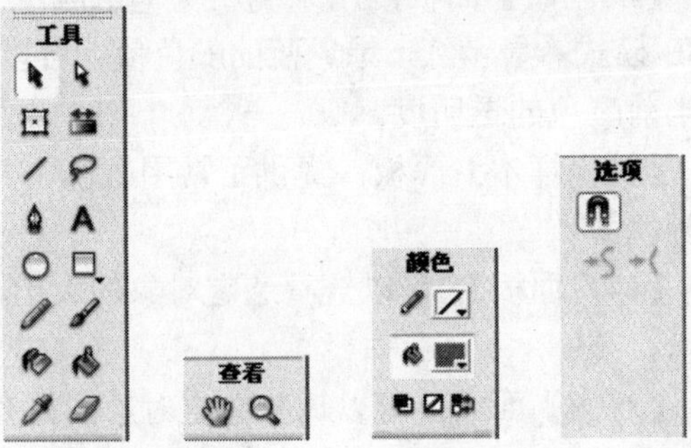

图 3.8 工具箱

4. 舞台

【舞台】位于整个窗口的正中间，是放置动画内容的区域，这些内容可以是用户通过工具自主绘制的内容，也可以是外部导入的位图或者视频剪辑等。

Flash 默认的舞台大小是宽 550 像素高 440 像素，大家在创作的时候可以根据需要自主设置大小，以及修改帧速率相同，舞台大小设置也是在文档属性中。

5. 常用面板

在默认状态下，Flash 8 在【舞台】的下方有 4 个常用的面板，分别是【动作】、【属性】、【滤镜】和【参数】，单击面板的标题可以展开和折叠对应面板。如图 3.9 所示。

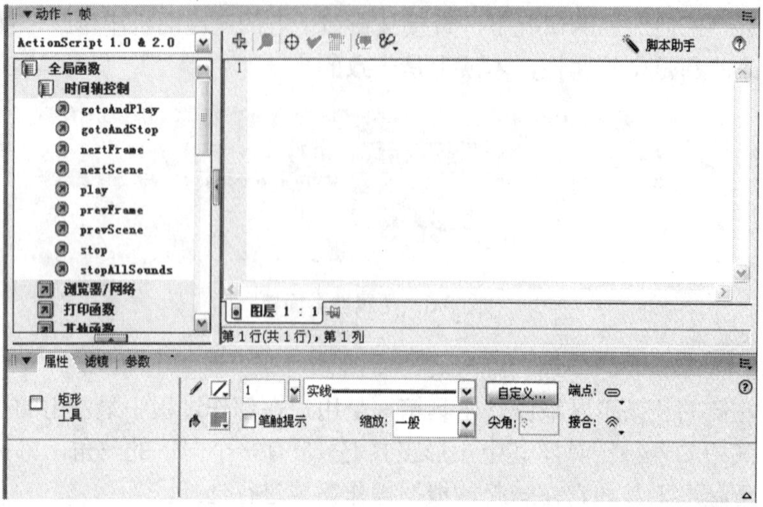

图 3.9 【动作】面板

【动作】面板：是动作脚本的编辑器，在 Flash 网页的制作中是不可或缺的一项。

【属性】面板：可以设置当前选定内容的属性，在未选择任何对象的情况下，显示的是文档的属性。

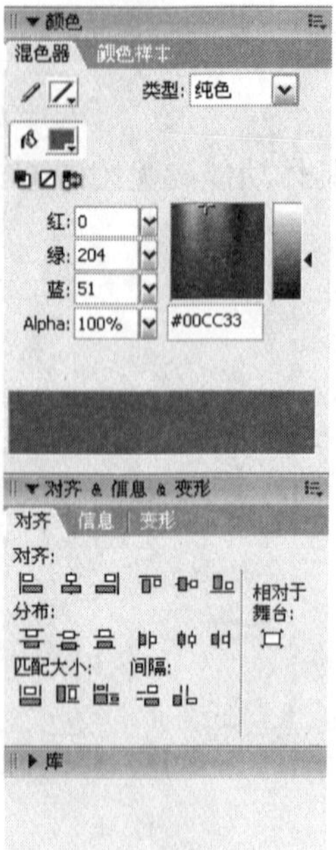

图 3.10 面板组

【滤镜】面板：可以对选定的文字或者影片剪辑设置各种滤镜效果。

【参数】面板：用于设置选定组件的各项参数。

在工作区右侧，用户可以根据个人使用习惯，放置一些常用面板，如图 3.10 所示。

【混色器】面板：用来编辑【笔触颜色】和【填充颜色】，默认为 RGB 模式，显示红、绿、蓝的颜色值，可以通过修改【Alpha】值来改变当前颜色的透明度。

【颜色样本】面板：提供了常用颜色，并且可以添加和保存自定义的颜色。

【信息面板】：可以查看选定对象的大小、位置、颜色和鼠标指针的信息。

【对齐】面板：可以调整选定对象的对齐方式和分布，分成五个部分（对齐、分布、匹配大小、间隔和相对于舞台）。

【变形】面板：可以对选定对象进行缩放、旋转、倾斜和复制变换的操作。

【库】面板：每一个 Flash 文件都有一个自己单独的库，用户所创建的元件，导入的位图、声音、视频等，都在库面板中进行管理；而通过执行【窗口】|【公用库】命令可以打开 Flash 8 本身自带的库。

6．网格、辅助线和标尺

网格、辅助线和标尺可以精确地勾画和安排对象。

（1）使用网格：执行【视图】|【网格】|【显示网格】命令，可以显示或者隐藏网格线；也可执行【视图】|【网格】|【编辑网格】命令在【网格】对话框中编辑网格的各种属性，如图 3.11 所示。

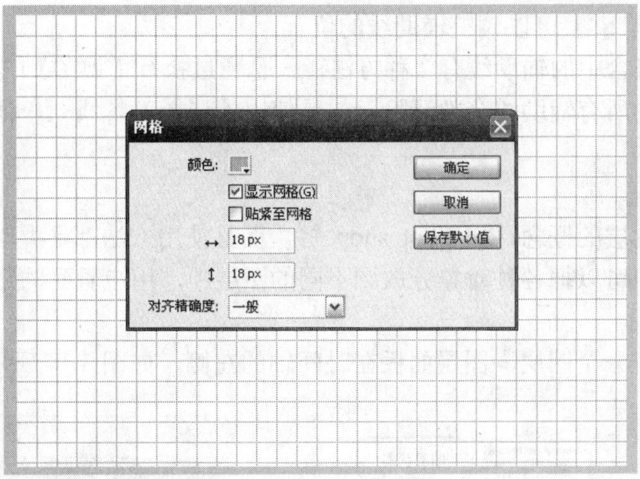

图 3.11　网格设置

（2）使用标尺：可以使用标尺来度量对象的大小比例，执行【视图】|【标尺】命令，可以显示或隐藏标尺。

（3）使用辅助线：在【标尺】处于显示状态的时候，用户可以通过单击鼠标并拖动，从水平或垂直的标尺上拖动辅助线到舞台上，如图 3.12 所示，绿色为辅助线；也可以通过执行【视图】|【辅助线】|【编辑辅助线】命令，打开【辅助线】对话框来设置各种属性，如图 3.13 所示。

图 3.12　标尺的使用

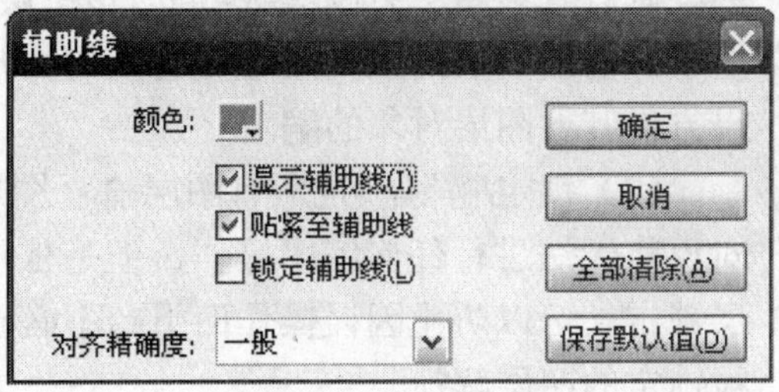

图 3.13　辅助线设置

使用【选择工具 】可以调整辅助线的位置。

小提示：清除舞台中的辅助线有 2 种方法，一是通过执行【视图】|【辅助线】|【清除辅助线】命令将舞台中所有辅助线全部清除；二是使用【选择工具 】，拖动要清除的辅助线到舞台外面。

（三）图层

很多软件都有图层的概念，如 Photoshop 等，而且使用方法都是类似的，图层就像没有厚度的透明片，用户可以把各种对象分放到不同的图层中，用户看到的是所有图层叠加在一起的效果。

新建的文件只有一个图层，图层面板在时间轴的左侧，如图 3.14 所示。

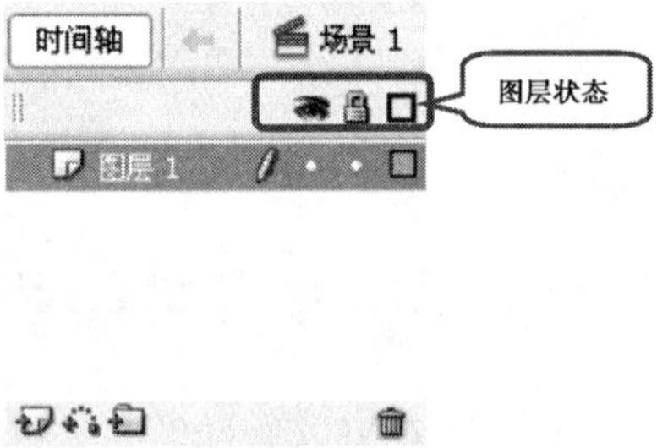

图 3.14　图层

图 3.15　引导层

1．新建

图层面板左下角有 3 个新建按钮，分别用于创建新图层、新的运动引导层和新的图层文件夹：

（1）插入图层 ：在当前选定的图层上方新建一个图层。

（2）添加运动引导层 ：为当前选定的图层上添加一个运动引导层，加完以后当前图层将对齐到引导层之后，如图 3.15 所示。

（3）插入图层文件夹 ：图层文件夹主要是将时间轴上的图层进行分类整理，以节省各图层所占时间轴空间，将文件夹折叠可以只占一行空间。

2．图层状态

（1）活动图层 ：使用鼠标选择非锁定和隐藏状态的图层的时候，该图层会呈蓝底显示，并在图层名称后出现 图示，表示该图层当前可编辑，同时舞台中该图层中的对象也会处于选定状态。

图 3.16　图层隐藏后

（2）显示/隐藏所有图层 ：用户可以通过单击该图标来实现对所有图层的隐藏或者显示操作，若只单击单个图层对应位置的 ，则只有该图层会被隐藏，同时该图层将无法被编辑，如图 3.16 所示，隐藏图层的主要用途是将妨碍用户编辑的对象隐藏起来，以方便其他图层对象的编辑。

（3）锁定/解除锁定所有图层 ：图层被锁定后，该图层中的对象将无法进行任何编辑操作，但是依然可见。必要时将一些图层锁定，可以防止因误操作而引起不必要的修改。单击 可以将被锁定的图层解锁。

（4）显示所有图层的轮廓 ：当用户制作的动画内容比较复杂，但编辑时又要考虑到这些内容的位置的时候，可以将对应的图层设置成显示轮廓的状态。

小提示：

（1）新建图层后要养成给图层命名的好习惯，直接在图层名称上双击，然后输入新名称即可。

（2）养成将已完成编辑的图层锁定的好习惯，Flash 软件并没有要求一定要先选择图层才能选择该图层中的内容，而是只要能点到的都能被选中，如果没有锁定图层的习惯，在没有熟练使用 Flash 之前会引起很多不必要的操作和修改。

（3）当图层被隐藏或者锁定时，是不能进行编辑的，但是对帧的操作不受影响。

3. 帧

时间轴上的一个个小矩形格子称之为帧，每一个帧相当于动画中的一个画面，播放时时间轴会按帧的顺序显示内容。

（1）空白关键帧：新建 Flash 文档时，会在图层一的第 1 帧生成一个空白关键帧。

（2）关键帧：在空白关键帧中绘制任意对象，该帧就会转换为关键帧。关键帧是 Flash 动画的基本单位，用户所有对对象的编辑操作都是在关键帧中进行的。

（3）普通帧（）：关键帧之后连续显示并以带矩形标志的帧结束的帧都是普通帧，这些帧显示前一个关键帧的内容。

（四）绘制水果

下面通过绘制水果的实例，熟悉工具箱中常用工具的使用、颜色的设置和图层的使用，最终效果如图 3.17 所示。

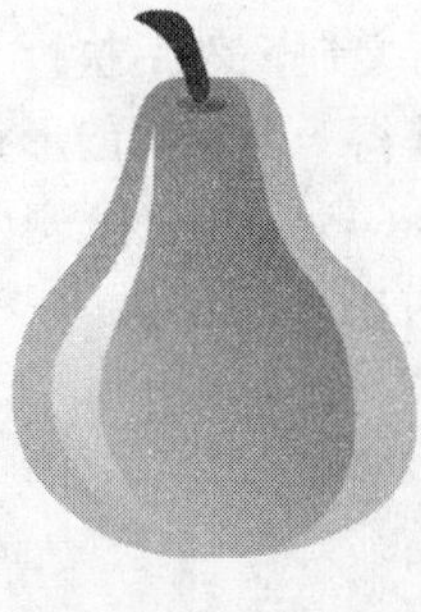

图 3.17　水果梨绘制效果图

（1）创建一个新的 Flash 文档，双击【图层一】将其改名为【底部】，这个图层用来绘制梨的基本形状，使用椭圆工具绘制一个没有填色的黑色椭圆，如图 3.18 所示。

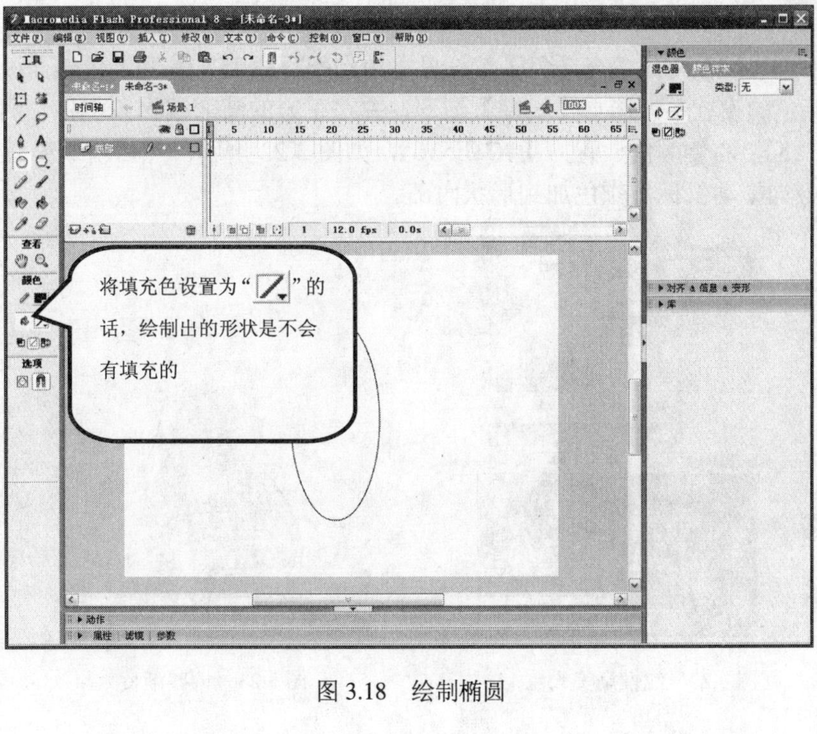

图 3.18　绘制椭圆

（2）使用选择工具 调整椭圆的外形至如图 3.19（a）所示，之后配合部分选择工具 调整出梨的外形，如图 3.19（b）所示。

（a）　　　　（b）

图 3.19　调整椭圆外形

（3）使用选择工具选中调整好的形状，执行【编辑】|【复制】命令（快捷键：Ctrl＋C）进行复制，然后执行【编辑】|【粘帖到当前位置】命令（快捷键：Ctrl＋Shift＋V），在原位置获得一个相同的形状，并保持该形状在选中状态。

（4）使用任意变形工具 调整对象到如下图 3.20 的大小和位置之后，删去多余线条，得到图 3.21 的结果。

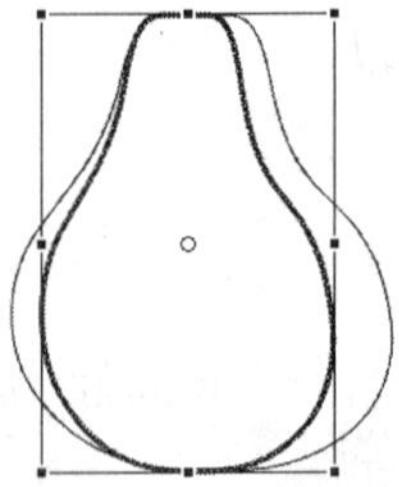

图 3.20　任意变形调整后

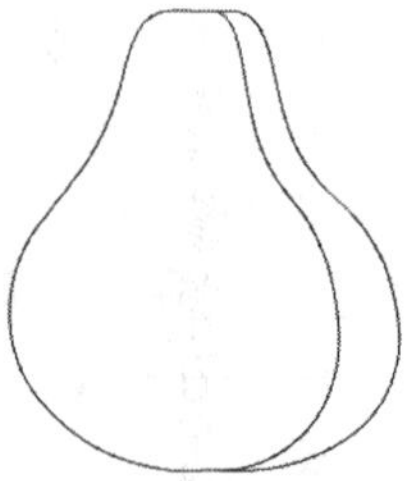

图 3.21　删除多余线条后

（5）接下来就是在内部填充颜色了，这里将用到颜料桶工具 和混色器面板。在混色器面板的填充颜色的设置中，选择【线性】渐变，并在下方的渐变编辑条中将左侧起始颜色设置为【#94BC15】，右侧颜色设置为【#C8E536】，如图 3.22 所示。然后用颜料桶工具 ，按图 3.23 箭头方向拖动鼠标将颜色加到形状内部。

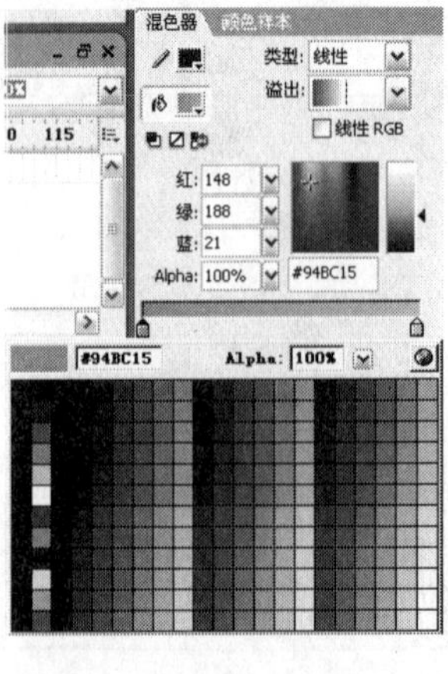

图 3.22　线性渐变设置

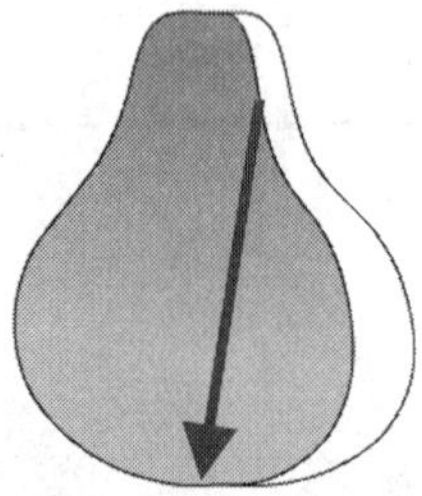

图 3.23　调整渐变效果

（6）再次设置渐变条左右两侧的颜色依次为【#B2D413】和【#D0EA4F】，如图 3.24 所示，使用颜料桶工具将颜色填充到梨的右边较亮部分，完成后将本图层锁定。

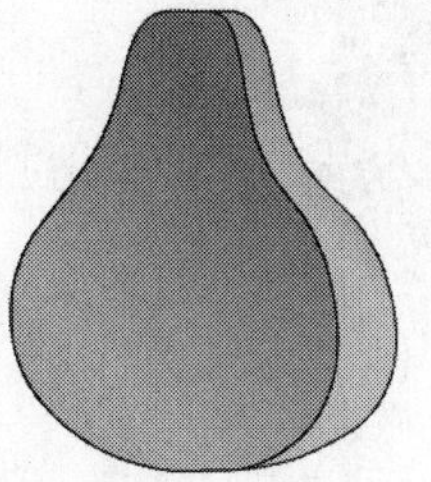

图 3.24　梨右侧渐变调整

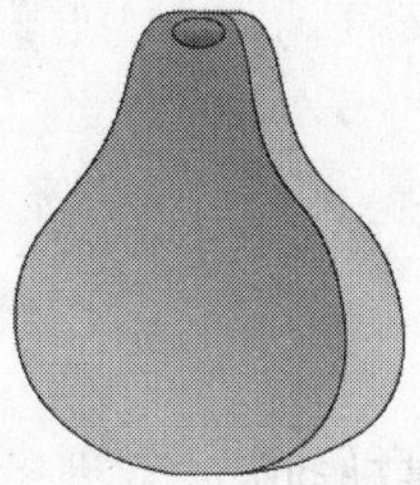

图 3.25　水果柄阴影绘制

（7）创建一个新的图层。命名为【阴影】，使用椭圆工具绘制不带填充的椭圆作为水果柄的阴影部分，并设置填充颜色的线性渐变【#748C0D】至【#92BA13】，使用颜料桶工具将颜色填入，效果如图 3.25 所示，完成后将该图层锁定。

（8）新建图层命名为【亮部】，使用钢笔工具绘制出亮部的范围，配合部分选择工具将形状调整平滑，效果如图 3.26 所示，设置由白色至【#D0EA4E】的填充渐变，用颜料桶工具将该区域填色，效果如图 3.27 所示，完成后将该图层锁定。

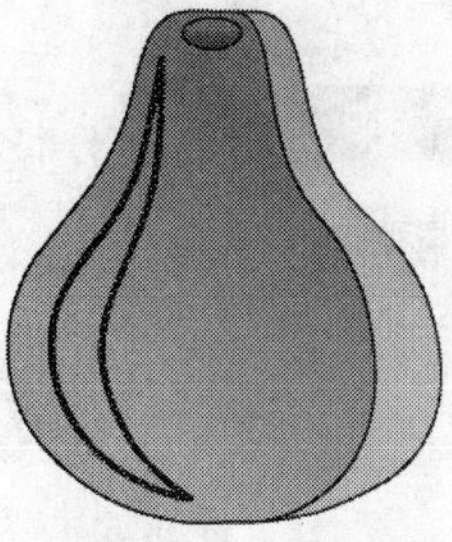

图 3.26　亮部绘制

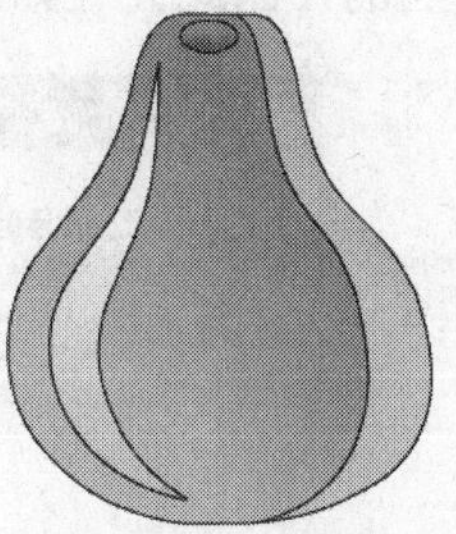

图 3.27　亮部渐变

（9）新建图层，命名为【果柄】，选择【刷子】工具，设置扁圆形画笔，填充颜色设置为褐色，绘制出果柄的形状，刷子绘制出的形状可能并不是最令人满意的，用户可以配合选择工具和部分选择工具对其外形进行调整，过程如图 3.28 所示。

图 3.28　水果柄调整过程

现在把其他图层解除锁定，删去黑色线条，就得到完整的一个梨了，全部图层和删除线条后的效果如图 3.29 所示，完成文件见教学资源文件中的“项目三\ch3-1\完成\例一——梨.fla”。

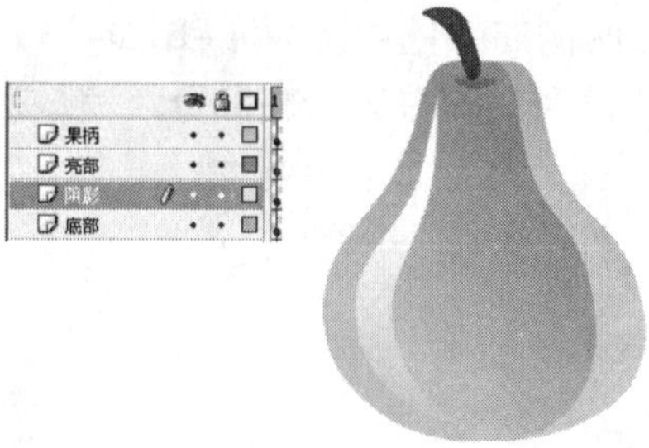

图 3.29　完成后效果图

(五) 认识基础动画

1. 逐帧动画

逐帧动画属于最简单也是最复杂的动画，将动画的每个状态都绘制出来，依次放在连续的关键帧中，当连续播放的时候，用户就能看到完整的动画效果，简单是因为不需要其他动画设置，复杂是因为每一个状态都要自己编辑。

下面通过一个小例子来体验一下简单动画的制作：

（1）新建文件并导入素材图片。

步骤一：创建一个新的 Flash 文档后，执行【文件】|【导入】|【导入到舞台（Ctrl＋R)】命令，在导入对话框中选择教学资源文件中“项目三\ch3-1\素材\飞翔\f1.png”导入，由于素材图片是顺序命名的，因此会有如图 3.30 的提示。

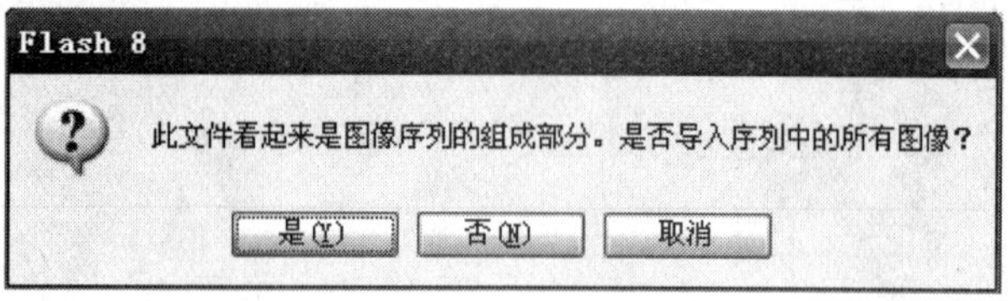

图 3.30　导入提示框

步骤二：在以后的动画制作中，如果要导入的只是一张图片素材，那么选择【否】按钮就可以了，这里选择【是】按钮，软件会将 f1～f6 六张飞翔各状态的图片全部导入舞台中，并且依次放到 1～6 帧中，如图 3.31 所示。

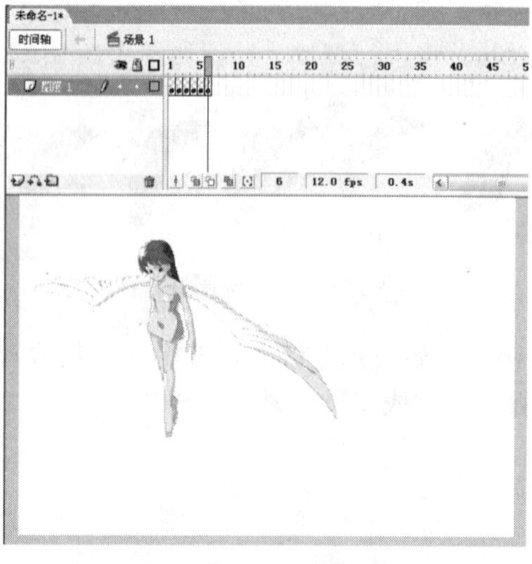

图 3.31　图片导入后

（2）完成上面的导入操作后，当前一个飞翔的小动画其实已经完成了，此时可以选择【控制】|【测试影片】命令（快捷键：Ctrl＋Enter）预览动画效果。

（3）这里介绍一下同时编辑多个帧中对象的方法，由于素材图片在导入到舞台的时候，默认是在左上角对齐的，如果要调整整个动画的位置，需要改动每一个关键帧，任何一帧内的图片位置如没改好的话，都会影响到整个动画的效果。

按下【编辑多个帧】按钮，此时时间轴上会出现选择编辑范围的标记，将全部帧都定在多帧编辑的范围内，然后使用【选择工具】在舞台上将所有图片素材框选，选完后会发现时间轴上图层一的 1～6 帧都处于高亮的选中状态，此时可以通过选择工具或者对齐面板对全部图片进行位置的修改，当然也可以一起修改他们的大小、角度等属性，详见图 3.32。

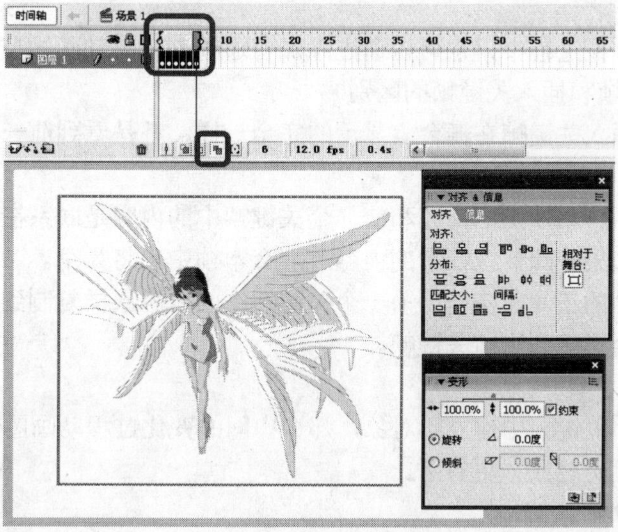

图 3.32　编辑多个帧

小提示：【编辑多个帧】完成以后，要再次单击【】，解除多帧编辑状态，否则容易出现误操作。

（4）测试时，如果觉得整套动作的播放速度太快的话，那么，可以修改动画的播放速度，通过修改文档属性中的【帧速率】项，将原本默认的 12 帧/秒改小，可以使速度变慢，但是一般不建议使用这个方法，因为改动的是整个文件的速度，如果帧速率太低的话，动画看起来会有停顿。

这里通过调整每个状态所存在的帧数来控制播放速度，用鼠标在时间轴的第 1 帧处右击，在出现的快捷选项中选择【插入帧】项，这样会在第一个关键帧后插入一个普通帧，这样第一帧的图片就会显示 2 帧的时间，如图 3.33 所示。

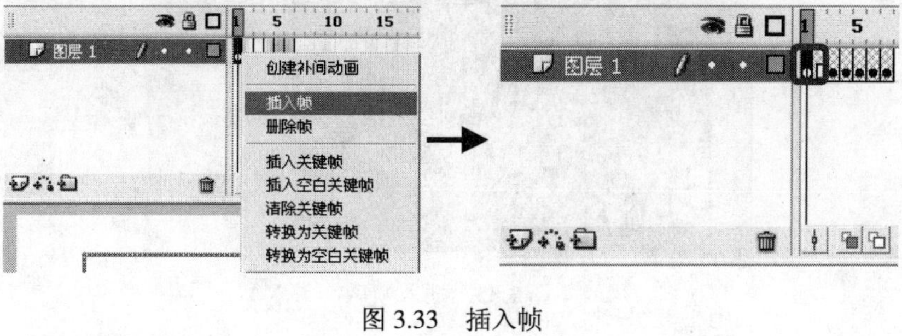

图 3.33　插入帧

然后依次对其余的关键帧做同样的【插入帧】操作，完成后时间轴如图 3.34 所示。

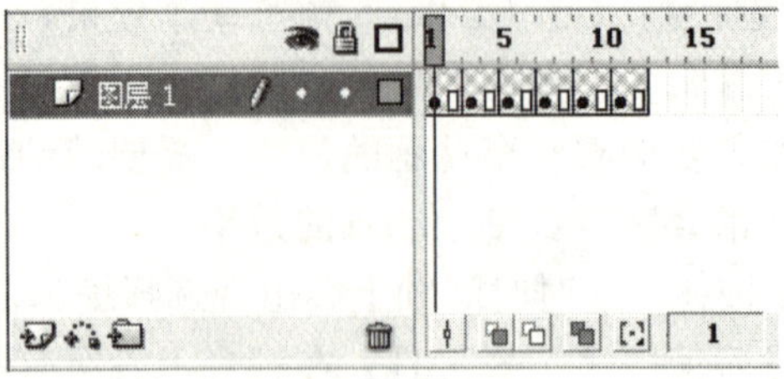

图 3.34　插入帧后

此时动画的播放速度比原来慢，最终文件参见教学资源文件中“项目三\ch3-1\完成\实例二.fla”。

在以后的动画制作过程中，也可以通过添加普通帧来控制动画的节奏。

小提示：（插入帧和插入关键帧的区别）

（1）插入帧和插入关键帧在舞台上显示的完全一样，都是看到前一个关键帧的内容在本帧上显示。

（2）插入帧的话，本帧上的内容和前一个关键帧中的内容是联系在一起的，或者可以理解为同一个内容，如果删除关键帧中的内容，那么本帧中也将为空。

（3）插入关键帧的话，其实是将前一个关键帧中的内容原样复制到当前关键帧，删除前面关键帧中对象不会影响到当前关键帧。

2．补间动画

只要在首尾两个关键帧中建立了对象，那么中间的变化过程动画图像将由 Flash 自动生成，使用户制作动画更轻松、更容易。

（1）运动补间动画。

打开教学资源文件中的“ch3-1\素材\实例三.fla”，制作动画补间动画的步骤如下所述。

步骤一：在时间轴上【移动对象】图层的第 50 帧上，右击选择插入关键帧，会发现只能看到【移动对象】一个图层中的内容，因为其他两个图层都只在第一帧有关键帧，为了能看到背景内容，在【背景】和【地球花】两个图层的第 50 帧都执行【插入帧】的操作，完成后如图 3.35 所示。

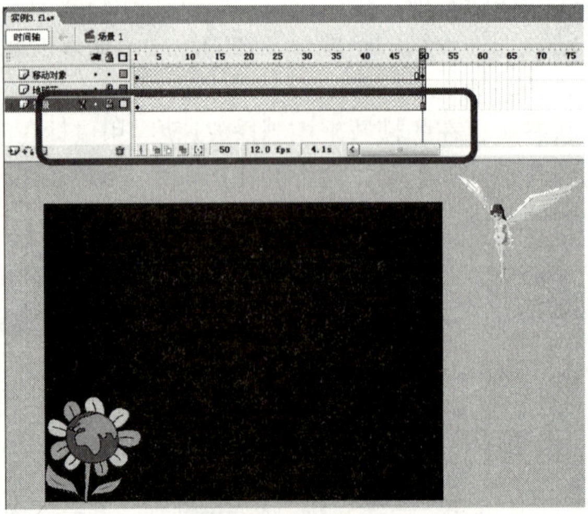

图 3.35　插入帧后

步骤二：在第 50 帧，将【移动对象】图层中的人物对象移动到靠近地球花的位置（运动的终点）。

步骤三：在时间轴上单击选中【移动对象】图层的第一帧，打开舞台下方的【属性】面板，在【补间】选项中选择【动画】项，如图 3.36 所示，之后便可以使用【Ctrl＋Enter】键测试动画效果了。

步骤四：完成以上步骤后的文件参见教学资源文件中“ch3-1\完成\实例 3-a.fla”，现在看到的效果是人物对象从画面的右上角缓缓直线移动到地球花前，整个移动过程是匀速的，人物也始终一个大小。

使用【任意变形】工具将第一帧的人物进行缩小，然后测试动画效果，会发现人物在运动过程中会逐渐变大，最终变到最后一帧人物的大小，当然，如果修改它的角度，也会有相应变化，完成文件参见教学资源文件中“ch3-1\完成\实例 3-b.fla”。

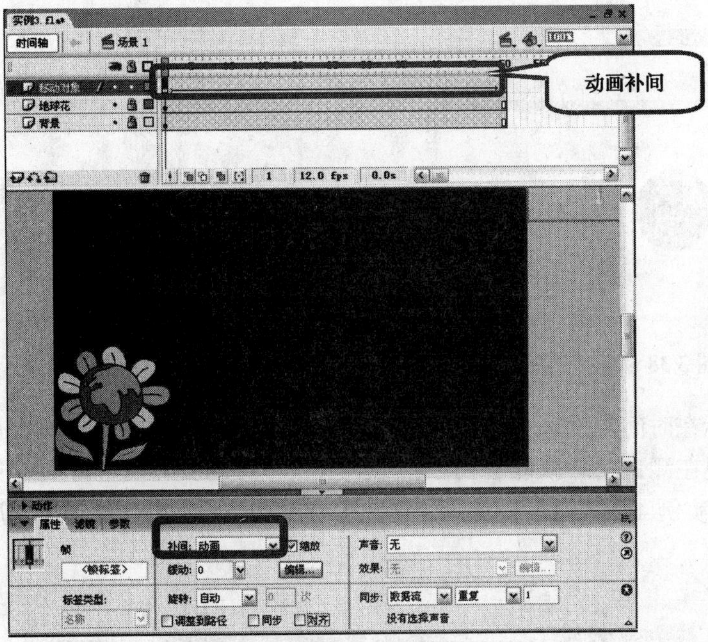

图 3.36　创建补间

【动画补间】的【属性】面板如图 3.37 所示。

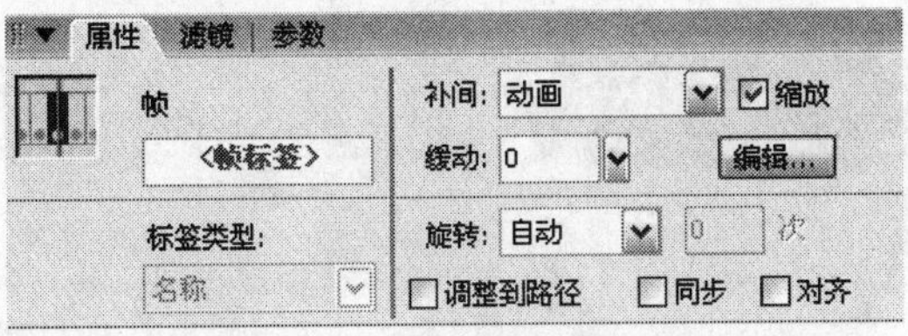

图 3.37　动画补间【属性】面板

① 【缓动】选项：用来设置动画的变化速度，默认为【0】，此时是匀速变化，当数值设置在【-100～1】之间的负值的时候，动画变化的速度是由慢到快；而当数值设置在【1～100】之间的正值时，动画变化是相反的先快后慢。

② 【旋转】选项：用来设置动画对象在变化过程中是否旋转，顺时针还是逆时针旋转，设置旋转之后，在后面的文本框中输入旋转的次数。

③ 【调整到路径】复选框：将补间对象的基线调整到运动路径，该功能主要用于引导线运动。

④ 【同步】复选框：使图形元件实例的动画和主时间轴同步。

⑤ 【对齐】复选框：也用于引导线运动。

小提示：运动补间的对象可以是文字、位图、组合、元件的实例等，但如果是自己绘制的形状则要做运动补间动画，必须先选择【组合（快捷键 Ctrl＋G）】或者【转换为元件】。

（2）形状补间动画。

步骤一：新建一个文件，在【图层一】的第一帧上，用椭圆工具绘制一个没有边框的蓝色正圆，放置在舞台左侧，如图 3.38 所示。

步骤二：鼠标在时间轴的第 20 帧上右击插入一个空白关键帧，并在该关键帧内使用多角星形工具绘制一个没有边框的红色五角星，放置在舞台右侧，如图 3.39 所示。

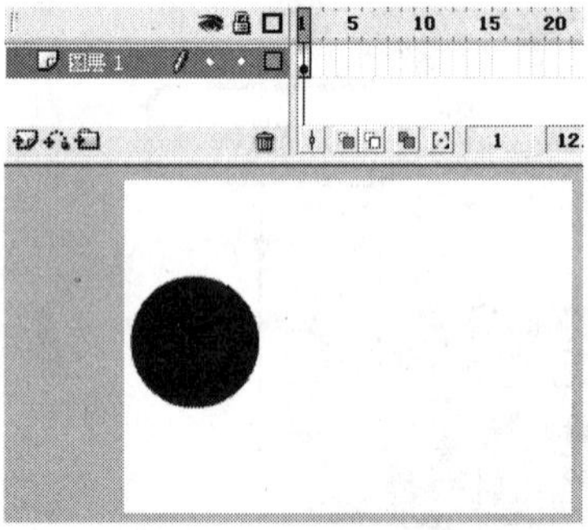

图 3.38　绘制正圆

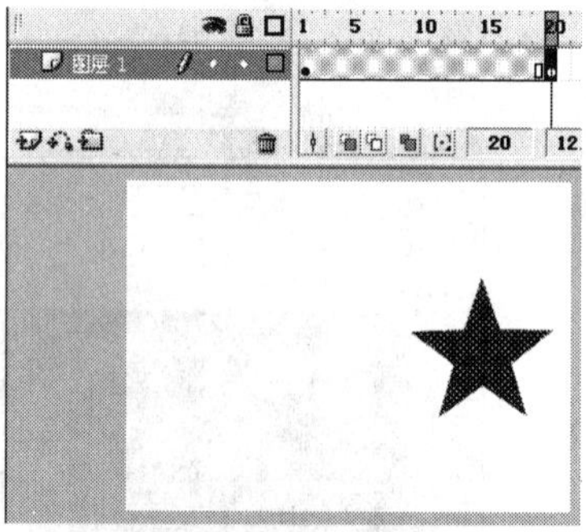

图 3.39　绘制五角星

步骤三：鼠标在时间轴上选中第一帧，在舞台下方的【属性】面板的【补间】选项中选择【形状】项，现在测试动画就能看到由圆形到五角星形的变化过程，文件见教学资源文件中的“ch3-1\完成\实例 4.fla”，图 3.40 是分别在【绘图纸外观】和【绘图纸轮廓外观】状态下看到的变化过程。

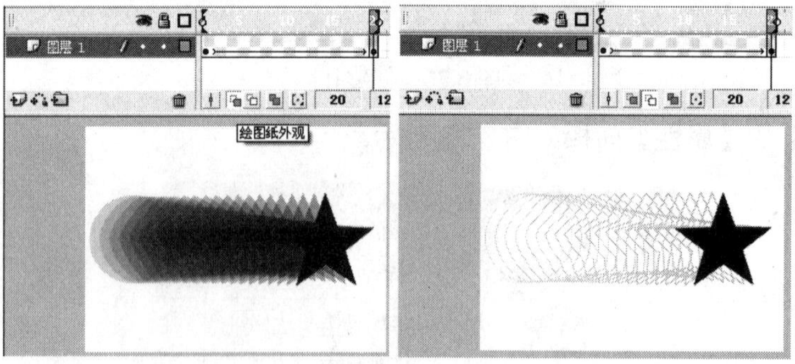

图 3.40　【绘图纸外观】和【绘图纸轮廓外观】状态下看到的变化过程

小提示：形状补间动画的对象只能是形状，如果要使用文字或者元件的实例来创建变形动画，必须执行【修改】|【分离】命令（快捷键 Ctrl＋B），打散成形状对象后，才能作为形状补间的对象。

这里简单列一个表来比较下运动补间和形状补间的区别，如表 3.2 所示。

表 3.2　运动补间和形状补间的区别

区　别	动作补间动画	形状补间动画
时间轴上显示	浅紫色背景＋实线长箭头	浅绿色背景+实线长箭头
组成元素（对象）	位图、元件的实例、文字	分散的形状
能实现的变化	大小、位置、角度，如果是元件的实例作为对象，还可以改变颜色属性	外形、位置、角度、颜色

3. 引导层动画

引导层动画可以让运动补间动画中的对象沿用户所绘制的路线进行移动，但是仅限于【运动补间动画】，打开之前所完成的例题 3 的文件，来尝试让人物沿一条固定的路径运动，文件参见教学资源中“项目三\ch3-1\素材\实例 5.fla”。

步骤一：选择已经完成了运动补间动画制作的【移动对象】图层，单击图层面板下方的【添加运动引导层】按钮为该图层添加一个引导层。如图 3.41 所示。

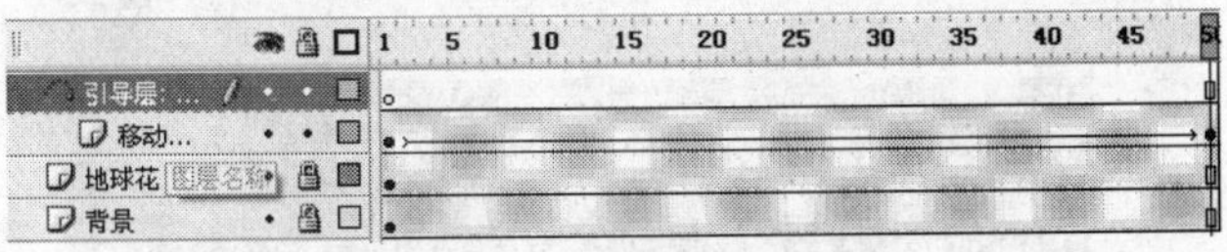

图 3.41　添加引导层

步骤二：使用铅笔工具，在引导层中绘制出人物的行进路线，如果对绘制出的线条不满意，可以用选择或者部分选择工具对形状进行修改，为了避免将线条错误绘制到其他图层，将其他图层全部锁定。因为画面背景是深色的，为了能看清楚，这里使用白色绘制线条，如图 3.42 所示。

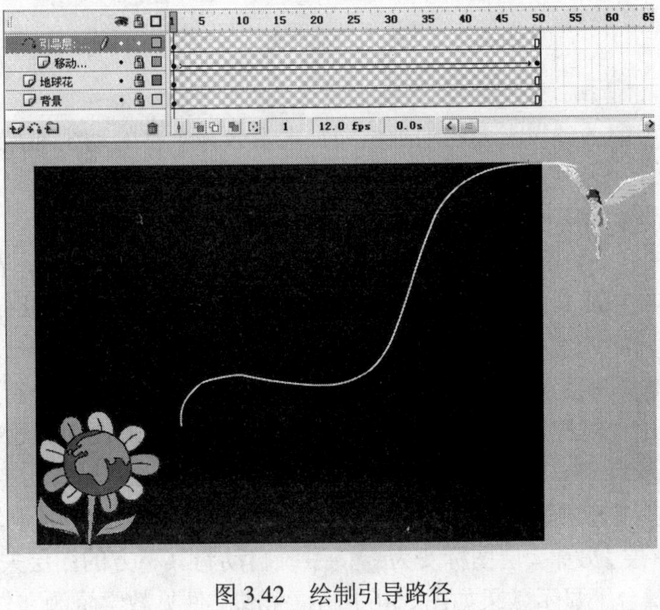

图 3.42　绘制引导路径

步骤三：将引导层锁定，同时将【移动对象】图层解除锁定，使用移动工具将第 1 帧中【移动对象】图层中的人物对象的中心点与路径的起点对齐；第 50 帧中该对象的中心点与路径的终点对齐，如图 3.43 所示。

图 3.43　对齐操作

现在可以测试动画效果了，如图 3.44 所示是在【绘图纸外观】状态下看到的运动过程，很明显人物是沿着引导层中的线条运动的，文件保存在教学资源文件中“项目三\ch3-1\完成\实例 5.fla”。

图 3.44　【绘图纸外观】下运动过程

4．遮罩动画

遮罩是 Flash 中的一种很重要的动画类型，很多效果丰富的动画都是通过遮罩效果来完成的。

下面通过一个简单的小例子来看下遮罩的效果。

步骤一：新建一个 Flash 文件，调整舞台大小为【800px×600px】，在图层一中导入教学资源文件中“项目三\ch3-1\素材\shu.jpg”图片并放置在舞台中央，将图层一重命名为“被遮罩”。

步骤二：单击【插入图层 】按钮，在【被遮罩】图层上插入一个新图层，命名为“遮罩”，在【遮罩】图层中对应【被遮罩】图层中树所在的位置用椭圆工具绘制一个没有边框的椭圆，如图 3.45 所示。

步骤三：鼠标在【遮罩】图层上右击，在弹出的快捷菜单中选择【遮罩层】命令，此时该图层将生成【遮罩层】效果，层图标变为 ，系统自动将其下方的图层关联为【被遮罩层】，层图标对应为 ，舞台上显示效果如图 3.46 所示，完成文件见教学资源文件中“项目三\ch3-1\完成\实例 6.fla”。

图 3.45　绘制椭圆

图 3.46　设置遮罩后

从上面的效果可以看出：设置遮罩成功后，看到的是椭圆范围内的树，所以可以这样简单地理解遮罩效果：遮罩层中的对象（黑色椭圆）设置显示的范围，在该范围内用户看到的是被遮罩层中的对象（树），被遮罩层中黑色椭圆范围以外的内容不可见。

小提示：

（1）遮罩中可以使用动画，无论是逐帧动画还是两种补间动画都可以。

（2）遮罩层中可以使用元件的实例、图形、位图、文字等，但是不能使用线条，如果一定要使用线条，可以执行【修改|形状|将线条转换为填充】命令，将线条转换为填充。

（3）遮罩层不能为空，否则无遮罩效果。

（六）元件、实例与库

【元件】、【实例】与【库】之间的关系非常密切：用户创建的各种元件是在【库】面板中进行分类保存管理；当需要使用一个元件的时候，可以用鼠标左键从【库】中拖曳至舞台；当一个元件被拖曳至舞台中时，舞台上产生的内容称为该元件的一个“实例”，可以看成元件的分身。

常见的创建元件的方法有两种，一种是使用现有的对象转换为元件；另一种是通过执行【插入】|【新建元件】直接创建元件，下面打开教学资源文件中“项目三\ch3-1\实例 7.fla”，

通过实例的制作来介绍一下元件的创建和用法。

打开文件可以看到，这是之前做过的一个小例子，之前在做的时候会有动画较生硬的感觉，人物的翅膀在移动的过程中始终保持一个姿势，不会扇动，用逐帧动画是不是可以做到边扇动翅膀边移动位置的效果呢？确实可以，但是会花费相对多的时间。通过下面的操作可更好实现想法。

（1）执行【插入】|【新建元件】命令，打开【创建新元件】对话框，在对话框中输入元件名称为【飞翔】，选择类型为【影片剪辑】，如图 3.47 所示。

图 3.47　创建【影片剪辑元件】“飞翔”

（2）单击【确定】按钮，用户将进入元件编辑窗口，同时在库面板中可以看到所创建的元件。在元件编辑窗口中看不到舞台的边界，只有一个中心点来方便控制元件中对象的位置，将教学资源文件中“项目三\ch3-1\素材\飞翔”文件夹中的 f1～f6 6 个不同飞翔状态的图像导入到舞台，依次放在 1～6 帧中（操作和实例二相同），并且对齐到舞台中央。如图 3.48 所示。

（3）单击时间轴上的【场景一】返回场景（如图 3.48 中框标注的位置），此时刚创建的飞翔元件并没有在场景上显示，因为直接创建的新元件是保存在【库】中的，要使用它必须从库中将其拖曳到舞台。

在【地球花】图层上方插入一个新的图层，命名为“飞翔”，用鼠标从库中将【飞翔】元件拖曳到舞台，按 Ctrl＋Enter 组合键测试动画，会发现场景上只有一帧的情况下，人物没有动画效果。

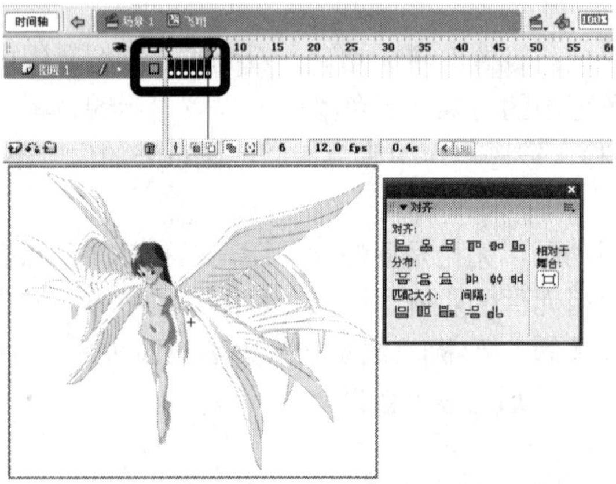

图 3.48　导入飞翔状态

（4）在【飞翔】图层第 50 帧处插入关键帧，分别设置第 1 帧和第 50 帧中人物的大小和位置，制作成简单的补间动画，最后在【背景】和【太阳花】两个图层的 50 帧插入普通帧，测试动画会发现目标已经实现，即人物边飞边移动，文件保存在教学资源文件中“项目三ch3-1\完成\实例 7.fla”，如图 3.49 所示。

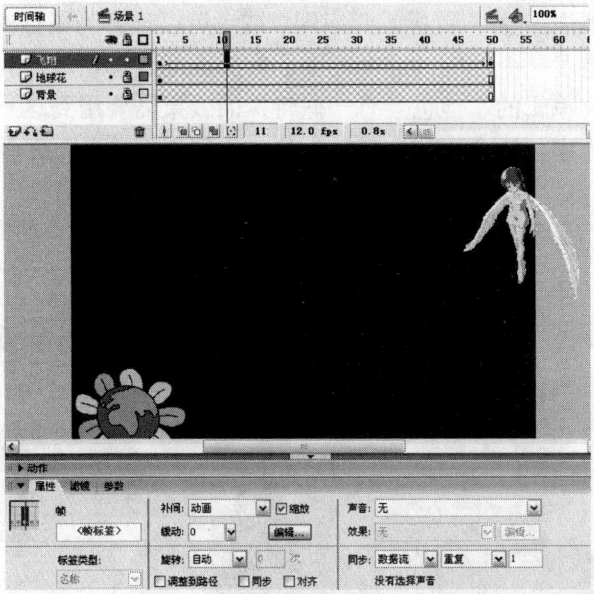

图 3.49　制作补间动画

从上例中，可以看出元件的一个很重要的用处是用来创建复杂动画，下面再来具体介绍一下元件的 3 种类型和元件实例的属性设置。

元件可以区分为 3 种类型：图形、按钮和影片剪辑。

（1）影片剪辑：在实例 7 的制作中可以看出，元件内部有场景时间轴的一切特性，可以添加交互、声音，有自己独立的时间轴，完全可以把它看成一个独立的影片，当主影片只有一帧的时候，它依然会按自己的时间轴播放。

（2）图形：可以是一个静态的图像或者是动画内容，但是不能添加交互内容和音乐，它的时间轴和影片剪辑元件的时间轴相同，但是并不独立，也就是说如果元件内部有 10 帧，而【场景一】只有 5 帧的话，测试时会发现看不到元件中 6～10 帧的内容，当场景帧播放结束时，不论元件是否播放完毕，都会停止操作。

（3）按钮：按钮元件与上述两者不太一样，它并不拥有真正意义上的时间轴，它的时间轴上总共只有 4 帧，即弹起、指针经过、按下、点击，在按钮元件的时间轴上这 4 帧之后再添加帧的做法是没有任何意义的，因为 4 帧正好表示了按钮的 4 种状态，如图 3.50 所示。

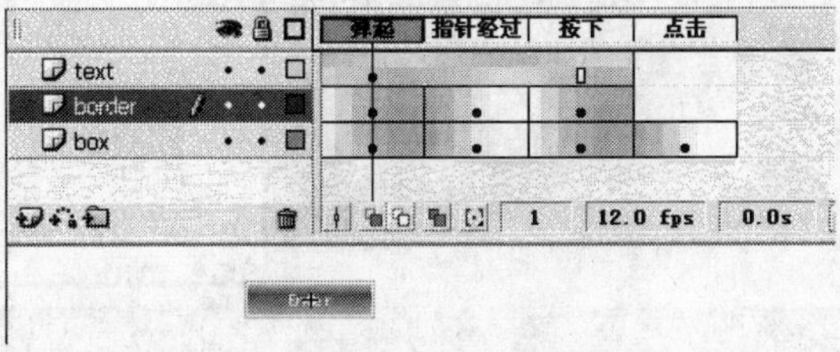

图 3.50　按钮的 4 种状态

① “弹起”帧：表示按钮的普通形态。

② “指针经过”帧：表示当鼠标指向按钮时，按钮所表现出来的形态。

③ “按下”帧：表示当鼠标按下按钮时，按钮所表现出来的形态。

④ “点击”帧：是按钮感应鼠标的感应区，或者可以理解为鼠标的作用范围，帧的内容是不可见的，只是规定了一个范围，这个范围通常来说就是按钮本身的大小，所以很多时候这一帧是不需要添加和编辑的，但也会有一些特殊的效果需要用到这一帧。

在后面的网页制作中，还会用到大量的元件，这里先简单看下元件在舞台中的实例的各种属性。

打开教学资源中“项目三\ch3-1\素材\实例 8.fla”文件，在该文件的库中重复 5 次拖曳“气泡”元件到舞台中，并在舞台中分别修改它们的大小、位置和角度，如图 3.51 所示。

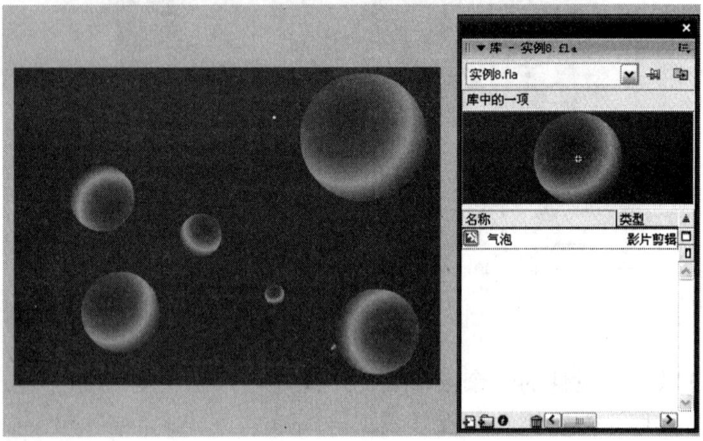

图 3.51　修改“气泡”元件的属性

通过这个操作，可以看到：

（1）同一个元件可以产生多个实例，而每一个实例都可以有自己不同的属性，包括大小、角度、位置、颜色（如图 3.51 所示），所以，当需要用到重复的内容时，将该内容做成元件可以大幅缩减文件的大小，如图 3.52 所示是修改各实例的颜色属性的效果，用选择工具在舞台上选中实例之后，用户可以在下方的属性面板中进行设置。

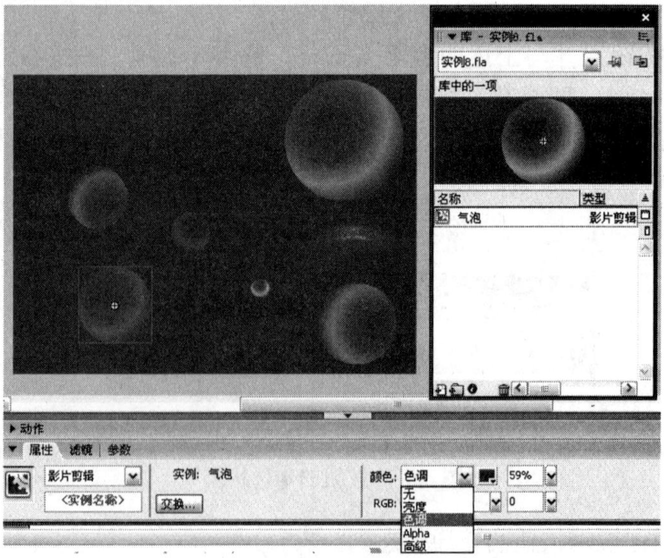

图 3.52　修改颜色属性后的效果

（2）如果用户直接进入该元件的内部修改它的内容，那么舞台上该元件的所有实例都会发生同样的改变。

（七）声音与视频

1．声音

在 Flash 中导入声音可以执行【文件】|【导入】|【导入到库】命令，此时声音是保存在库中的，要在测试动画的时候能听到，必须将声音从库中拖到对应的关键帧上，也可以选择关键帧后，在该帧的属性面板的声音区域选择库中的声音，如图 3.53 所示。

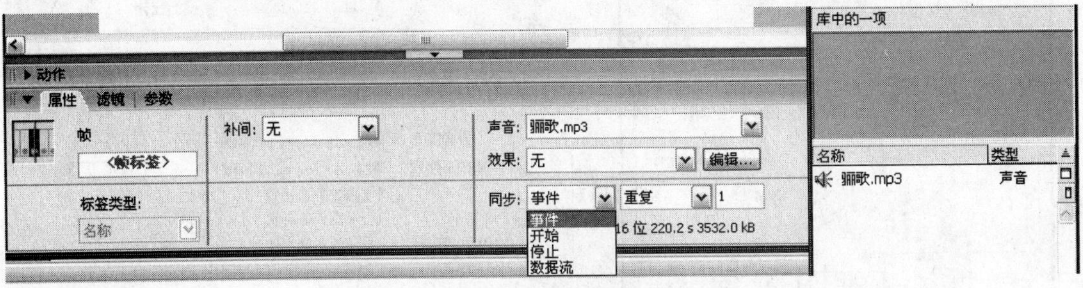

图 3.53　声音的设置

被安排在帧上的声音有两种播放模式：事件和数据流。

事件模式：音乐的播放不受影片帧数的限制，一旦开始播放，将不会理会影片的播放进度，会一直播放到设置的重复次数结束为止。

数据流模式：这种播放模式和时间轴完全同步，动画播放结束的话，音乐也会在结束帧之后停止。

2．视频

Flash 支持导入的视频，还允许用户在导入视频时对这些视频的压缩质量进行选择。

视频导入后，将以视频角色的形式存放在库面板中。

（八）组件特效

组件是一个特殊设计的影片剪辑，将复杂的交互封装在一个组件中，使之使用起来更轻松和方便，组件面板可以通过执行【窗口】|【组件】命令打开，如图 3.54 所示。

图 3.54　组建面板

（九）播放与发布设置

制作完动画后，将动画保存起来，只要按了 Ctrl＋Enter 组合键对动画进行测试后，用户就可以在保存动画文件的目录中发现多出了一个后缀为.swf 的文件，双击它就能直接播放动画，这种格式是 Flash 可以发布的格式之一，也是最常见的格式。

执行【文件】|【发布设置】命令，打开【发布设置】对话框，可以选择 8 种发布格式，此时在对话框顶部将会出现相应的选项卡，切换到选项卡，可以对发布的格式进行设置，如图 3.55（a）所示，设置完毕，单击【发布】按钮，Flash 将会自动生成相关文件，保存到相同的目录中。

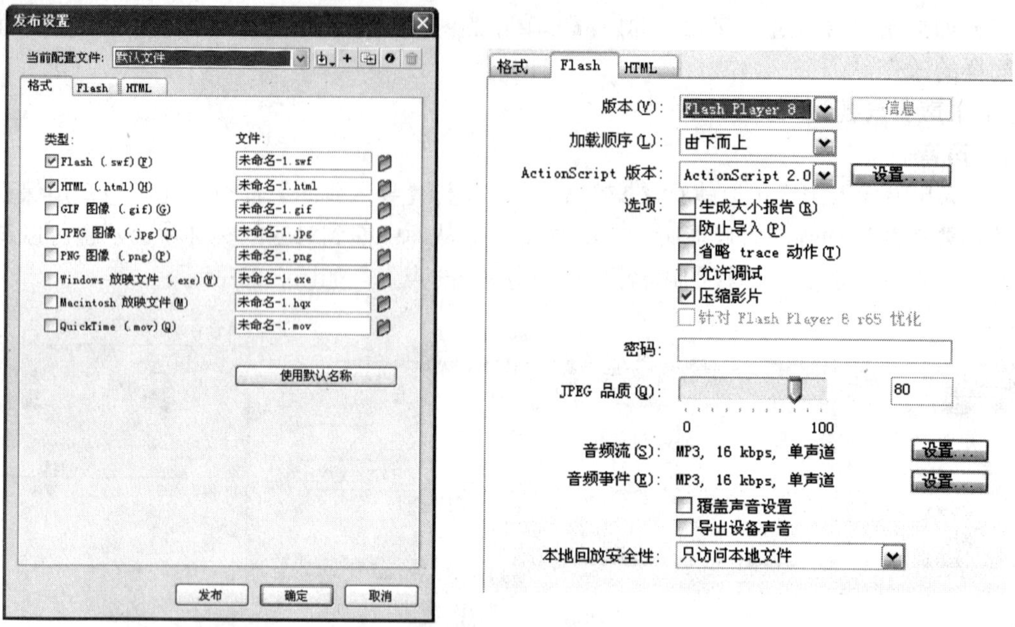

（a）　　　　　　　　　　（b）

图 3.55　设置格式

如图 3.55（b）所示，是针对发布 swf 文件的参数设置。

版本：设置要发布的 swf 文件的播放器版本。

加载顺序：选择动画中图层的加载顺序，有两种选择【由上而下】加载和【由下而上】加载。

ActionScript 版本：选择动作脚本的版本。

【生成大小报告】复选框：可以生成一个与动画同名的 txt 文件，记录各个图像和声音数据压缩后的大小和在动画中使用的文字等信息。

【防止导入】复选框：可以防止其他用户将该 swf 文件导入 Flash 进行修改。

【省略 trace 动作】复选框：跟踪命令能让程序显示某个预设的信息或者变量内容到【输出】面板，以利于侦测错误。

【允许调试】复选框：方便找出程序中的错误，如果整个程序测试无误，那么则不需选择该复选框。

【压缩影片】复选框：可以使影片变得小一点，Flash 播放器可以自行解压缩影片。

【密码】文本框：如果选择了【防止导入】复选框，那么可以在密码文本框中输入密码防止他人导入。

JPEG 品质：用于调整动画中的位图品质。

模块二　个人主页结构的分析与素材的准备

一、能力目标

熟悉 Flash 网站的结构，通过主页的界面包括导航按钮、网站 Logo 的设计和制作进一步加深了解 Flash 软件的使用方法。

二、任务布置

完成网站构架的分析，完成素材的处理、网站主界面的设计、导航按钮的制作和 Logo 的设计制作。

三、任务解析

在这个模块中，用户将正式开始个人网页的设计和制作，首先要了解整个网站的组成结构，并且通过图像处理软件完成网站主界面的平面设计，将教学资源包中所提供的素材，使用其他软件如 Photoshop 等处理成需要的内容。并根据平面图，在 Flash 中完成主界面的制作、导航按钮和网站 Logo 的制作。

四、操作步骤

（一）网站构架

"My Zone"个人网站预计制作为四大部分：首页、相册展示、个人日志、好友链接，再加上一个简易的音乐播放器，一共是五个部分，结构图参见项目三。

（二）主界面设计

在开始 Flash 制作之前，先通过其他图像处理软件，设计出网站主界面的平面图，如图 3.56 所示。

图 3.56　网站主界面

1．素材处理

在教学资源包"项目三\ch3-1\素材"文件夹中，提供了一个名为"原图.jpg"的图像文件，使用图像处理软件将图中女孩和背景分开，将女孩单独保存在一个背景透明的图像文件，见教学资源中"项目三\ch3-1\完成\女孩.png"，背景则保存在教学资源中"项目三\ch3-1\完成\背景.jpg"。

2. 主界面制作

下面正式开始个人网站的制作。

（1）文件的创建和属性设置。

新建一个 Flash 文件，修改舞台的尺寸为：890px×670px，文件背景为白色，并将“图层一”重命名为“背景”。

将“项目三\ch3-1\完成”文件夹中的“女孩.png”、“背景.jpg”，以及“项目三\ch3-1\素材”文件夹中的“咖啡.png”3 个图像文件导入到库中备用。

（2）网页背景的制作。

步骤一：从库中将“背景”图片拖出，水平居中并且对齐到舞台底部，由于图片的高度比舞台高度要小，此时会发现舞台上面空出有一块白色的矩形范围，要通过渐变的添加，将导航背景和网页背景融合到一起。

步骤二：在“背景”图层上插入一个新图层，命名为“导航背景”，在该图层上绘制一个大小为“890px×180px”没有边框的任意颜色矩形，依然水平居中，对齐到舞台顶部，如图 3.57 所示。

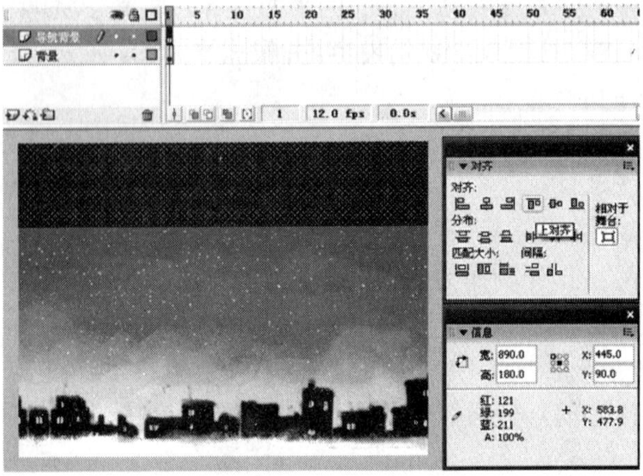

图 3.57　设置对齐方式

步骤三：选中该矩形，打开舞台右侧【混色器】面板，对【填充颜色】设置【线性】的渐变模式。

在渐变编辑条上分别设置 3 个色标：起始为（#233C54），60%的位置为（#5483B9），终点位置为（#5483B9），并且将终点色标的不透明度改为 0，如图 3.58 所示。

图 3.58　设置渐变

至此对渐变的添加已完成了一半，大家可以看到在矩形中的渐变是由左往右的，而最终希望看到的变化是由上往下的，这里可以使用“填充变形工具”来对渐变的方向和范围进行调整，实现最终要的效果，如图 3.59 所示。

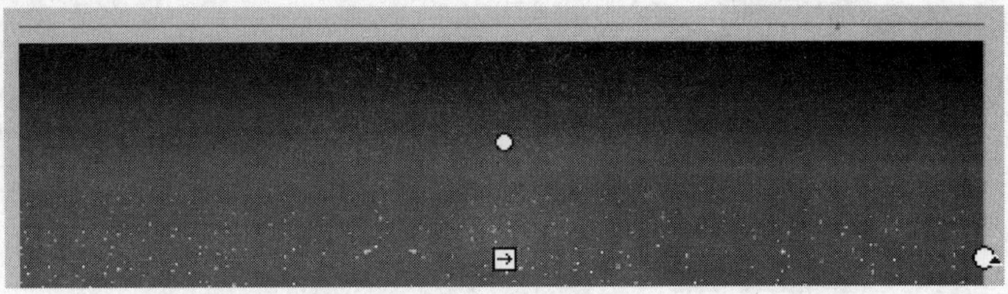

图 3.58　渐变填充调整

小提示：如果设置了颜色的不透明度为“0”的话，填充在被选中的情况下看到的颜色会是黑色，只要取消选择就能看到正常的透明度效果了。

步骤四：新建图层命名为“女孩”，将库中“女孩”图片拖入该图层，这时候会发现，女孩面向的方向和平面图中的方向是反的，这种情况下选中对象后执行【修改】|【变形】|【水平翻转】命令就可以将女孩的方向翻转过来，然后将其放到 X：106.7，Y：425.7 的位置，如图 3.60 所示。

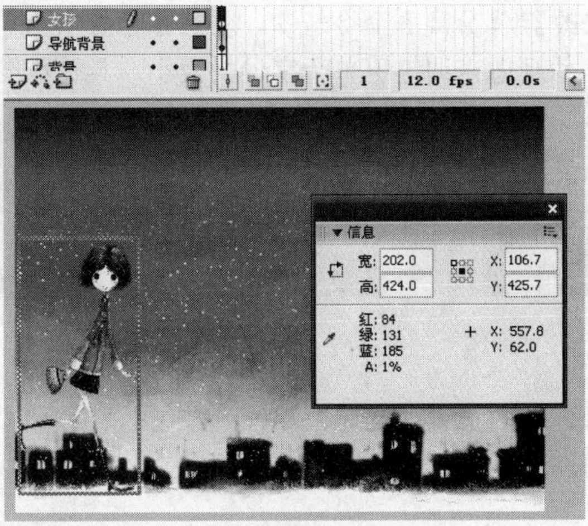

图 3.60　“女孩”图层调整

完成后将这 3 个图层锁定。

（3）网站 Logo 的制作。

通过库中的“咖啡”位图和文字制作一个简单的 Logo。

步骤一：新建图层并命名为“Logo”，将库中“咖啡”图片拖到舞台，使用【任意变形】工具修改它的大小和角度，放到 X：74.5，Y：93.5 的位置。

步骤二：选中舞台上的“咖啡”对象，右击或者按 F8 键将其转换为影片剪辑类型的元件，命名为“kafei”，并为它添加滤镜中的【发光】效果，颜色：“#FFFFCC”，模糊：20，强度：“110%”，品质：高，如图 3.61 所示。

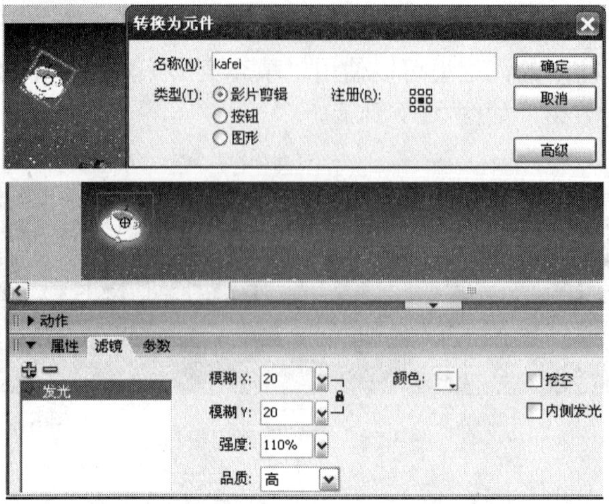

图 3.61 “kafei”元件滤镜设置

步骤三：使用【文本工具 A】，设置字体为 Curlz MT，字号为 42，在咖啡杯边上输入文字白色“My Zone”（字体文件见教学资源学中“项目三\ch3-1\素材\CURLZ_MT.TTF”）。

现在来排列一下文字的位置，由于是在单个文本框内输入的文字，没办法单独调整字母位置，这里通过执行【修改】|【分离】命令一次，将文本框打散为单个字母的文本框，然后对他们的位置进行调整，并且适当调整下单个字母的大小，具体如图 3.62 所示。

图 3.62 文字调整

步骤四：将文字全部选中，设置【发光】滤镜：颜色：#FFFFCC，品质为高，其他设置保持默认不变，完成后将图层锁定。

（4）导航的制作。

为了做的时候不混淆，使用两个图层来分别放置导航边框和按钮。

步骤一：新建图层，命名为“导航边框”，使用矩形工具绘制带黑色边框的白色圆角矩形，大小为 500×42，放置位置：X：525.8，Y：55.1。

小提示：这里没有具体设置圆角矩形的边角半径，在拖曳鼠标绘制的时候，可以通过方向键【↑】和【↓】直观地控制边角半径。

步骤二：为了获得设计平面图中边缘的不规则效果，通过修改边框线条的属性来实现。

选中黑色边框，在舞台下方的属性面板中设置线条属性：

粗细：14pts，类型：点描，点大小：大，点变化：不同大小，密度：密集，具体如图 3.63 所示。

修改完成后，保持对线条的选择，执行【修改】|【形状】|【将线条转换为填充】命令，将线条转成填充后，修改颜色为白色，取消选择，使它和白色矩形融合到一起。

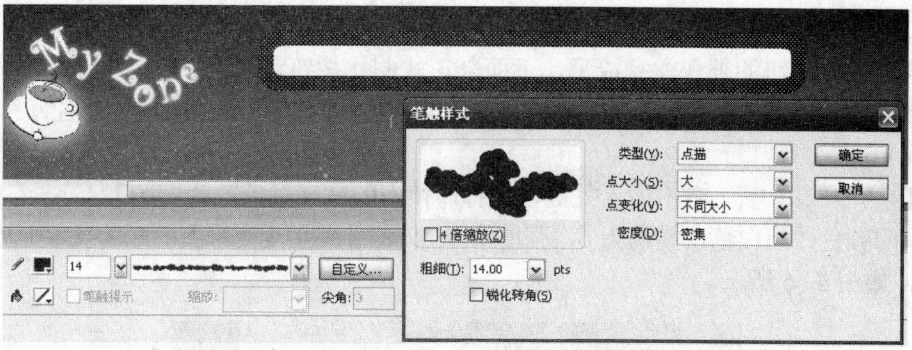

图 3.63　线条属性设置

步骤三：选中上面完成的形状，按 F8 键转换为影片剪辑类型的元件，命名为“导航边框”，为舞台上的实例添加黑色【投影】滤镜效果，设置为模糊：8，强度：100%，品质“高”，并将“挖空”复选框选定，如图 3.64 所示。

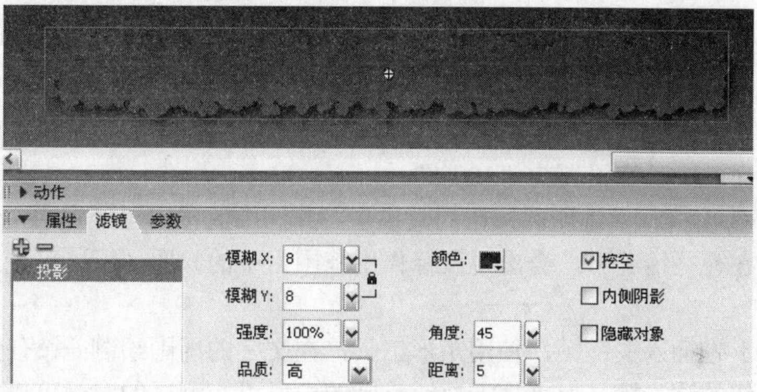

图 3.64　“导航边框”投影滤镜设置

步骤四：制作导航按钮。

新建图层，命名为“导航按钮”，使用文字工具，设置字体为“赵九江钢笔行书”，大小 32，分别输入 4 个按钮的名称，并且使用【对齐】面板将 4 个文本框对齐、水平居中分布，放到上一步做好的导航边框中间，如图 3.65 所示。

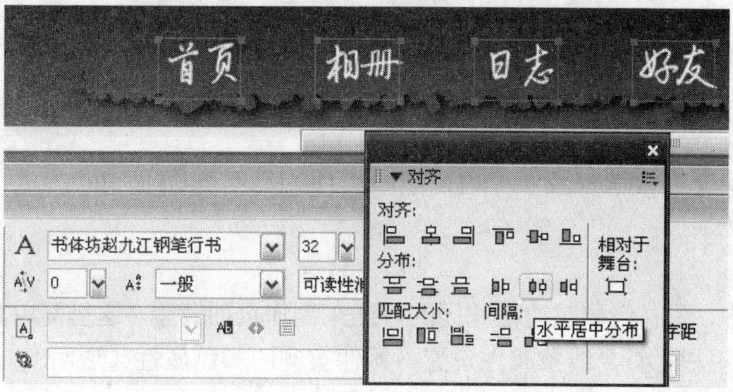

图 3.65　导航制作

保持 4 个文本框都在选中状态，设置【发光】的滤镜效果：颜色：#0B243A，模糊：10，强度：230%，品质：高。

这样，导航按钮的外观就完成了，下面来正式制作按钮。

步骤五：单独选中文字“首页”，按 F8 键将其转换为【按钮】类型元件，命名为“shouye”，双击进入元件编辑窗口。

在【指针经过】帧上右击插入关键帧，将该帧内的文字颜色改为：#0B243A，【发光】的滤镜效果的颜色改为白色，模糊为 6，强度为 350%，并使用【变形】面板将文字长宽放大为“110%”，如图 3.66 所示。

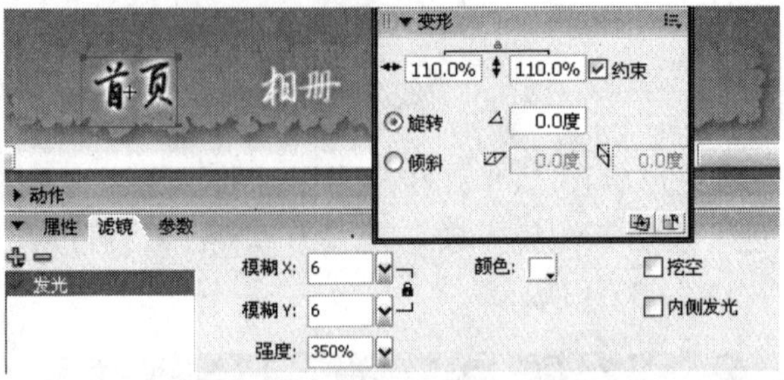

图 3.66　【指针经过】帧文字设置

在元件【按下】帧上右击插入关键帧，将该帧内的文字颜色改为灰色（#666666），其他属性不变，变形面板中长宽设置为“100%”。

现在可以用 Ctrl＋Enter 键测试按钮的效果了，此例中的按钮已经完成，但由于按钮是由纯文字制作的，在有些情况下，会出现鼠标作用范围太小的问题，所以可把最后一帧的内容也加上。

右击【点击】帧插入关键帧，使用矩形工具，在文字的周围绘制一个任意颜色只有填充的矩形，由于按钮的这一帧是用来规定按钮范围的，所以在测试的时候可以发现：只要鼠标移入到这个矩形范围，就能看到按钮效果。如图 3.67 所示。

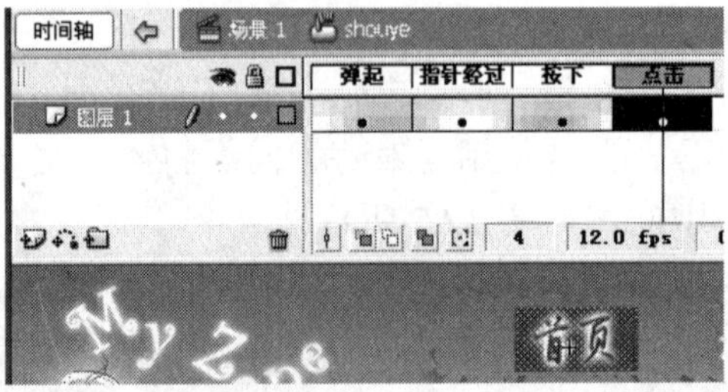

图 3.67　按钮范围设置

完成后文件保存在教学资源中“项目三\ch3-1\完成\网页-界面.fla”。

五、举一反三

在这个环节中，用制作导航边框相同的方法来制作页面背景，这里简单列举要用的操作：新图层“页面”、矩形工具、线条属性设置、元件实例的颜色属性（透明度）和【投影】滤镜效果的设置。

【操作提示】

（1）页面矩形大小：592px×475px，位置 X：528，Y：361。

（2）线条类型：点描，点大小：大，点变化：随机大小，密度：非常密集。

（3）元件名称：页面背景，类型：影片剪辑。

（4）实例透明度：50%，滤镜效果：投影，品质：高。

（5）完成后文件保存在教学资源“项目三\ch3-1\完成\网页-界面-举一反三.fla”中。

六、上机练习

上面只完成了“首页”按钮的制作，还剩下3个按钮的制作，请大家在这个环节完成。

模块三　片头欢迎动画的设计制作

一、能力目标

通过片头动画的制作，进一步熟悉各种基础动画的制作和元件的使用。

二、任务布置

完成片头欢迎动画的制作。

三、任务解析

在这个模块中，要求使用各种基础动画的搭配，完成片头动画的制作，同时设计出网页各元素的出场方式。

由于主界面的设计制作已经在场景一完成，而制作Flash网站的时候，为了优化网站结构，我们一般保证主场景只有一帧，所以我们在新的场景中完成片头动画的制作。

四、操作步骤

（一）新建场景

场景可以理解为影片中的片段，或者话剧中的“幕”，与影片剪辑不同，影片剪辑是构成舞台的一部分，而场景就是舞台本身，在没有脚本控制的情况下，场景按“场景”面板中的上下顺序由上往下依次播放。

步骤一：执行【窗口】|【其他面板】|【场景】或者使用快捷键【Shift＋F12】打开场景面板，双击“场景一”改名为“网页”。

步骤二：单击【场景】面板上“添加场景按钮 + ”，在“网页”场景下方会插入一个名为“场景2”的新场景，将“场景2”改名为“片头”，因为打开网站的时候先播放的是片头动画，所以这里我们用鼠标拖曳调整“片头”场景到“网页”场景上方，如图3.88所示。

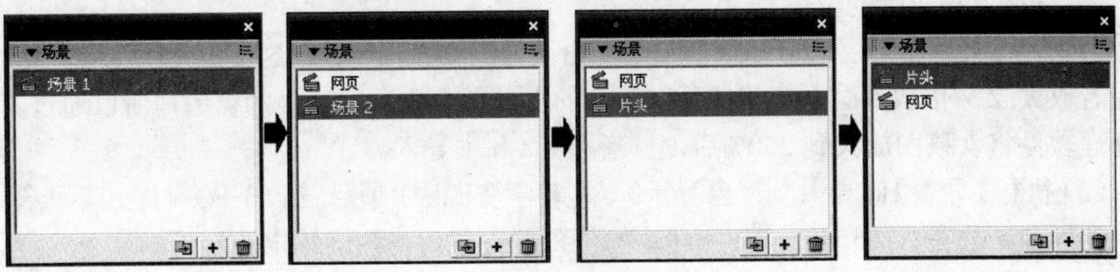

图3.68　新场景设置

（二）复制帧

在这个场景中，思路是片头动画播放结束后，有一个网站的各组成本部分的出场效果，所以这里制作的过程中要时刻保证各元素和【网页】场景中元素位置的一致。

这里通过【复制帧】的操作将【网页】场景中的各图层和内容复制到本场景。

步骤一：单击场景面板的【网页】场景，回到前面制作的场景中，用鼠标将各图层的第一帧全部选中，在帧上右键单击鼠标，选择【复制帧】；

步骤二：单击场景面板中“片头”进入【片头】场景，在图层一第一帧右击选择【粘贴帧】，此时会发现，原【网页】场景中的各图层都复制到了当前图层，如图 3.69 所示。

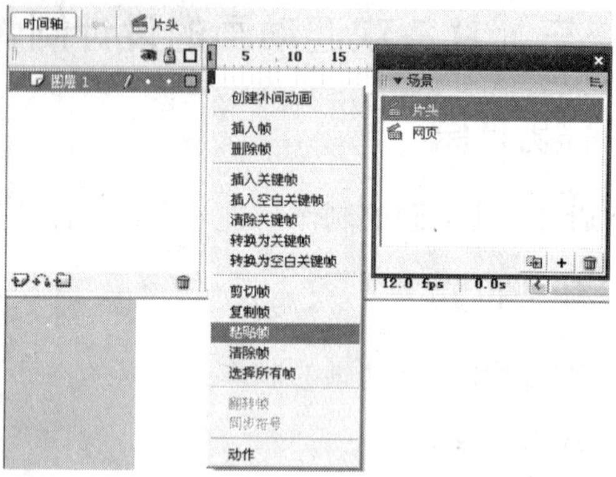

图 3.69　复制图层

（三）“眨眼”效果制作

以下操作均在“片头”场景中进行制作，下面提到的图层都是片头场景中的图层。

1．调整时间轴

因为主界面的这些元素要在片头动画播放完之后才出现，所以在时间轴上将所有图层的第一帧全部选中后，用鼠标左键将他们拖曳到第 50 帧，如图 3.70 所示。

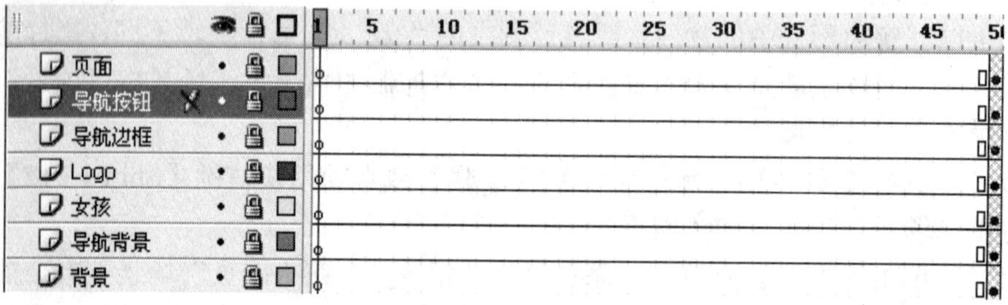

图 3.70　拖曳帧到 50 帧

2．获得女孩眼睛的位置

（1）在【页面】图层上方插入新图层，命名为“女孩-中间”，这里不使用原有的素材图，因为若放大 2.5 倍放到画面中间的话，原有的女孩图会出现很明显的锯齿，所以通过其他图像处理软件将女孩图放大到 250%后，重新在 Flash 中导入。

（2）执行【导入】|【导入到舞台】命令，将教学资源中“项目三\ch3-1\素材\女孩-大图.png”导入到舞台，放在 X：354.3，Y：640.3 的位置，完成后将图层锁定。

（3）插入新图层，命名为“眨眼”，参照女孩两眼的位置，使用椭圆工具绘制代表眼珠的两个椭圆，然后通过选择和部分选择工具调整外形，达到图 3.71 所示效果。

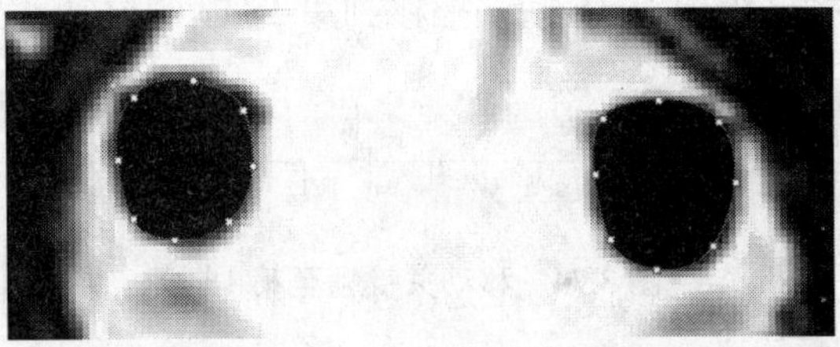

图 3.71　绘制眼珠椭圆

（4）绘制完成后，将“女孩-中间”图层中的第一个关键帧拖移到第 31 帧。

3．根据上一步获得的 2 个眼珠形状

（1）在“眨眼”图层中的 1～4 帧中一次绘制出眼睛睁开的 4 个状态（逐帧动画），如图 3.72 所示。

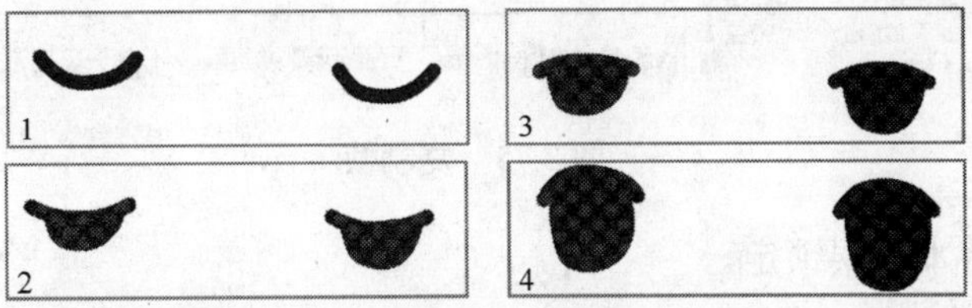

图 3.72　绘制眼睛睁开的 4 个状态

（2）在制作的过程中，可以使用线条对形状进行“切割”，去掉眼珠多余的部分，如图 3.73 所示。

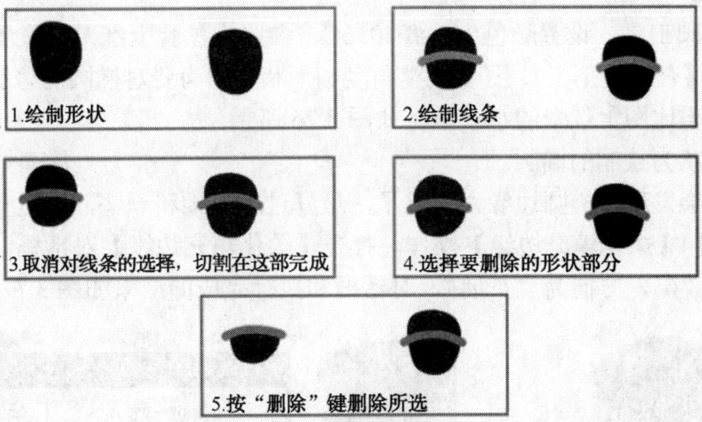

图 3.73　删除眼珠多余部分

4．调整节奏

现在已经完成了眨眼的 4 个状态的制作，大家可以使用快捷键【Ctrl＋Alt＋Enter】测试场景看下效果。下面要做的就是对眨眼的过程进行进一步的调整。

（1）在第 1 帧上连续执行 2 次【插入帧】的操作，使第 1 帧的【闭眼】状态保持 3 帧的时间，熟练的同学也可以通过直接拖移关键帧的操作完成。

（2）在第 3 个关键帧（当前第 5 帧）后，连续插入 5 个普通帧，使当前的状态保持 6 帧

的时间。

（3）将第 4 个关键帧（当前第 11 帧）拖移到第 18 帧的位置，如图 3.74 所示。

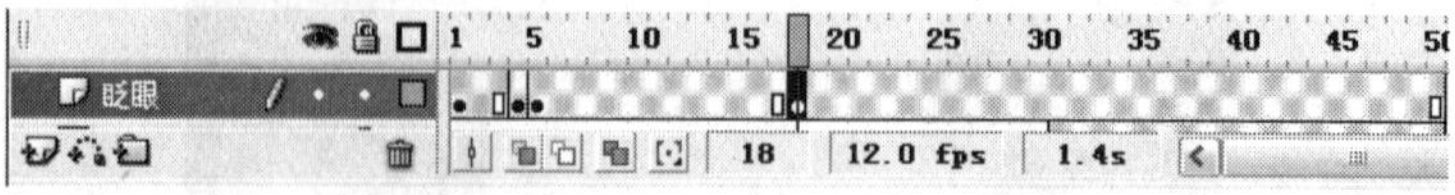

图 3.74　移动关键帧至第 18 帧

（4）在眼睛完全睁开之前，再加一次眨眼效果，右击第 1 帧执行【复制帧】，在时间轴第 11 帧右击，执行【粘贴帧】的操作；同样地将第 4 帧和第 5 帧复制到第 16 和 17 帧，此时眨眼动作制作完毕，如图 3-75 所示。

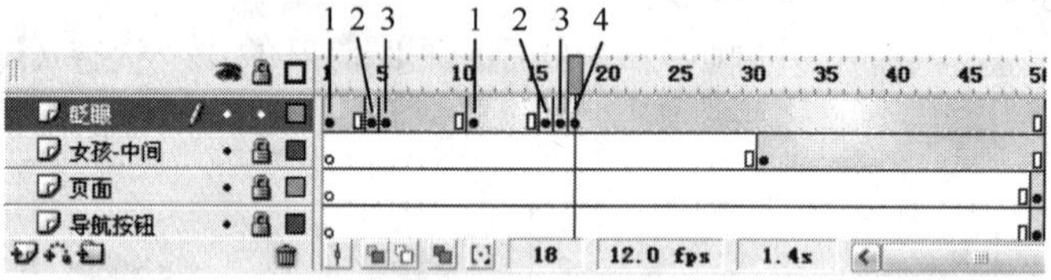

图 3.75　复制帧

（5）完成后，将本图层锁定。

（四）红晕的制作

下面是脸上两块红晕的出现效果，这里依然先新建图层，命名为“红晕-左”，因为前面眨眼的效果用了 18 帧完成，所以红晕在 19 帧开始绘制，在第 19 帧右击选择【插入空白关键帧】。

1．绘制红晕

（1）使用椭圆工具，设置颜色为：#F4956C，参照女孩脸上红晕的位置，绘制两个没有边框的椭圆并用【任意变形工具 】调整角度和形状，因为要对椭圆的边缘做处理，所以这里的椭圆可以画得比图上红晕的小一些，如图 3.76 所示。

（2）图中点状为绘制的椭圆。

（3）画好后会发现，椭圆边缘太明显了，最好过度得柔和一些，这里对这个小椭圆执行【修改】|【形状】|【柔化填充边缘】操作，打开【柔化填充边缘】对话框，在里面设置：距离和步骤数都为“6”，方向为“扩展”，对话框和执行完成的结果如图 3.77 所示。

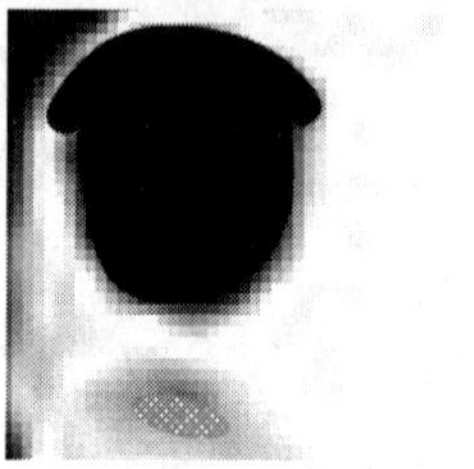

图 3.76　绘制红晕

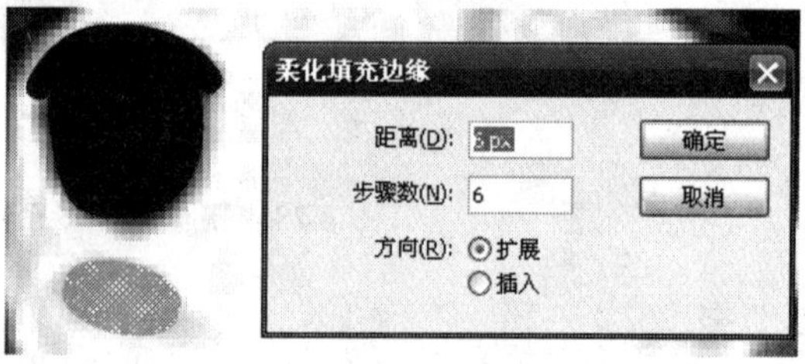

图 3.77　柔化边缘

（4）取消选择后会发现边缘有柔和过度到透明的效果，放大可以看到具体的变化过程。

小提示：选择执行【柔化填充边缘】的形状的时候，尽量使用鼠标框选或者点图层全选，如单用鼠标左击选择的话，会漏掉边缘部分。

2．制作红晕的出现过程

（1）这里要实现红晕从无到有的出现过程，选中红晕（包括柔化部分），按 F8 转换为影片剪辑类型元件，命名为“红晕-左侧”。

（2）在第 25 帧插入关键帧，修改第 19 帧上红晕实例的透明度为 10%，为 19 帧～25 帧设置动画补间，实现红晕渐渐出现的效果，如图 3.78 所示。

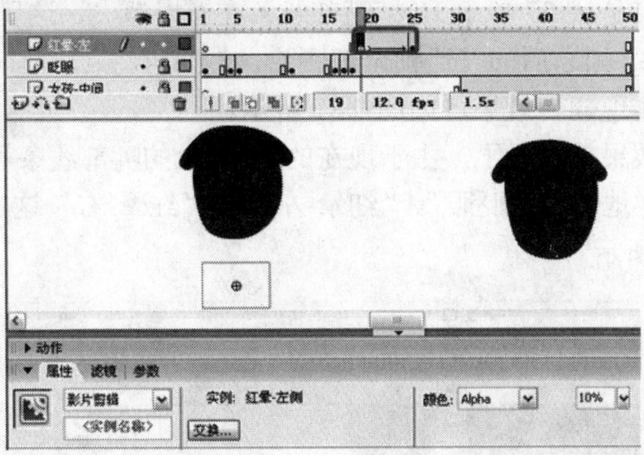

图 3.78　调整透明度

（3）用同样的方法新建名为“红晕-右”的图层，在该图层中完成右侧红晕出现过程的制作。

（4）完成后，将以上两图层锁定。

（五）嘴部微笑效果

依然通过逐帧动画完成。

1．绘制嘴部线条

新建图层“嘴部”，在第 27 帧“插入空白关键帧”，参照女孩嘴部的位置，用钢笔工具绘制出嘴部的线条，如图 3.79 所示。

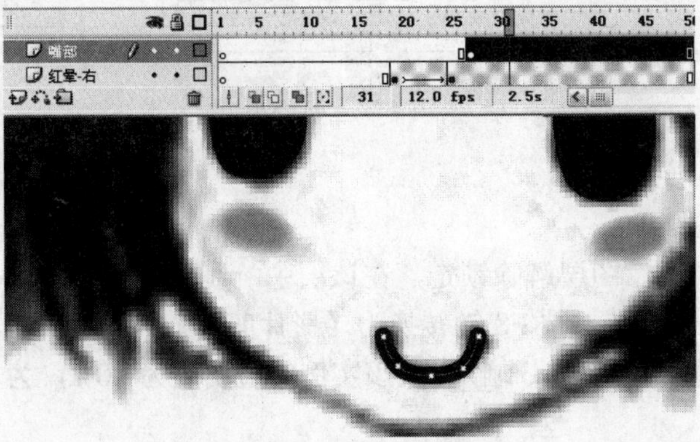

图 3.79　绘制嘴部线条

2．制作微笑效果

（1）在 28 帧右击【插入关键帧】，删去一部分嘴部弧度；29 帧【插入关键帧】，再删去一小部分，依次加到第 31 帧，该帧上只保留嘴部中间一小部分，各帧效果如图 3.80 所示。

图 3.80　嘴部线条调整

（2）完成后的效果是从 27 帧～31 帧嘴部线条在慢慢消失。这里需要的是相反的效果，先将本图层时间轴上 31 帧之后的普通帧全部删除，然后再将 27～31 帧全部选中，鼠标右击选择【翻转】帧，来实现翻转效果，如图 3.81 所示。

（3）这时候要的效果就实现了，由于现在的 31 帧上的嘴部线条和女孩位图上的重叠了，所以将这帧删除。同样地，将“眨眼”、“红晕-左”和“红晕-右”这 3 个图层自 31 帧往后的帧都删除，如图 3.82 所示。

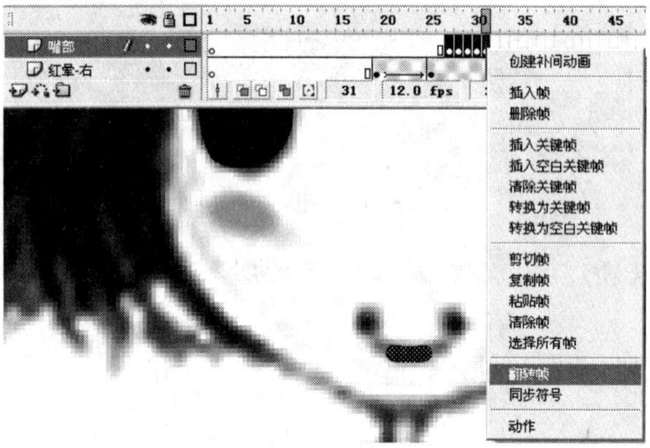

图 3.81　翻转效果

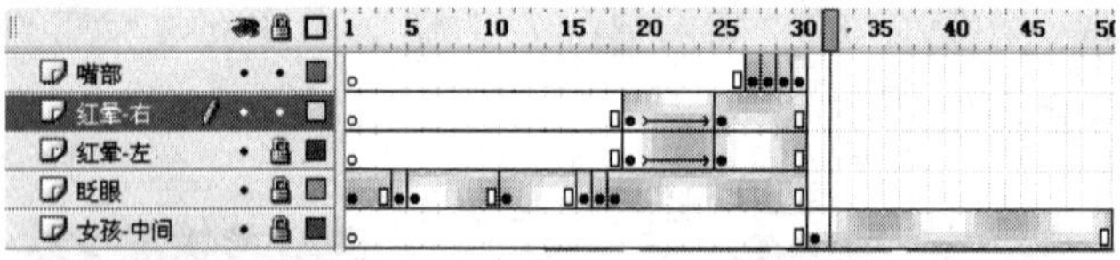

图 3.82　删除帧

（4）完成后将图层锁定。

（六）女孩的出现

（1）将“女孩-中间”图层解除锁定，在该层中，制作女孩在舞台上出场的效果。

（2）在舞台中选中女孩，按 F8 键转换为【影片剪辑】类型元件，命名为“女孩”，在第 34 帧单击【插入关键帧】，修改 31 帧中女孩实例的透明度为 10%，为 31 帧添加【动画】补间。

（3）在第 39 帧和 42 帧上都执行【插入关键帧】，用【变形】面板修改 42 帧上女孩的长宽为 40%，放置到 X：106.7，Y：425.7 的位置（这样保证了和之前完成的主界面上女孩位置的一致）；为 39 帧添加【动画】补间，完成后时间轴如图 3.83 所示。

图 3.83　完成补间动画后效果

（4）完成后将图层锁定。

（七）欢迎文字

1．输入文字

（1）在“女孩-中间”图层上插入新图层，命名为“欢迎文字”，在第 42 帧插入关键帧，使用文字工具，设置字体为“Gigi”（字体文件在教学资源包素材文件夹），字体大小为 48，输入文字“Welcome to My Zone”，放置在 X：520，Y：301 的位置。

（2）完成后锁定该图层。

2．遮罩效果

配合遮罩图层制作文字出现的效果。

（1）在“欢迎文字”图层下方插入一个图层，命名为“文字效果”，在 42 帧插入关键帧，使用矩形工具在文字上方位置绘制一个没有边框的矩形，大小为：479px×75px，位置为：X：520，Y：230。

（2）选择该矩形，使用【填充变形工具】，修改它的填色为线性渐变，混色器中渐变条上左、50%、右位置各设置一个色标，颜色分别为“#233C54”、“#4DACC4”和“#FFFFFF”。调整结果如图 3.84 所示。

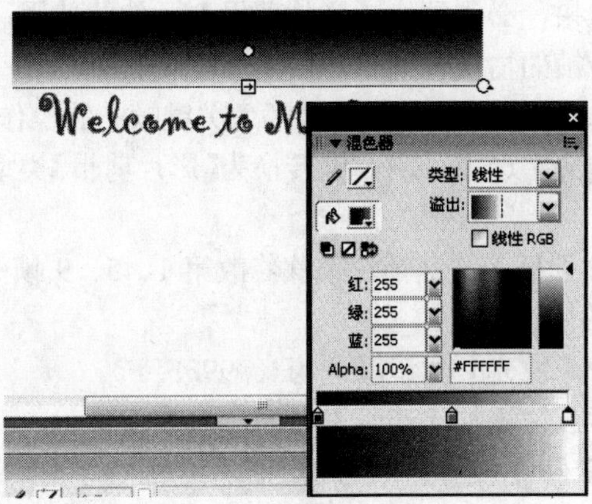

图 3.84　渐变填充调整后

在本层第 48 帧“插入关键帧”，修改舞台上矩形 Y 的位置为“307”，为 42 帧设置【形状】补间。

接下来通过设置“欢迎文字”图层为遮罩层，将渐变的范围限制在文字内部，完成效果如图 3.85 所示。

图 3.85　完成遮罩

3. 为文字添加阴影效果

（1）在“文字效果”图层下方插入一个新图层，命名为“文字阴影”，在第 49 帧插入关键帧，将“欢迎文字”图层中的文字复制后，当前位置粘贴到本图层，修改其颜色为白色，并添加【投影】滤镜效果，参数中品质设置为“高”，其他为默认。

（2）完成后将图层锁定。

（八）“Enter”按钮

思路是，欢迎动画播放到这里就停下，等网页的浏览者单击“Enter”按钮后，播放主界面的出场，进入具体的网页，所以这里需要设计制作一个进入按钮。

在“欢迎文字”上方插入一个新图层，命名为“进入按钮”。

步骤一：在本图层第 49 帧【插入关键帧】，使用文字工具，设置：字体：“Ren & Stimpy”（字体文件见教学资源“项目三\ch3-1\素材\REN_STIM.TTF”），文字大小：38，颜色：“#6A6A6A”灰色，位置放在 X：655，Y：470。

为文字添加【发光】滤镜效果，设置颜色：#66FFFF，品质为高，模糊：20，强度 200%。

步骤二：选中文字，按 F8 转换为【按钮】类型的元件，命名为“Enter”，双击进入元件编辑窗口。

步骤三：完成动态按钮的制作。

要在按钮上加动态效果，必须配合【影片剪辑】元件的使用，因为只有影片剪辑类型元件的实例，才能在只有一帧的情况下播放。

在【指针经过】和【按下】两帧都进行【插入关键帧】的操作，完成后回到【弹起】帧。

将【弹起】帧舞台上的文字选中，按 F8 键转换为【影片剪辑】类型的元件，命名为“Enter-1”。双击进入元件编辑窗口。

在第 5 帧和第 9 帧分别插入关键帧，依次修改第 1、5、9 帧中文字的 X 位置为：−3、3 和−3，图 3.86 是第 9 帧的修改情况。

修改第五帧上文字的【发光】滤镜颜色为（#99FFFF）。

完成后为第一帧和第五帧添加【动画】补间，参数默认。

步骤四：【指针经过】和【按下】帧的制作。

单击时间轴上“Enter”位置（如图 3.86 圆角矩形框出位置所示），回到“Enter”按钮的编辑窗口。

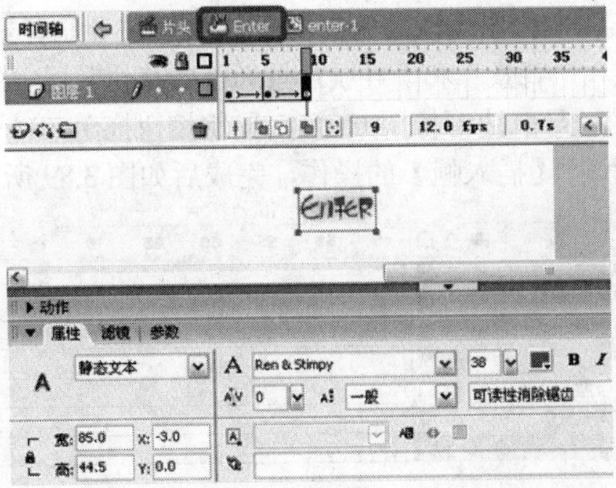

图 3.86 修改各帧文字位置

修改【指针经过】帧舞台上文字的颜色为：#333333,【发光】滤镜的颜色为“#FF99FF”。

修改【按下】帧舞台上文字的颜色为：白色，【发光】滤镜的颜色为“#003366”。

完成后，回到“片头”场景的编辑窗口，锁定“进入按钮”图层。

（九）主界面元素出场动画

片头动画的制作到上面就结束了，按照设计思路，当浏览者单击“Enter”按钮以后，将会播放下面的主界面元素出场动画，现在继续完成出场动画的制作。

制作之前，把所有制作片头动画的图层中第 50 帧删除，现在的图层情况如图 3.87 所示。

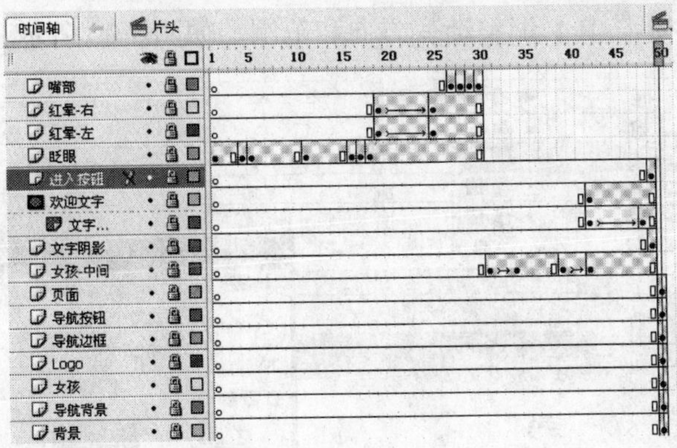

图 3.87 图层情况

图层比较多，在图层最上方新建一个【图层文件夹】，命名为“片头动画”，将所有片头动画包含的图层都整理到该文件夹后折叠并锁定，如图 3.88 所示。

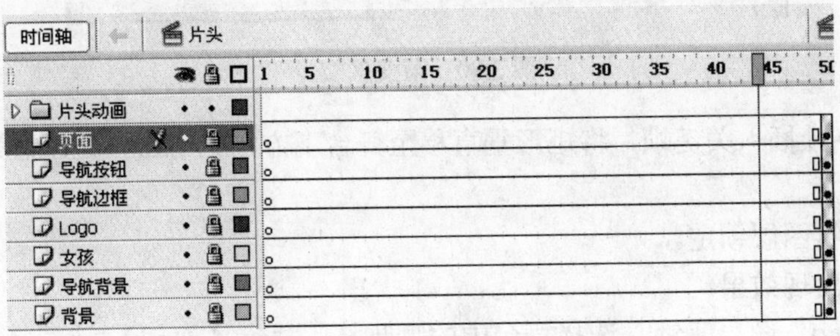

图 3.88 “片头动画”图层

对于主界面中各元素，安排出场次序为：背景、Logo、导航背景、导航按钮、页面。

所以，将除了“女孩”、“背景”和“导航背景”以外其他图层中的关键帧的都往后拖动，将 Logo 图层拖动到 60 帧，导航边框拖至 65 帧，导航按钮拖至 70 帧，页面拖至 75 帧。

在各图层的 80 帧都执行【插入帧】的操作，完成后如图 3.89 所示。

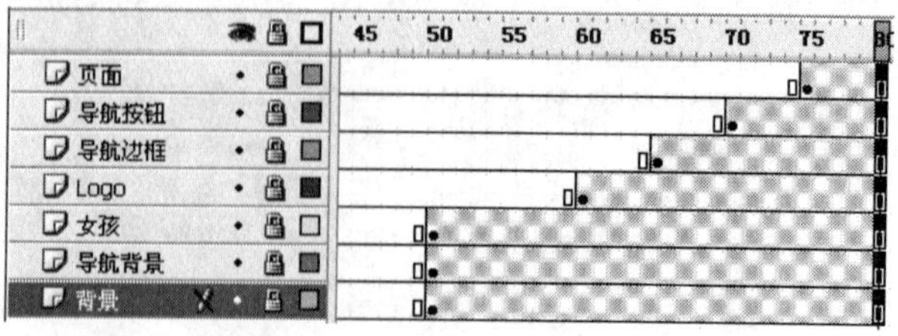

图 3.89　在 80 帧插入帧

1. 背景的出现效果

（1）在【导航背景】图层上方插入一新图层，命名为“背景淡入”，并在该层第 50 帧插入关键帧。

（2）使用矩形工具绘制一个没有边框的矩形，大小为：890px×780px，和舞台水平居中对齐、底部对齐。

（3）修改矩形的颜色为线性渐变，渐变编辑条上起始和结束色标都设置为白色，起始色标透明度为 0%，将结束色标位置调整到 30%。

（4）使用【填充变形工具】调整渐变方向和范围，如图 3.90 所示。

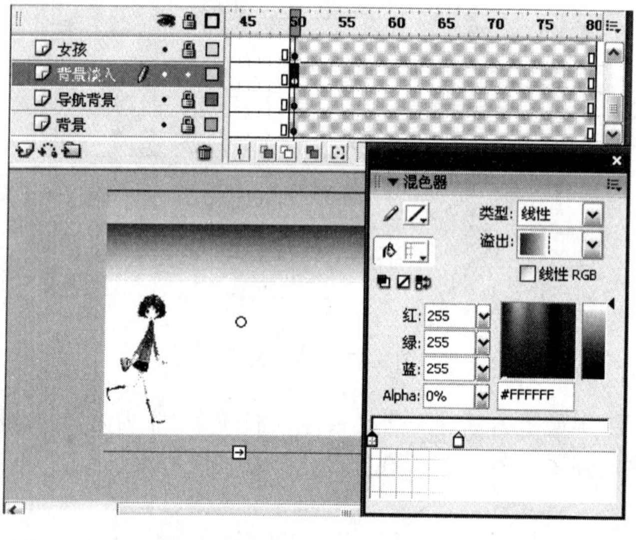

图 3.90　渐变调整

（5）在第 59 帧插入关键帧，将矩形垂直移至舞台下方，Y：1056 处，为第一帧添加【形状】补间。

（6）完成后将图层锁定。

2. Logo 的出现效果

（1）将“Logo”图层解锁，选择舞台中的咖啡杯，执行【剪切】操作。

（2）在“Logo”图层上方新建图层，命名为“咖啡杯”，在该层 63 帧插入关键帧，执行

【编辑】|【粘贴到当前位置】命令，将咖啡杯粘贴到当前图层。

（3）在“咖啡杯”图层的 67 帧插入关键帧，修改 63 帧舞台上“kafei”元件的实例的透明度为“10%”，并为该帧设置【动画】补间。

（4）回到“Logo”图层，将 60 帧舞台中的文字“Zone”剪切，在 62 帧右击执行【插入关键帧】后，使用快捷键【Ctrl＋Shift＋V】将剪切的文字“Zone”粘贴到该帧的当前位置（原位置）。

（5）完成后将这两层锁定。

五、上机练习

将未完成的导航边框、导航按钮、页面的出场在这个环节中完成，教学资源中“项目三\ch3-1\完成\网页-片头动画-上级练习.fla”是作者完成的效果，大家在制作的时候，可以自主思考并尝试其他的效果。

任务二 具体页面的制作和 ActionScript 的添加

模块一 任务预备知识

一、教学目标

使学生了解“ActionScript”的基础知识，熟练掌握在动画中添加“ActionScript”的方法，初步掌握，能够自主制作简单的 Flash 交互网站。

二、工作任务

了解 ActionScript 的基础知识和添加方法。

三、理论知识

ActionScript 是动作脚本的英文名称，简称 AS。ActionScript 是一种面向对象的编程语言，是在 Flash 内开发应用程序时所使用的语言。

（一）AS 基本术语

1．对象

在 ActionScript 中，对象分为两类：一类是用户自己制作的元件实例化后形成的实体对象；另一类是 Flash 8 自己定义的抽象对象。

2．数据类型

在 Flash 8 ActionScript 中，提供了丰富的数据类型，从整数、字符、布尔值到各种对象甚至 MovieClip 都是不同的数据类型。

3．变量

ActionScript 允许声明全局变量和局部变量。

全局变量：声明一次，在整个动画的 ActionScript 程序中都可以使用的变量。

局部变量：在某个函数中声明，就只能在那个函数中使用的局部性变量。

为变量命名时要注意：变量名是不区分大小写的，在变量作用范围内一个变量名必须是唯一的。

4．事件响应

在 Flash 动画中，动画的交互式通过对用户动作的响应来完成。

在 ActionScript 中，用户的事件有鼠标事件和键盘事件等。

ActionScript 可以通过 On()方法进行响应。

（二）动作面板

【动作】面板是动作脚本的编辑器，执行【窗口】|【动作】命令或者按下 F9 键，均可以打开【动作】面板，如图 3.91 所示。

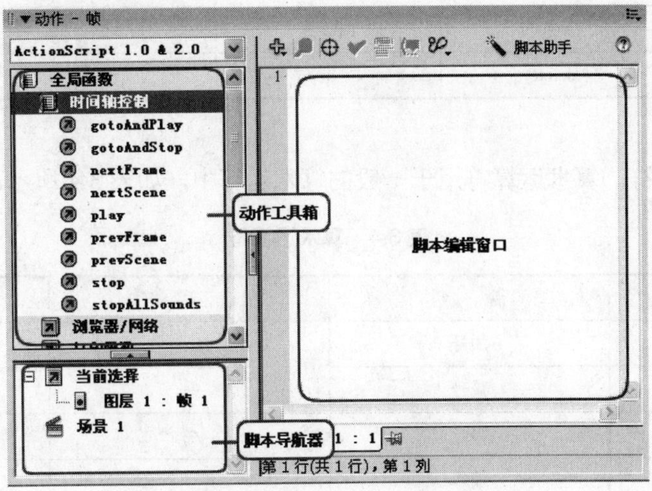

图 3.91 【动作】面板

(1) 动作工具箱：可以在里面浏览 ActionScript 语言元素（包括函数、类等）的分类列表，然后通过双击的操作将要用的元素插入到脚本编辑窗口中。

(2) 脚本导航器：可以显示包含脚本的 Flash 元素（关键帧、影片剪辑和按钮）的分层列表。通过脚本导航器，可以在 Flash 文档中的各脚本之间快速移动。

(3) 脚本编辑窗口：为用户在一个全功能编辑器（ActionScript 编辑器）中创建脚本提供必要的工具，这个窗口中包括代码的语法格式设置和检查、代码提示、代码着色、调试等功能。

（三）ActionScript 语法基础

1．界定符

ActionScript 脚本中的界定符主要包括下面 3 类。

(1) 大括号。动作脚本的一组语句可以被一对大括号（{……}）包括起来组成一个语句块。

(2) 分号。动作脚本的每条语句由一个分号（;）结尾，但这并不是必须的，语句结尾不加分号的话，动作脚本也能成功编译。

(3) 圆括号。在定义函数的时候，所有的参数定义都必须放在一对圆括号内。

调用函数时，被传递的参数也必须放在一对圆括号内。

2．点操作符

点操作符（.）用于定位影片剪辑层次结构，以便访问嵌套的“子级”影片剪辑、变量或属性。点操作符都是位于对象名称之后，而在点操作符之后是指定的属性、方法和变量。

3．关键字

和其他脚本语言一样，在 ActionScript 中也保留了一些单词作为关键字。关键字不能用做变量、函数或者标签的名称。表 3.3 列出了所有动作脚本的关键字。在编写脚本的过程中，关键字会以蓝色突出显示。

表 3.3　关键字

Break	else	instanceof	typeof	Case
For	new	var	continue	founction
Return	void	default	if	switch
While	delete	in	this	with

4. 运算符

（1）算术运算符。算术运算符用于一般的算术运算中，如表 3.4 所示。

表 3.4　算术运算符

运　算　符	说　　明	运　算　符	说　　明
+	加号	++	变量自加一
-	减号	--	变量自减一
*	乘号	%	取余数
/	除号		

（2）逻辑运算符和比较运算符。逻辑运算符用来对参数进行比较或判断其逻辑关系。比较运算符用于比较表达式的值，然后返回一个布尔值（true 或者 false），见表 3.5。

表 3.5　逻辑运算符和比较运算符

逻辑运算符	说　　明	比较运算符	说　　明
!	逻辑非	>	大于
!=	不等于	>=	大于等于
&&	逻辑与	<>	不等于
and	逻辑与	==	相等
not	逻辑非	<	小于
or	逻辑或	<=	小于等于

（3）字符串表达式。字符串表达式是指对字符串进行运算的表达式，它是由字符串、以字符串为结果的函数、字符串运算符组成的，其运算结果是字符串或逻辑值。

5. 字母的大小写

ActionScript 2.0 中的标示符区分大小写。

如果关键字大小写有错误，在编译时就会有错误信息提示。

如果使用了彩色语法的模式，正确的关键字将以深蓝色显示。

6. 注释

可以在脚本中添加注释，以增加程序的易读性。

注释语句以双斜线开始，显示的颜色为灰色，内容可以为任意长度且不用考虑任何语法，注释不会影响 Flash 发布动画的大小。

小结：这里简单介绍了 ActionScript 的一些知识，具体的应用将在网页的制作中逐渐熟悉和深入了解。

模块二　按钮和页面跳转的实现

一、能力目标

（1）通过为已完成的网页部分添加动作脚本，熟练掌握动作脚本的添加方法，初步接触播放控制类函数的使用。

（2）熟练掌握 stop()、on()、play()和 gotoAndStop()的用法。

（3）掌握网站的组织结构，初步掌握引用影片剪辑时路径的输入。

二、任务布置

为欢迎动画添加动作脚本，实现单击【Enter】按钮才进入主页面的效果；创建简单的页面，为导航按钮添加动作脚本，实现单击导航按钮打开对应页面的效果。

三、任务解析

本模块的任务是将前面制作的【片头】场景进一步完善，设计思路是：片头动画播放到欢迎文字出现的时候，等浏览者单击【Enter】按钮之后才播放主界面元素的出场效果，下面通过动作脚本实现这个效果。

主界面上的导航按钮在任务一中已经完成制作，本模块中我们要先简单的完成 4 个页面的框架，通过添加动作脚本实现单击导航按钮能打开对应的页面。

四、操作步骤

根据添加 ActionScript 脚本的不同目的，在具体的动画设计中可以分别在关键帧、按钮和影片剪辑中添加 ActionScript 脚本。

小提示：在对按钮或影片剪辑对象添加动作脚本的时候，ActionScript 脚本可以选择写在时间轴的关键帧上或者在对象上，不过这两种编写方式都要遵循一定的规则，下文介绍的是直接在对象上编写脚本的做法。

（一）在帧上加入 ActionScript

这里打开任务一中完成的文件，或者直接打开教学资源中“项目三\ch3-2\素材\网页-as2.fla”，确定打开的是“片头”场景。

在帧中加入动作脚本：

（1）将折叠的图层文件夹展开，在“嘴部”图层上方插入一个新图层，命名为“动作”，在 49 帧插入关键帧。

（2）鼠标左键在本层时间轴上 49 帧单击选中该帧，按 F9 键或者直接单击舞台下方【动作】按钮，打开面板。

（3）双击动作面板左侧函数列表中的【全局函数】|【时间轴控制】|【stop】选项，将“stop()”添加到右侧脚本编辑窗口，就能实现让动画停止在这个帧的效果；也可通过下面的操作添加：直接在编辑窗口中输入“stop()”，或者单击窗口上方工具栏上【将新项目添加到脚本中】按钮，选择【全局函数】|【时间轴控制】|【stop】选项进行添加，效果是一样的。如图 3.92 所示。

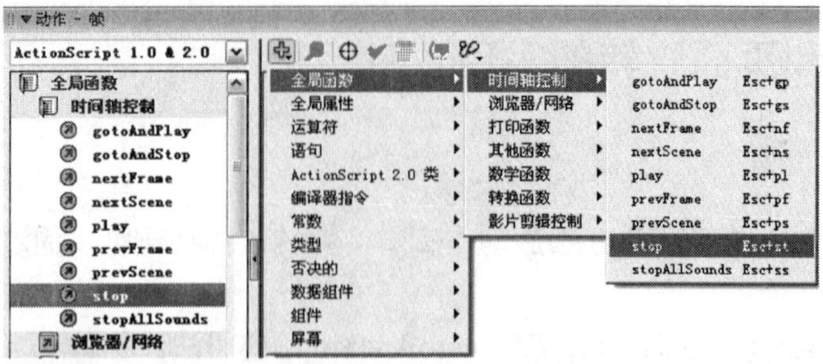

图 3.92　添加“stop()”

（4）添加完动作的关键帧（49 帧），会出现一个小写的“a”，如，表示本帧中添加了动作。完成后将本层 49 帧之后的帧删除。

（二）在按钮对象上加入 ActionScript

（1）将“进入”图层解除锁定，选中 49 帧舞台上的按钮，打开【动作面板】。

小提示：这里一定不能通过单击图层或者单击关键帧来选择按钮，用这种方法选的话，选中的其实是关键帧（观察属性面板可以看出），确保按钮被选中的方法是：观察【属性】面板是否是按钮实例属性，或者观察【动作】面板的对象提示，如图 3.93 所示。

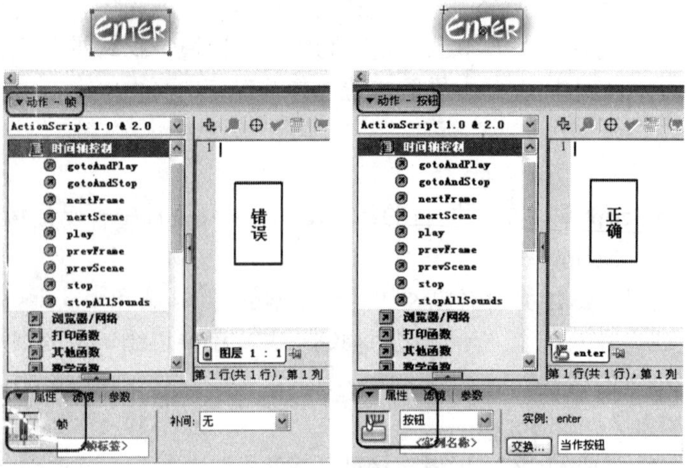

图 3.93　在按钮上添加 ActionScript

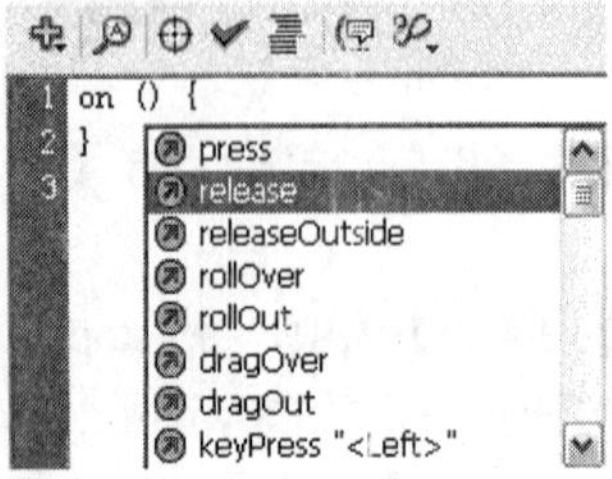

图 3.94　添加【release】

（2）添加【全局函数】|【影片剪辑控制】|【on】动作，此时在 on 函数的右侧括号内会出现时间的选择清单，这里选择【release】选项，如图 3.94 所示。

press：当按钮被按下（鼠标左键按下）时触发该事件；

release：当按钮被释放时触发该事件；

releaseOutside：当鼠标指针在按钮上时单击鼠标，并且在放开按键之前滑出按钮范围时触发该事件；

rollOver：当鼠标滑入按钮范围时触发该事件；

rollOut：当鼠标滑出按钮范围时触发该事件；

dragOver：当按钮被鼠标按下并拖入按钮范围时触发该事件；

dragOut：当按钮被鼠标按下并拖出按钮范围时触发该事件；

keyPress（left、right、home、end、up、down 等）：当参数指定的键盘按键被按下时触发该事件。

（3）在大括号内添加要执行的动作，这里是播放 49 帧之后的内容，所以在大括号内添加：【全局函数】|【时间轴控制】|【play】命令，或者直接输入【play()】即可。

在按钮上添加的完整的动作是：

```
on (release) {
    play();
}
```

至此，片头动画部分的动作脚本已经添加完成了，下面介绍下初学者要注意的地方：

- 上面已经介绍过，在给按钮（影片剪辑）对象添加动作的时候，一定要注意对象的选择，确保动作面板上的对象显示是正确的再去添加，这是初学者很容易出错的地方，on 处理函数是不能用于关键帧的。
- 给按钮对象添加动作的时候，无论想通过单击按钮实现任何效果，都必须先加 on 处理函数。

（三）实现导航按钮的功能

至此，通过【Ctrl＋Ente】键测试动画时会发现，片头的停顿和【Enter】按钮的跳转功能都实现了，但是在播放完主界面的出场后，又接着循环播放片头了，所以需要给【网页】场景的第一帧也添加一个“stop()”函数，让动画停止在主界面上。

添加图层，命名为【动作】，在第一帧的动作面板中添加“stop()”，让动画停止在本场景的第一帧。

1．“页面”影片剪辑内容的添加

步骤一：在【页面】图层上方插入一个新的图层，命名为【具体页面】，使用文字工具，设置字体为“书体坊赵九江钢笔行书”，大小为：38，颜色为：#003366，输入文字“欢迎我的朋友们”，放置在 X：518，Y：185 的位置。

选中文字，按 F8 键转换为【影片剪辑】类型的元件，命名为“具体页面”，双击进入元件内部编辑。

步骤二：在“具体页面”影片剪辑内部的第 2～4 帧依次插入关键帧，并修改对应帧上舞台中的文字内容，第 2 帧改为“我的相册”，第 3 帧改为“我的日志”，第 4 帧改为“我的朋友们”，如图 3.95 所示。

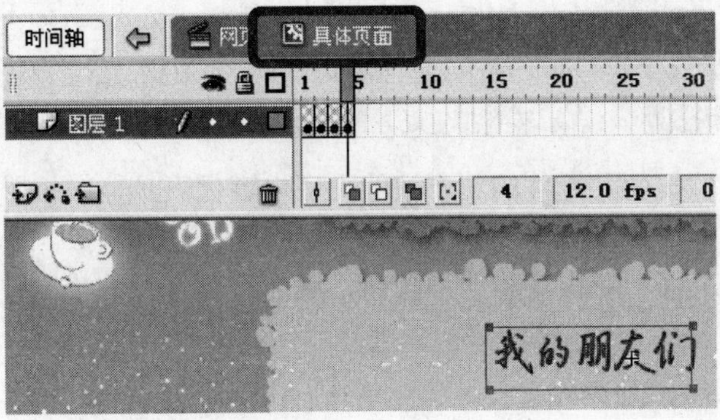

图 3.95　修改第 2～4 帧

小提示：在整个网页的制作中，采用的元件创建方法绝大部分是对现有元素执行【转换为元件】的操作，然后双击进入元件编辑，在上图 3.95 中可以看到，当前是在元件编辑窗口，场景中的内容呈灰色显示，能看到但不能编辑，这使得用户在制作元件内部内容的时候可以很容易地控制好位置的大小，如果直接通过插入新建元件来制作的话，在元件窗口将看不到场景中的内容。

这里暂以 4 组文字代替对应的 4 个页面，完成网站结构的制作，实现导航按钮的效果。

步骤三：由于【具体页面】是一个影片剪辑，所以在【网页】场景只有一帧的情况下，依然可以播放，测试动画时会发现 4 帧的文字在不停地闪动，所以通过“stop()”函数将画面停在代表首页的第一帧上。

选中第一帧，添加动作“stop()”。

步骤四：在空白处双击，或者在时间轴上单击【网页】，回到【网页】场景后，选中为“具体页面”元件的实例，设置实例名称为“ym”，如图 3.96 所示。

步骤五：为导航按钮添加动作。

图 3.96　设置实例名称

2. 添加动作

将【导航按钮】图层解除锁定，选中【相册】按钮，按 F9 键打开动作面板，添加下面的动作：

```
on (release) {
    ym.gotoAndStop(2);
}
gotoAndStop(场景,帧) // 表示让影片跳转到某一指定场景的帧后停止播放
gotoAndPlay(场景,帧) // 表示转到指定场景的指定帧并从该帧往后播放
```

因为这里用【具体页面】元件的第二帧的文字内容代表具体的相册页面，所以用的是跳转到该帧并且停止的操作，没有涉及其他场景，不必输入场景参数。

测试动画，在主界面上单击【相册】按钮，就能看到【我的相册】文字了。

五、举一反三

按照输入的文字代表的内容：“具体页面”元件的第一帧为“首页”内容，第三帧为“日志”内容，第四帧为“好友”的内容。请为其他 3 个导航按钮添加动作，实现按钮打开对应

的页面的功能。

六、上机练习

在主界面上设计制作一个按钮，添加对应动作，要求单击按钮则重播片头动画。

模块三　首页的制作

一、能力目标

（1）通过【首页】页面内容的制作，进一步熟悉网站结构，熟练掌握影片剪辑元件的使用。

（2）初步掌握条件\循环语句的使用。

二、任务布置

完成“首页”整个页面内容的制作，包括装饰的雪花效果，重点在于自我介绍文字的制作，通过按钮控制文字内容在给定的范围内移动。

三、任务解析

本模块需要完成“首页”页面的制作，首先完成作为页面装饰的雪花的绘制，并做成不断旋转的动态效果；然后制作自我介绍的文字部分，通过自己制作的上下按钮，控制文字的上下移动，使浏览者能自主地选择观看文字。

四、操作步骤

现在开始“首页”页面的正式制作，双击【网页】场景中舞台上的【具体页面】，进入【具体页面】的编辑窗口（最好从舞台上双击打开，这样在编辑的时候能看到舞台上的其他元素，如果从库面板打开的话，就没有参照物了）。

将【具体页面】元件内部第一帧舞台上的文字选中，F8键转换为【影片剪辑】类型的元件，名称为【首页】，如图3.97所示。

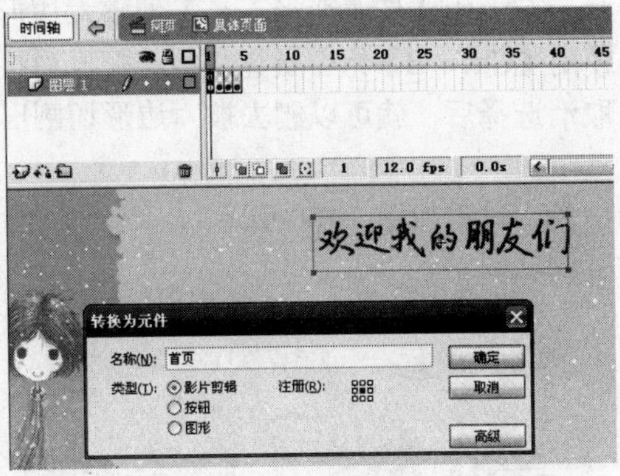

图3.97　将文字转换为元件

（一）绘制雪花

双击舞台上的【首页】实例进入元件内部编辑。

这里通过简单的形状组合，绘制出装饰用的雪花效果。

步骤一：将【图层一】改名为【标题】后锁定，插入新图层命名为“雪花装饰”，并将该层调整至【标题】图层之下。

先绘制雪花的一角，这里用同样宽度、不同长度和角度的矩形拼起来。过程如图 3.98 所示。

图 3.98　制作雪花一角

用黑色绘制是因为背景颜色比较浅，黑色能看清，绘制完成之后使用【Ctrl＋G】组合键将这些矩形组合在一起，然后使用【任意变形工具】将这个整体的中心点调整到底边的中间，如图 3.98 最右侧的图像所示。

步骤二：打开【变形】面板，设置【旋转】角度为 60°，单击 5 次【复制并应用变换】按钮，如图 3.99 所示。

图 3.99　制作完成的雪花形状

这样，雪花的 6 角都完成了，下面再对它的颜色和细节做调整。

步骤三：设置【多角星形工具】，样式为“多边形”，边数为“6”，设置线条颜色为红色，没有填充颜色，在舞台上按住“Shift”键绘制一个正六边形，完成后选中六边形后按“Ctrl＋G”键组合。

将六边形与雪花对齐到一起，用【任意变形工具】调整六边形的大小。

将整个雪花都选中，使用【Ctrl＋B】组合键先将雪花打散后再取消选择，然后对六边形组合做同样的打散操作，取消选择后，就可以删去被六边形切割出来的多余的雪花部分了，完成后将六边形也删除。

最后将雪花颜色改为白色，过程如图 3.100 所示。

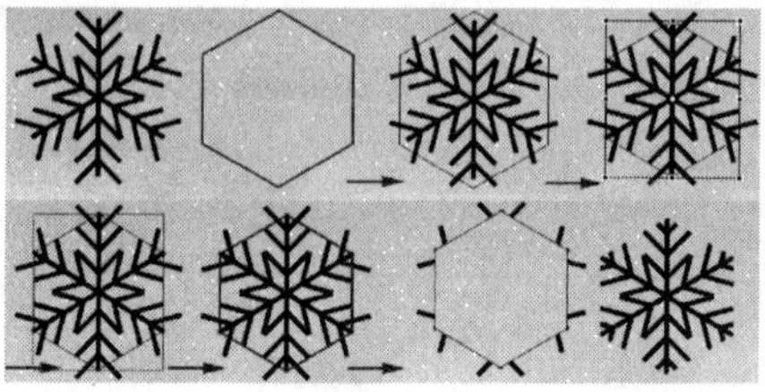

图 3.100　修剪雪花形状和颜色

步骤四：将雪花选中，按 F8 键转换为【影片剪辑】类型的元件，名称为【雪花装饰】。

用【雪花装饰】元件的实例装饰整个首页：设置不同的大小、位置、角度甚至透明度，都放在当前【雪花装饰】图层中，如图 3.101 所示，完成后将图层锁定。

图 3.101　【雪花装饰】图层

（二）介绍文字

步骤一：在【雪花装饰】图层之上插入新图层，命名为【介绍文字】，设置文字工具字体为：书体坊赵九江钢笔行书，文字大小为：24，颜色为：#006699，输入介绍文字，文本框宽度为 333px，如图 3.102 所示。

图 3.102　【介绍文字】图层

步骤二：介绍文字比较多，超过了界面的范围，这里通过遮罩图层来限制文字的显示范围，在文字图层上方插入新图层，命名为【文字范围】，绘制一个没有边框的任意颜色的矩形，大小为：353px×306px，放置在页面中间位置，将图层锁定，并且显示轮廓，如图 3.103 所示。

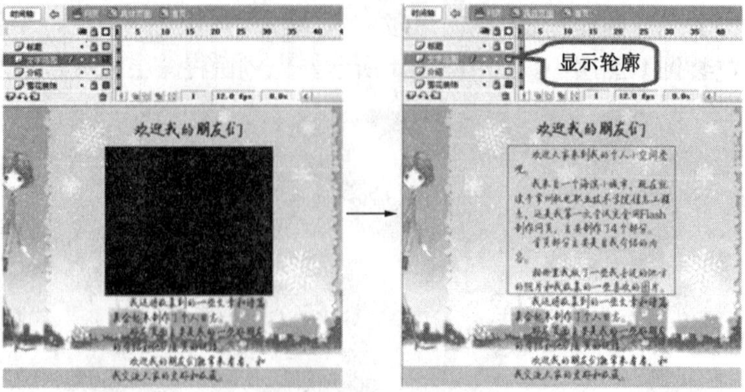

图 3.103　【文字范围】图层

显示图层轮廓可以让用户在制作的时候既能看到具体的范围，又不会让画面被黑色矩形遮住。

右击【文字范围】图层选择【遮罩层】效果，这样，就只有矩形范围内的文字可以看到了，对于超出范围的文字，通过单击按钮来控制上下移动。

步骤三：在【文字范围】图层上方插入新图层，命名为【控制按钮】，这里结合雪花制作一个简单的按钮。

（1）从库中拖曳一个【雪花装饰】元件的实例到舞台，使用【Ctrl＋B】组合键打散为雪花形状，根据文字显示的范围调整雪花大小，然后按【F8】键将其转换为【按钮】类型的元件，名称为【首页控制】，双击进入元件内部编辑。

（2）使用【变形】面板将雪花旋转 30°，并在其下方绘制一个向下的三角形，将三角形和雪花形状融合在一起，如图 3.104 所示。

图 3.104　绘制三角形

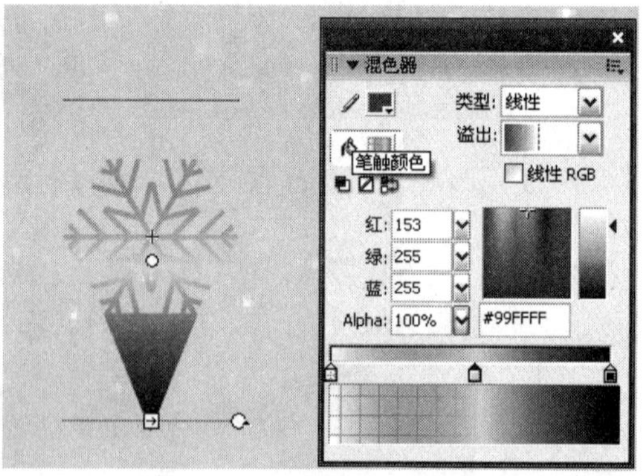

图 3.105　颜色调整

（3）使用【填充变形工具】和【混色器】面板修改上图中形状的颜色。类型：线性渐变，渐变编辑条上设置 3 个色标：起始和结束色标颜色均为【#000066】，起始色标透明度为 0%，50%处色标设置颜色为【#99FFFF】，如图 3.103 所示。

（4）在按钮【指针经过】帧插入关键帧，修改填充的渐变色，将起始和终点色标颜色设置为【#99FFFF】，中间色标颜色设置为【#000066】。

（5）在【按下】帧插入关键帧，修改填充颜色为白色。

（6）完成后双击舞台空白处或者点时间轴上的【首页】，回到首页编辑窗口。

步骤四：向下的按钮已经完成，这里将按钮复制或者从库面板中再拖曳一个【首页控制】按钮的实例到舞台，旋转 180° 或者垂直翻转，这样向上按钮也有了，将两个按钮对齐放好。

步骤五：下面对按钮添加脚本以实现对文本内容位置的控制。

（1）首先解除【介绍】图层的锁定，选中介绍文字，按 F8 键转换为【影片剪辑】类型的元件，名称为【首页介绍】，在【属性】面板中将舞台上的实例名称设置为【wz】，如图 3.106 所示。

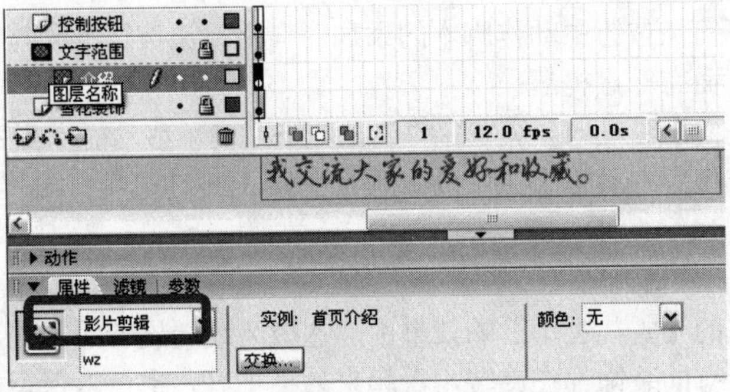

图 3.106　设置实例名称

（2）选中向下箭头的按钮，按 F9 键打开【动作】面板，添加下列动作：

```
on (release) {
        if(wz._y>=86)
        {wz._y=wz._y.3}
}
```

小提示：当鼠标单击按钮并释放时，开始执行下列操作：当 wz 影片剪辑的 y 坐标大于等于 86 时，wz 的 y 坐标等于它当前的 y 坐标减去 3。

其中边界的值【86】可以通过下面的操作获得：垂直往上移动 wz 影片剪辑，一直到最后一行文字出现在可见的文字范围内，此时记录 wz 影片剪辑的 y 坐标位置，因为制作的时候每人的设置不同，所以大家在做的时候未必获得的是【86】，这是要注意的地方，如图 3.107 所示。

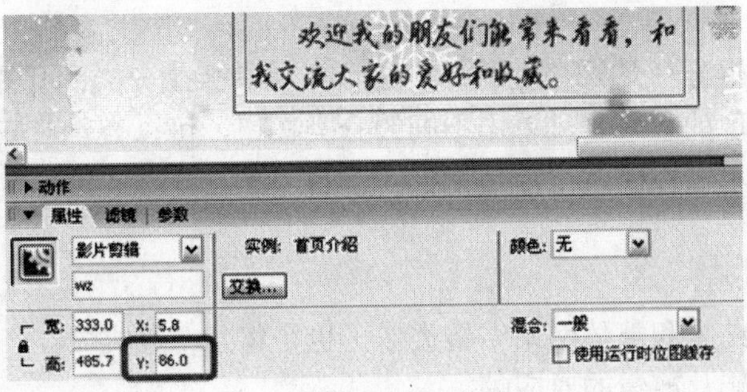

图 3.107　边界值

以上脚本中，用到了 if 语句，它的一般形式如下：

```
if(条件表达式)
```

```
{满足条件执行的语句}
else {…}
else if(条件表达式)
{…}
...
```

完成的以上内容保存在教学资源的“项目三\ch3-2\完成\网页-as3-end.fla”中。

五、举一反三

上面完成了向下箭头按钮中动作脚本的添加，向上箭头按钮的动作和上面类似，所以要求大家自主完成，下面有一点提醒：

文字影片剪辑在向上移动时，y 坐标的值在变小，向下移动时 y 坐标的值在变大。

完成的以上内容保存在教学资源中的“项目三\ch3-2\完成\网页-as3-举一反三.fla”。

六、上机练习

要求将之前完成的【雪花装饰】的效果由静态改为缓缓旋转的雪花，注意影片剪辑层次的把握。如果感觉所有的装饰都在旋转，看起来效果不好，也可以保留一部分静态的。

在制作中，如果发现完成的雪花在旋转中有停顿的现象，请尝试找出原因，并解决。

完成的文件见教学资源中的“项目三\ch3-2\完成\网页-as3-上机练习.fla”。

模块四　相册页面的制作

一、能力目标

通过“相册”页面内容的制作，进一步熟悉由按钮控制影片剪辑的操作。

二、任务布置

完成“相册”整个页面内容的制作，要求单击具体的分类能查看对应的图片，图片之间能够前后切换。

三、任务解析

本模块要完成“相册”页面的制作，“相册”中共有 3 个分类：可爱动物、迷人风景和街头三维立体画，要实现的效果是，单击不同的分类按钮，可以查看对应分类的图片，在每一个分类里面，也可以单击按钮进行前后切换。

四、操作步骤

其实这个页面的结构和整体网站结构类似，也是将几个分类做在一个影片剪辑内部，单击分类按钮跳转到该影片剪辑的对应帧。

（一）页面背景制作

（1）打开上个模块完成的文件，或者从教学资源中打开“项目三\ch3-2\素材\网页-as4.fla”。

（2）回到“具体页面”的编辑窗口，选择第二帧舞台上的文字，按 F8 键转换为“影片剪辑”类型的元件，命名为“相册页面”，双击进入元件内部。

（3）修改"图层一"的名字为"标题"，将舞台上的文字调整到页面左上的位置，将图层锁定。

（4）在"标题"图层上方插入新图层，命名为"页面划分"，使用矩形工具，设置边角半径为5点，绘制一个没有边框的白色圆角矩形，大小为：120px×81.2px，完成后复制两个相同的形状，平均排列到页面左侧，如图3.108所示。

（5）保持同样的设置，绘制另一个没有填充只有边框的黑色矩形，大小为：350px×240.1px，放置到画面右上角，和左侧的矩形上对齐，将该矩形原位复制粘贴后，修改大小为340px×230px，使用颜料桶工具在两个矩形之间填充白色，如图3.108所示。

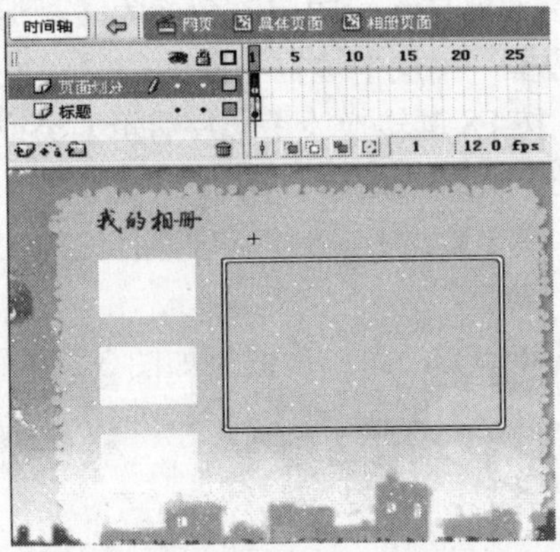

图3.108　绘制矩形

（6）完成后将黑色线条删除。

（7）在【页面划分】图层上插入新图层，命名为【照片边框】，将上面的白色矩形框复制一个到相同位置粘贴后，锁定该图层，回到【页面划分】图层。

（8）导入教学资源中的图片"项目三\ch3-2\素材\fj2.jpg"到【页面划分】图层，将白色矩形边框选中后使用【Ctrl+G】组合键，将导入的图片放到矩形中间位置，这样就为照片添加了一个边框。

（9）现在将图片和边框一起选中，执行【Ctrl+G】组合键将其组合在一起，使用【变形】面板，旋转10°，完成后将图层锁定，如图3.109所示。

图3.109　调整图片

（二）分类按钮制作

（1）在【页面划分】图层上方插入新图层，命名为【分类按钮】。

（2）导入教学资源中的“项目三\ch3-2\素材\dw1.jpg”到舞台中，并使用“变形”面板修改其比例为30%，放置在划分好的第一个白色矩形中心位置，如图3.107中【1】的位置，按【F8】键转换为【按钮】类型元件，名称为【动物】。

（3）用同样的方法，制作【风景】和【3D】两个按钮元件，放置在图3.107对应的【2】、【3】的位置。

（三）“分类相册”影片剪辑的制作

（1）在【分类按钮】图层上方插入新图层，命名为【相册】，从库中将【dw1.jpg】拖曳到舞台，并放置在和“照片边框”图层中边框相同的位置（直接设置x和y坐标的值）。

（2）选中舞台中的图片，按F8键转换为【影片剪辑】类型的元件，名称为【分类相册】。

（3）双击进入【分类相册】元件的编辑，在第2帧和第3帧依次插入空白关键帧并分别导入教学资源中的“项目三\ch3-2\素材\fj1.jpg”和“项目三\ch3-2\素材\3D1.jpg”到舞台，并对齐到元件中心。

（4）为第一帧添加动作【stop()】，完成后效果如图3.110所示。

图3.110　为第一帧添加动作【stop ()】

（5）双击舞台空白处或者在时间轴上单击【相册页面】，回到上一级【相册页面】元件编辑窗口。

（6）为舞台中【分类相册】元件的实例设置实例名称为：xc，为【风景】按钮添加如下动作：

```
on (release) {
        xc.gotoAndStop(2);
}
```

（7）测试动画，在相册页面中单击【风景】按钮，可以看到“fj1.jpg”显示在页面右侧照片框中。

（8）用同样的方法为【动物】和【3D】按钮设置对应跳转到第一帧和第三帧的动作。完成后，将【分类按钮】图层锁定。

（四）“动物分类”相册内部的制作

（1）回到【相册】图层，双击舞台上【分类相册】影片剪辑的实例，进入“分类相册”

元件的编辑窗口。

（2）选择第一帧的图片，按 F8 键转换为元件，名称为【动物分类】，双击进入【动物分类】元件的编辑窗口，如图 3.111 中，使用主场景到现在所编辑的元件的完整层次。

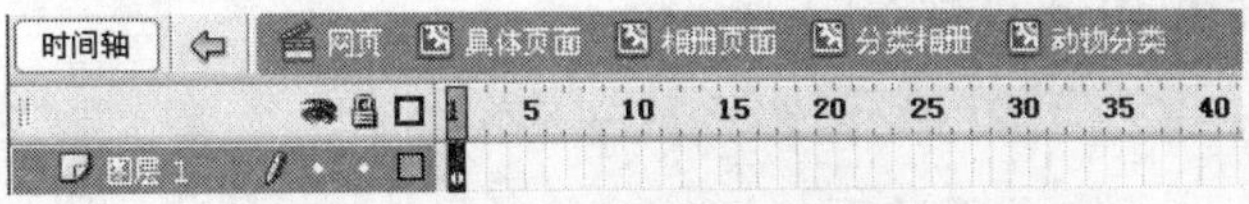

图 3.111　进入【动物分类】元件的编辑窗口

（3）将【图层一】重命名为【图像】，在它的 2～5 帧依次导入教学资源中“项目三\ch3.2\素材”下的 dw2.jpg～dw5.jpg，都对齐到元件中心位置。

（4）为第一帧添加动作【stop()】，完成后将图层锁定。

（5）插入新图层，命名为【按钮】，制作【相片切换】按钮，放到照片下方位置，左右各一个，分别实现【上一张】和【下一张】的效果，如图 3.112 所示。

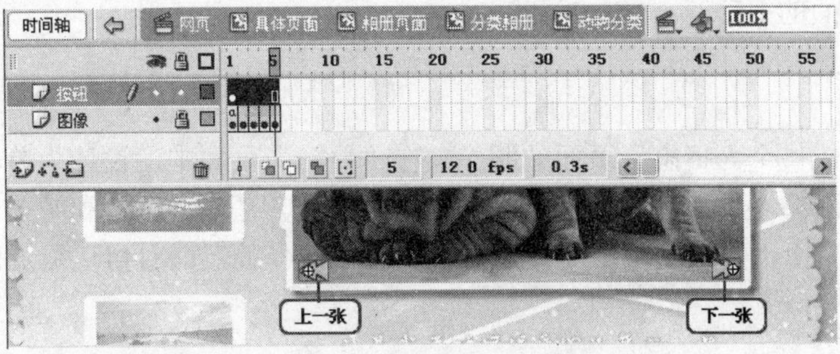

图 3.112　制作相片切换按钮

（6）选择【上一张】按钮，添加以下动作：

```
on (release) {
	prevFrame();
}
```

（7）选择【下一张】按钮，添加以下动作：

```
on (release) {
	nextFrame();
}
```

五、举一反三

上面完成了“动物”分类相册的制作，“风景”和“3D”分类的制作和上面的方法完全相同，要求自主独立完成这两部分内容，完成后的内容保存在教学资源中的“项目三\ch3-2\完成\网页-as4-举一反三.fla”。

六、上机练习

（1）进一步美化页面，完善背景的内容，为主相册设置阴影效果。

（2）美化分类按钮。

（3）修改各分类影片剪辑，使【上一张】和【下一张】按钮，在遇到第一张和最后一张图片的时候，能顺利循环，而不是停止不动。

模块五　日志页面的制作

一、能力目标

通过“日志”页面内容的制作，进一步熟悉网站结构，掌握制作可以【最大化】、【最小化】和【关闭】的子页面制作。

二、任务布置

完成“日志”整个页面内容的制作，要求单击某一篇日志可以打开一个新的页面，该页面上有对应的【最大化】、【最小化】和【关闭】按钮，单击按钮可以实现相应操作，单击标题栏可以实现页面的拖动。

三、任务解析

本模块要完成“个人日志”页面的制作，在“日志”页面中，设计为单击某一篇日志，均可以打开一个新的小页面，这个页面包含有【最大化】、【最小化】和【关闭】按钮，虽然看起来是一个新的页面，其实依然是通过影片剪辑来制作的，而且可以通过鼠标拖动整个小页面。

四、操作步骤

（一）页面划分

（1）打开完成了的“模块四”的文件，或者打开教学资源中的“项目三\ch3-2\素材\网页-as5.fla”。

（2）在【网页】场景的舞台上，双击【具体页面】影片剪辑，进入【具体页面】影片剪辑的编辑窗口，选择第 3 帧中舞台上的文字，按【F8】键转换为【影片剪辑】类型的元件，名称为“日志页面”，双击进入“日志”页面的编辑窗口。

（3）将“图层一”重命名为“标题”后锁定该图层。

（4）插入新图层，命名为“列表背景”。

设置填充颜色为白色，透明度为“35”，使用【矩形工具】绘制边角半径为“16”点的圆角矩形，大小为 163px×350px，放置在页面左侧，如图 3.113 所示。

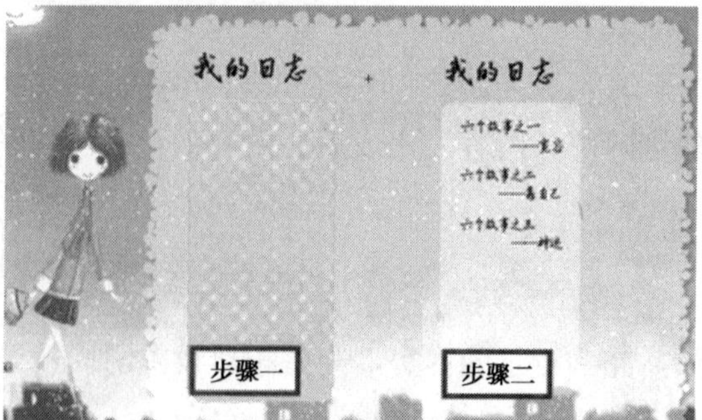

图 3.113　绘制矩形

（5）在“列表背景”图层上面插入新图层，命名为“日志列表”，在第一步划分出的矩形范围内，由上往下设置 3 个文本框，依次是“六个故事之一——宽容”，“六个故事之二——靠自己”和“六个故事之三——神迹”，文字大小均为：18，颜色为“#003366”，如图 3.113 右侧图所示。

（6）选择第一个文本框“六个故事之一——宽容”，按 F8 键转换为【按钮】元件，命名为“宽容”，双击进入按钮元件内部编辑：在【指针经过】帧插入关键帧，修改文字颜色为“白色”，添加【发光】滤镜效果，颜色为“#003366”；在【按下帧】插入关键帧，修改文字颜色为灰色，删除【发光】滤镜。

（7）用同样的方法将其他两个文本框转为按钮，名称分别为“靠自己”和“神迹”。

（8）在“日志列表”图层上方插入新图层，命名为“小窗口”，设置填充色为 30%透明度的白色，矩形工具边角半径为“16”，绘制圆角矩形，放置在页面右侧，如图 3.114 所示位置。

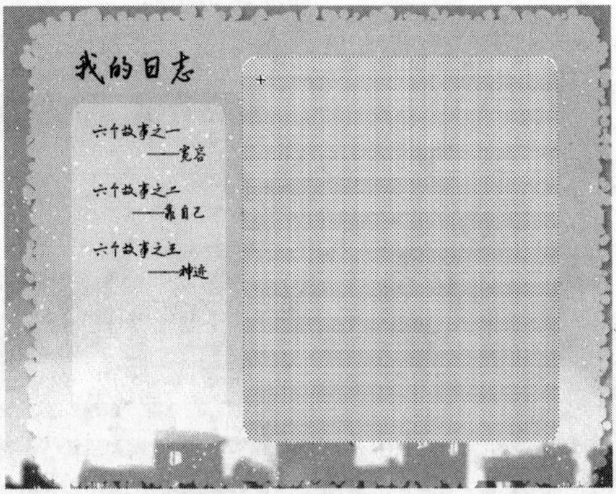

图 3.114　绘制圆角矩形

（二）打开页面的制作

选中“小窗口”中的矩形，按 F8 键转换为【影片剪辑】元件，命名为“打开页面”，双击进入元件编辑窗口。

1．页面背景的制作

（1）将“图层一”重命名为“背景”，在第 10 帧插入关键帧，调整第 1 帧上圆角矩形的高度，做成最小化的效果，如图 3.115 所示。

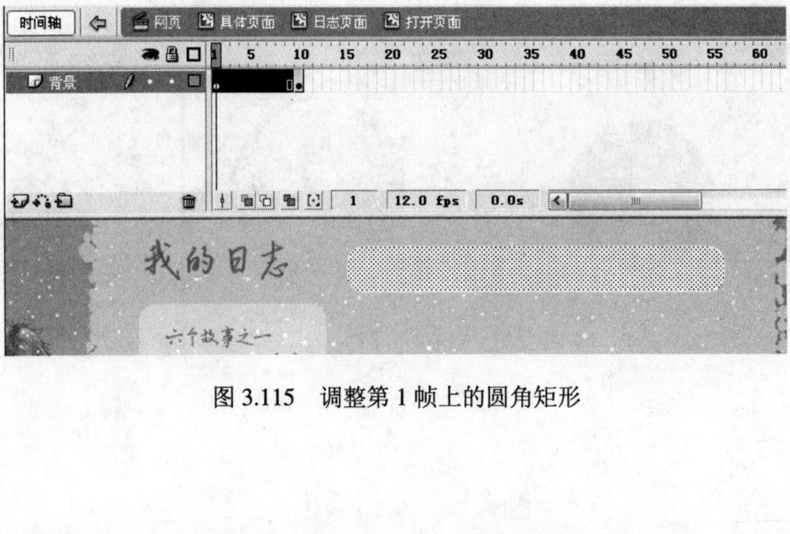

图 3.115　调整第 1 帧上的圆角矩形

为第 1 帧设置【形状】补间，参数保持默认。这样，小页面的打开部分就完成了，为第 10 帧添加动作“stop()”。

（2）右击第 1 帧，选择“复制帧”，到时间轴 19 帧右击，选择【粘贴帧】，为第 10～19 帧设置“形状”补间，制作页面最小化的效果，为第 19 帧添加动作“stop()”。

（3）完成后锁定“背景”图层。

2．最大化、最小化和关闭按钮的制作

（1）在“背景”图层上方插入新图层，命名为“按钮”，使用【椭圆工具】在作为打开页面背景的右上角位置绘制一个没有边框的正圆，选中圆形后按 F8 转换为【按钮】元件，名称为“最小化”，双击进入元件内部编辑。

（2）使用【混色器】面板，调整圆形的填充色为【放射状】渐变，起始颜色为白色，终点颜色为（#006699），用【填充变形】工具修改渐变的中心和范围，如图 3.116 所示。

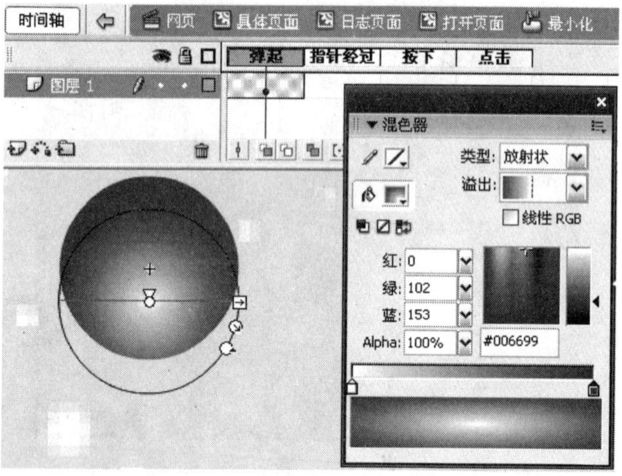

图 3.116　使用【填充变形】工具修改渐变的中心和范围

（3）重命名“图层一”为“背景”，在它上面插入新图层，命名为“反光”，绘制一个较小的正圆，放置到 3.115 左侧的位置，修改圆形的填充颜色为【线性】渐变，起始和结束颜色都为白色，结束色标的透明度为 0，如图 3.117 右侧部所示。

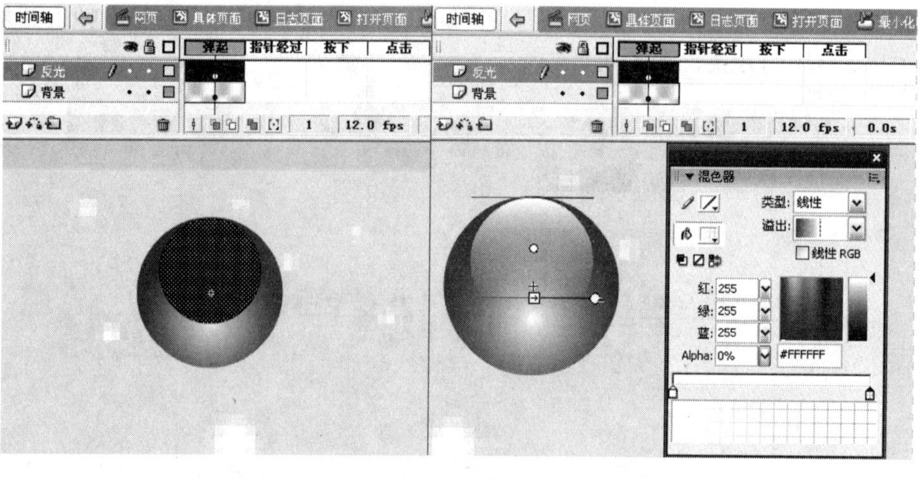

图 3.117　绘制“反光”椭圆

（4）在【按下】帧右击“插入帧”，完成后，将“反光”图层锁定。

（5）回到“背景图层”，在【指针经过】和【按下】帧都执行【插入关键帧】的操作，并修改【指针经过】帧中放射状渐变的终点颜色为“#0099CC”【按下】帧中对应的额终点颜色为“#666666”。

（6）在“反光”图层上方插入新图层，命名为“标志”，在【指针经过】帧插入空白关键帧，使用矩形工具，绘制一个扁的白色边框边框的圆角矩形，填充为40%透明的白色，放置在对应圆形背景的中间靠下位置，删除【按下】帧上的普通帧，完成后的按钮图层和帧的状态如图3.118所示。

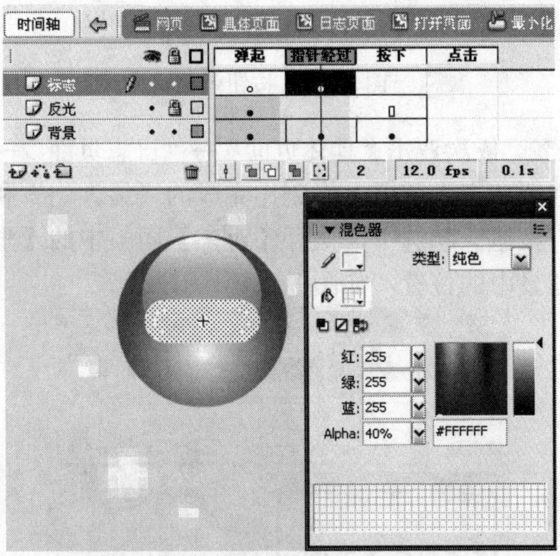

图 3.118　按钮图层和帧的状态

下面通过元件的复制来制作类似的最大化和关闭按钮。

（1）在【库】面板中右击“最小化”元件，选择“直接复制”操作，在打开的【直接复制元件】对话框中输入名称为“最大化”，类型依然选择按钮，这样库面板中就获得了一个新的名为“最大化”元件，双击打开会发现内部的内容和“最小化”按钮完全一致，这里只需要修改渐变的颜色和标志，就能更快捷地制作完成“最大化”按钮。

（2）修改“背景”层上圆形的渐变终点颜色:【弹起】帧为“#006666”,【指针经过】帧为“#009966”。

（3）删除“标志”图层【指针经过】帧中的小矩形，另行绘制同样设置的代表最大化效果的方形，完成后如图3.119（a）所示。

（4）用同样的方法复制得到“关闭”按钮元件。

（5）修改“背景”层上圆形的渐变终点颜色:【弹起】帧为“#990033”，指针经过帧为“#993333”。

（6）删除“标志”图层【指针经过】帧中的小矩形，另行绘制同样设置的代表关闭效果的“×”形，完成后如图3.119（b）所示。

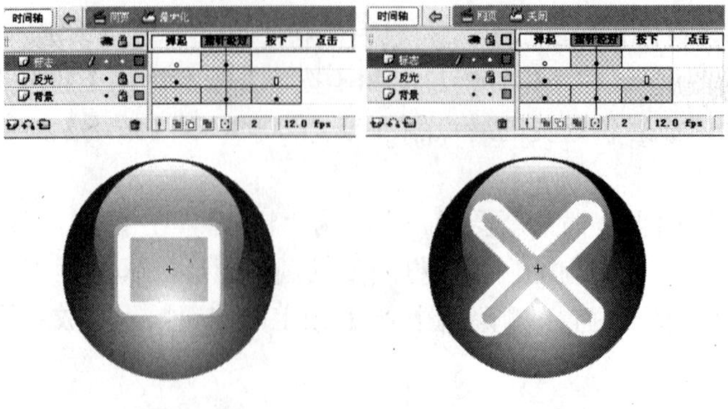

(a)　　　　　　(b)

图 3.119　按钮效果

（7）到“网页”主场景，依次双击“具体页面”→“日志页面”→“打开页面”，回到“打开页面”的编辑窗口，在“按钮”图层上将制作完成的“最大化”和“关闭”按钮从库中拖曳到舞台，和“最小化”按钮一起选中，执行【对齐】面板中的【垂直中齐】和【水平居中分布】操作，并调整在背景中的位置，如图 3.120 所示。

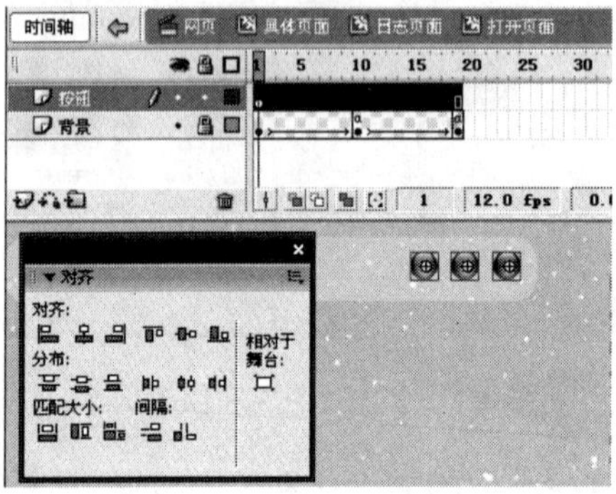

图 3.120　调整按钮对齐方式

3. 按钮动作的添加

（1）在“按钮层”的第 10 帧、第 11 帧和第 19 帧，分别执行【插入关键帧】的操作，将分别在第 1 帧、第 10 帧、第 11 帧和第 19 帧上添加按钮动作，如图 3.121 所示。

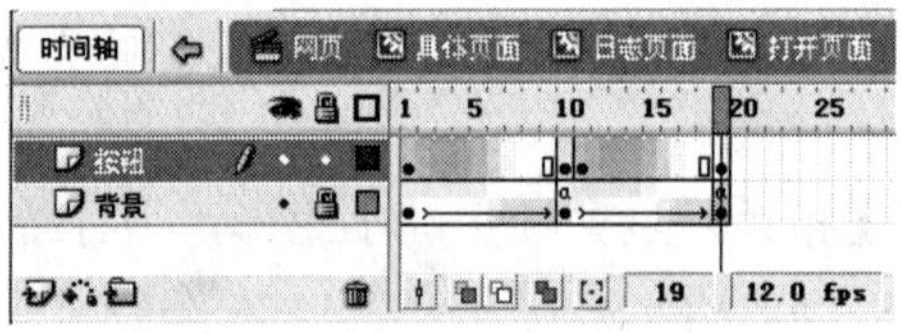

图 3.121　帧的设置

这么做的原因是：在第 1～9 帧的时间段内，是页面打开的过程，这个过程中，单击“最大化”和“最小化”按钮是不需要有具体效果的，只有“关闭”按钮单击有效；第 10 帧是画面停顿，让用户浏览日志的地方，这个状态下应该是“最小化”和“关闭”按钮单击有效；在第 11～18 帧的时间段内，是页面最小化的过程，这个过程依然是只有“关闭”按钮单击有效；第 19 帧是画面最小化的状态，应该是只有“最大化”和“关闭”按钮单击有效。

（2）页面最大化和最小化的过程都通过补间制作完成了，但是没做关闭的效果，起始关闭就是整个页面没有了，这里只需要在“背景”图层的第 20 帧，插入一个空白关键帧就能实现。

为第 1、10、11 和 19 帧上的关闭按钮都添加同样的动作：

```
on (release) {
        gotoAndStop(20);
}
```

（3）为第 10 帧上的“最小化”按钮添加下列动作：

```
on (release) {
                play();
}
```

（4）为第 19 帧上的“最大化”按钮添加下列动作：

```
on (release) {
                gotoAndPlay(1);
}
```

（三）日志内容的添加

1．在“按钮”图层上方添加新图层，命名为“日志内容”，在第 10 帧插入关键帧

（1）在第 10 帧的舞台上添加文本框，输入第一篇日志内容后选中文字，按 F8 键转换为“影片剪辑”类型的元件，名称为“日志内容”，双击进入元件内部编辑。

（2）在“日志内容”元件“图层一”的第 2 帧和第 3 帧依次插入空白关键帧，并输入对应的第 2 篇和第 3 篇日志的内容，双击舞台空白处或者单击时间轴上的“打开页面”，回到“打开页面”元件的编辑窗口。

（3）为舞台上“日志内容”元件的实例设置实例名称为“rz”。

（4）删除“日志内容”图层第 10 帧之后的所有帧，让具体的文字内容只在第 10 帧也就是页面完全展开的时候才显示，如图 3.122 所示。

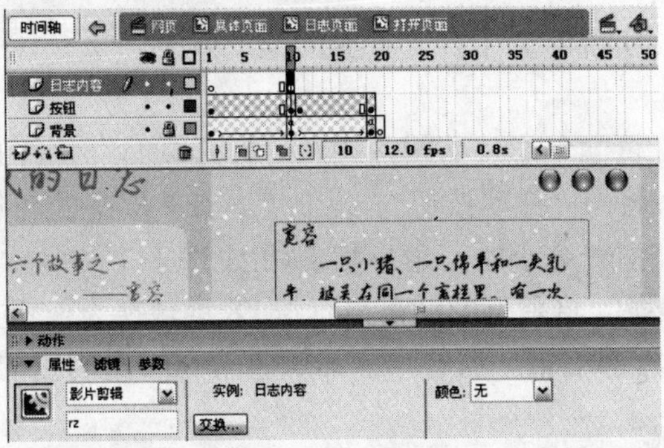

图 3.122　内容添加和帧设置后的效果

（四）“日志页面”中按钮动作的添加

现在已经把具体内容的制作完成了，在添加动作之前，先把思路整理一下：

制作的“打开页面”影片剪辑，内部包含了页面的打开和关闭效果，以及所有的日志内容；也就是说，无论单击的是哪个日志按钮，打开的都是“打开页面”影片剪辑，不同的是该影片剪辑播放到第 10 帧时，“日志内容”影片剪辑的帧数显示不同。

2．设置一个根时间轴的变量：_root.rzid

（1）在“日志内容”图层上方插入新图层，命名为“动作”，在第 10 帧右击插入空白关键帧，在时间轴上选中该帧按 F9 键打开动作面板，输入下列脚本：

```
rz.gotoAndStop(_root.rzid)
```

小提示：当动画播放到该帧的时候，执行帧上的脚本，让本帧上名为“rz”的影片剪辑内部的帧跳转并停止到“_root.rzid”变量当前的值所对应的帧，如果当前_root.rzid 的值为 2，那就停到第 2 帧。

（2）双击舞台空白处或者单击时间轴上的“日志页面”，回到“日志页面”影片剪辑的编辑窗口，解除“日志列表”图层的锁定，选择“宽容”按钮，按 F9 键打开“动作”面板，添加下列动作：

```
on (release) {
    dk.gotoAndPlay(1);
    _root.rzid=1
}
```

（3）选择“靠自己”按钮，添加动作：

```
on (release) {
    dk.gotoAndPlay(1);
    _root.rzid=2
}
```

（4）选择“神迹”按钮，添加动作：

```
on (release) {
    dk.gotoAndPlay(1);
    _root.rzid=3
    }
```

（五）拖动按钮的制作

下面添加一个按钮，实现对整个打开页面的拖动效果。

1．制作按钮

（1）鼠标双击“打开页面”影片剪辑，进入“打开页面”元件的编辑窗口，在“动作”图层上方插入新图层，命名为“拖动按钮”，复制“背景”层中的圆角矩形到相同位置，使用 45° 的线条进行切割，产生一个小的三角形状，如图 3.123 所示。

（2）删去切割用的线条，将剩下的三角型状按 F8 键转换为按钮类型的元件，名称为“拖动按钮”，双击进入按钮内部编辑，调整形状的颜色为 60%透明度的白色。

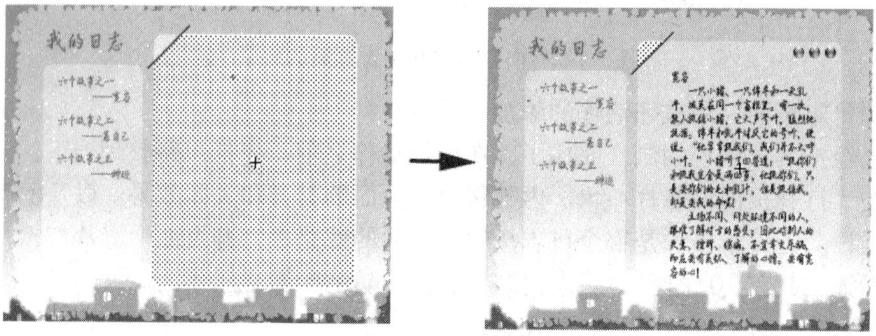

图 3.123　按钮的形状绘制

（3）在【指针经过】帧上插入关键帧，修改颜色透明度为“60%”。

（4）在【按下】帧插入关键帧，修改颜色透明度为“0%”，为该形状添加白色边框，如图 3.124 所示。

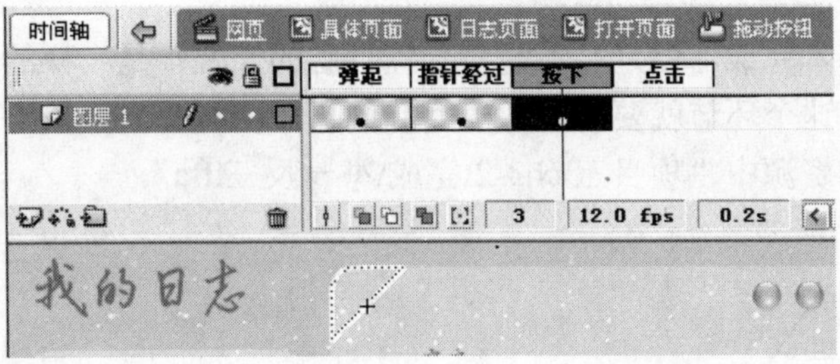

图 3.124　“拖动按钮”元件的设置

2．添加按钮动作

双击舞台空白处或者单击时间轴上“打开页面”，回到“打开页面”元件的编辑窗口，选中舞台上的“拖动按钮”，添加如下动作：

```
on (press) {
        this.startDrag(false,.90.8,133.6,193.2,215.3);
}
on (release, releaseOutside) {
        this.stopDrag();
}
```

小提示：这里为同一个按钮添加了两次 on 函数，分别是按下的时候开始拖动页面，释放或者按下后在按钮外释放鼠标则停止拖动操作，this 表示自身所在的影片剪辑。

startDrag 和 stopDrag 函数都在“全局函数”的“影片剪辑控制”分类中，其中：stopDrag()函数没有参数；startDrag()函数可以不设置参数，也就是说，上述语句直接使用“this.startDrag()”也是有效的，这种情况下拖动是没有范围限制的；在添加 startDrag()函数的时候，会有参数设置的提示，如图 3.125 所示。

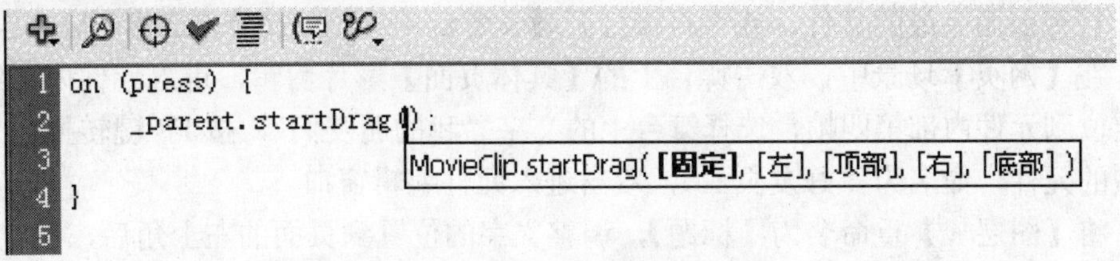

图 3.125　startDrag()函数参数提示

其中：

【固定】是一个布尔值，用来指定拖动的影片剪辑是锁定到鼠标位置中央（true），还是锁定到用户首次单击该影片剪辑的位置上（false）。

【左】：表示影片剪辑可以拖动到的最左边的 x 的坐标。

【顶部】：表示影片剪辑可以拖动到的最顶端的 y 的坐标。

【右】：表示影片剪辑可以拖动到的最右边的 x 的坐标。

【底部】：表示影片剪辑可以拖动到的最底部的 y 的坐标。

因为设计的本图层的第 20 帧是空白帧，所以将“拖动按钮”图层的第 20 帧删除。

五、举一反三

日志页面已经基本完成，但是并不是每一篇日志的篇幅都是一样的，第二篇和第三篇日志的篇幅都比较长，这个环节就要求对超出篇幅的日志内容提出解决方案。

完成文件见教学资源中“项目三\ch3-2\完成\举一反三.fla”。

六、上机练习

（1）美化日志页面。

（2）为浏览日志者提供前一篇和后一篇的切换按钮。

模块六　好友页面的制作

一、教学目标

通过“好友”页面的制作，深入掌握“on()”的用法，掌握链接到其他网站的方法。

二、工作任务

完成“好友”页面内容的制作，包括页面的设计和链接的实现。

三、任务解析

本模块要完成“我的好友”页面的制作，在“好友”页面中，设计为鼠标指向某个好友的时候，出现介绍内容，单击即打开对应链接的网页。

四、操作步骤

（一）页面划分

（1）打开前面完成的文件，或者直接打开教学资源中“项目三\ch3-2\素材\网页-as6.fla”。

（2）在【网页】场景中，双击舞台上的【具体页面】影片剪辑，进入元件内部编辑，将播放头定位到元件内部第四帧，选择舞台上的文字“我的朋友们”，按 F8 键转换为【影片剪辑】类型的元件，命名为“好友页面”，双击进入元件编辑窗口。

（3）将【图层一】重命名为【标题】，调整文字的位置到页面的左上角后，锁定该图层。

（4）插入新图层，命名为【页面划分】，使用矩形工具，设置笔触颜色为白色，粗细为 2.25，填充颜色为 25%透明度的白色，绘制 108px×83px 大小的矩形，完成单独选择线条，调整大小至如图 3.126 所示效果，并在完成的矩形右侧绘制一个同样高度，宽度为 361px 的矩形，中间抠空，完成后复制这组矩形 2 次，做如下排列。

（5）选中左侧 3 个小矩形中被白色线条切割的内部填充，执行【编辑】|【剪切】操作。

（6）插入新图层，命名为【按钮】，调整图层顺序到【页面划分】图层下方，执行【编辑】|【粘贴到当前位置】命令，将剪切的形状粘贴到当前的【按钮】图层。

图 3.126　绘制矩形

（7）插入新图层，命名为【介绍】，将【页面划分】图层中右侧的 3 个矩形一起剪切，粘贴到当前【介绍】图层的原位置（Ctrl＋Shift＋V 组合键）。

（8）将【页面划分】和【介绍】图层锁定。

（二）按钮制作

（1）选择【按钮图层】，选中第一个矩形，F8 键转换为【按钮】类型的元件，双击进入元件内部编辑。

（2）插入新图层，命名为【头像】，调整图层顺序到【图层一】之下，导入教学资源中“项目三\ch3.2\素材\hy1.jpg”到本图层，对齐到元件中心，并在该层上【指针经过】帧插入关键帧，如图 3.127 所示。

（3）双击舞台空白处或者单击时间轴上【好友页面】，回到【好友页面】的编辑窗口。

图 3.127　按钮设置

（三）介绍内容制作

（1）解除【介绍】图层的锁定，选择该图层中最上面的一个矩形，按 F8 键转换为【影片剪辑】类型的元件，名称为【介绍一】，双击进入元件编辑窗口。

（2）修改【图层一】的名称为“边框”，插入新图层，调整顺序到【边框】图层之下，命名为【介绍】，对应边框的位置，在【介绍】图层中，输入介绍文字，如图 3.128 所示。

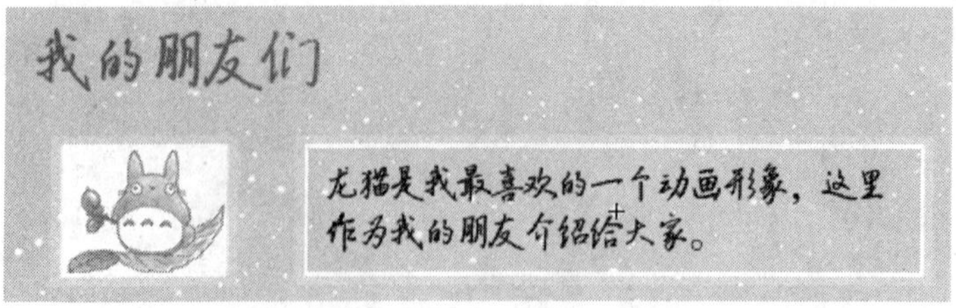

图 3.128　输入介绍文字

选择文本框，执行一次“Ctrl＋B”操作，将文字分成单个的文字的文本框，如图 3.129 所示，保持对文字的选择，右击执行【分散到图层】的操作。

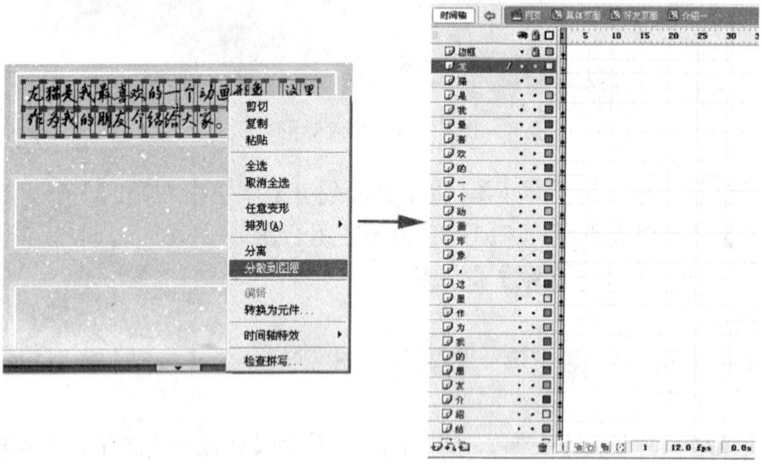

图 3.129　分散到图层

（3）利用鼠标拖动“猫”图层的关键帧到第 2 帧，“是”图层的关键帧到第 3 帧，以此类推，直到拖完最后一个图层中的帧，最终面板如图 3.130（a）所示。

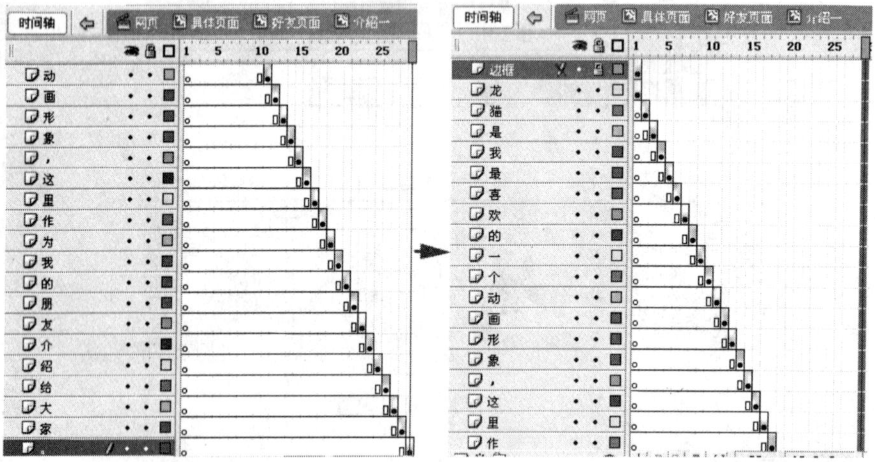

（a）　　　　（b）

图 3.130　图层面板情况

（4）选中除了最底下的图层以外所有图层的第 29 帧，按 F5 键插入普通帧，让边框和所有的文字内容都顺延到 29 帧。

（5）为第 29 帧添加动作“stop()”。

（6）双击舞台空白处回到“好友页面”编辑窗口。

（7）这步很重要，因为设计思路是鼠标不经过按钮的话，介绍文字是不会出现的，所以“介绍一”这个影片剪辑一开始不能出现在舞台上。

（8）这里继续选中舞台上的“介绍一”影片剪辑，按 F8 键再做一次转换元件的操作，命名为“介绍一.前”，双击进入元件编辑窗口，将第一个关键帧用鼠标拖移到第二帧的位置，使第一帧变成空白关键帧，并在第一帧添加动作“stop()”，如图 3.131 所示。

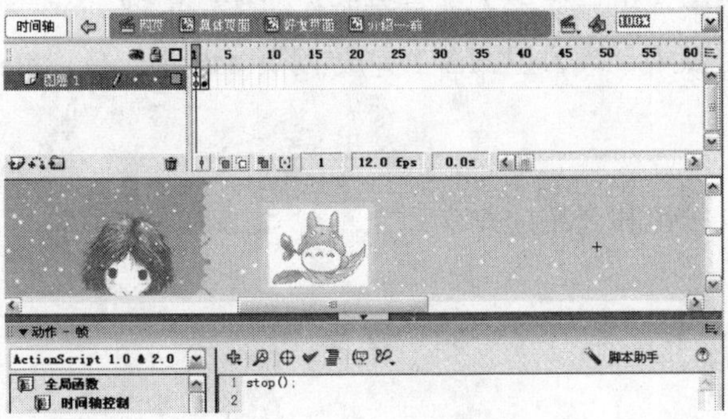

图 3.131　添加动作

（9）双击舞台空白处回到“好友页面”元件的编辑窗口。

（四）按钮动作的添加

（1）选择舞台上的“介绍一.前”影片剪辑，设置它的实例名称为：js1。

小提示：由于“介绍一.前”影片剪辑的第一帧是空白关键帧，所以它在舞台上被选中的时候只能看到中心点大小的小圆，选择的时候一定要注意别选错对象，留意属性面板的提示。

（2）选中“按钮”图层舞台上的“好友一”按钮，按 F9 键添加如下动作：

```
on (rollOver) {
	js1.gotoAndStop(2);
}

on (release) {
	getURL("http://www.flash8.net",_blank);
}
```

小提示：这里使用了按钮的两个状态，当鼠标经过的时候，制作的介绍文字会逐个显示；当单击鼠标释放的时候跳转到“http://www.flash8.net”这个网站。

当选择【全局函数】|【浏览器\网络】命令添加 getURL 动作的时候，会出现如图 3.132 的参数提示。

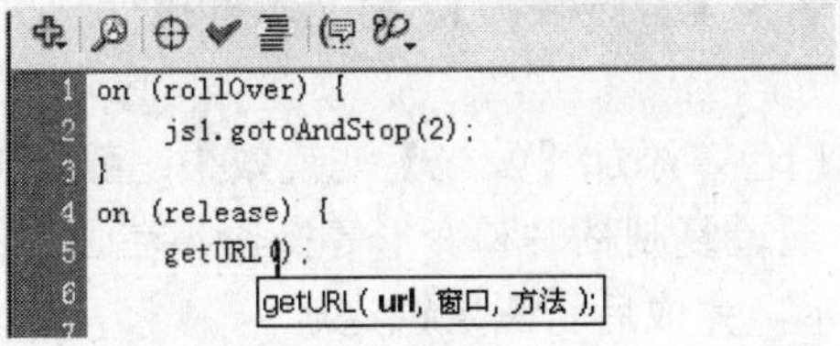

图 3.132　getURL()参数提示

其中："url"为完整的网址；"窗口"规定了网页打开的框架，"_blank"是指在新的网页窗口中打开；最后一个参数为变量传递参数。

小提示：文中链接的网站都是 Flash 制作交流网站。

五、举一反三

在这个环节中，要求根据上面的制作思路，设计制作下列效果：鼠标经过按钮时，除了右侧出现介绍文字，并且介绍文字出现后不消失之外，在按钮下方出现网站提示，当鼠标移出按钮时提示消失，要求：提示文字不能直接制作在按钮内部。

完成文件见教学资源中"项目三\ch3-2\完成\网页-as6-举一反三.fla"。

六、上机练习

完成其他两个好友按钮和介绍的制作。

模块七　音乐的添加

一、能力目标

通过简易音乐播放器的制作，掌握音乐在 Flash 中的添加和设置方法。

二、任务布置

设计制作一个简易播放器，为网页播放背景音乐，可以停止和重新播放，也可以通过按钮切换不同音乐。

三、任务解析

在本模块中，要设计制作一个简单的播放器，包括：播放、停止、上一首和下一首 4 个按钮，分别实现对应的功能。

四、操作步骤

打开前面完成的文件，或者直接打开教学资源中"项目三\ch3-2\素材\网页-as7.fla"。

在【网页】场景，【具体页面】图层之上插入新图层，命名为【播放器】。

（一）界面制作

（1）在【播放器】图层舞台右下角，使用文字工具输入两个音符符号"♪"，如图 3.133 所示，选中音符后，按键 F8 转换为【影片剪辑】类型的元件，命名为【播放器】，双击进入元件内部编辑。

（2）将【图层一】重命名为【音符装饰】，将文本框执行一次【Ctrl＋B】打散成 2 个单个文本框。

（3）设置文字的颜色为白色，添加【发光】滤镜效果：颜色为（#0099CC），模糊为 10，强度为 200，品质为【高】，通过复制粘贴和变形等操作，在画面的右下角排列出播放器的背景装饰效果，如图 3.134 所示，完成后将图层锁定。

图 3.133　输入音符符号

图 3.134　设置滤镜后效果

（二）控制按钮制作

在【音符装饰】图层上插入新图层，命名为【按钮】。

1．播放按钮

（1）使用【多角星形】工具，绘制一个白色的没有边框的正三角形，按 F8 键转换为【按钮】类型元件，命名为【播放】，双击进入元件编辑窗口。

（2）将【弹起】帧上的三角形选中，再按 F8 键转换为【影片剪辑】类型的元件，命名为【三角】，在【滤镜】面板设置【三角】的发光滤镜：颜色（#0099CC），模糊 10，强度 250%，品质【高】。

（3）在【指针经过】帧插入关键帧，修改发光滤镜的颜色为（#00FFFF），其他设置不变。

（4）在【按下】帧插入关键帧，修改发光滤镜颜色为（#66FFFF），其他设置不变。

小提示： 因为【滤镜】效果只能对文字、按钮或者影片剪辑才能设置，所以，要为对象设置滤镜效果的话，需要将对象转换为【影片剪辑】类型的元件。

2．停止和进退按钮

（1）使用同样的方法制作停止和进退按钮，进退按钮只需做一个元件，因为他们只是方向不同，其他完全一样。

（2）完成后将按钮和音符装饰位置调整好，如图 3.135 所示。

图 3.135　按钮和音符装饰位置调整

（三）音乐的导入

（1）执行【文件】|【导入】操作，将教学资源中“项目三\ch3-2\素材\音乐”中 music1～music5 5 个音乐导入到库中。

（2）在库面板中右击【music1.mp3】，选择快捷菜单中的【链接...】命令，打开【链接属性】面板，在对话框中选择【为 ActionScriptScript 导出】，标示符为【music1】，如图 3.136 所示。

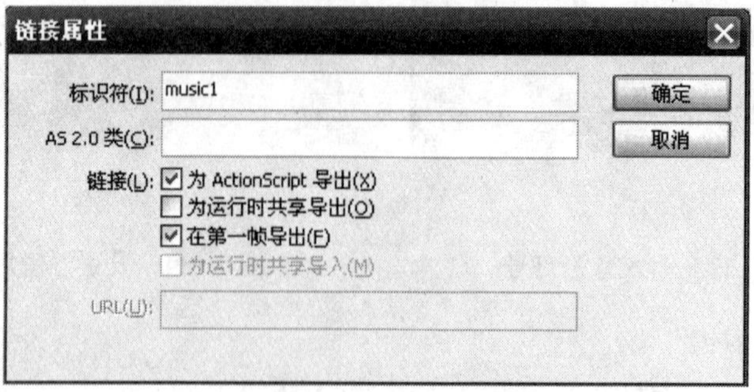

图 3.136 【链接属性】对话框

（3）另外 4 个音乐也用同样的方法设置，对应标示符为 music2～music4。

（四）动作的添加

（1）在【按钮】图层上方插入新图层，命名为【动作】，选中第一帧，添加下列动作：

```
mymusic=new Sound();
function music(n){
    mymusic.stop();
    mymusic.attachSound(n);
    mymusic.start(0,100);
    }
a=1;
```

解释：mymusic=new Sound() 表示“mymusic”称为了一个新的音乐对象，可以通过音乐对象绑定声音文件（attachSound）的方法来控制音乐播放了。

function 是自定义函数，自定义了一个称为“music”的函数，这个函数的功能依次是：让 mymusic 音乐对象停止播放，让 mymusic 对象绑定音乐角色，让 mymusic 对象播放循环 100 次。

最后一句 a=1 是给 mymusic 绑定音乐对象的时候一个初始的值，也就是说第一次点播放按钮的话，应该播放 music1。

（2）选择【播放】按钮，添加如下动作：

```
on (release) {
    music("music"+a)
}
```

播放“a”当前值所对应的音乐，a 为 1 的话就是播放 music1。

（3）选择【停止】按钮，添加下列动作：

```
on (release) {
    mymusic.stop()
}
```

停止音乐对象的播放。

（4）选择【退步】按钮，添加如下动作：

```
on (release) {
        if(a>1){
                music("music"+(a-1))
                a=a-1
                }
}
```

解释：当鼠标单击释放后，判断 a 的值是否大于 1，如果大于 1 的话，开始播放 a-1 的音乐对象，并且设置 a-1 的值为执行完动作后 a 的值（递减）。

（5）选择【进步】按钮，添加如下动作：

```
on (release) {
        if(a<5){
                music("music"+(a+1))
                a=a+1
                }
}
```

解释：当鼠标单击释放后，判断 a 的值是否小于 5，如果小于 5 的话，开始播放 a+1 的音乐对象，并且设置 a+1 的值为执行完动作后 a 的值（递增）。

五、举一反三

做到这里，一个简单的 Flash 网站制作已经接近尾声，也许大家做完会发现，这就是由很多补间动画和逐帧动画拼凑起来的，理清楚结构，把握好节奏，处理好细节，就算只用很简单的 ActionScript 也可以制作出看似复杂的效果。

回过头来看这个 Flash 网站，可能很多人会想，是不是可以给片头配上音乐？我想到这个按钮效果不知道可不可行，我的建议是：新建个文件试一试，如果成功了，那恭喜你又掌握了新的东西，就算遇到什么问题，可以和别人一起来找原因，找解决方案，不管怎么样，对于在学习中的你们，是一个加深理解和掌握的很好的办法。模仿是学习的起点，在模仿的同时多思考一下，会发现学得更多更快更容易。

六、上机练习

完成上述音乐添加后，根据自己的思路和看法，对网站细节进行修整和美化。

附录 A　Fireworks 8 工具箱面板功能表

工　具	名　称	说　明
		选择工具
	【指针】工具	单击对象或在其周围拖动选区时选择这些对象
	【部分选定】工具	选择组内的个别对象或矢量对象的点
	【选择后方对象】工具	选择对象后面的另一个对象
	【导出区域】工具	选择要导出为单独的文件的区域
	【缩放】工具	放大或缩小对象
	【倾斜】工具	将对象沿指定轴倾斜
	【扭曲】工具	在处于活动状态时以拖动选择手柄的方向移动对象的边或角。这有助于创建三维外观
	【裁剪】工具	按照所绘制的虚线尺寸裁剪对象
		位图工具
	【选取框】工具	在图像中选择一个矩形像素区域
	【椭圆选取框】工具	在图像中选择一个椭圆形像素区域
	【套索】工具	在图像中选择一个自由变形像素区域
	【多边形套索】工具	在图像中选择一个直边的自由变形像素区域
	【魔术棒】工具	在图像中选择一个像素颜色相似的区域
	【铅笔】工具	绘制单像素任意直线或受约束的直线，或放大位图编辑个别的像素
	【刷子】工具	使用【笔触颜色】框中的颜色绘制刷子笔触
	【橡皮擦】工具	删除像素
	【橡皮图章】工具	把图像的一个区域复制或克隆到另一个区域
	【模糊】工具	减弱图像中所选区域的焦点
	【涂抹】工具	拾取颜色并在图像中沿拖动的方向推移该颜色
	【锐化】工具	锐化图像中的区域
	【减淡】工具	加亮图像中的部分区域
	【加深】工具	加深图像中的部分区域
	【红眼消除】工具	去除照片中出现的红眼
	【替换颜色】工具	用另一种颜色在一种颜色上绘画
		矢量工具
	【直线】工具	绘制直线路径段
	【矩形】工具等	绘制矩形、椭圆、多边形和自动形状
	【钢笔】工具	绘制直线路径段和曲线路径段，控制点手柄可以调整路径的形状

续表

工 具	名 称	说 明
		矢量工具
	【矢量路径】工具	修改现有刷子笔触以及向所绘制的所选对象添加填充
	【重绘路径】工具	重绘或扩展所选路径段，同时保留该路径的笔触、填充和效果特性
	【自由变形】工具	使用该工具可以直接对矢量对象执行弯曲和变形操作，而不是对各个点执行操作
	【更改区域形状】工具	使用该工具可以拉伸变形区域指针外圆内的所有选定路径的区域
	【刀子】工具	使用该工具可以将一个路径切成两个或多个路径
	【文本】工具	通过使用【属性】检查器中的【文本】工具和选项，可以在图形中输入文本、设置文本格式和编辑文本
		Web 工具
	【切片】工具	包括切片和多边形切片工具，切片将 Fireworks 文档分割成多个较小的部分并将每部分导出为单独的文件。导出时，Fireworks 还创建一个包含表格代码的 HTML 文件，以便在浏览器中重新组合图形
	【热点】工具	包括矩形、圆形和多边形热点工具，在源图形中标识出可作为导航点的区域后，就可以创建热点，然后为它们指定 URL 链接、弹出菜单、状态栏消息和替换文本
	【显示热点和切片】工具	显示热点和切片
	【隐藏热点和切片】工具	隐藏热点和切片
		颜色工具
	【笔触】颜色工具	可以更改【钢笔】、【铅笔】和【刷子】工具的笔触属性，使下一个绘制的矢量对象具有新的笔触属性；也可以在绘制完对象或路径后对其应用笔触属性
	【填充】颜色工具	可以设置在绘制时应用于对象的【矩形】、【圆角矩形】、【椭圆】和【多边形】等绘制工具的填充属性
	【油漆桶】工具	颜料桶图标表示【工具】面板、【属性】检查器和混色器中的【填充颜色】框，主要为实心填充
	【渐变】工具	【渐变】工具与【颜料桶】工具位于同一工具组中。此新工具的工作方式与【颜料桶】工具相似，但它使用渐变而不是纯色来填充对象
	【滴管】工具	从图像中选取颜色来指定一种新的笔触颜色或填充颜色
		视图工具
	【手形】工具	移动画布中的对象以查看与编辑对象
	【缩放】工具	缩放视图以更好地查看画布中的对象
	视图布局模式工具	包括标准屏幕模式、带菜单的全屏模式、全屏模式三种

附录 B Dreamweaver 8 工具栏工具按钮列表

工　具	名　称	功　能
		【常用】选项卡
	超级链接	在网页中插入超级链接
	电子邮件链接	插入电子邮件链接
	命名锚记	插入锚点，实现站内定位
	表格	插入表格
	插入 Div 标签	插入 Div 标签到文档
	图像	单击将弹出下拉菜单，可以插入图像、图像占位符、导航栏、热点等对象
	媒体	单击将弹出下拉菜单，可以插入 Flash 动画、Flash 文本、Flash 按钮和插件等对象
	日期	插入当前日期，可以选择日期格式
	服务器端包括	单击该按钮将打开【选择文件】对话框，从中选择一个网页文件打开，将其加入到当前站点中
	注释	插入 HTML 注释
	模板	单击该按钮将弹出下拉菜单，可创建模板、可编辑区域、重复表格等
	标签选择器	在代码中插入各种置标语言的标签，方便编辑代码
		【布局】选项卡
	表格	在【标准】模式下插入表格
	插入 Div 标签	在【标准】模式下插入 Div 标签
	绘制层	在【标准】模式下插入层
标准 扩展 布局	布局模式	用以在三种模式之间进行切换
	绘制布局表格	绘制表格，只能在【布局】模式下使用
	绘制布局单元格	在布局表格中绘制单元格
	在上面插入行	在布局单元格上面插入行
	在下面插入行	在布局单元格下面插入行
	在左边插入列	在布局单元格左边插入列
	在右边插入列	在布局单元格右边插入列
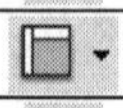	框架	单击将弹出下拉菜单，从中可以选择插入不同类型的框架
	表格数据	导入表格式数据
		【表单】选项卡
	表单	在指针所在之插入一个表单域，表单域是定义表单的开始和结束，下列表单元素需要插入在表单区域内
	文本字段	在光标所在位置插入一个文本框，默认为单行文本框，可以修改属性变成多行文本框或密码框

续表

工　具	名　称	功　能
		【表单】选项卡
	隐藏域	在光标所在位置插入隐藏域用以存储用户输入的信息，并在该用户下次访问此站点时使用这些数据
	文本区域	在光标所在位置插入一个多行文本框
	复选框	在光标所在位置插入一个复选框
	单选按钮	在光标所在位置插入一个单项按钮
	单选按钮组	在光标所在位置插入一组成组的单选按钮
	列表/菜单	在光标所在位置插入列表或弹出菜单
	跳转菜单	在光标所在位置插入一个跳转菜单，用以引导页面浏览
	图像域	在光标所在位置插入插入一个图像，图像域可用于生成图形化按钮
	文件域	在光标所在位置文件域，文件域使用户可以浏览到其计算机上的某个文件并将该文件作为表单数据上传
	按钮	在光标所在位置插入一个按钮，默认的名称和值为 Submit
abc	标签	在光标所在位置插入一个标签，在【代码】视图可以添加标签名称
	字段集	在光标所在位置插入字段集
		【文本】选项卡
	字体标签编辑器	单击可以打开标签编辑器，编辑字体列表
B	粗体	使用相应的 HTML 文本格式标签设置选定内容
I	斜体	
S	加强	
em	强调	
¶	段落	使用相应的 HTML 块标签环绕选定内容
[""]	块引用	
PRE	已编排格式	
h1	标题 1	使用相应的 HTML 标题标签环绕选定内容
h2	标题 2	
h3	标题 3	
ul	项目列表	使用相应的 HTML 列表标签环绕选定内容
ol	编号列表	
li	列表项	
dl	定义列表	使用相应的 HTML 定义列表标签环绕选定内容
dt	定义术语	
dd	定义说明	

续表

工　具	名　称	功　能
【HTML】选项卡		
	水平线	在光标所在位置插入水平线
	文件头	单击可以弹出下拉菜单，从中设置文件头的 meta、关键字等属性
	表格	单击弹出下拉菜单，在【代码】视图可中使用 html 定义表格标签
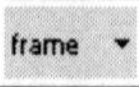	框架	单击弹出下拉菜单，在【代码】视图可中使用 html 定义框架标签
	脚本	单击弹出下拉菜单，从中选择插入脚本或防止服务器端包括
【应用程序】选项卡		
	记录集	定义来自现有数据库的记录集
	预存过程	用以预存记录集的过程
	动态数据	单击将弹出下拉菜单，从中插入不同类型的动态数据
	重复的区域	在一个页面上显示多条记录，可以选择整个表，并指定要显示的记录数
	显示区域	设置数据库的显示区域
	记录集分页	记录集导航栏，用于查看记录
	转到详细页面	单击可以转到详细页面或者相关页面
	显示记录计数	记录集导航状态
	主详细页集	显示来自数据库记录的多条记录
	插入记录	插入记录表单向导或插入记录
	更新记录	更新记录表单向导或更新记录
	删除记录	用于删除记录
	用户身份验证	单击弹出下拉菜单，从中可以设置登录用户、检查新用户名等
	XSL 转换	单击打开【XSL 转换】对话框，可以在动态页中插入 XSLT 页面的内容

附录C　Flash 8 工具箱面板功能表

工　具	名　称	说　明
	【选择】工具	选择和移动对象，也可以将对象变形
	【部分选择】工具	选择绘图对象内的路径控制点来精确的控制对象形状
	【任意变形】工具	用于调整对象的旋转角度、大小已经变形
	【填充变形】工具	调整填充对象的颜色渐变属性
	【线条】工具	绘制直线，按住键盘 Shift 键时可以绘制 0°、45° 和 90° 的直线
	【套索】工具	可以任意范围的对象，是一个不规则选择工具
	【钢笔】工具	绘制精确的路径。可以创建直线或曲线段，然后调整直线段的角度和长度以及曲线段的斜率
	【文本】工具	输入文本
	【椭圆】工具	用于绘制椭圆，当按住键盘 Shift 键时可以绘制圆形
	【矩形】工具	用于绘制矩形，可和 Shift 键配合绘制正方形
	【多角星形】工具	用于绘制多边形和星形，在属性面板中我们可以通过选项按钮选择多边形的边数、星形的尖端数和星形尖端的深度
	【铅笔】工具	徒手绘制线条
	【刷子】工具	徒手绘制没有边框的填充内容
	【墨水瓶】工具	为填充添加框线或者修改已有线条的颜色、粗细和样式
	【颜料桶】工具	填充空白区域或修改已有填色的颜色属性
	【滴管】工具	提取颜色样式
	【橡皮擦】工具	擦拭对象，将不要的线条或填色擦除
	【手形】工具	移动作品，在动画编辑中可以通过【空格键】直接切换到该工具
	【缩放】工具	调整工作区内对象的显示比例

参 考 文 献

[1] 杨志姝. Dreamweaver 8 网页制作与网站开发标准教程. 北京：清华大学出版社，2006.

[2] 白煜. Dreamweaver 网页设计案例教程. 北京：清华大学出版社，2008.

[3] 孙良军. Dreamweaver 8 Flash 8 Fireworks 8 网页设计标准教程. 北京：中国青年出版社，2006.

[4] 张鑫. Dreamweaver 8 Flash 8 Fireworks 8 网页设计三剑客. 北京：中国青年出版社，2006.

[5] 张瑞萍. 网页设计三剑客（Studio8）标准教程. 北京：清华大学出版社，2006.

[6] 黎芳. 网页设计与配色实例分析. 北京：北京希望电子出版社，2006.

[7] 梁景红. 网站设计与网页配色实例精讲. 北京：人民邮电出版社，2004.

[8] 高怡新. ASP 网络应用程序设计. 北京：人民邮电出版社，2008.

[9] 尚俊杰. 网络程序设计——ASP 案例教程. 北京：北京交通大学出版社，2005.

[10] 马谧铤. 闪魂 Flash 8 网站制作实录. 北京：北京希望电子出版社，2006.

[11] 邓文渊. 网页制作高手 Flash 8 网页设计. 北京：人民邮电出版社，2007.

[12] 聂小燕，万丁. 别具光芒 Flash 动感网站设计与制作. 北京：人民邮电出版社，2007.

[13] 孙东梅. 完全手册 Dreamweaver＋Photoshop＋Flash＋Fireworka 网站建设与网页设计详解. 北京：电子工业出版社，2008.

[14] W3school 在线教程.http://www.w3school.com.cn/.

《网页设计与制作项目式教程》读者意见反馈表

尊敬的读者：

感谢您购买本书。为了能为您提供更优秀的教材，请您抽出宝贵的时间，将您的意见以下表的方式（可从 http://www.hxedu.com.cn.下载本调查表）及时告知我们，以改进我们的服务。对采用您的意见进行修订的教材，我们将在该书的前言中进行说明并赠送您样书。

姓名：________ 电话：________

职业：________ E-mail：________

邮编：________ 通信地址：________

1．您对本书的总体看法是：

□很满意 □比较满意 □尚可 □不太满意 □不满意

2．您对本书的结构（章节）：□满意 □不满意 改进意见________

3. 您对本书的例题： □满意 □不满意 改进意见________

4．您对本书的习题： □满意 □不满意 改进意见________

5．您对本书的实训： □满意 □不满意 改进意见________

6．您对本书其他的改进意见：

7．您感兴趣或希望增加的教材选题是：

请寄：100036 北京市万寿路 173 信箱高等职业教育分社 收

电话：010-88254565 E-mail：gaozhi@phei.com.cn

全国信息化应用能力考试介绍

考试介绍

全国信息化应用能力考试是由工业和信息化部人才交流中心组织、以工业和信息技术在各行业、各岗位的广泛应用为基础，检验应试人员应用能力的全国性社会考试体系，已经在全国近 1000 所职业院校组织开展，年参加考试的学生超过 100000 人次，合格证书由工业和信息化部人才交流中心颁发。为鼓励先进，中心于 2007 年在合作院校设立“国信教育奖学金”，获得该项奖学金的学生超过 300 名。

考试特色

* 考试科目设置经过广泛深入的市场调研，岗位针对性强；
* 完善的考试配套资源（教学大纲、教学 PPT 及模拟考试光盘）供师生免费使用；
* 根据需要提供师资培训、考前辅导服务；
* 先进的教学辅助系统和考试平台，硬件要求低，便于教师模拟教学和考试的组织；
* 即报即考，考试次数和时间不受限制，便于学校安排教学进度。

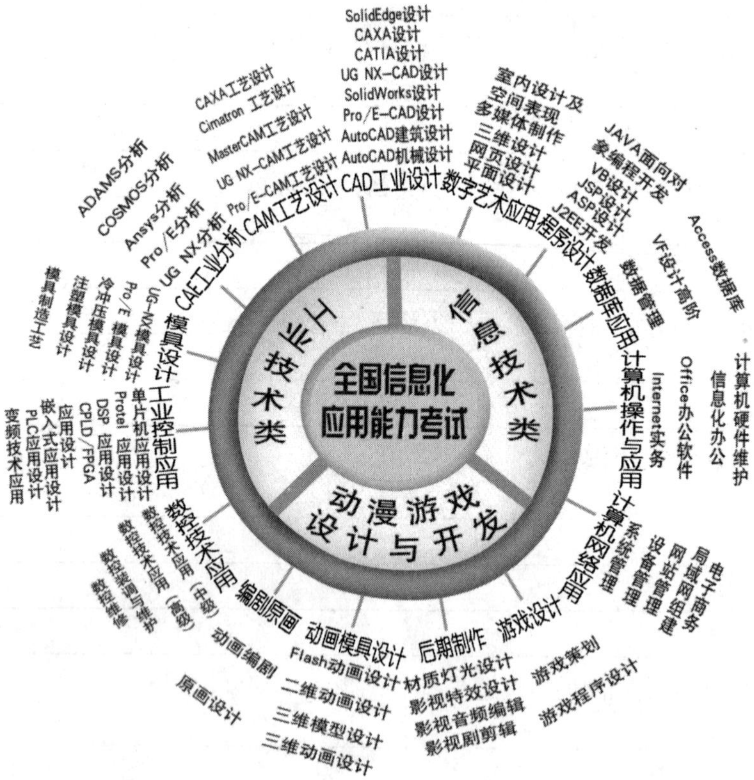

欢迎广大院校合作咨询

工业和信息化部人才交流中心教育培训处

电话：010-88252032 转 850/828/865

E-mail：ncae@ncie.gov.cn

官方网站：www.ncie.gov.cn/ncae